普通高等教育"十二五"规划教材

环境影响评价实用教程

李　有　刘文霞　吴　娟　主编

化学工业出版社

·北京·

本教程结合国家环境影响评价最新导则、法律法规、环境标准、产业政策和技术方法而编写整理，共计17章，分别简要介绍了环境影响评价概况、环境影响评价法律法规体系、环境影响评价标准体系、评价的前言与总则编制、工程分析、环境现状调查与评价、环境影响预测与评价、环境社会影响评价、建设项目环境风险评价、环保措施及其技术经济论证、清洁生产与循环经济、污染物排放总量控制、环境影响经济损益分析、环境管理与环境监测、公众意见调查、方案必选与评价结论、规划环境影响评价。体现了鲜明的时代特征，同时注重科学性和实践性，突出其先进性和实用性。

本书适合作为高等院校环境科学、环境工程及相关专业师生教材，也可供相关科研、工程、管理人员参考使用。

图书在版编目（CIP）数据

环境影响评价实用教程/李有，刘文霞，吴娟主编．—北京：化学工业出版社，2014.10（2023.6重印）
普通高等教育“十二五”规划教材
ISBN 978-7-122-21831-5

Ⅰ.①环… Ⅱ.①李…②刘…③吴… Ⅲ.①环境影响评价-高等学校-教材 Ⅳ.①X820.3

中国版本图书馆CIP数据核字（2014）第214589号

责任编辑：尤彩霞　　装帧设计：杨　北
责任校对：宋　夏

出版发行：化学工业出版社（北京市东城区青年湖南街13号　邮政编码100011）
印　　装：北京印刷集团有限责任公司
787mm×1092mm　1/16　印张20　字数547千字　2023年6月北京第1版第6次印刷

购书咨询：010-64518888　　售后服务：010-64518899
网　　址：http://www.cip.com.cn
凡购买本书，如有缺损质量问题，本社销售中心负责调换。

定　　价：58.00元

编 委 会

主 编： 李 有　刘文霞　吴 娟

副主编： 沈连峰　潘 峰　周 军　宋海军　王守信

编 者（按姓氏笔画为序）：

王守信（太原科技大学）

王 琳（河南大学）

乌 德（太原科技大学）

刘文霞（河南农业大学）

任丙南（三亚大学）

李 有（河南农业大学）

李秉正（太原科技大学）

吴 娟（青岛农业大学）

沈连峰（河南农业大学）

宋海军（河南工程学院）

苗 蕾（河南农业大学）

周 军（郑州轻工业学院）

赵 兵（郑州航空工业管理学院）

范英宏（中国铁道科学研究院）

耿 静（三亚大学）

潘 峰（河南师范大学）

前言

环境影响评价是指对规划和建设项目实施后可能造成的环境影响进行分析、预测和评估，提出预防或者减轻不良环境影响的对策和措施，进行跟踪监测的方法与制度，以此通过法律途径强制规范人们的开发活动。最早提出环境影响评价制度的是美国 1969 年通过的《国家环境政策法》，1973 年我国第一次环境保护会议后，环境影响评价概念引入我国，相关专家和学者开始宣传、倡导环境影响评价并参与其方法研究。我国现行的《环境影响评价法》（2003 年 9 月 1 日）规定，在中华人民共和国领域和中华人民共和国管辖的其他海域内建设对环境有影响的项目和国务院环境保护行政主管部门会同国务院有关部门规定须进行环境影响评价的规划，应当进行环境影响评价。

目前，我国各高等院校环境类本科专业大都开设有环境影响评价课程，其教材种类繁多，为我国环境影响评价报告的编制培养了大批人才。随着我国经济和社会的发展，人们对环境质量的要求越来越高，环境质量标准和污染物排放标准不断趋严，促使原先制定的环境评价导则和技术方法不断修改。

为适应我国环境管理的要求，体现最新成果，更新环境影响评价教学内容，我们组织了河南农业大学、青岛农业大学、河南师范大学、太原科技大学、郑州轻工业学院和河南工程学院等单位的专业教师，共同编写了本教程。在编写过程中，始终以培养环评技能型人才为宗旨，力求做到理论联系实际，强调教材内容的实用性和可操作性；尽量反映当前国家或地方对环评管理的要求和新成果；在建设项目的环境评价内容方面，以新导则的总纲中对报告书的章节安排为教材的章节主线，突出其应用性。

参编人员及分工：李有（前言、通稿）；刘文霞（第 2 章、第 3 章、第 9 章）；吴娟（第 7.1～7.4 节、第 7.6 节）；沈连峰（第 7.5 节、第 10 章、第 16 章）；苗蕾（第 5 章，第 6.3.5 节）；潘峰（第 1 章、第 11 章、第 17 章）；王守信（第 4 章）；李秉正（第 8 章）；乌德（第 15 章）；宋海军（第 12 章、第 13 章、第 14 章）；周军（第 6.1 节、第 6.2 节、第 6.3.1～6.3.4 节）。另有王琳、赵兵、任丙南、耿静、范英宏等参与了部分章节的修改工作。

以实用为主线统揽本教材的内容，是编者们追求的方向，尽管我们努力了，难免存在不妥之处，恳请师生和同行们不吝指正。

李　有

2014 年 9 月

于郑州

目　录

第1章　环境影响评价概论

1.1　环境影响评价概念和功能

1.1.1　环境的概念

环境的定义是环境影响评价的核心，同时环境也是含义和内容都非常丰富的一个词汇。《辞海》中对于环境的定义是：环绕所辖的区域，又指围绕着人类的外部世界，是人类赖以生存和发展的社会和物质条件的综合体。

从哲学的层面上对环境进行定义为：环境是指相对于某一中心事物的所有外界事物，这是对环境概念的高度概括和最深层面的总结。在环境科学中，环境是指以人类社会为主体的外部世界的全体，包括自然环境和社会环境两部分。国际环境管理体系标准 ISO 14001 中对环境的定义为：一个组织运行活动的外部存在，包括空气、水、土地、自然资源、植物、动物、人以及他们之间的相互关系。另外，环境也有法律层面上的定义，《中华人民共和国环境保护法》中关于环境的定义是："本法所称环境，是指影响人类社会生存和发展的各种天然的和经过人工改造的自然因素总体，包括大气、水、海洋、土地、矿藏、森林、草原、野生动物、自然古迹、人文遗迹、自然保护区、风景名胜区、城市和乡村等。"环境的法律定义，可以理解为对环境的法律适用对象及适用范围的规定，为实际工作中法律的实施对象进行的明确界定。

1.1.2　环境的基本特征

① 整体性与区域性　体现在环境系统的结构和功能方面，整体性是环境的最基本特征，它是指环境的各组成要素或各组成部分之间存在着紧密的相互联系和相互制约的关系，从而保证了系统的结构和功能的稳定性，这要求我们不能用孤立的观点对待环境问题。由于地理位置和空间范围的差异，以及区域社会、经济、文化、历史等诸多因素的差别，不同地方的环境问题往往表现出极强的区域特征，这要求我们在实际工作中充分认识环境问题的区域性差别，具体问题具体分析。

② 变动性与稳定性　变动性指在自然过程和人类社会自身行为或两者共同的作用之下，环境的结构和状态随时间和空间的变化特性。所谓稳定性是相对变动性而言的，由于环境系统可以进行一定程度的自我调节，因此当环境在外界作用下发生的变化在一定的限度内由于环境系统的自我调节作用而具有自动恢复的功能。应该看到的是：变动是绝对的，稳定是相对的，自我调节功能虽然可以保证环境的相对稳定，但它有一定限度，超过这个限度时，变动就发生了。而变动的结果既可以对人类有利，也可能对人类有害。

③ 资源性与价值性　环境具有资源性，也可以说环境本身就是一种资源，而且是对人类生存和发展极为重要的资源。环境的资源性不仅因为环境可以为人类生存提供必需的物质和能量，如生物资源、矿产资源、土地资源、淡水资源、海洋资源、森林资源等，还表现在它也是一种非物质性资源。如不同的环境状态会给人类社会的生存和发展提供不同的条件，在这里环境状态就是一种非物资性资源。国家国有资产管理局于 1995 年 5 月 10 日发布了《关于转发资产评估操作规范意见（试行）的通知》，该法规第十二章第 105 条规定"资源性资产是指由自

然因素形成的，具有开发价值的一切经济资源。它由特定主体排他性地占有。资源性资产存在于自然界，它一经开发、加工后，即转化为非资源性资产。”环境的价值性来自它的资源性，同时还来源于该资源的有限性，有些资源的破坏是不可逆的，从这个角度说环境资源具有不可估量的价值。《环境科学大辞典》对自然生态补偿定义为“生物有机体、种群、群落或生态系统受到干扰时，所表现出来的缓和干扰、调节自身状态使生存得以维持的能力，或可以看作生态负荷的还原能力。”这可以看作是生态系统资源的价值体现。目前由于人类对资源的过度开发，环境质量急剧下降，各种环境问题不断出现，使人们对环境价值有了更加深入的认识和切身的体会，环境的价值性得到越来越多人的认同。

1.1.3 环境影响评价

环境影响评价（Environmental Impact Assessment，EIA）是指对拟议中的政策、规划、计划、发展战略、开发建设项目（活动）等可能对环境产生的物理性、化学性、生物性的作用及其造成的环境变化和对人类健康和福利的可能影响进行系统地分析和评价，并从经济、技术、管理、社会等各方面提出减缓、避免这些影响的对策措施和方法。在《中华人民共和国环境影响评价法》（2003 年 9 月 1 日起施行）中明确指出，本法所称的环境影响评价，是指对规划和建设项目实施后可能造成的环境影响进行分析、预测和评估，提出预防或者减轻不良环境影响的对策和措施，进行跟踪监测的方法与制度。

环境影响评价来自于环境质量评价，其实质就是环境质量评价中的环境质量预断评价，随着环境影响评价的不断发展，目前环境影响评价已经逐步形成了完整的理论和方法体系，并在许多国家的环境管理工作中以制度化的形式固定下来。

环境影响评价具有 4 种基本功能：分别是判断功能、预测功能、选择功能和导向功能。

① 评价的判断功能　指以人为中心，以人的需要为尺度，判断评价目标引起环境状态的改变是否影响人类的需求和发展的要求。

② 评价的预测功能　由于评价的对象为拟议中的政策、规划、计划、发展战略、开发建设项目（活动）等，因此评价的结果也就具有了预测的功能，其实是对人类活动可能对环境所造成影响的一种预判。

③ 评价的选择功能　其实质就是通过评价帮助人们对各种预案或活动做出取舍，从而以人的需要为尺度选择最有利的结果。

④ 评价的导向功能，是环境影响评价的最为重要的一种功能，导向功能主要表现在价值导向功能和行为导向功能等方面，是建立在前 3 种功能的基础上，对拟议中的活动进行的导向和调控。

1.2 环境影响评价制度及发展历程

1.2.1 环境影响评价制度

环境影响评价制度是指把环境影响评价工作以法律、法规或行政规章的形式确定下来从而必须遵守的制度，与环境影响评价是两个不同的概念。环境影响评价只是分析预测人为活动造成环境质量变化的一种科学方法和技术手段，本身并不具备强制效用。当其被法律强制规定为指导人们开发活动的必须行为时，就成为环境影响评价制度，只有当环境影响评价在成为一个国家制度时，环境影响评价工作就具有了强制性。在我国《环境影响评价法》中规定：“国务院有关部门、设区的市级以上地方人民政府及其有关部门，对其组织编制的土地利用的有关规划，区域、流域、海域的建设、开发利用规划，应当在规划编制过程中组织进行环境影响评价，编写该规划有关环境影响的篇章或者说明”；“在中华人民共和国领域和中华人民共和国管辖的其他海域内建设对环境有影响的项目，应当依照本法进行环境影响评价”，这表明，环境影响评价在我国是一项强制性的法律制度。

1.2.2 环境影响评价制度的产生和发展

1.2.2.1 国外环境影响评价

环境影响评价的概念最早是由英国学者 N. Lee，C. Wood，F. Walsh 等人提出，1964 年加拿大召开的一次国际环境质量评价的学术会议上这一概念得到多数人的认可，而环境影响评价作为一项正式的法律制度则首创于美国。1969 年美国《国家环境政策法》(National Environmental Policy Act，NEPA) 把环境影响评价作为联邦政府管理中必须遵循的一项制度。根据该法第一章第二节的规定，美国联邦政府机关在制定对环境具有重大影响的立法议案和采取对环境有重大影响的行动时，应由负责官员提供一份详细的环境影响评价报告书。到 20 世纪 70 年代末美国绝大多数州相继建立了各种形式的环境影响评价制度。1977 年，纽约州还制定了专门的《环境质量评价法》。自美国的环境影响评价制度确立以后，很快得到其他国家的重视。瑞典在其 1969 年的《环境保护法》中对环境影响评价制度做了规定，日本于 1972 年由内阁批准了公共工程的环境保护办法，首次引入环境影响评价思想。澳大利亚于 1974 年制定的《环境保护法》、法国于 1976 年通过的《自然保护法》第 2 条均规定了环境影响评价制度，英国于 1988 年制定了《环境影响评价条例》。进入 20 世纪 90 年代以后，德国、加拿大、日本也先后制定了以《环境影响评价法》为名称的专门法律。俄罗斯也于 1994 年制定了《俄罗斯联邦环境影响评价条例》。我国台湾地区、香港地区亦有专门的环境影响评价法或条例。据统计，到 1996 年全世界已有 85 个国家制定了有关环境影响评价的立法。环境影响评价制度不仅为多数国家的国内立法所吸收，而且也已为越来越多的国际环境条约所采纳，如在《跨国界的环境影响评价公约》、《生物多样性公约》、《气候变化框架公约》等中都对环境影响评价制度做了规定，环境影响评价制度正逐步成为一项各国以及国际社会通用的环境管理制度和措施。

1.2.2.2 国内环境影响评价发展概况

1972 年联合国斯德哥尔摩人类环境会议之后，我国加快了环境保护工作的步伐，并开始对环境影响评价制度进行探讨。1979 年颁布的《中华人民共和国环境保护法（试行）》中，对这一制度做了规定。该法第 6 条规定：“一切企业、事业单位的选址、设计、建设和生产，都必须防止对环境的污染和破坏。在进行新建、改建和扩建工程时，必须提出对环境影响的报告书，经环境保护部门和其他部门审查批准后才能进行设计”，这标志着我国从立法上正式确立了环境影响评价制度。我国环境影响评价的发展大体上经历了以下几个阶段：

① 环境影响评价的准备与初步尝试阶段（1973—1978 年） 1973 年在北京召开的第一次全国环境保护会议，标志着我国的环境保护工作揭开了序幕。这次会议上提出了“全面规划、合理布局、综合利用、化害为利、依靠群众、大家动手、保护环境、造福人民”的三十二字环境保护方针，成为接下来一段时间的行动纲领。在这一阶段，我国陆续开展了一些环境评价工作，如北京西郊环境质量评价研究等。这些尝试为我国环境影响评价工作的开展在理论上和技术上打下了基础，也积累了丰富的经验。

② 环境影响评价的规范建设与提高阶段（1979—1989 年） 1979 年《中华人民共和国环境保护法（试行）》，标志着环境影响评价制度在我国正式实施，该法规定了对于新建、扩建、改建工程，必须提交环境影响报告书。1981 年《基本建设项目环境保护管理办法》的颁布，进一步明确了环境影响评价的适用范围、评价内容、工作程序等细节问题。相对前一阶段，该阶段的环境影响评价工作向规范、有序的目标前进。据不完全统计，1979—1988 年间全国共完成大中型建设项目环境影响报告书两千多份。

③ 环境影响评价制度的强化和成熟阶段（1989—1998 年） 1989 年 12 月 26 日第七届全国人民代表大会常务委员会第十一次会议通过《中华人民共和国环境保护法》，并于同日公布实施。《中华人民共和国环境保护法》对环境影响评价制度进行了完善和补充，在这一阶段不但环境影响评价的管理进一步规范和强化，环境影响评价的理论和技术方法也得到了长足的发展。

④ 环境影响评价的全面提高阶段（1989—2003 年） 1998 年 11 月 29 日国务院第 253 号令发布实施了《建设项目环境保护管理条例》，这是我国有关建设项目管理的第一个行政法规。标志着我国建设项目的环境影响评价工作进入一个新的阶段。该条例的第二章对建设项目的环境影响评价工作做了详细的规定，第二章第七条提出了国家根据建设项目对环境的影响程度，对建设项目的环境保护实行分类管理的要求。该条例还对报告书的内容、报告书的审批等进行了详细的规定。该条例的发布实施，在接下来的时间内对我国建设项目的环境影响评价工作起到了重要的作用，也使我国环境影响评价制度进入了持续提高的阶段。

⑤ 环境影响评价的法制完善阶段（2003 年至今）《中华人民共和国环境影响评价法》由中华人民共和国第九届全国人民代表大会常务委员会第三十次会议于 2002 年 10 月 28 日通过，自 2003 年 9 月 1 日起施行。该法的颁布实施，标志着我国的环境影响评价工作正式进入法制完善的阶段。该法的第二章增加了规划的环境影响评价内容，并对评价单位的资质、评价的审批以及法律责任的相关内容做了详细的规定，是环境影响评价工作的一个纲领性文件。

1.3 环境影响评价类型

1.3.1 建设项目环境影响评价

建设项目环境影响评价广义指对拟建项目可能造成的环境影响（包括环境污染和生态破坏，也包括对环境的有利影响）进行分析、论证的全过程，并在此基础上提出采取的防治措施和对策。狭义指拟议中的建设项目在兴建前即可行性研究阶段，对其选址、设计、施工等过程，特别是运营和生产阶段可能带来的环境影响进行预测和分析，提出相应的防治措施，为项目选址、设计及建成投产后的环境管理提供科学依据。

1.3.2 规划环境影响评价

规划环境影响评价是指在规划编制阶段，对规划实施可能造成的环境影响进行分析、预测和评价，并提出预防或者减轻不良环境影响的对策和措施的过程。这一过程具有结构化、系统性和综合性的特点，规划应有多个可替代的方案。通过评价将结论融入拟制定的规划中或提出单独的报告，并将成果体现在决策中。

1.3.3 战略环境影响评价

战略环境评价（Strategic Environmental Assessment，以下简称 SEA）是环境影响评价在政策、计划和规划层次上的应用。欧美一些国家还将之称为计划 EIA（Programmatic EIA）或政策、计划和规划 EIA（Policy，Plan，Program EIA 或 PPPs EIA）；同时由于政策在战略范畴中的核心地位，也有人称 SEA 为政策 EIA。但由于法律是政策的定型化和具体化，因此认为 SEA 还应包括法律。也就是说，SEA 是 EIA 在战略层次，包括法律、政策、计划和规划上的应用，是对一项具体战略及其替代方案的环境影响进行的正式的、系统的和综合的评价过程，并将评价结论应用于决策中。其目的是通过 SEA 消除或降低因战略失效造成的环境影响，从源头上控制环境问题的产生。开展SEA研究的意义主要表现在两个方面：一方面，SEA不仅有利于克服目前项目EIA的不足，而且有利于建立和完善面向可持续发展的EIA体系；另一方面，SEA还为建立环境与发展综合决策机制提供技术支持。

1.3.4 后评价和跟踪评价

环境影响后评价是指在开发建设活动正式实施后，以环境影响评价工作为基础，以建设项目投入使用等开发活动完成后的实际情况为依据，通过评估开发建设活动实施前后污染物排放及周围环境质量变化，全面反映建设项目对环境的实际影响和环境补偿措施的有效性，分析项目实施前一系列预测和决策的准确性和合理性，找出出现问题和误差的原因，评价预测结果的正确性，提高决策水平，为改进建设项目管理和环境管理提供科学依据，是提高环境管理和环境决策的一种技术手段。

《环境影响评价法》提出了要加强环境影响的跟踪评价和有效监督，因在项目建设、运行过程中，有可能产生不符合经审批的环境影响评价文件的情形。也有可能项目投产或使用后，造成严重的环境污染或生态破坏，损害公众的环境权益，必须及时调整防治对策和改进措施。其次，现行的环境影响评价监督措施主要是配套实施“三同时”制度。但“三同时”制度只注重形式上的监督检查，而且只注重对污染治理设施和污染情况的监督检查。对环境资源要素、区域生态环境的影响等方面，监督检查一直缺乏有效的措施。由于环境影响评价制度本身所存在主客观方面的原因，同时在执行中可能会出现一些考虑不到的情况，致使环境影响评价不能达到预期的效果，导致评价的最终结果可能出现较大的偏差甚至错误。当然作为一种预测性评价机制，出现一定程度的偏差是正常的，也是不可避免的，这就要求加强对环境影响评价工作的监督以减小偏差并避免错误的出现。因此，为改进评价方式、方法，以根据情况的变化采取新的预防或者减轻不良环境影响的对策和措施，总结经验教训，避免同类错误的再次发生。综合考虑区域经济建设、资源利用与环境保护的关系，协调区划环境功能与发展目标，满足可持续发展的战略需求，都需要建立一种环境影响效果评价的制度来进行监督、检测和评价。

1.3.5 环境影响评价文件

我国《环境影响评价法》规定：国家根据建设项目对环境的影响程度，对建设项目的环境影响评价实行分类管理：可能造成重大环境影响的，应当编制环境影响报告书，对产生的环境影响进行全面评价；可能造成轻度环境影响的，应当编制环境影响报告表，对产生的环境影响进行分析或者专项评价；对环境影响很小、不需要进行环境影响评价的，应当填报环境影响登记表。具体到一个建设项目，采用何种环境影响评价文件形式，按国务院环境保护行政主管部门制定并公布的《建设项目环境影响评价分类管理名录》规定执行。

根据《环境影响评价法》第二十四条“建设项目的环境影响评价文件经批准后，建设项目的性质、规模、地点、采用的生产工艺或者防治污染、防止生态破坏的措施发生重大变动的，建设单位应当重新报批建设项目的环境影响评价文件。”出现上述情况时，建设单位应委托具有相应资质的评价单位对项目变更情况进行环境影响评价。评价单位可以通过实地调查、现场踏勘和资料收集及对原有评价文件进行研究的基础上，开展变更环境影响评价文件的编制。

1.4 环境影响评价程序

环境影响评价程序是指按一定的顺序或步骤指导完成环境影响评价工作的过程。一般可分为工作程序和管理程序。

1.4.1 环境影响评价工作程序

依据《环境影响评价技术导则 总纲》（HJ 2.1—2011），环境影响评价工作程序一般分为3个阶段：即前期准备、调研和工作方案阶段，分析论证和预测评价阶段，环境影响评价文件编制阶段（图1-1）。

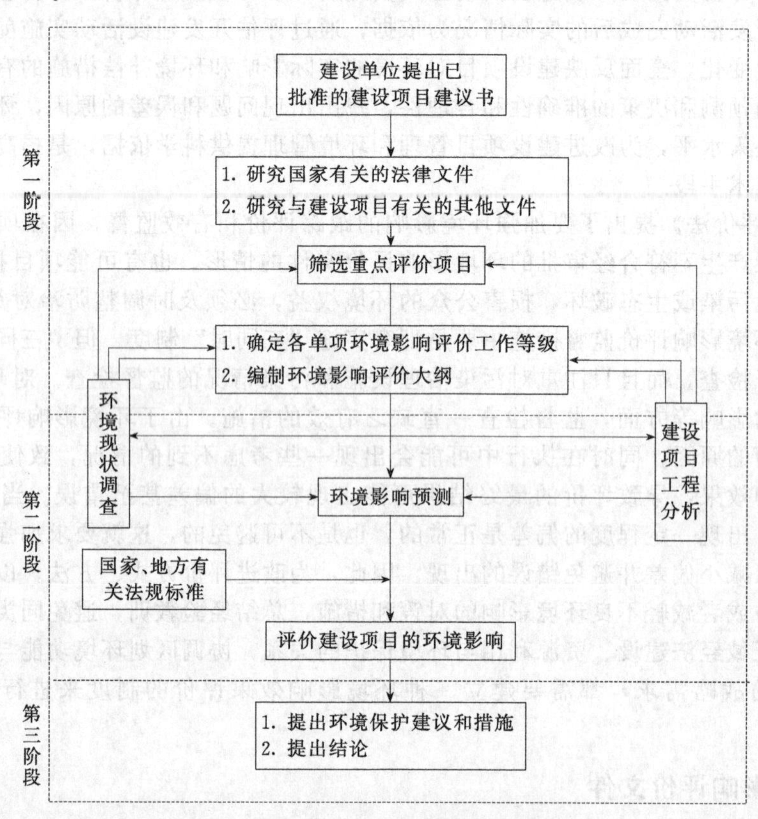

图1-1 环境影响评价工作程序流程图

1.4.2 环境影响评价管理程序

一般说来，根据环境影响评价任务的分类、所在区域和行业等，规划或建设单位（业主）从国家或地方环境行政主管部门网站或其他公开信息中自行筛选和联系具有环境影响评价资质和相应评价范围的单位，评价单位在研读评价任务的可行性文件和现场初步勘察的基础上，根据评价任务工作量大小和难易程度，与业主就环境影响评价费用进行协商，进而签订委托书和技术合同，此后评价单位按环境影响评价工作程序开展工作。

当评价单位编制完成环境影响评价文件（送审版）后，由业主确认评价内容的真实性并送交有审批权的环境行政主管部门或其委托的环境影响技术评估机构，安排对环境影响评价文件进行技术评审事宜。环境行政主管部门或环境影响技术评估机构组织相关行业的环保专家，在现场勘察的基础上进行技术咨询，提出环境影响评价文件的技术评审意见（该程序不是必经程序），评价单位根据技术评审意见要求进行补充、修改和完善后，提交环境影响评价文件（报批版），随后由环境影响技术评估机构形成该环境影响评价文件的技术评估报告，作为环境行政主管部门审批该环境影响评价文件的主要依据。根据建设项目环境管理制度的要求，环境管理应贯彻于建设项目的始终，一般分为三个阶段：项目建议书阶段，环境影响评价阶段和“三同时”管理阶段。我国基本建设项目程序与环境管理程序的关系见图 1-2。

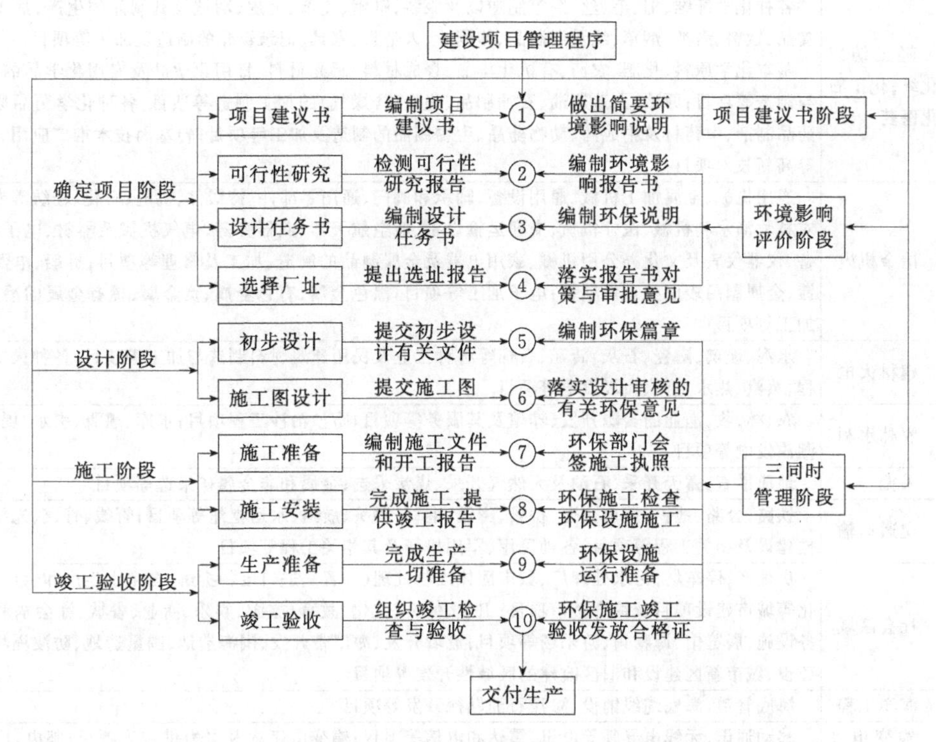

图 1-2　我国基本建设项目程序与环境管理程序的关系

1.5　环境影响评价单位和人员管理

1.5.1　评价资质及等级

根据《建设项目环境影响评价资质管理办法》(2015 年 11 月 1 日起施行)，凡接受委托为建设项目环境影响评价提供技术服务的机构，须经国家环境保护行政主管部门审查合格、取得《建设项目环境影响评价资质证书》后，方可在资质证书规定的资质等级和评价范围内从事环境影响评价技术服务。评价资质分为甲、乙两个等级，取得甲级评价资质的评价机构可以在资质证书规定的评价范围之内，承担各级环境保护行政主管部门负责审批的建设项目环境影响报告书和环境影响报告表的编制工作；取得乙级评价资质的评价机构可以在资质证书规定的评价范围之内，承担省级以下环境保护行政主管部门负责审批的环境影响报告书或环境影响报告表的编制工作；一般说来，新取得乙级评价资质的评价机构，其资质等级为环境影响报告表，故只能承担省级以下环境保护行政主管部门负责审批的环境影响报告表的编制工作。

开展规划环境影响评价的单位暂实行备案制管理，未实行资质管理。

1.5.2　评价资质范围

根据《建设项目环境影响评价资质管理办法》附件 1，环境影响评价机构的评价范围分为环境影响报告书的 11 个小类和环境影响报告表的 2 个小类（表 1-1）。

表 1-1 环境影响评价机构的评价范围

类别		所对应的具体业务领域
环境影响报告书	轻工纺织化纤;化工石化医药	各种化学纤维、棉、毛、丝、绢等制造以及服装、鞋帽、皮革、毛皮、羽绒及其制品的生产、加工等项目;食品、饮料、酒类、烟草、纸及纸制品、印刷业、人造板、家具、记录媒介的制造及加工等项目; 基本化学原料、化肥、农药、有机化学品、合成材料、感光材料、日用化学品及专用化学品的生产加工与制造等项目;原油、人造原油、石油制品、焦炭(含煤气)的加工制造等项目;各种化学药品原药、化学药品制剂、中药材及中成药、动物药品、生物制品的制造及加工等项目;转基因技术推广应用、物种引进等高新技术项目
	冶金机电	通用机械、金属加工机械、通用设备、轴承和阀门、通用零部件、铸锻件、机电、石化、轻纺等专用设备、农林牧渔水利机械、医疗机械、交通运输设备、航空航天器、武器弹药、电气机械及器材、电子及通信设备、仪器仪表及文化办公用机械、家用电器及金属制品的制造、加工及修理等项目;拆船、电器拆解、电镀、金属制品表面处理等项目;电子加工等项目;黑色金属、有色金属、贵金属、稀有金属的冶炼及压延加工等项目
	建材火电	水泥、玻璃、陶瓷、石灰、砖瓦、石棉等各种工业及民用建筑材料制造与加工等项目;各种火电、脱硫工程、蒸汽、热水生产、垃圾发电等项目
	农林水利	农、林、牧、渔业的资源开发、养殖及其服务等项目;防沙治沙工程项目;水库、灌溉、引水、堤坝、水电、潮汐发电等项目
	采掘	地质勘查、露天开采、石油及天然气开采、煤炭采选、金属和非金属矿采选等项目
	交通运输	铁路、公路、地铁、城市交通、桥梁、隧道、港口、码头、航道、水运枢纽等项目;管线、管道、光纤光缆、仓储建设及相关工程等项目;各种民用、军用机场及其相关工程等项目
	社会区域	房地产、停车场、污水处理厂、城市固体废物处理(处置)、进口废物拆解、自来水生产和供应、园林、绿化等城市建设项目及综合整治项目;卫生、体育、文化、教育、旅游、娱乐、商业、餐饮、社会福利、社会服务设施、展览馆、博物馆、游乐场等项目;流域开发、海岸带开发、围海造地、围垦造地、防波堤坝、开发区建设、城市新区建设和旧区改建的区域性开发等项目
	海洋工程	海底管道、海底缆线铺设、海洋石油勘探开发等项目
	输变电及广电通讯	移动通讯、无线电寻呼等电讯、雷达和电信等项目;输变电工程及电力供应等项目;邮电、广播、电视等项目
	核工业	核设施项目;核技术应用项目;伴生放射性矿物资源开发利用、放射性天然铀、钍伴生矿的开采、加工和利用及废渣的处理和贮存等项目
环境影响报告表	一般项目环境影响报告表	可编制除输变电及广电通讯、核工业类别以外项目的环境影响报告表
	特殊项目环境影响报告表	可编制输变电及广电通讯、核工业类别建设项目的环境影响报告表

1.5.3 环境评价专职技术人员

评价机构所主持编制的环境影响报告书和特殊项目环境影响报告表须由登记于该机构的相应类别的环境影响评价工程师主持;一般项目环境影响报告表须由登记于该机构的环境影响评价工程师主持。环境影响报告书的各章节和环境影响报告表的各专题应当由本机构的环境影响评价专职技术人员主持。

1.6 环境影响评价报告的质量控制

1.6.1 建立内部审核制度

为保证环境影响评价文件编制质量,环评单位应制定相应的环境影响评价文件质量保证管理制度,如《环境影响评价质量管理办法》、《环境影响评价报告书(报告表)内部审核制度》、

《环评人员的考核培训制度》及《项目竣工运行后的回访跟踪制度》等，并结合本单位情况，制定有关工作流程、现场踏勘、分级审核、责任追究等方面的具体要求。鉴于环评市场良莠不齐，且公众对环境影响评价的要求和期待都有很大的提高，因此一套完善的内部审核制度显得十分必要。

一般来说，项目主持人（环境影响评价工程师）具体负责环境影响评价报告的编制质量，可以承担主要章节的编写；多名专职技术人员承担各章节的具体编写；另有经验丰富的环境影响评价工程师负责报告的审核；最后由评价机构的总工程师或副总工程师审定。

1.6.2 注重附图和附表的绘制

环境影响评价文件中往往会用到大量的附图、附表，清晰、精美的图表也会为评价文件增色不少。以大气环境影响评价为例，报告书中常见的附图包括：①污染源点位及环境空气敏感区分布图。包括评价范围底图、项目污染源、评价范围内其他污染源、主要环境空气敏感区、地面气象台站、探空气象台站、环境监测点等。②基本气象分析图。包括年、季风向玫瑰图等。③常规气象资料分析图。包括年平均温度月变化曲线图、温廓线、风廓线图等。④复杂地形的地形示意图。⑤污染物浓度等值线分布图。包括评价范围内出现区域浓度最大值（小时平均浓度及日平均浓度）时所对应的浓度等值线分布图，以及长期气象条件下的浓度等值线分布图。

环境影响评价文件中常见的附表包括：①采用估算模式计算结果表；②污染源调查清单表，包括：污染源周期性排放系数统计表、点源参数调查清单、面源参数调查清单、体源参数调查清单、颗粒物粒径分布调查清单等；③常规气象资料分析表，包括：年平均温度的月变化、年平均风速的月变化、季小时平均风速的日变化、年均风频的月变化、年均风频的季变化及年均风频等；④环境质量现状监测分析结果；⑤预测点环境影响预测结果与达标分析。

环境影响评价文件中常见的附件包括：①环境质量现状监测原始数据文件（电子版或文本复印件）；②气象观测资料文件（电子版），并注明气象观测数据来源及气象观测站类别；③预测模型所有输入文件及输出文件（电子版）。应包括：气象输入文件、地形输入文件、程序主控文件、预测浓度输出文件等。附件中应说明各文件意义及原始数据来源。

不同评价等级对附图、附表、附件要求不同，实际工作中可以根据导则要求针对不同评价等级提供相应材料。

第2章 环境影响评价法律法规体系

2.1 环境影响评价法律

我国的环境法律不是采用统一立法的形式，而是各项专门的法律和相关法规、规章相互补充组成的一个法律体系。截至2005年1月底，国家制定和完善了环境保护法律9部，自然资源管理法律13部，防灾减灾法律3部。另外还制定了大量的环境保护行政法规、规章及地方法规和规章，初步构建了我国环境法律框架。1997年修订后的《刑法》增加了“破坏资源环境罪”专节，表明环境立法取得重大进展和突破。2000年4月29日通过的中华人民共和国大气污染防治法，首次用立法形式阐明了“超标即违法”的思想，使环境标准的法律地位得到进一步明确和强化，表明我国环境法律体系渐趋完善。

按我国现行立法体制的法律法规的效力等级看，我国环境法体系主要由如下几个层次构成：

2.1.1 宪法

《中华人民共和国宪法》中关于环境与资源保护的规定是环境法的基础，是各种环境法律、法规和规章的立法依据。把环境保护作为一项国家职责和基本国策在宪法中予以确认。

我国宪法对环境与资源保护作了一系列的规定。宪法第26条第1款规定“国家保护和改善生活环境和生态环境，防止污染和其他公害”。这一规定是国家对环境保护的总政策，说明了环境保护是国家的一项基本职责。宪法第9条规定：“国家保障自然资源的合理利用，保护珍贵的动物和植物，禁止任何组织或者个人用任何手段侵占或者破坏自然资源”。以及第10条中“一切使用土地的组织和个人必须合理利用土地”。这些规定强调了对自然资源的严格保护和合理利用，以防止因自然资源的不合理开发导致环境破坏。

另外宪法对名胜古迹，珍贵文物和其他重要历史文化遗产的保护也做了规定。

宪法的上述规定，为我国的环境保护活动和环境立法提供了指导原则和立法依据，也是确定环境影响评价制度的最根本的法律基础和依据。

2.1.2 中华人民共和国环境保护法

《中华人民共和国环境保护法》是环境保护的基本法，在该法第十三条规定：“建设污染环境的项目，必须遵守国家有关建设项目环境保护管理的规定。”

“建设项目的环境影响报告书，必须对建设项目产生的污染和对环境的影响作出评价，规定防治措施，经项目主管部门预审，并依照规定的程序报环境保护行政主管部门批准。环境影响报告书经批准后，计划部门方可批准建设项目设计任务书。”这一条款不但规定了污染环境的项目必须进行环境影响评价，而且指出批准后的环境影响报告书是计划部门批准建设项目设计任务书的先决条件。

2.1.3 单项法

(1) 环境类：除2003年9月1日实施的《环境影响评价法》外，还有《中华人民共和国水污染防治法》，《中华人民共和国大气污染防治法》，《中华人民共和国环境噪声污染防治法》，《中华人民共和国固体废物污染防治法》，《中华人民共和国海洋环境保护法》，《中华人民共和国清洁生产促进法》，《中华人民共和国放射性污染防治法》等。

(2) 资源类：《中华人民共和国森林法》，《中华人民共和国草原法》，《中华人民共和国渔业法》，《中华人民共和国矿产法》，《中华人民共和国土地法》，《中华人民共和国水法》，《中华人民共和国野生动物保护法》，《中华人民共和国气象法》等。

《中华人民共和国水污染防治法》第十三条规定："新建、扩建、改建直接或间接向水体排放污染物的建设项目和其他水上设施，必须遵守国家有关建设项目环境保护管理的规定。建设项目的环境影响报告书，必须对建设项目可能产生的水污染和对生态环境的影响作出评价，规定防治的措施，按照规定的程序报经有关环境保护部门审查批准。"《中华人民共和国大气污染防治法》第九条规定："新建、扩建、改建向大气排放污染物的项目，必须遵守国家有关建设项目环境保护管理的规定。建设项目的环境影响报告书，必须对建设项目可能产生的大气污染和对生态环境的影响作出评价，规定防治措施，并按照规定的程序报环境保护部门审查批准。"《中华人民共和国野生动物保护法》第十二条规定："建设项目对国家或者地方重点保护野生动物的生存环境产生不利影响的，建设单位应当提交环境影响报告书，环境保护部门在审批时，应当征求同级野生动物行政主管部门的意见。"

2.1.4 我国加入的国际环境保护公约

中国政府为保护全球环境而签订的国际公约、条约是环境法体系的重要组成部分，是中国承担全球环境保护义务的承诺。截止2009年9月，中国已加入50多项国际环境公约。据不完全统计，到目前为止，我国已经缔结或者签署的多边国际环境保护条约有危险废物的控制、危险化学品国际贸易的事先知情同意程序、化学品的安全使用和环境管理、臭氧层保护、气候变化、生物多样性保护、湿地保护、荒漠化防治、海洋环境保护、自然和文化遗产保护等十五大类超过60项，双边和区域性环境合作也取得了重要进展。

在保护动植物方面，我国已加入了《国际捕鲸公约》《东南亚及太平洋区植物保护协定》《国际热带木材协定》《关于特别是水禽生境的国际重要湿地公约》及其修正案（1982）（1992年7月对我国生效）以及《濒危野生动植物种国际贸易公约》和《生物多样性公约》（1993年12月公约对我国生效）等。

温室效应和臭氧层破坏已成为当今世界瞩目的重大环境问题。我国一贯重视保护臭氧层和防止温室效应的问题，并已于1989年加入《保护臭氧层维也纳公约》，1990年加入《关于消耗臭氧层物质的蒙特利尔议定书》，1992年参加起草并签署了《联合国气候变化框架公约》。

危险废物越境转移及其处置问题是当前国际社会普遍关心的又一重大环境问题。1989年116个国家和地区代表在瑞士通过了《控制危险废物越境转移及其处置的巴塞尔公约》，以及防止危险和有毒化学品非法转移造成人员伤亡或环境污染的《关于在国际贸易中对某些危险化学品和农药采用事先知情同意程序的鹿特丹公约》（中国1998年9月签署），和减少或消除持久性有机污染物（POPs）对环境和人类影响的《关于持久性有机污染物的斯德哥尔摩公约》。

我国参加的国际环境保护条约还有：《保护世界文化和自然遗产公约》（1986年3月12日对我国生效）、《南极条约》（1983年6月8日对我国生效）、《关于环境保护的南极条约议定书》（中国1991年10月4日签署）、《及早通报核事故公约》（1987年10月14日对我国生效）、《核安全条约》（1996年7月9日对我国生效）、《核材料实物保护公约》（1989年1月2日对我国生效)、《化学制品在工作中的使用安全》(1992年8月批准加入)、《联合国荒漠化公约》(1996年12月批准加入)等。

2013年1月13日至18日，联合国147个成员国派代表参加在日内瓦召开的第五届谈判委员会会议，经过艰难磋商，最终于19日凌晨通过了有关限制和减少汞排放的《水俣公约》，就具体限排范围作出详细规定，以减少汞对环境和人类健康造成的损害。水俣是日本的一座城市，20世纪中期曾发生严重汞污染事件，公约以此地命名，也是为了给世人以警示。2013年10月10日在日本熊本市，包括中国在内的87个国家和地区的代表共同签署《水俣公约》，标志着全球携手减少汞污染迈出第一步。

随着我国签署的国际环境保护公约的不断增加，我们应当不断提高自己的履约能力，在进行环境影响评价活动时不断加强对不同领域环境保护公约的理解和认识，优先满足公约中对环境保护的相关规定和要求。

2.1.5 其他相关法律

环境影响评价工作中可能遇到的相关法律有：自然保护区条例、风景名胜区管理暂行条例、防洪法、河道管理条例、水土保持法、防尘治沙法、土地管理法、基本农田保护条例、海域使用管理法、矿产资源法、地质灾害防治条例、节约能源法、城市规划法、文物保护法等。

2.2 环境影响评价法规

目前，中国环境影响评价是由法律、行政法规、部门规章和地方法规几个层次组成的。主要相关法律有：《中华人民共和国环境保护法》,《中华人民共和国海洋环境保护法》,《中华人民共和国水污染防治法》,《中华人民共和国大气污染防治法》,《中华人民共和国固体废物污染防治法》,《中华人民共和国噪声污染防治法》等。行政法规如：《建设项目环境保护管理条例》。部门行政规章：国家环境保护部、国务院有关部委关于环境影响评价的规定。地方法规：各省、自治区、直辖市有关建设项目环境保护管理条例、办法、政府令等。我国环境影响评价制度的法规体系，如图2-1所示。

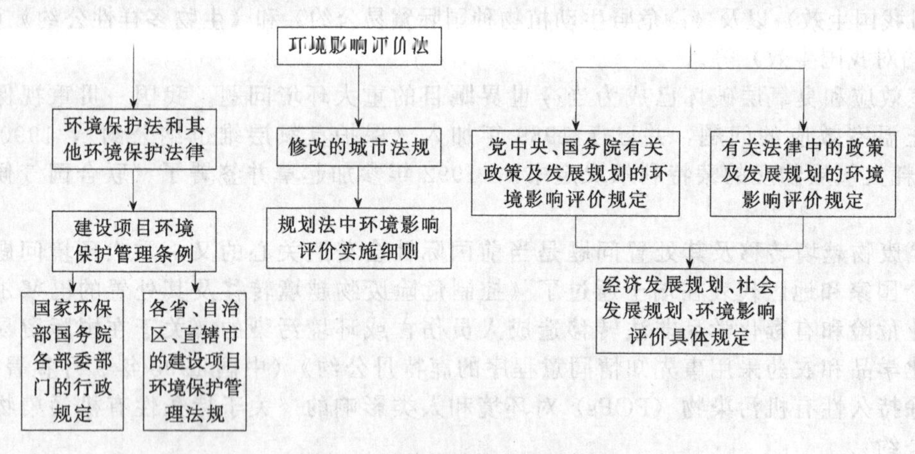

图2-1 环境影响评价法规体系

环境影响评价已从建设项目扩展到区域、流域开发和工业基地经济发展计划的环境影响评价。加之对政策执行、经济和社会发展规划等重大决策进行环境影响评价，真正做到经济、社会、环境三个效益的统一，实现可持续发展战略。

2.3 环境影响评价规章

2.3.1 部门规章的概念

国家最高行政机关所属的各部门、委员会根据法律和行政法规的规定和国务院的决定，在自己的职权范围内发布的调整部门管理事项的、并不得与宪法、法律和行政法规相抵触的规范性文件称之为部门规章。主要形式是命令、指示、规章等。

2.3.2 环保部门规章

指由环保部门发布的意见、通知、规定、名录、目录、政策、指南、行业准入、解释等，是此类部门规章中数量最多的。环保部最近公布的部分部门规章有：

消耗臭氧层物质进出口管理办法［2014-01-21］

放射性固体废物贮存和处置许可管理办法［2013-12-30］

核与辐射安全监督检查人员证件管理办法［2013-12-30］

环境监察执法证件管理办法［2013-12-26］

环境监察办法［2012-07-25］

环境污染治理设施运营资质许可管理办法［2012-04-30］

污染源自动监控设施现场监督检查办法［2012-02-01］

突发环境事件信息报告办法［2011-04-18］

放射性同位素与射线装置安全和防护管理办法［2011-04-18］

固体废物进口管理办法［2011-04-08］

随着时间的推移，有些规章已经不能满足新形势的要求，因此需要对一些旧的规章进行清理和修订，如国家环保部于 2010 年底对 2008 年 3 月环境保护部成立以来以及原国家环境保护总局、原国家环境保护局、原城乡建设环境保护部先后发布的部门规章进行了清理。发布了"关于公布现行有效的国家环保部门规章目录的公告"，共清理出城乡建设环境保护部规章 2 件，国家环境保护局规章 13 件，国家环境保护总局规章 37 件，环境保护部规章 10 件，总计 62 件有效的部门规章（表 2-1）。

表 2-1 现行有效的国家环保部门规章目录（2010）

序号	规章名称	制定机关	文号
1	全国环境监测管理条例	城乡建设环境保护部	城环字〔1983〕483 号
2	城市放射性废物管理办法	国家环境保护局	(87)环放字第 239 号
3	饮用水水源保护区污染防治管理规定	国家环境保护局、卫生部、建设部、水利部、地矿部	(89)环管字第 201 号
4	汽车排气污染监督管理办法	国家环境保护局、公安部、国家进出口商品检验局、中国人民解放军总后勤部、交通部、中国汽车工业总公司	(90)环管字第 359 号
5	防止多氯联苯电力装置及其废物污染环境的规定	国家环境保护局、能源部	(91)环管字第 050 号
6	环境监理工作暂行办法	国家环境保护局	(91)环监字第 338 号
7	国家环境保护局环境保护科学技术研究成果管理办法	国家环境保护局	国家环境保护局令第 7 号
8	环境监理执法标志管理办法	国家环境保护局	国家环境保护局令第 9 号
9	防治尾矿污染环境管理规定	国家环境保护局	国家环境保护局令第 11 号

续表

序号	规章名称	制定机关	文号
10	化学品首次进口及有毒化学品进出口环境管理规定	国家环境保护局	环管〔1994〕140号
11	环境保护档案管理办法	国家环境保护局	国家环境保护局令第13号
12	环境监理人员行为规范	国家环境保护局	国家环境保护局令第16号
13	废物进口环境保护管理暂行规定	国家环境保护局、对外贸易经济合作部、海关总署、国家工商局和国家商检局	环控〔1996〕204号
14	关于废物进口环境保护管理暂行规定的补充规定	国家环境保护局、对外贸易经济合作部、海关总署、国家工商局、国家商检局	环控〔1996〕629号
15	电磁辐射环境保护管理办法	国家环境保护局	国家环境保护局令第18号
16	环境保护法规解释管理办法	国家环境保护总局	国家环境保护总局令第1号
17	环境标准管理办法	国家环境保护总局	国家环境保护总局令第3号
18	秸秆禁烧和综合利用管理办法	国家环境保护总局、农业部、财政部、铁道部、交通部、中国民航总局	环发〔1999〕98号
19	危险废物转移联单管理办法	国家环境保护总局	国家环境保护总局令第5号
20	污染源监测管理办法	国家环境保护总局	环发〔1999〕246号
21	消耗臭氧层物质进出口管理办法	国家环境保护总局、对外贸易经济合作部和海关总署	环发〔1999〕278号
22	近岸海域环境功能区管理办法	国家环境保护总局	国家环境保护总局令第8号
23	关于加强对消耗臭氧层物质进出口管理的规定	国家环境保护总局	环发〔2000〕85号
24	畜禽养殖污染防治管理办法	国家环境保护总局	国家环境保护总局令第9号
25	淮河和太湖流域排放重点水污染物许可证管理办法(试行)	国家环境保护总局	国家环境保护总局令第11号
26	建设项目竣工环境保护验收管理办法	国家环境保护总局	国家环境保护总局令第13号
27	环境影响评价审查专家库管理办法	国家环境保护总局	国家环境保护总局令第16号
28	专项规划环境影响报告书审查办法	国家环境保护总局	国家环境保护总局令第18号
29	全国环保系统六条禁令	国家环境保护总局	国家环境保护总局令第20号
30	医疗废物管理行政处罚办法	卫生部、国家环境保护总局	卫生部、国家环境保护总局令第21号
31	环境保护行政许可听证暂行办法	国家环境保护总局	国家环境保护总局令第22号
32	环境污染治理设施运营资质许可管理办法	国家环境保护总局	国家环境保护总局令第23号
33	环境保护法规制定程序办法	国家环境保护总局	国家环境保护总局令第25号
34	建设项目环境影响评价资质管理办法	国家环境保护总局	国家环境保护总局令第26号
35	废弃危险化学品污染环境防治办法	国家环境保护总局	国家环境保护总局令第27号
36	污染源自动监控管理办法	国家环境保护总局	国家环境保护总局令第28号
37	国家环境保护总局建设项目环境影响评价文件审批程序规定	国家环境保护总局	国家环境保护总局令第29号
38	建设项目环境影响评价行为准则与廉政规定	国家环境保护总局	国家环境保护总局令第30号
39	放射性同位素与射线装置安全许可管理办法	国家环境保护总局	国家环境保护总局令第31号
40	病原微生物实验室生物安全环境管理办法	国家环境保护总局	国家环境保护总局令第32号
41	环境信访办法	国家环境保护总局	国家环境保护总局令第34号
42	环境信息公开办法(试行)	国家环境保护总局	国家环境保护总局令第35号
43	国家级自然保护区监督检查办法	国家环境保护总局	国家环境保护总局令第36号
44	环境统计管理办法	国家环境保护总局	国家环境保护总局令第37号

续表

序号	规章名称	制定机关	文号
45	环境监测管理办法	国家环境保护总局	国家环境保护总局令第39号
46	电子废物污染环境防治管理办法	国家环境保护总局	国家环境保护总局令第40号
47	排污费征收工作稽查办法	国家环境保护总局	国家环境保护总局令第42号
48	民用核安全设备设计制造安装和无损检验监督管理规定(HAF601)	国家环境保护总局	国家环境保护总局令第43号
49	民用核安全设备无损检验人员资格管理规定(HAF602)	国家环境保护总局	国家环境保护总局、国防科工委令第44号
50	民用核安全设备焊工焊接操作工资格管理规定(HAF603)	国家环境保护总局	国家环境保护总局令第45号
51	进口民用核安全设备监督管理规定(HAF604)	国家环境保护总局	国家环境保护总局令第46号
52	危险废物出口核准管理办法	国家环境保护总局	国家环境保护总局令第47号
53	国家危险废物名录	环境保护部、国家发展改革委	环境保护部、发展改革委令第1号
54	建设项目环境影响评价分类管理名录	环境保护部	环境保护部令第2号
55	环境行政复议办法	环境保护部	环境保护部令第4号
56	建设项目环境影响评价文件分级审批规定	环境保护部	环境保护部令第5号
57	限期治理管理办法(试行)	环境保护部	环境保护部令第6号
58	新化学物质环境管理办法	环境保护部	环境保护部令第7号
59	环境行政处罚办法	环境保护部	环境保护部令第8号
60	地方环境质量标准和污染物排放标准备案管理办法	环境保护部	环境保护部令第9号
61	进出口环保用微生物菌剂环境安全管理办法	环境保护部	环境保护部令第10号
62	放射性物品运输安全许可管理办法	环境保护部	环境保护部令第11号

2.3.3 相关部门规章

指由其它相关部门发布的意见、通知、规定、名录、目录、政策、指南、行业准入、解释等，相关部门主要有工业和信息化部、发展改革委、商务部等。表2-2是相关部门发布的部分规章与规范性文件。

表2-2 部分相关部门规章与规范性文件

文件	日期
关于印发《燃煤发电机组环保电价及环保设施运行监管办法》的通知	[2014-03-28]
关于印发《京津冀及周边地区重点工业企业清洁生产水平提升计划》的通知	[2014-01-09]
《清洁生产评价指标体系编制通则》(试行稿)	[2013-06-05]
铸造行业准入条件	[2013-06-03]
关于2013年全国节能宣传周和全国低碳日活动安排的通知	[2013-05-14]
符合《钢铁行业规范条件(2012年修订)》钢铁企业名单(第一批)	[2013-05-14]
关于加强农作物秸秆综合利用和禁烧工作的通知	[2013-05-14]
关于深化限制生产销售使用塑料购物袋实施工作的通知	[2013-05-10]
商务部 环境保护部关于印发《对外投资合作环境保护指南》的通知	[2013-02-28]
中国逐步降低荧光灯含汞量路线图	[2013-02-28]
工业和信息化部 发展改革委 环境保护部关于开展工业产品生态设计的指导意见	[2013-02-28]
人力资源社会保障部等四部门关于表彰“十一五”时期全国节能减排先进集体和先进个人的决定	[2013-01-25]
玻璃纤维行业准入条件(2012年修订)	[2012-10-15]
再生铅行业准入条件	[2012-09-10]
《钢铁行业规范条件(2012年修订)》	[2012-09-04]

续表

工业和信息化部发布《轮胎翻新行业准入条件》和《废轮胎综合利用行业准入条件》	[2012-08-21]
稀土行业准入条件	[2012-08-07]
钼行业准入条件	[2012-07-25]
关于加强中央预算单位政府采购管理有关事项的通知	[2012-05-24]
关于印发"十二五"国家政务信息化工程建设规划的通知	[2012-05-17]
关于开展中央基层预算单位综合财政监管工作的通知	[2012-03-12]

2.3.4 法律等级和效力问题

国际公约与我国现行法律有不同规定的，根据《中华人民共和国环境保护法》第46条规定："中华人民共和国缔结或者参加的与环境保护有关的国际条约，同中华人民共和国的法律有不同规定的，适用国际条约的规定，但中华人民共和国声明保留的条款除外"。这就是说，作为各项条约、协议的成员国，除我国声明保留的条款之外，其余条款均对我国发生法律效力，并且效力优先于国内法。

国内法律效力等级：宪法，法律，行政法规，部门规章和地方性规章。部门规章之间、部门规章与地方政府规章之间具有同等效力，在各自权限范围内施行。

《中华人民共和国立法法》第八十六条规定：地方性法规、规章之间不一致时，由有关机关依照下列规定的权限作出裁决：

（一）同一机关制定的新的一般规定与旧的特别规定不一致时，由制定机关裁决；

（二）地方性法规与部门规章之间对同一事项的规定不一致，不能确定如何适用时，由国务院提出意见，国务院认为应当适用地方性法规的，应当决定在该地方适用地方性法规的规定；认为应当适用部门规章的，应当提请全国人民代表大会常务委员会裁决；

（三）部门规章之间、部门规章与地方政府规章之间对同一事项的规定不一致时，由国务院裁决。

根据授权制定的法规与法律规定不一致，不能确定如何适用时，由全国人民代表大会常务委员会裁决。

第 3 章　环境影响评价标准体系

3.1　环境评价标准分类

环境标准分为国家环境标准、地方环境标准和国家环境保护行业标准，环境标准体系的组成见图 3-1。

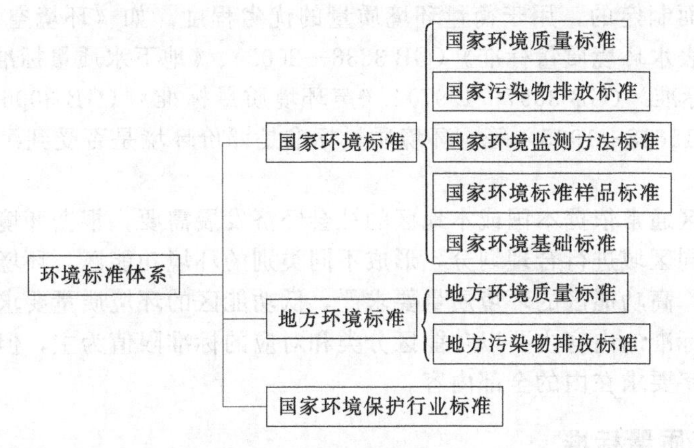

图 3-1　环境标准体系

国家环境标准是国家依据有关法律规定，对全国环境保护工作范围内需要统一的各项技术规范和技术要求所作的规定，包括国家环境质量标准、国家污染物排放（控制）标准、国家环境监测方法标准、国家环境标准样品标准和国家环境基础标准。

地方环境标准由省、自治区、直辖市人民政府制定，是对国家环境标准的补充和完善。地方环境标准包括地方环境质量标准和地方污染物排放（控制）标准。国家环境质量标准中未做出规定的项目，可以制定地方环境质量标准。国家污染物排放标准中未做规定的项目，可以制定地方污染物排放标准；国家污染物排放标准已作规定的项目，可以制定严于该标准的地方污染物排放标准。

国家环境保护行业标准是指国家在环境保护工作中对需要统一的技术要求所制定的标准(包括各项环境管理制度、监测技术、环境区划、规划的技术要求、规范、导则等)，由国务院环境保护行政主管部门分布。

国家环境标准和国家环境保护行业标准在全国范围内执行。

国家环境标准和国家环境保护行业，标准分为强制性标准和推荐性标准。环境质量标准、污染物排放标准和法律、行政法规规定必须执行的其他环境标准为强制性标准。强制性环境标准必须执行，超标即违法。强制性标准以外的环境标准属于推荐性标准。国家鼓励采用推荐性环境标准。推荐性环境标准被强制性标准引用时，也必须强制执行。

环境质量标准和污染物排放标准是环境标准体系的核心，前者为后者的制定提供依据，后者是保证实现前者的手段和措施。环境基础标准为各种标准提供了统一的语言，对统一、规范环境标准具有指导作用，是环境标准体系的基础。环境监测方法标准是环境标准体系的支持系统，是执行环境质量标准和污染物排放标准、实现统一管理的基础。

污染物排放标准（国家排放标准、国家环境保护行业标准以及地方排放标准）从适用对象上分为跨行业综合排放标准和行业排放标准，两者不交叉执行，有行业排放标准的项目执行行业排放标准，对明确属于某行业的企业，其排放的污染物国家该行业排放标准中没有规定，亦不应执行国家综合性排放标准，但可通过制定地方排放标准进行控制。没有行业排放标准的项目执行综合排放标准。

3.2 环境质量标准

为保护自然环境、人体健康和社会物质财富，对一定时空范围内的有害物质和因素的容许数量或强度所做的限制性规定。该标准是以国家的环境保护法规为政策依据，以保护环境和改善环境质量为目标而制定的，用于衡量环境质量的优劣程度。如《环境空气质量标准》（GB 3095—2012)、《地表水环境质量标准》（GB 3838—2002)、《地下水质量标准》（GB/T 14848—1993)、《海水水质标准》（GB 3097—1997)、《声环境质量标准》（GB 3096—2008)、《土壤环境质量标准》（GB 15618—1995）等。环境质量标准是评价环境是否受到污染和制定污染物排放标准的依据。

一个国家或地区通常依据本国或本地区的社会经济发展需要，根据环境结构、状态和使用功能的差异，对不同区域进行合理划分，形成不同类别的环境功能区。环境质量标准与环境功能区类别一一对应，高功能区的环境质量要求严，低功能区的环境质量要求稍松。

各种环境质量标准的内容主要以功能区分类和对应的标准限值为主，但满足环境质量标准的含义是指包括文字要求在内的全部内容。

3.2.1 环境空气质量标准

环境空气质量标准（GB 3095—2012）规定了环境空气功能区分类、标准分级、污染物项目、平均时间及浓度限值、监测方法、数据统计的有效性规定及实施与监督等内容，适用于环境空气质量评价与管理。该标准规定 2012 年在京津冀、长三角、珠三角等重点区域以及直辖市和省会城市实施，之后逐年在重点城市、地级市推广，其他地区仍执行环境空气质量标准（GB 3095—1996）及其修改单；2016 年 1 月 1 日后全国实施这一新标准。

环境空气功能区分为二类：一类区为自然保护区、风景名胜区和其他需特殊保护的地区；二类区为居住区、商业交通居民混合区、文化区、工业区和农村地区。一类区适用一级浓度限值，二类区适用二级浓度限值。一类、二类功能区环境空气质量要求见表 3-1 和表 3-2，其中基本项目（表 3-1）在全国范围内实施；其他项目（表 3-2）由国务院环境保护行政主管部门或者省级人民政府根据实际情况，确定具体实施方式。

表 3-1 环境空气污染物基本项目浓度限值

序号	污染物项目	平均时间	浓度限值		单位
			一级	二级	
1	二氧化硫(SO_2)	年平均	20	60	$\mu g/m^3$
		24h 平均	50	150	
		1h 平均	150	500	
2	二氧化氮 (NO_2)	年平均	40	40	
		24h 平均	80	80	
		1h 平均	200	200	
3	一氧化碳 (CO)	24h 平均	4	4	mg/m^3
		1h 平均	10	10	

续表

序号	污染物项目	平均时间	浓度限值		单位
			一级	二级	
4	臭氧 (O_3)	日最大 8h 平均	100	160	$\mu g/m^3$
		1h 平均	160	200	
5	颗粒物(粒径小于等于 10μm)	年平均	40	70	
		24h 平均	50	150	
6	颗粒物(粒径小于等于 2.5μm)	年平均	15	35	
		24h 平均	35	75	

表 3-2 环境空气污染物其他项目浓度限值

序号	污染物项目	平均时间	浓度限值		单位
			一级	二级	
1	总悬浮颗粒物 (TSP)	年平均	80	200	$\mu g/m^3$
		24h 平均	120	300	
2	氮氧化物 (NO_x)	年平均	50	50	
		24h 平均	100	100	
		1h 平均	250	250	
3	铅 (Pb)	年平均	0.5	0.5	
		季平均	1	1	
4	苯并[a]芘(BaP)	年平均	0.001	0.001	
		24h 平均	0.0025	0.0025	

居住区大气中有害物质的最高容许浓度，部分污染物浓度限值见表 3-3，《工业企业设计卫生标准》(TJ 36—1979) 规定产生较大有害气体、烟、雾、粉尘等有害物质的工业企业，不得在居住区内修建。向大气排放有害物质的工业企业，应布置在居住区夏季最小频率风向的上风侧。产生有害物质的工业企业，在生产区内除值班室外，不得设置其他居住房屋。

表 3-3 居住区大气中有害物质的最高容许浓度（部分）

编号	物质名称	最高容许浓度/(mg/m^3)		编号	物质名称	最高容许浓度/(mg/m^3)	
		一次	日平均			一次	日平均
1	乙醛	0.01		13	苯乙烯	0.01	
2	二甲苯	0.3		14	酚	0.02	
3	二硫化碳	0.04		15	铬(六价)	0.0015	
4	五氧化二磷	0.15	0.05	16	汞		0.0003
5	丙烯		0.05	17	砷化物(以砷计)		0.003
6	丙酮	0.80		18	氟化物(以氟计)	0.02	0.007
7	甲基对硫磷	0.01		19	硫酸	0.30	0.10
8	甲醇	3.00	1.00	20	氯	0.10	0.03
9	甲醛	0.05		21	氯化氢	0.05	0.015
10	苯	2.40	0.8	22	硫化氢	0.01	
11	硝基苯	0.01		23	氨	0.20	
12	苯胺	0.10	0.03	24	敌百虫	0.10	

3.2.2 水环境质量标准

3.2.2.1 地表水环境质量标准

地表水环境质量标准（GB 3838—2002）按照地表水水域环境功能和保护目标，规定了水环境质量控制的项目及限值，以及水质评价、水质项目的分析方法和标准的实施与监督，适用于我国领域内江河、湖泊、运河、渠道、水库等具有适用功能的地表水域。

依据地表水水域环境功能和保护目标按功能高低依次划分为5类：Ⅰ类主要适用于源

头水、国家自然保护区；Ⅱ类主要适用于集中式生活饮用水地表水源地一级保护区、珍稀水生生物栖息地、鱼虾类产卵场、仔稚幼鱼的索饵场等；Ⅲ类主要适用于集中式生活饮用水地表水源地二级保护区、鱼虾类越冬场、洄游通道、水产养殖区等渔业水域及游泳区；Ⅳ类主要适用于一般工业用水区及人体非直接接触的娱乐用水区；Ⅴ类主要适用于农业用水区及一般景观要求水域。同一水域兼有多类使用功能的，执行最高类别对应的标准限值。

该标准规定了109个项目的标准限值，其中24个基本项目的标准限值见表3-4。

表3-4 地表水环境质量标准中基本项目浓度限值 单位：mg/L

序号	项目		标准分类				
			Ⅰ类	Ⅱ类	Ⅲ类	Ⅳ类	Ⅴ类
1	水温		人为造成的环境水温变化应限制在：周平均最大温升≤1℃；周平均最大温降≤2℃				
2	pH值(无量纲)		6～9				
3	溶解氧	≥	饱和率90%（或7.5）	6	5	3	2
4	高锰酸盐指数	≤	2	4	6	10	15
5	化学需氧量(COD)	≤	15	15	20	30	40
6	五日生化需氧量(BOD_5)	≤	3	3	4	6	10
7	氨氮(NH_3-N)	≤	0.15	0.5	1.0	1.5	2.0
8	总磷(以P计)	≤	0.02（湖、库0.01）	0.1（湖、库0.025）	0.2（湖、库0.05）	0.3（湖、库0.1）	0.4（湖、库0.2）
9	总氮(湖、库以N计)	≤	0.2	0.5	1.0	1.5	2.0
10	铜	≤	0.01	1.0	1.0	1.0	1.0
11	锌	≤	0.05	1.0	1.0	2.0	2.0
12	氟化物(以F^-计)	≤	1.0	1.0	1.0	1.5	1.5
13	硒	≤	0.01	0.01	0.01	0.02	0.02
14	砷	≤	0.05	0.05	0.05	0.1	0.1
15	汞	≤	0.00005	0.00005	0.0001	0.001	0.001
16	镉	≤	0.001	0.005	0.005	0.005	0.01
17	铬(六价)	≤	0.01	0.05	0.05	0.05	0.1
18	铅	≤	0.01	0.01	0.05	0.05	0.1
19	氰化物	≤	0.005	0.05	0.2	0.2	0.2
20	挥发酚	≤	0.002	0.002	0.005	0.01	0.1
21	石油类	≤	0.05	0.05	0.05	0.5	1.0
22	阴离子表面活性剂	≤	0.2	0.2	0.2	0.3	0.3
23	硫化物	≤	0.05	0.1	0.5	0.5	1.0
24	粪大肠菌群(个/L)	≤	200	2000	10000	20000	40000

3.2.2.2 海水水质标准

海水水质标准（GB 3097—1997）规定了海域各类适用功能的水质要求，适用于我国管辖的海域。海水水质按照海域的不同使用功能和保护目标分为4类：第一类适用海洋渔业水域、海上自然保护区和珍稀濒危海洋生物保护区；第二类适用于水产养殖区、海水浴场、人体直接接触海水的海上运动或娱乐区、与人类食用直接有关的工业用水区；第三类适用于一般工业用水区、滨海风景旅游区；第四类适用于海洋港口水域、海洋开发作业区。

该标准规定了35项指标的不同类别的标准限值，表3-5列出了部分常见项目的标准限值，其他项目的标准限值具体应用时可直接查阅该标准。

表 3-5　海水水质标准中部分常见项目的标准限值　　　单位：mg/L

序号	项　目		海水水质类别			
			第一类	第二类	第三类	第四类
1	pH(无量纲)		7.8～8.5 同时不超出该海域正常变动范围的0.2 pH单位		6.8～8.8 同时不超出该海域正常变动范围的0.5 pH单位	
2	水温/℃		人为造成的海水温升夏季不超过当时当地1℃,其他季节不超过2℃		人为造成的海水温升不超过当时、当地4℃	
3	溶解氧	>	6	5	4	3
4	化学需氧量(COD)	≤	2	3	4	5
5	生化需氧量(BOD_5)	≤	1	3	4	5
6	无机氮(以N计)	≤	0.20	0.30	0.40	0.50
7	非离子氨(以N计)	≤	0.020			
8	活性磷酸盐(以P计)	≤	0.015	0.030		0.045

3.2.2.3　地下水环境质量标准

地下水环境质量标准（GB/T 14848—1993）规定了地下水的质量分类，地下水质量监测、评价方法和地下水质量保护，适用于一般地下水，不适用于地下热水、矿水、盐卤水。依据我国地下水水质现状、人体健康基准值及地下水质量保护目标，并参照生活饮用水、工业、农业用水水质的最高要求，将地下水质量划分为5类：Ⅰ类主要反映地下水化学组分的天然低背景含量，适用于各种用途；Ⅱ类主要反映地下水化学组分的天然背景含量，适用于各种用途；Ⅲ类以人体健康基准值为依据，主要适用于集中式生活饮用水水源及工业、农业用水；Ⅳ类以农业和工业用水要求为依据，除适用于农业和部分工业用水外，适当处理后可作生活饮用水；Ⅴ类不宜饮用，其他用水可根据使用目的选用。

该标准共规定了39项指标的不同类别的标准限值，表3-6列出了部分常见项目的标准限值，其他项目的标准限值在具体应用时可直接查阅此标准。

表 3-6　地下水质量标准中部分常见项目的标准限值　　　单位：mg/L

序号	项　目	标准值				
		Ⅰ类	Ⅱ类	Ⅲ类	Ⅳ类	Ⅴ类
1	pH值(无量纲)		6.5～8.5		5.5～6.5 8.5～9	<5.5,>9
2	总硬度(以$CaCO_3$计)	≤150	≤300	≤450	≤550	>550
3	溶解性总固体	≤300	≤500	≤1000	≤2000	>2000
4	硫酸盐	≤50	≤150	≤250	≤350	>350
5	氯化物	≤50	≤150	≤250	≤350	>350
6	铁(Fe)	≤0.1	≤0.2	≤0.3	≤1.5	>1.5
7	铜(Cu)	≤0.01	≤0.05	≤1.0	≤1.5	>1.5
8	锌(Zn)	≤0.05	≤0.5	≤1.0	≤5.0	>5.0
9	高锰酸盐指数	≤1.0	≤2.0	≤3.0	≤10	>10
10	硝酸盐(以N计)	≤2.0	≤5.0	≤20	≤30	>30
11	亚硝酸盐(以N计)	≤0.001	≤0.01	≤0.02	≤0.1	>0.1
12	氨氮(NH_4^+-N)	≤0.02	≤0.02	≤0.2	≤0.5	>0.5

3.2.3　声环境质量标准

声环境质量标准（GB 3096—2008）规定了5类声环境功能区的环境噪声限值及测量方法，本标准适用于声环境质量评价与管理。机场周围区域受飞机通过（起飞、降落、低空飞越）噪声的影响，不适用于本标准。

按区域的使用功能特点和环境质量要求，声环境功能区分为5类：0类指康复疗养区等特别需要安静的区域；1类指以居民住宅、医疗卫生、文化教育、科研设计、行政办公为主要功能，需要保持安静的区域；2类指以商业金融、集市贸易为主要功能，或者居住、商业、工业混杂，需要维护住宅安静的区域；3类指以工业生产、仓储物流为主要功能，需要防止工业噪声对周围环境产生严重影响的区域；4类指交通干线两侧一定距离内，需要防止交通噪声对周围环境产生严重影响的区域，包括4a和4b两种类型。4a类为高速公路、一级公路、二级公路、城市快速路、城市主干路、城市次干路、城市轨道交通（地面段）、内河航道两侧区域；4b类为铁路干线两侧区域。各类声环境功能区环境噪声等效声级限值见表3-7。各类声环境功能夜间突发噪声，其最大声级超过环境噪声限值的幅度不得高于15dB(A)。

表3-7　环境噪声等效声级限值　　单位：dB（A）

声环境功能区类别	声级限值		声环境功能区类别		声级限值	
	昼间	夜间			昼间	夜间
0类	50	40	3类		65	55
1类	55	45	4类	4a类	70	55
2类	60	50		4b类	70	60

机场周围飞机噪声环境质量标准（GB 9660—1988）规定了机场周围飞机噪声的环境标准。适用于飞机周围受飞机通过所产生噪声影响的区域，见表3-8。标准采用一昼夜的计权等效连续感觉噪声级作为评价量，用L_{WECPN}示，单位dB。一类区域为特殊住宅区，居住、文教区；二类区域：除一类区域以外的生活区。该标准是户外允许噪声级，测点要选在户外平坦开阔的地方，传声器高于地面1.2m，离开其他反射壁1.0m以上。

表3-8　机场周围飞机噪声限值　　单位：dB

适用区域	标准值
一类区域	≤70
二类区域	≤75

3.2.4　土壤环境质量标准

为了防止土壤污染，保护生态环境，保障农林生产，维护人体健康，制定了土壤环境质量标准（GB 15618—1995）。本标准适用于农田、蔬菜地、茶园、果园、牧场、林地、自然保护地等地的土壤。根据土壤应用功能和保护目标，将其划分为3类，Ⅰ类：主要适用于国家规定的自然保护区（原有背景金属含量高的除外）、集中式生活饮用水源地、茶园、牧场和其他保护地区的土壤，土壤质量基本上保持自然背景水平；Ⅱ类：主要适用于一般农田、蔬菜地、牧场等土壤，土壤质量基本上对植物和环境不造成危害和污染；Ⅲ类：主要适用于林地土壤及污染物容量较大的高背景值土壤和矿产附近等地的农田土壤（蔬菜地除外），土壤质量基本上对植物和环境不造成危害和污染。

Ⅰ类土壤环境质量执行一级标准；Ⅱ类土壤环境质量执行二级标准；Ⅲ类土壤环境质量执行三级标准（表3-9）。

表3-9　土壤环境质量标准　　单位：mg/kg

项　目		级　别				
		一级	二级			三级
		自然背景	pH<6.5	pH 6.5～7.5	pH>7.5	pH>6.5
镉	≤	0.20	0.3	0.3	0.6	1.0
汞	≤	0.15	0.30	0.50	1.0	1.5

续表

项目		级别				
		一级	二级			三级
		自然背景	pH<6.5	pH 6.5～7.5	pH>7.5	pH>6.5
砷	水田 ≤	15	30	25	20	30
	旱地 ≤	15	40	30	25	40
铜	农田等 ≤	35	50	100	100	400
	果园 ≤	—	150	200	200	400
铅 ≤		35	250	300	350	500
铬	水田 ≤	90	250	300	350	400
	旱地 ≤	90	150	200	250	300
锌 ≤		100	200	250	300	500
镍 ≤		40	40	50	60	200
六六六 ≤		0.05	0.50			1.0
滴滴涕 ≤		0.05	0.50			1.0

3.3 污染物排放（控制）标准

国家或地方为实现环境质量标准，根据环境质量要求，结合环境特点和社会、经济、技术条件，对污染源排入环境的有害物质和产生的有害因素的允许限值或排放量所做的规定。如《污水综合排放标准》（GB 8978—1996）、《大气污染物综合排放标准》（GB 16297—1996）等综合排放标准和《工业炉窑大气污染物排放标准》（GB 9078—1996）、《社会生活环境噪声排放标准》（GB 22337—2008）、《城镇污水处理厂污染物排放标准》（GB 18918—2002）、《生活垃圾填埋场污染控制标准》（GB 16889—2008）等行业标准。随着环境管理的发展，还出台了部分排放标准的修改单。

目前，大部分污染物排放标准分级别对应于相应的环境功能区，处于环境质量标准高的功能区内的污染源执行严格的污染物排放限值，处于环境质量标准低的功能区内的污染源执行相对宽松的污染物排放限值。但是，由于单个排放源与环境质量不具有一一对应的因果关系，一个地方的环境质量受到诸如污染源数量、种类、分布、人口密度、经济水平、环境背景及环境容量等众多因素的制约，因此，许多排放标准按项目的建设时间分段执行不同限值的排放标准。

3.3.1 综合排放标准

3.3.1.1 大气污染物综合排放标准

大气污染物综合排放标准（GB 16297—1996）适用于尚没有行业排放标准的现有污染源大气污染物的排放管理，以及建设项目的环境影响评价、设计、环境保护设施竣工验收及其投产后的大气污染物排放管理。本标准以 1997 年 1 月 1 日为界规定了新老污染源的 33 种大气污染物的最高允许排放浓度和按排气筒高度限定的最高允许排放速率。1997 年 1 月 1 日后新建项目污染源中大气污染物常规项目的排放限值见表 3-10。

表 3-10 中最高允许排放浓度是指经过处理设施后进入排气筒中的污染物，其任何 1h 浓度平均值不得超过的限值；或指无处理设施直接进入排气筒中的污染物，其任何 1h 浓度平均值不得超过的限值。最高允许排放速率是指一定高度的排气筒任何 1h 排放污染物的质量不得超过的限值。任何一个排气筒必须同时遵守最高允许排放浓度和最高允许排放速率 2 个指标，超

过其中任何一项均为超标排放。

表 3-10 新建项目污染源大气污染物常规项目的排放限值

序号	污染物	最高允许排放浓度/(mg/m³)	最高允许排放速率/(kg/h)			无组织排放监控浓度限值[①]	
			排气筒/m	二级	三级	监控点	浓度/(mg/m³)
1	二氧化硫	960 (硫、二氧化硫、硫酸和其他含硫化合物生产)	15	2.6	3.5	周界外浓度最高点[②]	0.40
			20	4.3	6.6		
			30	15	22		
			40	25	38		
		550 (硫、二氧化硫、硫酸和其他含硫化合物使用)	50	39	58		
			60	55	83		
			70	77	120		
			80	110	160		
			90	130	200		
			100	170	270		
2	氮氧化物	1400 (硝酸、氮肥和火炸药生产)	15	0.77	1.2	周界外浓度最高点	0.12
			20	1.3	2.0		
			30	4.4	6.6		
		240 (硝酸使用和其他)	40	7.5	11		
			50	12	18		
			60	16	25		
			70	23	35		
			80	31	47		
			90	40	61		
			100	52	78		
3	颗粒物	18 (碳黑尘、染料尘)	15	0.51	0.74	周界外浓度最高点	肉眼不可见
			20	0.85	1.3		
			30	3.4	5.0		
			40	5.8	8.5		
		60 (玻璃棉尘、石英粉尘、矿渣棉尘)	15	1.9	2.6	周界外浓度最高点	1.0
			20	3.1	4.5		
			30	12	18		
			40	21	31		
		120 (其他)	15	3.5	5.0	周界外浓度最高点	1.0
			20	5.9	8.5		
			30	23	34		
			40	39	59		
			50	60	94		
			60	85	130		

① 无组织排放源指没有排气筒或排气筒高度低于 15m 的排放源。

② 周界外浓度最高点一般应设置于无组织排放源下风向的单位周界外 10m 范围内，若预计无组织排放的最大落地浓度点越出 10m 范围，可将监控点移至该预计浓度最高点。

此标准规定一类环境空气质量功能区内禁止新、扩建污染源。排气筒高度除须遵守表中所列排放速率标准值外，还应高出周围 200m 半径范围的建筑物高度的 5m 以上，不能达到该要求的排气筒，应按其高度对应的表中所列排放速率的标准值的 50%执行；两个排放相同污染物（不论其是否由同一生产工艺过程产生）的排气筒。若其距离小于其几何高度之和，应合并为一根等效排气筒；新污染源的排气筒一般不应低于 15m，若新污染源的排气筒必须低于 15m 时，其排放速率标准值按外推计算结果再严格 50%执行；新污染源的无组织排放应从严控制，一般情况下不应有无组织排放存在，无法避免的无组织排放应达到规定的标准值；工业生产尾气确需燃烧排放的，其烟气黑度不得超过林格曼 1 级。

3.3.1.2 污水综合排放标准

现行的污水综合排放标准（GB 8978—1996），按照污水排放去向，以 1997 年 12 月 31 日为界，按年限规定了第一类污染物（共 13 种）和第二类污染物（共 69 种）的最高允许排放浓度及部分行业最高允许排水量。第一类污染物，不分行业和污水排放方式、不分受纳水体的功能类别、不分年限，一律在车间或车间处理设施排放口采样，其最高允许排放浓度见表 3-11。对于第二类污染物，在排污单位排放口采样，其最高允许排放浓度及部分行业最高允许排水量按年限分别执行本标准的相应要求，并规定“GB 3838 中Ⅰ、Ⅱ水域和Ⅲ水域中划定的保护区及 GB 3097 中一类海域，禁止新建排污口；排入 GB 3838—2002 中Ⅲ类水域（划定的保护区和游泳区除外）和排入 GB 3097—1997 中二类海域的污水，执行一级标准；排入 GB 3838—2002 中Ⅳ、Ⅴ类水域和排入 GB 3097—1997 中三类、四类海域的污水，执行二级标准；排入设置二级污水处理厂的城镇排水系统的污水，执行三级标准。”

表 3-11　第一类污染物最高允许排放浓度　　单位：mg/L

序号	污染物	最高允许排放浓度	序号	污染物	最高允许排放浓度
1	总汞	0.05	8	总镍	1.0
2	烷基汞	不得检出	9	苯并[a]芘	0.00003
3	总镉	0.1	10	总铍	0.005
4	总铬	1.5	11	总银	0.5
5	六价铬	0.5	12	总 α 放射性	1Bq/L
6	总砷	0.5	13	总 β 放射性	10Bq/L
7	总铅	1.0			

表 3-12 和表 3-13 分别列出了 1998 年 1 月 1 日后建设（包括改、扩建）单位的部分第二类水污染物的最高允许排放浓度及部分行业最高允许排水量限值。

表 3-12　部分第二类污染物最高允许排放浓度　　单位：mg/L

序号	污染物	适用范围	一级标准	二级标准	三级标准
1	pH	一切排污单位	6～9	6～9	6～9
2	色度(稀释倍数)	一切排污单位	50	80	—
3	悬浮物(SS)	采矿、选矿、选煤工业	70	300	—
		脉金选矿	70	400	—
		边远地区砂金选矿	70	800	—
		城镇二级污水处理厂	20	30	—
		其他排污单位	70	150	400
4	五日生化需氧量(BOD_5)	甘蔗制糖、苎麻脱胶、湿法纤维板、染料、洗毛工业	20	60	600
		甜菜制糖、酒精、味精、皮革、化纤浆粕工业	20	100	600
		城镇二级污水处理厂	20	30	—
		其他排污单位	20	30	300
5	化学需氧量（COD）	甜菜制糖、合成脂肪酸、湿法纤维板、染料、洗毛、有机磷农药工业	100	200	1000
		味精、酒精、医药原料药、生物制药、苎麻脱胶、皮革、化纤浆粕工业	100	300	1000
		石油化工工业(包括石油炼制)	60	120	500
		城镇二级污水处理厂	60	120	—
		其他排污单位	100	150	500
6	石油类	一切排污单位	5	10	20
7	动植物油	一切排污单位	10	15	100
8	挥发酚	一切排污单位	0.5	0.5	2.0
9	总氰化合物	一切排污单位	0.5	0.5	1.0
10	硫化物	一切排污单位	1.0	1.0	1.0

表 3-13 部分行业第二类污染物最高允许排水量

序号	行业类别			最高允许排水量或最低允许排水重复利用率
1	矿山工业	有色金属系统选矿		水重复利用率 75%
		其他矿山工业采矿、选矿、选煤等		水重复利用率 90%(选煤)
		脉金选矿	重选	$16.0m^3/t$(矿石)
			浮选	$9.0m^3/t$(矿石)
			氰化	$8.0m^3/t$(矿石)
			碳浆	$8.0m^3/t$(矿石)
2	焦化企业(煤气厂)			$1.2m^3/t$(焦炭)
3	有色金属冶炼及金属加工			水重复利用率 80%
4	石油炼制工业(不包括直排水炼油厂)	A. 燃料型炼油厂		>500 万吨,$1.0m^3/t$(原油)
				250~500 万吨,$1.2m^3/t$(原油)
				<250 万吨,$1.5m^3/t$(原油)
		B. 燃料+润滑油型炼油厂		>500 万吨,$1.5m^3/t$(原油)
				250~500 万吨,$2.0m^3/t$(原油)
				<250 万吨,$2.0m^3/t$(原油)
		C. 燃料+润滑油型+炼油化工型炼油厂(包括加工高含硫原油页岩油和石油添加剂生产基地的炼油厂)		>500 万吨,$2.0m^3/t$(原油)
				250~500 万吨,$2.5m^3/t$(原油)
				<250 万吨,$2.5m^3/t$(原油)
5	合成洗涤剂工业	氯化法生产烷基苯		$200.0m^3/t$(烷基苯)
		裂解法生产烷基苯		$70.0m^3/t$(烷基苯)
		烷基苯生产合成洗涤剂		$10.0m^3/t$(产品)
6	合成脂肪酸工业			$200.0m^3/t$(产品)
7	湿法生产纤维板工业			$30.0m^3/t$(板)
8	制糖工业	甘蔗制糖		$10.0m^3/t$
		甜菜制糖		$4.0m^3/t$
9	皮革工业	猪盐湿皮		$60.0m^3/t$
		牛干皮		$100.0m^3/t$
		羊干皮		$150.0m^3/t$
10	发酵、酿造工业	酒精工业	以玉米为原料	$100.0m^3/t$
			以薯类为原料	$80.0m^3/t$
			以糖蜜为原料	$70.0m^3/t$
		味精工业		$600.0m^3/t$
		啤酒行业(不包括麦芽水部分)		$16.0m^3/t$

3.3.1.3 环境噪声排放标准

工业企业厂界环境噪声排放标准(GB 12348—2008)规定了工业企业和固定设备厂环境噪声排放限值及其测量方法。适用于工业企业噪声排放的管理、评价及控制。机关、事业单位、团体等对外环境排放噪声的单位也按本标准执行。工业企业厂界环境噪声排放限值见表 3-14。

表 3-14 工业企业厂界环境噪声排放限值 单位:dB(A)

厂界外声环境功能区类别	时段		厂界外声环境功能区类别	时段	
	昼间	夜间		昼间	夜间
0 类	50	40	3 类	65	55
1 类	55	45	4 类	70	55
2 类	60	50			

注:1. 当厂界与噪声敏感建筑物距离小于 1m 时,厂界环境噪声应在噪声敏感建筑物的室内测量,并将表中相应的限值减 10dB。

2. 夜间频发噪声的最大声级超过限值的幅度不得高于 10dB(A)。

3. 夜间偶发噪声的最大声级超过限值的幅度不得高于 15dB(A)。

3.3.2 行业排放标准

3.3.2.1 大气污染物行业排放标准

在我国现有的国家大气污染物排放标准体系中，按照综合性排放标准与行业性排放标准不交叉执行的原则，锅炉执行《锅炉大气污染物排放标准》(GB 13271—2001)，工业炉窑执行《工业炉窑大气污染物排放标准》(GB 9078—1996)，火电厂执行《火电厂大气污染物排放标准》(GB 13223—2011)，炼焦炉大气污染物排放执行《炼焦化学工业大气污染物排放标准》(GB 16171—2012)，水泥行业执行《水泥工业大气污染物排放标准》(GB 4915—2013)，恶臭物质排放执行《恶臭污染物排放标准》(GB 14554—1993)，电池工业大气污染物排放执行《电池工业大气污染物排放标准》(GB 30484—2013) 等行业标准。

例如，锅炉大气污染物排放标准 (GB 13271—2001) 适用于除煤粉发电锅炉和大于45.5MW (65t/h) 的沸腾、燃油、燃气发电锅炉以外的各种容量和用途的燃烧锅炉、燃油锅炉和燃气锅炉所排大气污染物的管理，以及建设项目环境影响评价、设计、竣工验收和建成后的排污管理。本标准以 2000 年 12 月 31 日为界限划分Ⅰ时段和Ⅱ时段，分别规定了锅炉烟气中烟尘、二氧化硫和氮氧化物的最高允许排放浓度和烟气黑度的排放限值，表 3-15 和表 3-16 分别列出了锅炉烟尘最高允许排放浓度、二氧化硫和氮氧化物最高允许排放浓度。Ⅰ时段指 2000 年 12 月 31 日前建成的锅炉，Ⅱ时段指 2001 年 1 月 1 日起建成使用的锅炉 (含在Ⅰ时段立项未建成或未运行使用的锅炉和建成使用锅炉中需要扩建、改造的锅炉)。

表 3-15 锅炉烟尘最高允许排放浓度 单位：mg/m^3

锅炉类别		适用区域	烟尘排放浓度	
			Ⅰ时段	Ⅱ时段
燃煤锅炉	自然通风锅炉(<0.7MW(1t/h))	一类区	100	80
		二、三类区	150	120
	其他锅炉	一类区	100	80
		二类区	250	200
		三类区	350	250
燃油锅炉	轻柴油、煤油	一类区	80	80
		二、三类区	100	100
	其他燃料油	一类区	100	80①
		二、三类区	200	150
燃气锅炉		全部区域	50	50

注：禁止新建以重油、渣油为燃料的锅炉。

表 3-16 锅炉二氧化硫和氮氧化物最高允许排放浓度 单位：mg/m^3

锅炉类别		适用区域	SO_2 排放浓度		NO_x 排放浓度	
			Ⅰ时段	Ⅱ时段	Ⅰ时段	Ⅱ时段
燃煤锅炉		全部区域	1200	900	/	/
燃油锅炉	轻柴油、煤油	全部区域	700	500	/	400
	其他燃料油	全部区域	1200	900①	/	400①
燃气锅炉		全部区域	100	100	/	400

注：一类区内禁止新建以重油、渣油为燃料的锅炉。

3.3.2.2 城镇污水处理厂污染物排放标准

城镇污水处理厂污染物排放标准 (GB 18918—2002)，适用于城镇污水处理厂出水、废气排放和污泥处置 (控制) 的管理，规定了城镇污水处理厂出水、废气排放和污泥处置 (控制) 的污染物限值，其中基本控制项目主要包括影响水环境和城镇污水处理厂一般处理工艺可以去除的常规污染物和部分第一类污染物，共 19 项，必须执行。选择控制项目包括对环境有较长期影响或毒性较大的污染物，共计 43 项。表 3-17、表 3-18 和表 3-19，分别列出了水污染物基本控制项目常规污染物的不同级别的日均最高允许排放浓度限值、部分一类污染物的日均最高允许排放浓度限值和城镇污水处理厂废气的排放标准。

表 3-17 基本控制项目最高允许排放浓度（日均值） 单位：mg/L

序号	基本控制项目		一级标准		二级标准	三级标准
			A	B		
1	化学需氧量(COD)		50	60	100	120①
2	生化需氧量(BOD_5)		10	20	30	60①
3	悬浮物(SS)		10	20	30	50
4	动植物油		1	3	5	20
5	石油类		1	3	5	15
6	阴离子表面活性剂		0.5	1	2	5
7	总氮(以 N 计)		15	20	—	—
8	氨氮(以 N 计)②		5(8)	8(15)	25(30)	—
9	总磷(以 P 计)	2005 年 12 月 31 日前建设的	1	1.5	3	5
		2006 年 1 月 1 日起建设的	0.5	1	3	5
10	色度(稀释倍数)		30	30	40	50
11	pH		6～9			
12	粪大肠菌群数(个/L)		10^3	10^4	10^4	—

① 下列情况下按去除率指标执行：当进水 COD＞350mg/L 时，去除率应大于 60％；BOD＞160mg/L 时，去除率应＞50%。

② 括号外数值为水温＞12℃时的控制指标，括号内数值为水温≤12℃时的控制指标。

表 3-17 中执行的三级标准的具体情况，2006 年 5 月 8 日修改单中规定，城镇污水处理厂出水排入国家和省确定的重点流域及湖泊、水库等封闭、半封闭水域时，执行一级标准的 A 标准，排入 GB 3838 地表水Ⅲ类功能水域（划定的饮用水源保护区和游泳区除外）、GB 3097 海水二类功能水域时，执行一级标准的 B 标准。城镇污水处理厂出水排入 GB 3838 地表水Ⅳ、Ⅴ类功能水域或 GB 3097 海水三、四类功能海域，执行二级标准。非重点控制流域和非水源保护区的建制镇的污水处理厂，根据当地经济条件和水污染控制要求，采用一级强化处理工艺时，执行三级标准。值得注意的是，按照行业标准与跨行业综合排放标准不交叉执行的原则，城镇污水处理厂排水不应再执行《污水综合排放标准》。

表 3-18 部分一类污染物最高允许排放浓度（日均值） 单位：mg/L

序号	项目	标准值	序号	项目	标准值
1	总汞	0.001	5	六价铬	0.05
2	烷基汞	不得检出	6	总砷	0.1
3	总镉	0.01	7	总铅	0.1
4	总铬	0.1			

表 3-19 厂界（防护带边缘）废气排放最高允许浓度（日均值） 单位：mg/m^3

序号	控制项目	一级标准	二级标准	三级标准
1	氨	1.0	1.5	4.0
2	硫化氢	0.03	0.06	0.32
3	臭气浓度(无量纲)	10	20	60
4	甲烷(厂区最高体积浓度％)	0.5	1	1

表 3-19 中执行的三类标准是根据城镇污水处理厂所在地区的大气环境质量要求和大气污染物治理技术和设施条件划分的。位于 GB 3095 一类区的所有（包括现有和新建、改建、扩建）城镇污水处理厂，执行一级标准。位于 GB 3095 二类区的城镇污水处理厂，执行二级标准。

3.3.2.3 噪声排放标准

（1）社会生活环境噪声排放标准

社会生活环境噪声排放标准（GB 22337—2008）适用于营业性文化娱乐场所、商业经营活动中使用的向环境排放噪声的设备、设施的噪声管理、评价与控制。社会生活环境噪声排放源边界噪声不得超过表 3-20 规定的排放限值：①在社会生活噪声排放源边界处无法进行噪声测量或测量的结果不能如实反映其对噪声敏感建筑物的影响程度的情况下，噪声测量应在可能受影响的敏感建筑物窗外 1m 处进行；②在社会生活噪声排放源边界与噪声敏感建筑物距离小于 1m 时，应在噪声敏感建筑物的室内测量并将表中相应的限值减 10dB(A) 作为评价依据。

表 3-20　社会生活环境噪声排放源边界噪声排放限值　　单位：dB(A)

边界外声环境功能区类别	时段		边界外声环境功能区类别	时段	
	昼间	夜间		昼间	夜间
0 类	50	40	3 类	65	55
1 类	55	45	4 类	70	55
2 类	60	50			

(2) 建筑施工场界环境噪声排放标准

本标准（GB 12523—2011）适用于周围有敏感建筑物的建筑施工噪声排放的管理、评价及控制。市政、通信、交通、水利等其他类型的施工噪声排放可参照本标准执行，但不适用于抢修、抢险施工过程中产生噪声的排放监管（表 3-21）：①夜间噪声最大声级超过限制的幅度不得高于 15dB(A)；②当场界距噪声敏感建筑物较近、其室外不满足测量条件时，可在噪声敏感建筑物室内测量，将表中相应的限值减 10dB(A) 作为评价依据。

表 3-21　建筑施工场界环境噪声排放限值　　单位：dB(A)

昼间	夜间
70	55

3.3.3　污染控制标准

《一般工业固体废物贮存、处置场污染控制标准》(GB 18599—2001)、《生活垃圾填埋污染控制标准》(GB 16889—2008)、《生活垃圾焚烧污染控制标准》(GB 18485—2001)、《危险废物贮存污染控制标准》(GB 18596—2001)、《危险废物填埋污染控制标准》(GB18598—2001)、《危险废物焚烧污染控制标准》(GB 18484—2001) 等。

例如《生活垃圾填埋污染控制标准》(GB 16889—2008) 规定了生活垃圾场选址、设计与施工、填埋废物的入场条件、运行、封场、后期维护与管理的污染控制和监测等方面的要求。

(1) 生活垃圾填埋场的选址要求

生活垃圾填埋场选址的具体要求如下。

① 选址应符合区域性环境规划、环境卫生设施建设规划和当地的城市规划。

② 场址不应选在城市工农业发展规划区、农业保护区、自然保护区、风景名胜区、文物（考古）保护区、生活饮用水水源保护区、供水远景规划区、矿产资源储备区、军事要地、国家保密地区和其他需要特别保护的区域。

③ 选址的标高应位于重现期不小于 50 年一遇的洪水位之上，并建设在长远规划中的水库等人工蓄水设施的淹没区和保护区之外。

④ 场址的选择应避开下列区域：破坏性地震及活动构造区；活动中的坍塌、滑坡和隆起地带；活动中的断裂带；石灰岩溶洞发育带；废弃矿区的活动塌陷区；活动沙丘区；海啸及涌浪影响区；湿地；尚未稳定的冲积扇及冲沟地区；泥炭以及其他可能危及填埋场安全的区域。

⑤ 场址的位置及与周围人群的距离应依据环境影响评价结论确定，并经地方环境保护行政主管部门批准。

在对生活垃圾填埋场场址进行环境影响评价时，应考虑生活垃圾填埋场产生的渗滤液、大气污染物（含恶臭物质）、滋养动物（蚊、蝇、鸟类等）等因素，根据其所在地区的环境功能区类别，综合评价其对周围环境、居住人群的身体健康、日常生活和生产活动的影响，确定生活垃圾填埋场与常住居民居住场所、地表水域、高速公路、交通主干道（国道或省道）、铁路、飞机场、军事基地等敏感对象之间合理的位置关系以及合理的防护距离。环境影响评价的结论可作为规划控制的依据。

(2) 设计、施工与验收要求

生活垃圾填埋场应包括下列主要设施：防渗衬层系统、渗滤液导排系统、渗滤液处理设施、雨污分流系统、地下水导排系统、地下水监测设施、填埋气体导排系统、覆盖和封场系统。

生活垃圾填埋场应建设围墙或栅栏等隔离设施，并在填埋区边界周围设置防飞扬设施、安全防护设施及防火隔离带。

生活垃圾填埋场应根据填埋区天然基础层的地质情况以及环境影响评价的结论，并经当地地方环境保护行政主管部门批准，选择天然黏土防渗衬层、单层人工合成材料防渗衬层或双层人工合成材料防渗衬层作为生活垃圾填埋场填埋区和其他渗滤液流经或储留设施的防渗衬层。

① 如果天然基础层饱和渗透系数小于 1.0×10^{-7} cm/s，且厚度不小于 2m，可采用天然黏土防渗衬层。

② 如果天然基础层饱和渗透系数小于 1.0×10^{-5} cm/s，且厚度不小于 2m，可采用单层人工合成材料防渗衬层。人工合成材料衬层下应具有厚度不小于 0.75m，且其被压实后的饱和渗透系数小于 1.0×10^{-7} cm/s 的天然黏土防渗衬层，或具有同等以上隔水效力的其他材料防渗衬层。

③ 如果天然基础层饱和渗透系数不小于 1.0×10^{-5} cm/s，或者天然基础层厚度小于 2m，应采用双层人工合成材料防渗衬层。下层人工合成材料衬层下应具有厚度不小于 0.75m，且其被压实后的饱和渗透系数小于 1.0×10^{-7} cm/s 的天然黏土防渗衬层，或具有同等以上隔水效力的其他材料防渗衬层；两层人工合成材料衬层之间应布设导水层及渗漏检测层。

(3) 填埋废物的入场要求

① 下列废物可以直接进入生活垃圾填埋场填埋处置：

a. 由环境卫生机构收集或自行收集的混合生活垃圾，以及企事业单位产生的办公废物；

b. 生活垃圾焚烧炉渣（不包括焚烧飞灰）；

c. 生活垃圾堆肥处理产生的固态残余物；

d. 服装加工、食品加工以及其他城市生活服务行业产生的性质与生活垃圾相近的一般工业固体废物。

②《医疗废物分类目录》中的感染性废物经过下列方式处理后，可以进入生活垃圾填埋场填埋处置：

a. 按照《医疗废物化学消毒集中处理工程技术规范（试行）》（HJ/T 228—2006）要求进行破碎毁形和化学消毒处理，并满足消毒效果检验指标；

b. 按照《医疗废物微波消毒集中处理工程技术规范（试行）》（HJ/T 229—2006）要求进行破碎毁形和微波消毒处理，并满足消毒效果检验指标；

c. 按照《医疗废物高温蒸汽集中处理工程技术规范（试行）》（HJ/T 276—2006）要求进行破碎毁形和高温蒸汽处理，并满足处理效果检验指标。

③ 生活垃圾焚烧飞灰和医疗废物焚烧残渣（包括飞灰、底渣）经处理后满足下列条件，可以进入生活垃圾填埋场填埋处置：

a. 含水率小于 30%；

b. 二噁英含量低于 3μg TEQ/kg；

c. 按照《固体废物　浸出毒性浸出方法　醋酸缓冲溶液法》（HJ/T 300—2007）制备的浸

出液中危害成分浓度低于表 3-22 规定的限值。

表 3-22　浸出液污染物浓度限值

序　　号	污染物项目	浓度限/(mg/L)	序　　号	污染物项目	浓度限/(mg/L)
1	汞	0.05	7	钡	25
2	铜	40	8	镍	0.5
3	锌	100	9	砷	0.3
4	铅	0.25	10	总铬	4.5
5	镉	0.15	11	六价铬	1.5
6	铍	0.02	12	硒	0.1

④ 一般工业固体废物经处理后，按照 HJ/T 300 制备的浸出液中危害成分浓度低于规定限值，可以进入生活垃圾填埋场填埋处置。

⑤ 经处理后满足上述要求的生活垃圾焚烧飞灰、医疗废物焚烧残渣（包括飞灰、低渣）和一般工业固体废物在生活垃圾填埋场中应单独分区填埋。

⑥ 厌氧产沼气等生物处理后的固态残余物，粪便经处理后的固态残余物和生活污水处理厂的污泥经处理后含水率小于 60%，可以进入生活垃圾填埋场填埋处置。

处理后满足上述要求的固体废物应由地方环境保护行政主管部门认可的监测部门检测、经地方环境保护行政主管部门批准后，方可进入生活垃圾填埋场。

⑦ 下列废物不得在生活垃圾填埋场中填埋处置（国家环境保护标准另有规定的除外）：

a. 除符合处理规定的生活垃圾焚烧飞灰以外的危险废物；

b. 未经处理的餐饮废物；

c. 未经处理的粪便；

d. 禽畜养殖废物；

e. 电子废物及其处理处置残余物；

f. 除本填埋场产生的渗滤液之外的任何液态废物和废水。

（4）污染物排放控制要求

① 水污染物排放控制要求　生活垃圾填埋场应设置污水处理装置。2011 年 7 月 1 日起，现有全部生活垃圾填埋场应自行处理生活垃圾渗滤液。生活垃圾渗滤液（含调节池废水）等污水经处理并符合表 3-23 规定的水污染物排放浓度限值要求后，可直接排放。

表 3-23　现有和新建生活垃圾填埋场水污染物排放浓度限值

序　　号	控制污染物	排放浓度限值	污染物排放监控位置
1	色度(稀释倍数)	40	常规污水处理设施排放口
2	化学需氧量(COD_{Cr})/(mg/L)	100	
3	生化需氧量(BOD_5)/(mg/L)	30	
4	悬浮物/(mg/L)	30	
5	总氮/(mg/L)	40	
6	氨氮/(mg/L)	25	
7	总磷/(mg/L)	3	
8	粪大肠菌群数/(个/L)	10000	
9	总汞/(mg/L)	0.001	
10	总镉/(mg/L)	0.01	
11	总铬/(mg/L)	0.1	
12	六价铬/(mg/L)	0.05	
13	总砷/(mg/L)	0.1	
14	总铅/(mg/L)	0.1	

根据环境保护工作的要求，在国土开发密度已经较高、环境承载能力开始减弱，或环境容

量较小、生态环境脆弱，容易发生严重环境污染问题而需要采取特别保护措施的地区，应严格控制生活垃圾填埋场的污染物排放行为，在上述地区的生活垃圾填埋场执行表 3-24 规定的水污染物特别排放限值。

表 3-24　现有和新建生活垃圾填埋场水污染物特别排放浓度限值

序　号	控制污染物	排放浓度限值	污染物排放监控位置
1	色度(稀释倍数)	30	常规污水处理设施排放口
2	化学需氧量(COD_{Cr})/(mg/L)	60	
3	生化需氧量(BOD_5)/(mg/L)	20	
4	悬浮物/(mg/L)	30	
5	总氮/(mg/L)	20	
6	氨氮/(mg/L)	8	
7	总磷/(mg/L)	1.5	
8	粪大肠菌群数/(个/L)	10000	
9	总汞/(mg/L)	0.001	
10	总镉/(mg/L)	0.01	
11	总铬/(mg/L)	0.1	
12	六价铬/(mg/L)	0.05	
13	总砷/(mg/L)	0.1	
14	总铅/(mg/L)	0.1	

② 甲烷排放控制要求　生活垃圾填埋场应采取甲烷减排措施和防止恶臭物扩散的措施。填埋工作面上 2m 以下高度范围内甲烷的体积分数应不大于 0.1%；当通过导气管直接排放填埋气体时，导气管排放口甲烷的体积分数不大于 5%。在生活垃圾填埋场周围环境敏感点方位的场界的恶臭污染物浓度应符合 GB 14554 的规定。

3.4　地方环境标准

目前地方环境标准包括地方环境质量标准和地方污染物排放标准。地方环境质量标准是对国家环境质量标准的补充和完善，国家质量标准中未作规定的项目，可以由省、自治区、直辖市人民政府制定地方环境质量标准。近年来为控制环境质量的恶化，一些地方政府已将总量控制指标纳入地方环境标准。

国家污染物排放标准中未作规定的项目可以制定地方污染物排放标准。国家污染物排放标准已规定的项目，可以制定严于国家污染物排放标准的地方污染物排放标准。地方环境标准在颁布该标准的省、自治区、直辖市辖区范围内执行。如北京市地方标准《大气污染物综合排放标准》（DB 11/501—2007）和《北京市水污染物排放标准》（DB 11/307—2005），河南省地方标准《省辖海河流域水污染物排放标准》（DB 41/777—2013）和《双洎河流域水污染物排放标准》（DB 41/757—2012），河南省《啤酒工业水污染物排放标准》（DB 41/681—2011）。山东省地方标准《山东省海河流域水污染物综合排放标准》（DB 37/675—2007），《山东省固定源大气颗粒物综合排放标准》（DB 37/1996—2007）等。

在具体执行中，有地方标准优先执行地方标准，没有地方标准的执行国家标准。

3.5　环境监测方法标准

在环境保护工作中，为监测环境质量和污染物排放状况，对采样方法、分析方法、测试方法及数据处理要求等所做的统一规定，如水质分析方法标准、城市环境噪声测量方法、水质采样法等，环境监测中最常见的是采样方法、分析方法和测定方法。如《水质氨氮的测定 气相分子吸收光谱法》(HJ 691—2014)，《声屏障声学设计和测量规范》(HJ/T 90—2004)，《水质金属总量的消解 微波消解法》(HJ 678—2013)，《水质 汞、砷、硒、铋和锑的测定 原子荧光法》(HJ 694—2014)。《土壤有机碳的测定 燃烧氧化 非分散红外法》(HJ 695—2014)等。例如《固定污染源废气 氮氧化物的测定 非分散红外吸收法》(HJ 692—2014)，该标准规定了固定污染源废气中氮氧化物的非分散红外吸收法，适用于固定污染源废气中氮氧化物的测定，由环境保护部于 2014 年 2 月 7 日发布，2014 年 4 月 15 日实施。《环境 甲基汞的测定 气相色谱法》(GB/T 17132—1997)，该标准适用于地面水、生活饮用水、生活污水、工业废水、沉积物、鱼体、及人发和人尿中甲基汞含量的测定。由国家环境保护行政主管部门发布，以前用 GB 开头，现在以 HJ 开头。

3.6 环境标准样品标准

环境标准样品标准是为保证环境监测数据的准确、可靠，对用于量值传递或质量控制的材料、实物样品而制定的标准。如气体标准样品《氮气中甲烷》(GSB 07—1409—2001)、《氮气中二氧化硫》(GSB 07—1405—2001) 等。水质监测标样如《水质 化学需氧量》(GSB Z 50001—1988)、《水质 总氮》(GSB Z 50026—1994)，《水质 硫化物》(GSB 07—1373—2001) 等。标准样品在环境监测中起着特别的作用，可用来评价分析仪器、鉴别其灵敏度；评价分析者的技术，使操作技术规范化。

3.7 环境基础标准

环境基础标准是对环境标准工作中，需要统一的技术术语、符号、代号 (代码)、图形、指南、导则、量纲单位及信息编码等所做的统一规定。如《制定地方大气污染物排放标准的技术方法》(GB/T 3840—1991)，制定地方污染物水污染物排放标准的技术原则和方法、环境保护标准的编制、出版、印刷标准等，如《危险化学品重大危险源辨识》(GB 18218—2009)、《废水类别代码》(试行) (HJ 520—2009)、《污染场地术语》(HJ 682—2014) 等。例如《环境噪声监测点位编码规则》(HJ 661—2013)，该标准规定了城市声环境常规监测点位编码方法和编码规则。

3.8 国家环境保护行业标准

在环境保护工作中对需要统一的技术要求所规定的标准 (包括执行各项环境管理制度，监测技术，环境区划、规划的技术要求、技术规范、导则等)，由国务院环境保护行政主管部门发布，以 HJ 开头表示，近年来，发布了一系列的国家环境保护行业标准。如《环境影响评价技术导则 总纲》(HJ 2.1—2011)、《环境影响评价技术导则 生态影响》(HJ 19—2011)，《环境影响评价技术导则 大气环境》(HJ 2.2—2008) 等；《环境监测 分析方法标准制修订技术导则》(HJ 168—2010)、《环境空气 半挥发性有机污染物采样技术导则》(HJ 691—2014) 等。

例如《水泥窑协同处置固体废物环境保护技术规范》(HJ 662—2013)，该标准规定了利用水泥窑协同处理固体废物的设施选择、设备建设和改造、操作运行以及污染控制等方面的环境保护技术要求。《建设项目环境影响技术评估导则》(HJ 616—2011)，该标准规定了对建设项目 (不包括核设施及其他产生放射性污染，输变电工程及其他产生电磁环境影响的建设项目) 环境影响评价文件进行技术评估的一般原则、程序、方法、基本内容、要点和要求。

第 4 章 前言与总则编制

4.1 前言的编制

前言应简要说明建设项目的特点、环境影响评价的工作过程、关注的主要环境问题及环境影响报告书的主要结论。

4.2 总则的编制

4.2.1 编制依据

须包括建设项目应执行的相关法律法规/相关政策及规划、相关导则及技术规范、有关技术文件和工作文件以及环境影响报告书编制中引用的资料等。

环境影响评价相关法律法规具体见本书第 2 章。

(1) 环境影响评价技术导则

环境影响评价技术导则如下：

环境影响评价技术导则 总纲（HJ 2.1—2011）

环境影响评价技术导则 大气环境（HJ 2.2—2008）

环境影响评价技术导则 地面水环境（HJ/T 2.3—1993）

环境影响评价技术导则 地下水环境（HJ 610—2011）

环境影响评价技术导则 声环境（HJ 2.4—2009）

环境影响评价技术导则 生态影响（HJ 19—2011）

环境影响技术评价导则 民用机场建设工程（HJ/T 87—2002）

环境影响评价技术导则 水利水电工程（HJ/T 88—2003）

环境影响评价技术导则 石油化工建设项目（HJ/T 89—2003）

环境影响评价技术导则 陆地石油天然气开发建设项目（HJ/T 349—2007）

环境影响评价技术导则 城市轨道交通（HJ 453—2008）

环境影响评价技术导则 农药建设项目（HJ 582—2010）

环境影响评价技术导则 制药建设项目（HJ 611—2011）

环境影响评价技术导则 煤炭采选工程（HJ 619—2011）

规划环境影响评价技术导则（试行）

规划环境影响评价技术导则 煤炭工业矿区总体规划 HJ 463—2009

(2) 污染物控制治理技术导则

污染物控制治理技术导则如下：

水污染治理工程技术导则（HJ 2015—2012）

大气污染治理工程技术导则（HJ 2000—2010）

环境噪声与振动控制工程技术导则（HJ 2034—2013）

固体废物处理处置工程技术导则（HJ 2035—2013）

危险废物处置工程技术导则（HJ 2042—2014）

(3) 技术规范

部分技术规范如下：

环境空气质量评价技术规范（试行）(HJ 663—2013)

环境空气质量监测点位布设技术规范（试行）(HJ 664—2013)

矿山生态环境保护与恢复治理技术规范（试行）(HJ 651—2013)

火电厂烟气脱硫工程技术规范 烟气循环流化床法（HJ/T 178—2005）

医疗废物化学消毒集中处理工程技术规范（试行）(HJ/T 228—2006)

水泥工业除尘工程技术规范（HJ 434—2008）

钢铁工业除尘工程技术规范（HJ 435—2008）

工业锅炉及炉窑湿法烟气脱硫工程技术规范（HJ 462—2009）

纺织染整工业废水治理工程技术规范（HJ 471—2009）

酿造工业废水治理工程技术规范（HJ 575—2010）

厌氧-缺氧-好氧活性污泥法污水处理工程技术规范（HJ 576—2010）

膜分离法污水处理工程技术规范（HJ 579—2010）

含油污水处理工程技术规范（HJ 580—2010）

火电厂烟气脱硫工程技术规范 氨法（HJ 2001—2010）

电镀废水治理工程技术规范（HJ 2002—2010）

屠宰与肉类加工废水治理工程技术规范（HJ 2004—2010）

制浆造纸废水治理工程技术规范（HJ 2011—2012）

制糖废水治理工程技术规范（HJ 2018—2012）

钢铁工业废水治理及回用工程技术规范（HJ 2019—2012）

危险废物收集、贮存、运输技术规范（HJ 2025—2012）

催化燃烧法工业有机废气治理工程技术规范（HJ 2027—2013）

铝电解废气氟化物和粉尘治理工程技术规范（HJ 2033—2013）

含多氯联苯废物焚烧处置工程技术规范（HJ 2037—2013）

火电厂除尘工程技术规范（HJ 2039—2014）

采油废水治理工程技术规范（HJ 2041—2014）

(4) 其他相关文件

其他相关文件包括项目建议书及批复文件、建设项目（预）可行性研究报告、建设项目环境影响评价任务委托书或招标文件等。

4.2.2 评价因子与评价标准

分列现状评价因子和预测评价因子，给出各评价因子所执行的环境质量标准、排放标准、其他有关标准及具体限值。

4.2.2.1 评价因子

依据环境影响因素识别结果，并结合区域环境功能要求或所确定的环境保护目标，筛选确定评价因子，应重点关注环境制约因素。评价因子必须能够反映环境影响的主要特征、区域环境的基本状况及建设项目特点和排污特征。

(1) 大气环境影响评价因子的筛选

在污染源调查中，应根据评价项目的特点和当地大气污染状况对大气环境影响评价因子（即待评价的大气污染物，以下称为污染因子）进行筛选。首先，应选择该项目地面浓度占标率 P_i 较大的污染物为主要污染因子；其次，还应考虑在评价区已造成严重污染的污染物，有时还应当关注公众关切的项目特征污染物。污染源调查中的污染因子数一般不宜多于5个。对某些排放大气污染物数目较多的企业，如钢铁企业，其污染因子数可适当增加。各主要工业企业的特征大气污染物参见表4-1。

表4-1 主要工业企业的特征大气污染物

工业部门	企业	产生的主要大气污染物
电力	火力发电厂	烟尘、二氧化硫、氮氧化物、一氧化碳、苯并[a]芘
冶金	钢铁厂	烟尘、二氧化硫、一氧化碳、氧化铁尘、锰尘、氧化钙尘
	有色金属冶炼厂	尘(含各种重金属:铅、锌、镉、铜等)、二氧化硫
	炼焦厂	烟尘、二氧化硫、一氧化碳、硫化氢、苯、酚、萘、烃类
石化、化工	炼油厂	烟尘、二氧化硫、烃类、苯、酚
	石油化工厂	二氧化硫、硫化氢、氰化物、氮氧化物、氯化物、烃类
	氮肥厂	粉尘、氮氧化物、一氧化碳、氨、酸雾
	磷肥厂	粉尘、氟化氢、四氟化硅、硫酸气溶胶
	氯碱厂	氯气、氯化氢、汞蒸气
	硫酸厂	二氧化硫、氮氧化物、砷、硫酸气溶胶
	化学纤维厂	烟尘、硫化氢、氨、二氧化碳、甲醇、丙酮、二氯甲烷
	合成纤维厂	丁二烯、苯乙烯、乙烯、异丁烯、异戊二烯、丙烯腈、二氯乙烷、二氯乙烯、乙硫醇、氯化甲烷
	农药厂	砷汞、氯、农药
	冰晶石厂	氟化氢
	染料厂	二氧化硫、氮氧化物
建材	水泥厂	烟尘、水泥尘、二氧化硫
	砖瓦厂	烟尘、一氧化碳等
机械	机械加工厂	烟尘、金属尘
轻工	造纸厂	烟尘、硫醇、硫化氢、二氧化硫
	仪器仪表厂	汞、氯化氢、铬酸
	灯泡厂	烟尘、汞

(2) 地表水评价因子的筛选

工程排放的废水污染物种类不多时，可将其都选作评价因子；当排放的污染物种类较多时，应选污染负荷比或排放系数比较大的几种污染物作为评价因子。

在初步调查受纳水体特点的基础上，根据受纳水体主要污染类型，选择其代表性的污染物作为评价因子。一般考虑：①按等标排放量（或等标污染负荷）大小排序，选择排序在前的因子，但对那些毒害性大、持久性的污染物如重金属、苯并［a］芘等应慎重研究再决定取舍；②在受项目影响的水体中已造成严重污染的污染物或已无环境容量的污染物；③经环境调查已经超标或接近超标的污染物；④地方环保部门要求预测的敏感污染物。

在环境现状调查水质参数中选择拟预测水质参数时，对于河流，可参照式(4-1) 将水质参数排序后从中选取：

$$ISE=\frac{C_p Q_p}{(C_s-C_h)Q_h} \tag{4-1}$$

式中 ISE——污染物排序指标；

C_p——污染物排放浓度，mg/L；

Q_p——废水排放量，m^3/s；

C_s——污染物排放标准，mg/L；

C_h——河流上游污染物浓度，mg/L；

Q_h——河水的流量，m^3/s。

有的水体污染严重，甚至会出现其 $C_h \geqslant C_s$ 的情况，这时ISE为负值。在这种情况下，不能用式(4-1) 计算排序，可以用式(4-2) 计算排序：

$$ISE=\frac{C_p Q_p}{C_s Q_h} \tag{4-2}$$

(3) 地下水评价因子的筛选

① Ⅰ类建设项目　Ⅰ类建设项目预测因子应选取与拟建项目排放的污染物有关的特征因子，选取重点应包括：

a. 改、扩建项目已经排放的及将要排放的主要污染物。

b. 难降解、易生物蓄积、长期接触对人体和生物产生危害作用的污染物，应特别关注持久性有机污染物。

c. 国家或地方要求控制的污染物。

d. 反映地下水循环特征和水质成因类型的常规项目或超标项目。

② Ⅱ类建设项目　Ⅱ类建设项目预测因子应选取水位及水位变化所引发的环境水文地质问题相关的因子。

③ Ⅲ类建设项目　Ⅲ类建设项目，应同时满足Ⅰ类和Ⅱ类建设项目的要求。

(4) 环境噪声评价量

对声环境功能区、机场周围区域、厂界环境噪声等不同评价对象所采用的评价量有所不同。

① 声环境质量评价量　根据 GB 3096，声环境功能区的环境质量评价评价量为昼间等效声级（L_d）、夜间等效声级（L_n）、突发噪声的评价量为最大 A 声级（L_{max}）。

根据 GB 9660，机场周围区域受飞机通过（起飞、降落、低空飞越）噪声环境影响评价的评价量为计权等效连续感觉噪声级（L_{WECPN}）。

② 厂界、场界、边界噪声评价量　根据 GB 12348、GB 12523 工业企业厂界、建筑施工场界噪声评价量为昼间等效声级（L_d）、夜间等效声级（L_n）、室内噪声倍频带声压级，频发、偶发噪声的评价量为最大 A 声级（L_{max}）。

根据 GB 12525、GB 14227 铁路边界、城市轨道交通车站站台噪声评价量为昼间等效声级（L_d）、夜间等效声级（L_n）。

根据 GB 22337 社会生活噪声源边界噪声评价量为昼间等效声级（L_d）、夜间等效声级（L_n），室内噪声倍频带声压级、非稳态噪声的评价量为最大 A 声级（L_{max}）。

(5) 生态评价因子的筛选

在生态环境影响识别的基础上进行评价因子的筛选。生态环境影响评价因子是一个比较复杂的系统，评价中应根据具体的情况进行筛选，筛选中主要考虑的因素如下：

① 最能代表和反映受影响生态环境的性质和特点者；

② 易于测量或易于获得其相关信息者；

③ 法规要求或评价中要求的因子等。

一般而言，生态影响评价因子主要依据区域环境特点、生态敏感区、社会经济可持续发展对生态功能的需求、主要生态限制因子和主要存在的生态问题等筛选确定。

4.2.2.2 评价标准

根据评价范围各环境要素的环境功能区划，确定各评价因子所采用的环境质量标准及相应的污染物排放标准。有地方污染物排放标准的，应优先选择地方污染物排放标准；国家污染物排放标准中没有限定的污染物，可采用国际通用标准；生产或服务过程的清洁生产分析采用国家发布的清洁生产规范性文件。环境影响评价中常用到的标准见本书第 3 章。在环境影响评价报告中应给出各评价因子所执行的环境质量标准、排放标准、其他有关标准及具体限值。

4.2.3 评价工作等级与评价重点

4.2.3.1 评价工作等级

（1）评价工作等级总述

环境影响评价工作按照建设项目的不同，可以分为若干工作等级。实际工作中，一般按环境要素（大气、水、声、生态等）分别划分评价等级；单项环境影响评价划分为三个工作等级（一、二、三级），一级评价对环境影响进行全面、详细、深入评价，二级评价对环境影响进行较为详细、深入评价，三级评价可只进行环境影响分析。建设项目其他专题评价可根据评价工作需要划分评价等级。

① 环境影响评价工作等级的划分依据

a. 建设项目的工程特点：工程性质、工程规模、能源、水及其他资源的使用量及类型；污染物排放特点（包括污染物种类、性质、排放量、排放方式、排放去向、排放浓度）等。

b. 建设项目所在地区的环境特征：自然环境条件和特点、环境敏感程度、环境质量现状、生态系统功能与特点、自然资源及社会经济环境状况等，以及建设项目实施后可能引起的现有环境特征发生变化的范围和程度。

c. 相关法律法规、标准及规划（包括环境质量标准和污染物排放标准等）、环境功能区划等因素。

其他专项评价工作等级划分可参照各环境要素评价工作等级划分依据。

② 不同环境影响评价等级的评价要求　不同的环境影响评价工作等级，要求的环境影响评价深度不同。

一级评价：要求最高，要对单项环境要素的环境影响进行全面、细致和深入的评价，对该环境要素的现状调查、影响预测、评价影响和提出措施，一般都要求比较全面和深入，并应当采用定量化计算来描述完成。

二级评价：要对单项环境要素的重点环境影响进行详细、深入评价，一般要采用定量化计算和定性的描述来完成。

三级评价：对单项环境要素的环境影响进行一般评价，可通过定性的描述来完成。

环境影响评价总纲中只对各单项环境影响评价划分工作等级提出原则要求。一般，建设项目的环境影响评价包括一个以上的单项影响评价，每个单项影响评价的工作等级不一定相同。对每一个建设项目的环境影响评价，各单项影响评价的工作等级不一定相同；也无需包括所有的单项环评。

对需编制环评报告书的建设项目，各单项影响评价的工作等级不一定全都很高。对填写环评报告表的建设项目，各单项影响评价的工作等级一般均低于三级；个别需设置评价专题的，评价等级按单项环评导则进行。

③ 环境影响评价工作等级的调整　专项评价的工作等级可根据建设项目所处区域环境敏感程度、工程污染或生态影响特征及其他特殊要求等情况进行适当调整，但调整幅度上下不应超过一级，并说明具体理由。例如：对于生态敏感区的建设项目应提高评价工作等级一级，而对废水进城市污水处理厂的情况，评价工作等级可以适当降低一级。

（2）大气环境影响评价工作等级

为区别对待不同的评价对象，针对评价项目主要污染物排放量、周围地形的复杂程度及当地应执行的大气环境质量标准等因素，将项目的大气环境影响评价等级划分为一、二、三级。

根据项目的初步工程分析结果，选择1～3种主要污染物，分别计算每一种污染物的最大

地面浓度占标率 P_i（第 i 个污染物），以及第 i 个污染物的地面浓度达标准限值 10%时所对应的最远距离 $D_{10\%}$，其中 P_i定义为

$$P_i=\frac{C_i}{C_{0i}}\times 100\% \tag{4-3}$$

式中 P_i——第 i 个污染物的最大地面浓度占标率，%；

C_i——采用《环境影响评价技术导则——大气环境》（HJ 2.2—2008）推荐的估算模式计算出的第 i 个污染物的最大地面浓度，mg/m^3；

C_{0i}——第 i 个污染物的环境空气质量标准，mg/m^3。

C_{0i}的选取分为四个层次：①如果有地方标准，选用地方标准中的相应值；②一般情况下，选取《环境空气质量标准》（GB 3095—2012）及其修改单中二级标准的小时平均浓度允许值；③若①、②中未包含该项目，可参照《工业企业设计卫生标准》（TJ 36—1979）中居住区大气中有害物质的最高容许浓度的一次浓度限制；④对上述标准都未包含的项目，可参照国外有关标准选取，但应作出说明，报环境保护部门批准后执行。

评价工作等级按表 4-2 的分级判据进行划分。最大地面浓度占标率 P_i按式(4-3）计算，如污染物数 i 大于 1，取 P 值中最大者（P_{max}）及其对应的 $D_{10\%}$。

表 4-2　大气环境评价工作等级划分依据

评价工作等级	评价工作分级判据
一级	$P_{max}\geqslant 80\%$，且 $D_{10\%}\geqslant 5km$
二级	其他
三级	$P_{max}<10\%$或 $D_{10\%}<$污染源距厂界最近距离

评价工作等级的确定还应符合以下规定：

① 同一项目有多个（两个以上，含两个）污染源排放同一种污染物时，则按各污染源分别确定其评价等级，并取评价级别最高者作为项目的评价等级；

② 对于高耗能行业的多源（两个以上，含两个）项目，评价等级应不低于二级；

③ 对于建成后全厂的主要污染物排放总量都有明显减少的改、扩建项目，评价等级可低于一级；

④ 如果评价范围内包含一类环境空气质量功能区、或者评价范围内主要评价因子的环境质量已接近或超过环境质量标准、或者项目排放的污染物对人体健康或生态环境有严重危害的特殊项目，评价等级一般不低于二级；

⑤ 对于以城市快速路、主干路等城市道路为主的新建、扩建项目，应考虑交通线源对道路两侧的环境保护目标的影响，评价等级应不低于二级；

⑥ 对于公路、铁路等项目，应分别按项目沿线主要集中式排放源（如服务区、车站等大气污染源）排放的污染物计算其评价等级。

一、二级评价应选择《环境影响评价技术导则　大气环境》（HJ 2.2—2008）推荐模式清单中的进一步预测模式进行大气环境影响预测工作。三级评价可不进行大气环境影响预测工作，直接以估算模式的计算结果作为预测与分析依据。

确定评价工作等级的同时应说明估算模式计算参数和选项。

(3) 地表水环境影响评价等级划分

《环境影响评价技术导则　地面水环境》（HJ/T 2.3—1993）将地表水环境影响评价工作等级分为三级，一级评价最详细，二级次之，三级较简略，其判断的依据是拟建项目的污水排放量、污水水质的复杂程度、受纳水域的规模及其水质要求（表 4-3）。

表 4-3 地面水环境影响评价分级判断依据

建设项目污水排放量/(m^3/d)	建设项目污水水质的复杂程度	一级		二级		三级	
		地面水域规模（大小规模）	地面水水质要求（水质类别）	地面水域规模（大小规模）	地面水水质要求（水质类别）	地面水域规模（大小规模）	地面水水质要求（水质类别）
≥20000	复杂	大	Ⅰ～Ⅲ	大	Ⅳ、Ⅴ		
		中、小	Ⅰ～Ⅳ	中、小	Ⅴ		
	中等	大	Ⅰ～Ⅲ	大	Ⅳ、Ⅴ		
		中、小	Ⅰ～Ⅳ	中、小	Ⅴ		
	简单	大	Ⅰ、Ⅱ	大	Ⅲ～Ⅴ		
		中、小	Ⅰ～Ⅲ	中、小	Ⅳ、Ⅴ		
<20000 ≥10000	复杂	大	Ⅰ～Ⅲ	大	Ⅳ、Ⅴ		
		中、小	Ⅰ～Ⅳ	中、小	Ⅴ		
	中等	大	Ⅰ、Ⅱ	大	Ⅲ、Ⅳ	大	Ⅴ
		中、小	Ⅰ、Ⅱ	中、小	Ⅲ～Ⅴ		
	简单			大	Ⅰ～Ⅲ	大	Ⅳ、Ⅴ
		中、小	Ⅰ	中、小	Ⅱ～Ⅳ	中、小	Ⅴ
<10000 ≥5000	复杂	大、中	Ⅰ、Ⅱ	大、中	Ⅲ、Ⅳ	大、中	Ⅴ
		小	Ⅰ、Ⅱ	小	Ⅲ、Ⅳ	小	Ⅴ
	中等			大、中	Ⅰ～Ⅲ	大、中	Ⅳ、Ⅴ
		小	Ⅰ	小	Ⅱ～Ⅳ	小	Ⅴ
	简单			大、中	Ⅰ、Ⅱ	大、中	Ⅲ～Ⅴ
				小	Ⅰ～Ⅲ	小	Ⅳ、Ⅴ
<5000 ≥1000	复杂			大、中	Ⅰ～Ⅲ	大、中	Ⅳ、Ⅴ
		小	Ⅰ	小	Ⅱ～Ⅳ	小	Ⅴ
	中等			大、中	Ⅰ、Ⅱ	大、中	Ⅲ～Ⅴ
				小	Ⅰ～Ⅲ	小	Ⅳ、Ⅴ
	简单					大、中	Ⅰ～Ⅳ
				小	Ⅰ	小	Ⅱ～Ⅳ
<1000 ≥200	复杂					大、中	Ⅰ～Ⅳ
						小	Ⅰ～Ⅴ
	中等					大、中	Ⅰ～Ⅳ
						小	Ⅰ～Ⅴ
	简单					中、小	Ⅰ～Ⅳ

① 污水量　污水排放量不包括间接冷却水、循环水及其他含污染物极少的清净下水的排放量，但包括含热量大的冷却水的排放量。

② 污水水质的复杂程度　污水水质的复杂程度按污水中污染物类型（持久性污染物、非持久性污染物、酸碱和热污染四种类型）及需预测的水质参数的多少划分为复杂、中等和简单三类。

a. 复杂：污染物类型数≥3，或者只含有两类污染物，但需预测其浓度的水质参数数目≥10。

b. 中等：污染物类型数为 2，且需预测其浓度的水质参数数目小于 10；或者只含有 1 类污染物，但须预测其浓度的水质参数数目≥7。

c. 简单：污染物类型数为 1，且需预测其浓度的水质参数数目小于 7。

③ 地表水域的规模

a. 河流与河口，按建设项目排污口附近河段的多年平均流量或平水期平均流量划分为：大河（≥150m^3/s）、中河（15～150m^3/s）和小河（小于 15m^3/s）。

b. 湖泊和水库，按枯水期湖泊、水库的平均水深及水面面积划分。a）当平均水深不小于 10m 时，大湖（库）的水面面积≥25km^2，中湖（库）的水面面积为 2.5～25km^2，小湖（库）的水面面积小于 2.5km^2。b）当平均水深小于 10m 时，大湖（库）的水面面积≥50km^2，中

(库）的水面面积为5～50km²，小湖（库）的水面面积小于5km²。

具体应用上述划分原则时，还应根据地区的特点进行适当调整。

④ 水质类别　地表水质按《地表水环境质量标准》（GB 3838—2002）划分为五类：Ⅰ、Ⅱ、Ⅲ、Ⅳ、Ⅴ。当受纳水域的实际功能与该标准的水质分类不一致时，由当地环保部门对其水质提出具体要求。

在应用评价等级判断依据时，可根据建设项目及受纳水域的具体情况适当调整评价级别。

（4）地下水环境影响评价工作等级

① 建设项目分类　根据建设项目对地下水环境影响的特征，将建设项目分为三类：Ⅰ类，指在项目建设、生产运行和服务期满后的各个过程中，可能造成地下水水质污染的建设项目；Ⅱ类，指在项目建设、生产运行和服务期满后的各个过程中，可能引起地下水流场或地下水水位变化，并导致环境水文地质问题的建设项目；Ⅲ类，指同时具备Ⅰ类和Ⅱ类建设项目环境影响特征的建设项目。

② 评价工作等级的划分　根据不同类型建设项目对地下水环境影响程度与范围的大小，将地下水环境影响评价工作分为一、二、三级。

对Ⅰ类建设项目，评价工作等级应根据建设项目场地的包气带防污性能（分为强、中、弱三级）、含水层易污染特征（分为易、中、不易三级）、地下水环境敏感程度（分为敏感、较敏感、不敏感三级）、建设项目污水排放强度（分为大、中、小三级）、建设项目污水水质复杂程度（分为复杂、中等、简单三级）5个条件进行划分，详见《环境影响评价技术导则　地下水环境》（HJ 610—2011）中的表1至表6。建设项目场地包括主体工程、辅助工程、公用工程、储运工程等涉及的场地。

Ⅱ类建设项目评价工作等级的划分，则根据建设项目地下水供水（或排水、注水）规模、引起的地下水水位变化范围、建设项目场地的地下水环境敏感程度以及可能造成的环境水文地质问题的大小等4个条件确定，详见《环境影响评价技术导则　地下水环境》（HJ 610—2011）中的表7至表11。其中建设项目地下水供水（或排水、注水）规模按水量的多少分为大、中、小三级，地下水水位变化区域范围则根据影响半径的大小进行分级。

Ⅲ类建设项目因为同时具备了Ⅰ类和Ⅱ类建设项目环境影响特征，其评价工作等级划分采用Ⅰ类和Ⅱ类建设项目评价工作等级划分办法，并按所划定的最高工作等级开展评价工作。

（5）声环境影响评价工作等级

声环境影响评价工作等级划分依据包括：

a）建设项目所在区域的声功能区类别；

b）建设项目建设前后所在区域的声环境质量变化程度；

c）受建设项目影响人口的数量。

评价范围内有适用于GB 3096规定的0类声环境功能区域，以及对噪声有特别限制要求的保护区等噪声敏感目标；或建设项目建设前后评价范围内敏感目标噪声级增高量达5dB(A)以上［不含5dB(A)］，或受影响人口数量显著增多时，按一级评价。

建设项目所处的声环境功能区为GB 3096规定的1类、2类地区，或建设项目建设前后评价范围内敏感目标噪声级增高量达3～5dB(A)［含5dB(A)］，或受噪声影响人口数量增加较多时，按二级评价。

建设项目所处的声环境功能区为GB 3096规定的3、4类标准地区，或建设项目建设前后评价范围内敏感目标噪声级增高量在3dB(A)以下［不含3dB(A)］，或受噪声影响人口数量变化不大时，按三级评价。

（6）生态环境影响评价工作等级

根据影响区域的生态敏感性和评价项目的工程占地（含水域）范围，包括永久占地和临时占地，将生态影响评价工作等级划分为一级、二级和三级，如表 4-4 所示。位于原厂界（或永久用地）范围内的工业类改扩建项目，可做生态影响分析。

表 4-4 生态影响评价工作等级划分表

影响区域生态敏感性	工程占地(含水域)范围		
	面积≥20km^2或长度≥100km	面积 2～20km^2 或长度 50～100km	面积≤2km^2 或长度≤50km
特殊生态敏感区	一级	一级	一级
重要生态敏感区	一级	二级	三级
一般区域	二级	三级	三级

当工程占地（含水域）范围的面积或长度分别属于两个不同评价工作等级时，原则上应按其中较高的评价工作等级进行评价。改扩建工程的工程占地范围以新增占地（含水域）面积或长度计算。

在矿山开采可能导致矿区土地利用类型明显改变，或拦河闸坝建设可能明显改变水文情势等情况下，评价工作等级应上调一级。

（7）环境风险评价的评价等级

《建设项目环境风险评价技术导则》（HJ/T 169—2004）根据评价项目的物质危险性和功能单元重大危险源判定结果，以及环境敏感程度等因素，将环境风险评价工作划分为一、二级。

① 危险源确定　凡长期或短期生产、加工、运输、使用或储存危险物质，且危险物质的数量等于或超过临界量的功能单元，定为重大危险源；当储存量小于临界量时，为非重大危险源。功能单元是指至少应包括一个（套）危险物质的主要生产装置、设施（储存容器、管道等）及环境保护处理设施，或同属一个工厂且边缘距离小于 500m 的几个（套）生产装置、设施。每一个功能单元要有边界和特定的功能，在泄漏事故中能有与其他单元分隔开的地方。

② 危险物质的判定　当一种物质或若干物质的混合物，由于它的化学性、物理性或毒性，而具有导致火灾、爆炸或中毒的危险时，即为危险物质，包括有毒物质、易燃物质和爆炸性物质。经过对建设项目的初步工程分析，选择生产、加工、运输、使用或储存中涉及的 1～3 个主要化学品，按表 4-5 物质危险性标准进行物质危险性判定。凡符合表 4-5 中有毒物质判定标准序号 1、2 的物质，属于剧毒物质；符合表中有毒物质判定标准序号 3 的物质属于一般毒物；符合表中易燃物质和爆炸性物质标准的物质，均视为火灾、爆炸危险物质。

表 4-5 物质危险性标准

危险物		性质		
		LD_{50}(大鼠经口)/(mg/kg)	LD_{50}(大鼠经皮)/(mg/kg)	LC_{50}(小鼠吸入,4h)(mg/L)
有毒物质	1	<5	<1	<0.01
	2	$5<LD_{50}<25$	$10<LD_{50}<50$	$0.1<LC_{50}<0.5$
	3	$25<LD_{50}<200$	$50<LD_{50}<400$	$0.5<LC_{50}<2$
易燃物质	1	可燃气体:在常压下以气态存在并与空气混合形成可燃混合物;其沸点(常压下)是 20℃或 20℃以下的物质		
	2	易燃液体:闪点低于 21℃,沸点高于 20℃的物质		
	3	可燃液体:闪点低于 55℃,压力下保持液态,在实际操作条件下(如高温高压)可以引起的重大事故的物质		
爆炸性物质		在火焰影响下可以爆炸,或者对冲击、摩擦比硝基苯更为敏感的物质		

③ 环境敏感程度　根据建设项目所涉及环境敏感区及危险物质的情形确定。

④ 环境风险评价工作级别　确定了危险源和危险物质及环境敏感区等因素，根据表 4-6。将环境风险评价工作划分为一级、二级。

表 4-6　环境风险评价工作级别的确定

功 能 单 元	剧毒危险性物质	一般毒性危险物质	可燃、易燃危险性物质	爆炸危险性物质
重大危险源	一	二	一	一
非重大危险源	二	二	二	二
环境敏感地区	一	一	一	一

依据《建设项目环境风险评价技术导则》（征求意见稿）中规定，建设项目环境风险评价工作等级划分为一级、二级和三级。主要是依据建设项目重大危险源存在情况、建设项目所在地的环境敏感程度、涉及的物质的危险性，按照表 4-7 确定评价工作等级。如果建设项目无重大危险源，则评价工作等级确定为三级。

表 4-7　环境风险评价工作级别的确定（征求意见稿）

建设项目所涉及环境的敏感程度	建设项目所涉及物质的危险性质和危险程度		
	极度和高度危险物质	中度危险物质	火灾、爆炸物质
环境敏感区	一	一	二
非环境敏感区	一	二	三

建设项目下游水域 10km 以内分布的饮用水水源保护区、珍稀濒危野生动植物天然集中分布区、重要水生生物的自然产卵场及索饵场、越冬场和洄游通道、天然渔场，应视为选址于环境敏感区；建设项目边界外 5km 范围内、管道两侧 500m 范围内分布有以居住、医疗卫生、文化教育、科研、行政办公等为主要功能的区域等，应视为选址、选线于环境敏感区。

危险物质包括火灾、爆炸等伴生/次生的危险物质。重大危险源和物质危险性确定方法如下。

物质危险性识别：

a. 重大危险源的识别：对于单种危险物质按 GB 18218 中表 1、表 2、表 3 和表 4 确定。对于多种（n 种）物质同时存放或使用的场所，若满足公式(4-4)，则应定为重大危险源。

$$\sum(q_i/Q_i)\geqslant 1 \tag{4-4}$$

式中　q_i——i 种物质的实际储存量；

Q_i——i 危险物质对应的生产场所或储存区的临界量；$i=1\sim n$。

b. 危害程度的识别：按 GB 5044 识别，包括对致畸、致癌、致突变物质、持久性污染物、活性化学物质以及恶臭污染等物质识别。

4.2.3.2　评价重点

评价重点与建设项目的工程特点和项目所在地区的环境特征等因素有关，应重点评价项目对各环境要素敏感区域和需要重点保护的区域的影响，在环境影响评价报告中应明确重点评价内容。下面分别介绍几类建设项目环境影响评价重点内容。

（1）房地产项目评价重点

施工期评价重点为生态环境保护、施工噪声及废水，建成后的评价重点是生态环境影响、居民生活污水对水环境的影响，以及周围环境对项目区域的影响。

（2）火电项目评价重点

火电项目评价重点是项目对环境空气的影响，关注废气排放对环境的影响，尤其是对敏感点、敏感区的影响，论证达标可靠性。注意温排水对生态环境的影响。对电厂冷却塔的噪声污染应高度关注水冷与风冷声源的不同特点分析与预测。

（3）公路建设项目评价重点

公路建设项目评价重点是生态影响评价、声环境评价及污染防治对策研究。生态影响评价的主要内容是项目建设期对生态的影响及水土流失影响分析。声环境境影响评价以保护敏感点为主要目标，并利用数学模型预测敏感点的声级，对其影响程度做出分析评价。环境污染防治对策与措施研究的目的是为使工程建设对环境造成的不利影响降低到最低程度，主要研究内容为声环境、大气环境、生态环境和社会环境影响的防治对策。

4.2.4 评价范围与环境敏感区

以图、表形式说明评价范围和各环境要素的环境功能类别或级别，各环境要素环境敏感区和功能及其与建设项目的相对位置关系等。

4.2.4.1 评价范围

按各专项环境影响评价技术导则的要求，确定各环境要素和专题的评价范围；未制定专项环境影响评价技术导则的，根据建设项目可能影响范围确定环境影响评价范围，当评价范围外有环境敏感区的，应适当外延。

（1）大气环境评价范围的确定

根据项目排放污染物的最远影响范围确定项目的大气环境影响评价范围。即以排放源为中心点，以 $D_{10\%}$ 为半径的圆或以 $2\times D_{10\%}$ 为边长的矩形作为大气环境影响评价范围；当最远距离超过 25km 时，确定评价范围为半径 25km 的圆形区域，或边长 50km 的矩形区域。

评价范围的直径或边长一般不应小于 5km。

对于以线源为主的城市道路等项目，评价范围可设定为线源中心两侧各 200m 的范围。

（2）地表水环境评价范围的确定

地表水环境影响预测与评价的范围与地表水环境现状调查的范围相同或略小（特殊情况也可以略大）。确定预测范围的原则与现状调查相同，参考 6.3.2.1。

（3）地下水环境评价范围的确定

地下水环境评价的范围以能说明地下水环境的基本状况为原则。

Ⅰ类建设项目地下水环境现状调查与评价的范围可参考表 4-8 确定。此调查评价范围应包括与建设项目相关的环境保护目标和敏感区域，必要时还应扩展至完整的水文地质单元。

表 4-8 Ⅰ类建设项目地下水环境现状调查评价范围参考表

评价等级	调查评价范围/km^2	备 注
一级	≥50	环境水文地质条件复杂、含水层渗透性能较强的地区（如砂卵砾石含水层、岩溶含水系统等），调查评价范围可取较大值，否则可取较小值
二级	20～50	
三级	≤20	

当Ⅰ类建设项目位于基岩地区时，一级评价以同一水文地质单元为调查评价范围，二级评价原则上以同一地下水水文地质单元或地下水块段为调查评价范围，三级评价以能说明地下水环境的基本情况，并满足环境影响预测和分析的要求为原则确定调查评价范围。

Ⅱ类建设项目地下水环境现状调查与评价的范围应包括建设项目建设、生产运行和服务期满后三个阶段的地下水水位变化的影响区域，其中应特别关注相关的环境保护目标和敏感区域，必要时应扩展至完整的水文地质单元，以及可能与建设项目所在的水文地质单元存在直接补排关系的区域。

Ⅲ类建设项目地下水环境现状调查与评价的范围应同时包括Ⅰ类和Ⅱ类所确定的范围。

（4）声环境评价范围的确定

声环境影响评价范围依据评价工作等级确定。

① 对于以固定声源为主的建设项目（如工厂、港口、施工工地、铁路站场等）：

a. 满足一级评价的要求，一般以建设项目边界向外 200m 为评价范围；

b. 二级、三级评价范围可根据建设项目所在区域和相邻区域的声环境功能区类别及敏感目标等实际情况适当缩小。

c. 如依据建设项目声源计算得到的贡献值到 200m 处，仍不能满足相应功能区标准值时，应将评价范围扩大到满足标准值的距离。

② 城市道路、公路、铁路、城市轨道交通地上线路和水运线路等建设项目：

a. 满足一级评价的要求，一般以道路中心线外两侧 200m 以内为评价范围；

b. 二级、三级评价范围可根据建设项目所在区域和相邻区域的声环境功能区类别及敏感目标等实际情况适当缩小。

c. 如依据建设项目声源计算得到的贡献值到 200m 处，仍不能满足相应功能区标准值时，应将评价范围扩大到满足标准值的距离。

③ 机场周围飞机噪声评价范围应根据飞行量计算到 L_{WECPN} 为 70dB 的区域。

a. 满足一级评价的要求，一般以主要航迹离跑道两端各 5～12km、侧向各 1～2km 的范围为评价范围；

b. 二级、三级评价范围可根据建设项目所处区域的声环境功能区类别及敏感目标等实际情况适当缩小。

（5）生态环境评价范围

生态影响评价应能够充分体现生态完整性，涵盖评价项目全部活动的直接影响区域和间接影响区域。评价工作范围应依据评价项目对生态因子的影响方式、影响程度和生态因子之间的相互影响和相互依存关系确定。可综合考虑评价项目与项目区的气候过程、水文过程、生物过程等生物地球化学循环过程的相互作用关系，以评价项目影响区域所涉及的完整气候单元、水文单元、生态单元、地理单元界限为参照边界。

（6）风险评价范围

对危险化学品按其伤害阈和 GBZ 2 工业场所有害因素职业接触限值及敏感区位置，确定影响评价范围。风险评价中大气环境影响一级评价范围，距离源点不低于 5km；二级评价范围，距离源点不低于 3km 范围。地表水和海洋评价范围按《环境影响评价技术导则　地面水环境》规定执行。

《建设项目环境风险评价技术导则》（征求意见稿）中规定大气环境风险评价范围为一级评价距建设项目边界不低于 5km；二级评价距建设项目边界不低于 3km；三级评价距建设项目边界不低于 1km。长输油和长输气管道建设工程一级评价距管道中心线两侧不低于 500m；二级评价距管道中心线两侧不低 300m；三级评价距管道中心线两侧不低于 100m。地表水环境风险评价范围不低于按 HJ/T2.3 确定的评价范围。可能受到影响的环境保护目标应当纳入评价范围。

4.2.4.2　环境敏感区

环境敏感区指依法设立的各级各类自然、文化保护地，以及对建设项目的某类污染因子或者生态影响因子特别敏感的区域，主要包括：

① 自然保护区、风景名胜区、世界文化和自然遗产地、饮用水水源保护区；

② 基本农田保护区、基本草原、森林公园、地质公园、重要湿地、天然林、珍稀濒危野生动植物天然集中分布区、重要水生生物的自然产卵场及索饵场、越冬场和洄游通道、天然渔场、资源性缺水地区、水土流失重点防治区、沙化土地封禁保护区、封闭及半封闭海域、富营养化水域；

③ 以居住、医疗卫生、文化教育、科研、行政办公等为主要功能的区域，文物保护单位，具有特殊历史、文化、科学、民族意义的保护地。

（1）环境空气敏感区

环境空气敏感区指评价范围内按 GB 3095 规定划分为一类功能区的自然保护区、风景名胜区和其他需要特殊保护的地区，二类功能区中的居民区、文化区等人群较集中的环境空气保护目标，以及对项目排放大气污染物敏感的区域。调查评价范围内所有环境空气敏感区应制图标注，并列表给出环境空气敏感区内主要保护对象的名称、大气环境功能区划级别、与项目的相对距离和方位，以及受保护对象的范围和数量等内容。

（2）地表水环境敏感区

地表水环境敏感区包括自然保护区、饮用水水源保护区、珍贵水生生物保护区、重要水生生物的自然产卵场及索饵场、越冬场和洄游通道、天然渔场、经济鱼类养殖区、资源性缺水地区、富营养化水域等。

（3）地下水环境敏感区

地下水环境敏感区包括集中式饮用水水源地（包括已建成的在用、备用、应急水源地，在建和规划的水源地）准保护区及补给径流区域；除集中式饮用水水源地以外的国家或地方政府设定的与地下水环境相关的其他保护区，如热水、矿泉水、温泉等特殊地下水资源保护区；生态脆弱区重点保护区域；因水文地质条件变化发生的地面沉降、岩溶塌陷等地质灾害易发区；重要湿地、水土流失重点防治区、沙化土地封禁保护区等。

（4）声环境敏感区

声环境敏感区包括康复疗养区等特别需要安静的区域，以及以居住、医疗卫生、文化教育、科研、行政办公等为主要功能的区域等。

（5）生态环境敏感区

生态敏感区包括特殊生态敏感区和重要生态敏感区。特殊生态敏感区指具有极重要的生态服务功能，生态系统极为脆弱或已有较为严重的生态问题，如遭到占用、损失或破坏后所造成的生态影响后果严重且难以预防、生态功能难以恢复和替代的区域，包括自然保护区、世界文化和自然遗产地等。重要生态敏感区指相对重要的生态服务功能或生态系统较为脆弱，如遭到占用、损失或破坏后所造成的生态影响后果较严重，但可以通过一定措施加以预防、恢复和替代的区域，包括风景名胜区、森林公园、地质公园、重要湿地、原始天然林、珍稀濒危野生动植物天然集中分布区、重要水生生物的自然产卵场及索饵场、越冬场和洄游通道、天然渔场等。

（6）风险评价环境敏感区

建设项目下游水域10km以内分布的饮用水水源保护区、珍稀濒危野生动植物天然集中分布区、重要水生生物的自然产卵场及索饵场、越冬场和洄游通道、天然渔场，应视为选址于环境敏感区；建设项目边界外5km范围内、管道两侧500m范围内分布有以居住、医疗卫生、文化教育、科研、行政办公等为主要功能的区域等，应视为选址、选线于环境敏感区。

4.2.5 相关规划及环境功能区划

附图列表说明建设项目所在城镇、区域或流域发展总体规划、环境保护规划、生态保护规划、环境功能区划或保护区规划等。

第5章 工程分析

5.1 工程分析概述

5.1.1 工程分析在环评报告书中的任务和作用

(1) 工程分析的任务

工程分析是环境影响评价中分析项目建设环境内在因素的重要环节，是整个报告书编制的基础。主要任务是：通过对工程一般特征和污染特征的全面分析，明确项目建设与国家及地方法规、产业政策的符合性，为建设项目的环境管理和采取相应环境措施提供依据，并为建设项目的环境决策提供服务；为建设项目环境影响预测与评价提供基础数据。

(2) 工程分析的作用

① 工程分析是项目决策的重要依据　工程分析是项目决策的重要依据之一。污染型项目工程分析从项目建设性质、产品结构、生产规模、原料路线、工艺技术、设备选型、能源结构、技术经济指标、总图布置方案等基础资料入手，确定工程建设和运行过程中的产污环节、核算污染源强、计算污染物排放总量。从环境保护的角度分析技术经济的先进性、污染治理措施的可行性、总图布置的合理性、达标排放的可靠性。衡量建设项目是否符合国家产业政策、环境保护政策和相关法律法规的要求，确定建设该项目的环境可行性。

② 为各专题预测评价提供基础数据　工程分析专题是环境影响评价的基础，工程分析给出的产污环节、污染源坐标、源强、污染物排放方式和排放去向等技术参数是环境空气、地表水、地下水环境、声环境影响预测计算的依据，为定量评价建设项目对环境影响的程度和范围提供了可靠的保证，为评价污染防治对策的可行性提出完善改进建议，从而为实现污染物排放总量控制创造了条件。

③ 为环保设施的工程设计提供优化建议　项目的环境保护工程设计是在已知生产工艺过程中产生污染物的环节和数量的基础上，采用必要的治理措施，实现达标排放，一般很少考虑对环境质量的影响，对于改扩建项目则更少考虑原有生产装置环保“欠账”问题以及环境承载能力。环境影响评价中的工程分析需要对生产工艺进行优化论证，提出满足清洁生产要求的清洁生产工艺方案，对技改项目实现“增产不增污”或“增产减污”的目标，使环境质量得以改善，对环保设计起到优化的作用。分析所采取的污染防治措施的先进性、可靠性，必要时要提出进一步完善、改进治理措施的建议，对改扩建项目尚须提出“以新带老”的措施，并反馈到设计当中去予以落实。

④ 为环境科学管理提供依据　工程分析筛选的主要污染因子是项目生产单位和环境管理部门日常管理的对象，所提出的环境保护措施是工程验收的重要依据，为保护环境所核定的污染物排放总量是开发建设活动进行污染控制的目标。

5.1.2 工程分析应遵循的技术原则

(1) 工程分析应体现国家的宏观政策

在国家已颁布的法律法规及有关产业政策中，对建设项目都有明确规定，贯彻执行这些法律法规规定是评价单位义不容辞的责任。所以，在开展工程分析时，首先要学习和掌握有关政策法规要求，并以此为依据去分析建设项目与国家产业政策的符合性。

（2）工程分析应具有针对性

工程特征的多样性决定了影响环境因素的复杂性，工程分析应根据建设项目的性质、类型、规模，污染物的种类、数量、危害特性、排放方式、排放去向等工程特征，通过全面系统的分析，从众多的污染因素中筛选出对环境影响范围大，并有致害威胁的主要因子作为评价对象，有针对性地进行评价。

（3）工程分析应为各专题评价提供定量而准确的基础资料

工程分析资料是各专题评价的基础，所提供的特征参数，特别是污染物最终排放量是各专题开展影响预测不可缺少的基础数据，因此，工程分析是决定评价工作质量的关键，所提供的定量数据要准确可靠。

（4）工程分析应从环保角度为项目选址、工程设计提出优化建议

根据国家法律法规、工程所在地的环境功能区划、发展规划等条件，提出优化厂址选择、总平面布置的合理化建议。

5.1.3　工程分析与可行性研究报告及工程设计的关系

工程分析的基础数据来源于项目的可行性研究报告，但不能完全照抄，由于可行性研究报告编制单位的专业水平、行业特长等方面的差异，部分可行性研究报告的质量不能满足工程分析的要求，出现这种情况应及时与建设单位的工程技术人员、可行性研究报告编制单位的技术人员沟通、交流，以使工程分析的有关数据能正确反映工程的实际情况。

对于没有编制可行性研究报告，直接进行工程设计的建设项目，可将工程分析所需的有关资料列出明细，由设计单位提供。

工程分析完成后，尤其是有现有工程的建设项目，可将完成的初稿交与建设单位和设计单位，广泛征求意见，并对有关数据进行核实。

5.1.4　工程分析的重点

工程分析的重点是通过工艺过程分析、核算，确定污染源强，其中应特别注意非正常工况污染源强的核算与确定。资源能源的储运、交通运输及场地开发利用分析的内容与深度，应根据工程、环境特点及评价工作等级决定。

5.1.5　工程分析的阶段

建设项目实施过程可以分为不同的阶段，包括施工期、运营期和服务期满即退役期。根据建设项目的不同性质和实施周期，可选择其中的不同阶段进行工程分析。

① 所有的建设项目都应分析运行阶段所产生的环境影响，包括正常工况和非正常工况两种情况。对服务运行期长或是随时间的变化其环境污染、生态影响可能增加或是变化较大，同时环境影响评价工作等级和环境保护要求较高时，可根据建设项目的具体特性将运行阶段划分为运行初期和运行中后期进行影响分析。

② 部分建设项目的建设周期长、影响因素复杂且影响区域广，需进行建设期的工程分析。

③ 个别建设项目由于运行期的长期影响、累积影响或毒害影响，会造成项目所在区域的环境发生质的变化，如核设施退役或矿山退役等，此类项目需要进行服务期满的工程分析。

④ 对某些在实施过程中由于自然或人为原因易酿成爆炸、火灾、中毒等，且后果十分严重的、会造成人身伤害或财产损失事故的建设项目，应根据工程性质、规模、建设项目所在地

的环境特征、事故后果以及必要性和条件具备情况，决定是否进行环境风险评价。

工程分析是环境影响评价中分析项目建设影响环境内在因素的重要环节。由于建设项目对环境影响的表现不同，可以分为以污染影响为主的污染型建设项目的工程分析和以生态破坏为主的生态影响型建设项目的工程分析。

5.2 污染型项目工程分析

5.2.1 工程分析的基本要求

① 工程分析应突出重点。根据各类型建设项目的工程内容及其特征，对环境可能产生较大影响的主要因素进行深入分析。

② 应用的数据资料要真实、准确、可信。对建设项目的规划、可行性研究和初步设计等技术文件中提供的资料、数据、图件等，应进行分析后引用；引用现有资料进行环境影响评价时，应分析其时效性；类比分析数据、资料应分析其相同性或相似性。

③ 结合建设项目工程组成、规模、工艺路线，对建设项目环境影响因素、方式、强度等进行详细分析与说明。

5.2.2 工程分析方法

一般地讲，建设项目的工程分析都应根据建设项目规划、可行性研究和设计方案等技术资料进行工作。但是，有些建设项目，如大型资源开发、水利工程建设以及国外引进项目，在可行性研究阶段所能提供的工程技术资料不能满足工程分析需要时，可以根据具体情况选用其他适用的方法进行工程分析。目前应用较多的工程分析方法有类比分析法、实测法、实验法、物料衡算法、查阅参考资料分析法等。

（1）类比分析法

类比分析法是利用与拟建项目类型相同的现有项目设计资料或实测数据进行工程分析的常用方法。当评价时间允许，评价工作等级较高，又有可参考的相同或相似的现有工程时，应采用此法。采用此法时，为提高类比数据的准确性，应充分注意分析对象与类比对象之间的相似性。

① 工程一般特征的相似性　建设项目的性质，建设规模，车间组成，产品结构，工艺路线，生产方法，原料、燃料成分与消耗量，用水量和设备类型等有相似性。

② 污染物排放特征的相似性　污染物排放类型、浓度、强度与数量，排放方式与方向，以及污染方式与途径等有相似性。

③ 环境特征的相似性　气象条件、地貌状况、生态特点、环境功能及区域污染情况等方面有相似性。

类比法也常用单位产品的经验排污系数计算污染物排放量。但是采用此法必须注意，一定要根据生产规模等工程特征和生产管理等实际情况进行必要的修正。

（2）实测法

实测法是通过实际测量废水或废气的排放量及其所含污染物的浓度，计算出其中某污染物的排放量。

（3）实验法

实验法是在实验室内利用一定的设施，控制一定的条件，并借助专门的实验仪器探索和研究废水或废气的排放量及其所含污染物的浓度，计算出某污染物的排放量的一种方法。

采用实验法时，便于严格控制各种因素，并通过专门仪器测试和记录实验数据，一般具有较高的可信度。

(4) 物料平衡法

物料平衡法是用于计算污染物排放量的常规方法。此法的基本原则是遵守质量守恒定律，即在生产过程中投入系统的物料总量必须等于产出的产品量和物料流失量之和。其计算式(5-1)：

$$\sum G_{投入}=\sum G_{产品}+\sum G_{流失} \tag{5-1}$$

当投入的物料在生产过程中发生化学反应时，可按下列总量法或额定法公式进行衡算。

① 总量法公式

$$\sum G_{排放}=\sum G_{投入}-\sum G_{回收}-\sum G_{处理}-\sum G_{转化}-\sum G_{产品} \tag{5-2}$$

② 定额法公式

$$A=AD\times M \tag{5-3}$$

$$AD=BD-(aD+bD+cD+dD) \tag{5-4}$$

式中 A——某污染物的排放总量；

AD——单位产品某污染物的排放定额；

M——产品总产量；

BD——单位产品投入或生成的某污染物量；

aD——单位产品中某污染物的含量；

bD——单位产品所生成的副产物、回收品中某污染物的含量；

cD——单位产品分解转化掉的污染物量；

dD——单位产品被净化处理掉的污染物量。

采用物料衡算法计算污染物排放量时，必须对生产工艺、化学反应、副反应和管理等情况进行全面了解，掌握原料、辅助材料、燃料的成分和消耗定额，但是，此法的计算工作量较大。

(5) 查阅参考资料分析法

查阅参考资料分析法是利用同类工程已有的环境影响报告书或可行性研究报告等资料进行工程分析的方法。虽然此法较为简便，但所得数据的准确性很难保证。当评价时间短，且评价工作等级较低时，或在无法采用其他方法的情况下，可采用此法。此法还可以作为其他方法的补充。

5.2.3 工程分析内容

工程分析的工作内容包括：工程基本数据，污染影响因素分析，生态影响因素分析，原辅材料、产品、废物的储运，交通运输，公用工程，非正常工况分析，环境保护措施和设施，总图布置方案分析，污染物排放统计汇总。

5.2.3.1 工程基本数据

(1) 工程基本数据的内容

工程基本数据包括建设项目规模，主要生产设备，公用及储运装置，平面布置，主要原辅材料及其他物料的理化性质、毒理特征及其消耗量，能源消耗数量、来源及储运方式，原料及燃料的类别、构成与成分，产品及中间体的性质、数量，物料平衡，水平衡，特征污染物平衡，工程占地类型及数量，土石方量，取弃土量，建设周期，运行参数及总投资等。常用到的表格见表 5-1～表 5-4。

表 5-1 项目建设规模与产品方案一览表

序 号	产品名称	设计规模	规 格	年生产时数	备注
1					
2					
3					
…					

表 5-2 建设项目的技术经济指标一览表

序 号	指标名称	单 位	数 量	备 注
1				
2				
3				
…				

表 5-3 主要原辅材料消耗及来源一览表

序 号	名 称	规 格	消耗量	来 源	备 注
1					
2					
3					
…					

表 5-4 主要设备及辅助设施一览表

序 号	设备名称	规 格	数 量	来 源	备 注
1					
2					
3					
…					

对于改扩建及异地搬迁建设项目，须说明现有工程的基本情况、污染排放及达标情况、存在的环境保护问题及拟采取的整改措施等内容。对于分期建设的项目，则应按不同建设期分别说明建设规模及建设时间。

（2）物料平衡

根据质量守恒定律，投入的原材料和辅助材料的总量等于产出的产品和副产物以及污染物的总量。通过物料平衡，可以核算产品和副产品的产量，并计算出污染物的源强。

物料平衡的种类很多，有以全厂（或全工段）物料的总进出为基准的物料衡算，也有针对具体的有毒有害物料或元素进行的物料平衡，比如在合成氨厂中，针对氨进行的物料平衡称为氨平衡。在环境影响评价中，必须根据不同行业的具体特点，选择若干有代表性的物料进行物料平衡。

（3）水平衡

水平衡是指建设项目所用的新鲜水总量加上原料带来的水量等于产品带走的水量、损失水量、排放废水量之和。可以用下式表达：

$$Q_f + Q_r = Q_p + Q_l + Q_w \tag{5-5}$$

式中 Q_f——新鲜水总量，m^3/d；

Q_r——原料带来的水量，m^3/d，对于有化学反应的过程，也包括反应生成的水量；

Q_p——产品带走的水总量，m^3/d；

Q_l——生产过程损失的水量，m^3/d，对于有化学反应的过程，也包括反应消耗的水量；

Q_w——排放的废水量，m^3/d。

根据“清污分流，一水多用，节约用水”的原则做好水平衡，给出总用水量、新鲜用水量、废水产生量、循环使用量、处理量、回用量和最终外排量等，明确具体的回用部位；根据回用部位的水质、温度等工艺要求，分析废水回用的可行性。按照国家节约用水的要求，提出进一步节水的有效措施。

5.2.3.2 污染影响因素分析

绘制包含产污环节的生产工艺流程图，分析各种污染物产生、排放情况，列表给出污染物的种类、性质、产生量、产生浓度、削减量、排放量、排放浓度、排放方式、排放去向及达标情况。

分析建设项目存在的具有致癌、致畸、致突变的物质及其具有持久性影响的污染物的来源、转移途径和流向；

给出噪声、振动、热、光、放射性及电磁辐射等污染的来源、特性及强度等；

各种治理、回收、利用、减缓措施状况等。

(1) 工艺流程及产污环节分析

绘制工艺流程及产污环节图，列表给出各环节物料的投入产出和各污染物的产生排放环节，辅以简要文字说明，即以图、表、文字一一对应的方式，分析污染物的产生与排放。

工艺流程应在设计单位或建设单位的可行性研究或设计文件基础上，根据工艺过程的描述及同类项目生产的实际情况进行绘制。环境影响评价工艺流程图有别于工程设计工艺流程图，环境影响评价关心的是工艺过程中产生污染物的具体部位，污染物的种类和数量。所以绘制污染工艺流程图应包括涉及产生污染物的装置和工艺过程，不产生污染物的过程和装置可以简化，有化学反应发生的工序要列出主要化学反应和副反应式，并在总平面布置图上标出污染源的准确位置，以便为其他专题评价提供可靠的污染源资料。

阐述生产工艺流程，说明并图示主要原辅料投加点和投加方式、主要中间产物、副产品及产品产生点、污染物产生环节（按废气、废水、固废、噪声等分别编号）、物料回收或循环环节等。分析反应条件（放热、加热、制冷、加压、常压、负压）所涉及的余热利用、蒸汽平衡、制冷剂排污等，化工项目需注意不凝气的处置措施及污染物的最终去向，分析抽真空系统的污染源产生及污染物去向等，分析反应催化剂是否有污染物产生及工艺中的处置方式。

工艺流程要给出从原料到产品的全过程，特别是与“三废”排放有关的环节。委托外加工的部分（如某些五金加工项目的表面处理），可在流程图上用虚框表示。

(2) 污染源分析

污染源分析和污染物类型及排放量是各专题评价的基础资料，必须按建设期、运营期两个时期详细核算和统计。根据项目评价需要，一些项目还应对服务期满后（退役期）的源强进行估算，力求完善。因此，对于污染源分布应根据已经绘制的污染流程图，并按排放点标明污染物排放部位，然后列表统计各种污染物的排放浓度、排放量等。对于最终进入环境的污染物，确定其是否达标排放，达标排放必须以项目的最大负荷核算。

工程主要产污环节要结合工艺流程图，对每一装置、每一单元进行分析，并给出污染物的产生排放一览表（表5-5、表5-6），进行污染物排放量的统计，对于技改项目还要给出工程建设前后污染物排放量的变化情况，尽可能做到增产不增污，增产减污。

表 5-5 新建项目污染物产生及排放一览表

类别	名称	排放位置	排放方式	排放去向	产生量	产生浓度	排放量	排放浓度	达标分析
废气									
废水									
固体废物									

表 5-6　改扩建和技术改造项目污染物产生及排放一览表

类别	名称	改扩建和技改前		改扩建和技改项目				改扩建和技改后	
		排放量	排放浓度	产生量	产生浓度	排放量	排放浓度	排放量	排放浓度
废气									
废水									
固体废物									

对于建设项目的污染源分析，既要分析有组织排放源，也要分析无组织排放源。有组织排放源是指通过排气筒集中排放的废气污染源或通过排污口集中收集、处理、排放的废水污染源；无组织排放源是指不能通过集中收集处理而排放污染物的污染源，如焦炉炉体、隧道排气口、化学品罐区的大小呼吸等，原料、固体废弃物等堆放场所产生的扬尘可作为"风面源"处理。无组织排放源对近距离的影响大，且难以治理，因此应尽量将其转化为有组织排放源。

5.2.3.3　生态影响因素分析

明确生态影响作用因子，结合建设项目所在区域的具体环境特征和工程内容，识别、分析建设项目实施过程中的影响性质、作用方式和影响后果，分析生态影响范围、性质、特点和程度。

应特别关注特殊工程点段分析，如环境敏感区、长大隧道与桥梁、淹没区等，并关注间接性影响、区域性影响、累积性影响以及长期影响等特有影响因素的分析。

5.2.3.4　原辅材料、产品、废物的储运

通过对建设项目原辅材料、产品、废物等的装卸、搬运、储藏、预处理等环节的分析，核定各环节的污染来源、种类、性质、排放方式、强度、去向及达标情况等。

5.2.3.5　交通运输

给出运输方式（公路、铁路、航运等），分析由于建设项目的施工和运行，使当地及附近地区交通运输量增加所带来环境影响的类型、因子、性质及强度。

5.2.3.6　公用工程

给出水、电、气、燃料等辅助材料的来源、种类、性质、用途、消耗量等，并对来源及可靠性进行论述。

公用工程要进行产污环节分析，主要是供热、供汽、供气、软水制备等系统污染物的产生与排放；污水处理系统的污染物的产生与排放；制冷系统污染物的产生与排放（如NH_3）；循环水系统的产污等。

5.2.3.7　非正常工况分析

对建设项目生产运行阶段的开车、停车、检修等非正常排放时的污染物进行分析，找出非正常排放的来源，给出非正常排放污染物的种类、成分、数量与强度、产生环节、产生原因、发生频率及控制措施等。

5.2.3.8　环境保护措施和设施

按环境影响要素分别说明工程方案已采取的环境保护措施和设施，给出环境保护设施的工艺流程、处理规模、处理效果。

（1）分析建设项目可研阶段环保措施方案，并提出进一步改进的意见

根据建设项目产生的污染物特点，充分调查同类企业的现有环保处理方案，分析建设项目可研阶段所采用的环保设施的先进水平和运行可靠程度，并提出进一步改进的意见。

（2）分析污染物处理工艺有关技术经济参数的合理性

根据现有的同类环保设施的运行技术经济指标，结合建设项目环保设施的基本特点，分析论证建设项目环保设施的技术经济参数的合理性，并提出进一步改进的意见。

（3）分析环保设施投资构成及其在总投资中占有的比例

汇总建设项目环保设施的各项投资，分析其投资结构，计算环保投资在总投资中所占的比例，并提出进一步改进的意见。

5.2.3.9 总图布置方案分析

（1）分析厂区与周围的保护目标之间所定卫生防护距离和安全防护距离的保证性

参考国家的有关卫生防护距离规范、计算得到的卫生防护距离，分析厂区与周围的保护目标之间所定防护距离的可靠性，合理布置建设项目的各构筑物及生产设施，给出总图布置方案与外环境关系图。

（2）根据气象、水文等自然条件分析工厂和车间布置的合理性

在充分掌握项目建设地点的气象、水文和地质资料的条件下，认真考虑这些因素对污染物的污染特性的影响，合理布置工厂和车间，尽可能减少对环境的不利影响。一般而言，生活设施和对环境要求高的车间应布置在上风向。

（3）分析对周围环境敏感点处置措施的可行性

分析项目所产生的污染物的特点及其污染特征，结合现有的有关资料，确定建设项目对附近环境敏感点的影响程度，在此基础上提出切实可行的处置措施（如搬迁、防护、另选厂址等）。

5.2.3.10 污染物排放统计汇总

对建设项目有组织与无组织、正常工况与非正常工况排放的各种污染物浓度、排放量、排放方式、排放条件与去向等进行统计汇总。对改扩建项目的污染物排放总量统计，应分别按现有、在建、改扩建项目实施后汇总污染物产生量、排放量及其变化量，给出改扩建项目建成后最终的污染物排放总量。

对于新建项目要求算清“两本账”：一本是工程自身的污染物产生量；另一本则是按治理规划和评价规定措施实施后能够实现的污染物削减量。新建项目污染物排放量统计情况见表5-7。对于改扩建和技术改造项目的污染物排放量统计则要求算清三本账：①改扩建与技术改造前现有工程的污染物实际排放量。这部分现有工程污染物源强可根据原环评报告书、项目竣工验收报告、环保监测部门例行监测资料核算，也可根据实际生产规模和原辅材料消耗量衡算，必要时也可进行污染源现场监测。②技改扩建项目污染物排放量。③“以新带老”削减量。三本账之代数和方可作为评价所需的最终排放量。改扩建及技改项目污染物排放量统计情况见表5-8。

表5-7 新建项目污染物排放量统计

类　别	污染物名称	产生量	治理削减量	排放量
废气				
废水				
固体废物				

表5-8 改扩建及技改项目污染物排放量统计

类　别	污染物名称	现有工程排放量	拟建项目排放量	“以新带老”削减量	改扩建或技改工程完成后总排放量	增减量变化
废气						
废水						
固体废物						

5.3 生态影响型项目工程分析

5.3.1 生态影响型项目工程分析的基本内容

生态影响型项目工程分析的内容应包括：项目所处的地理位置、工程的规划依据和规划环评依据、工程类型、项目组成、占地规模、总平面及现场布置、施工方式、施工时序、运行方式、替代方案、工程总投资与环保投资、设计方案中的生态保护措施等。

工程分析时段应涵盖勘察期、施工期、运营期和退役期，以施工期和运营期为调查分析的重点。

5.3.2 生态影响型项目工程分析重点

根据评价项目自身特点、区域的生态特点以及评价项目与影响区域生态系统的相互关系，确定工程分析的重点，分析生态影响的源及其强度。主要内容应包括以下几个方面：

① 可能产生重大生态影响的工程行为；

② 与特殊生态敏感区和重要生态敏感区有关的工程行为；

③ 可能产生间接、累积生态影响的工程行为；

④ 可能造成重大资源占用和配置的工程行为。

5.3.3 生态影响型项目工程分析的技术要点

生态影响型项目工程分析的内容应结合工程特点，提出工程施工期和运行期的影响和潜在影响因素，能量化的要给出量化指标，技术要点如下。

(1) 工程组成完全

应把所有的工程活动都纳入分析中。一般建设项目工程组成有主体工程、辅助工程、配套工程、公用工程、环境保护工程。有的将作业场等支柱性工程称为“大临”工程（大型临时工程）或储运工程系列，都是可以的。但必须将所有的工程建设活动，无论是临时的还是永久的，是施工期的还是运行期的，是直接的还是相关的，都要考虑在内。一般应有完善的项目组成表，明确占地、施工和技术标准等主要内容。

工程组成中，一般主体工程和配套工程在设计文件中都有详细内容，注意选取其与环境有关的内容就可以了。重要的是要对辅助工程内容进行详细了解，必要时需通过类比调查确定工程组成的内容。主要的辅助工程有：

① 对外交通　如水电工程的对外交通公路，大多数需新修或改建扩建，有的达数十千米长，需了解其走向、占地类型与面积，匡算土石方量，了解修筑方式。有的大型项目，对外交通单列项目进行环评，则按公路建设项目进行环评。有的项目环评前已修建对外交通公路，则要做现状调查，阐明对外交通公路基本工程情况，并在环评中需进行回顾性环境影响分析和采取补救性环保措施。

② 施工道路　连接施工场地、营地，运送各种物料和土石方，都有施工道路问题。施工道路在大多数设计文件中是不具体的，经常需要在环评中做深入的调查分析。对于已设计施工道路的工程，具体说明其布线、修筑方法，主要关心是否影响到敏感保护目标，是否注意了植被保护或水土流失防治，其弃土是否进入河道等。对于尚未设计施工道路或仅有一般设想的工程，则需明确选线原则，提出合理的修建原则与建议，尤其需给出禁止线路占用的土地或地区。

③ 料场　包括土料场、石料场、沙石料场等施工建设的料场。需明确各种料场的点位、

规模、采料作业时期及方法，尤其需明确有无爆破等特殊施工方法。料场还有运输方式和运输道路问题，如皮带运输、汽车运输等，根据运输量和运输方式，可估算出诸如车流密度（某点位单位时间通过的车辆数或多长时间过一辆车）等数据。这也就是环境影响源的“源强”（噪声源强，干扰或阻隔效应源强等）。

④ 工业场地　工业场地布设、占地面积、主要作业内容等。一般应给出工业场地布置图，说明各项作业的具体安排，使用的主要加工设备，如碎石设备、混凝土搅拌设备、沥青搅拌设备采取的环保措施等。一个项目可能有若干个工业场地，需一一说明。工业场地布置在不同的位置和占用不同的土地，它的环境影响是不同的，所以在选址合理性论证中，工业场地的选址是重要论证内容之一。

⑤ 施工营地　集中或单独建设的施工营地，无论大小，都需纳入工程分析中。与生活营地配套建设的供热、采暖、供水、供电以及炊事、环卫设施，都需一一说明。施工营地占地类型、占地面积，事后进行恢复的设计，是分析的重点。其中，都有环境合理性分析问题。

⑥ 弃土弃渣场　包括设置点位、每个场的弃土弃渣量，弃土弃渣方式，占地类型与数量，事后复垦或进行生态恢复的计划等。弃土弃渣场的合理选址是环评重要论证内容之一，在工程分析中需说明弃渣场坡度，径流汇集情况等，以及拟采取的安全设计措施和防止水土流失措施等。对于采矿和选矿工程，其弃渣场尤其是尾矿库是专门的设计内容，是在一系列工程地质、水文地质工作的基础上进行选择的，环评中亦作为专题进行工程分析与影响评价。

(2) 重点工程明确

应将主要造成环境影响的工程作为重点的工程分析对象，明确其名称、位置、规模、建设方案、施工方式、运行方式等。

与污染型项目相比，生态影响型项目的工程分析更应重点加强施工方式和运行方式的分析。对于同一项目，不同的施工和运行方式的环境影响差别很大。生态影响型项目的主要环境影响往往发生在施工期。对施工方式的分析可从施工工艺和施工时序两方面入手。例如，传统的桥梁基础开挖为大开挖式，由于开挖面积及土石方的挖出、回填量较大，产生的植被破坏、水土流失较严重；先进的干式旋挖钻，由于钻头直径与柱基直径大体相当，其环境影响与传统的大开挖式相比要小很多。

在项目建成运行后，因运行方式不同，产生的环境影响不同。例如，日调节水电站的下泄过程（主要是时间和流量）不同，可能极大地影响到下游河道的水位和流速，而水位、流速频繁和剧烈的变化，可能对河流中的鱼类生存和繁殖产生不利影响。通过对水电站运行方式的分析，结合现状调查对下游河道中鱼类的生理生态学习性（如对适宜的生存、繁殖流速和水深等的要求）调查，就有可能针对鱼类保护的要求，通过水文学计算，合理地优化水电站的运行方式。

(3) 全过程分析

生态影响是一个过程，不同的时期产生的影响不同，因此必须做全过程分析。一般可将全过程分为选址选线期（工程预可行性研究期）、设计方案期（初步设计与工程设计）、建设期（施工期）、运行期和运行后期（结束期、闭矿、设备退役和渣场封闭等）。

(4) 污染源分析

明确污染源，污染物类型、源强（含事故状态下的源强）、排放方式和纳污环境等。污染源可能发生于施工建设阶段，也可能发生于运行期。污染源的控制要求与纳污环境的环境功能密切相关，因此必须同纳污环境联系起来做分析。

(5) 其他分析

施工建设方式、运行期方式的不同，都会对环境产生不同影响，需要在工程分析时给予考虑。有些发生可能性不大，一旦发生将会产生重大影响者，则可作为风险问题考虑。例如，公路运输农药时，车辆可能在跨越水库或水源地时发生事故性泄漏等。

5.4 污染源强计算

5.4.1 污染物排放量的计算方法

确定污染物排放量的方法有三种，即物料平衡法、排污系数法和实测法。

(1) 物料平衡法

根据物质守恒定律，在生产过程中投入的物料量 T 等于产品所含这种物料的量 P 与物料的流失量 Q 的总和，即

$$T=P+Q \tag{5-6}$$

下面以粉煤灰和炉渣产生量的计算为例。

煤炭燃烧形成的固态物质，其中从除尘器收集到的称为粉煤灰，从炉膛中排出的称为炉渣。锅炉燃烧产生的灰渣量和煤的灰分含量与锅炉的机械不完全燃烧状况有关。灰渣产生量常采用灰渣平衡法计算，由灰渣平衡公式可导出如下计算公式。

锅炉炉渣产生量 G_z(t/a)：

$$G_z=\frac{d_z BA}{1-C_z} \tag{5-7}$$

锅炉粉煤灰产生量 G_f(t/a)：

$$G_f=\frac{d_{fh} BA\eta}{1-C_f} \tag{5-8}$$

式中　B——锅炉燃煤量，t/a；

A——燃煤的应用基灰分，%；

η——除尘效率，%；

C_z、C_f——炉渣粉煤灰中可燃物百分含量，%；一般 C_z 取 10%～25%，煤粉悬燃炉炉渣可取 0～5%，C_f 取 15%～45%，热电厂粉煤灰可取 4%～8%；C_z、C_f 也可根据锅炉热平衡资料选取或由分析室测试得出；

d_z、d_{fh}——炉渣中的灰分、飞灰占燃煤总灰分的百分比，%；$d_z=1-d_{fh}$，不同炉型的灰渣比见表 5-9。

表 5-9　不同炉型的灰渣比

锅炉类型		d_{fh}(飞灰)	d_z(灰分)
固态排渣煤粉炉		0.85～0.95	0.05～0.15
液体排渣煤粉炉	无烟煤	0.85	0.15
	贫煤	0.80	0.20
	烟煤	0.80	0.20
	褐煤	0.70～0.80	0.20～0.30
卧式旋风锅炉		0.10～0.15	0.85～0.90
立式旋风锅炉		0.20～0.40	0.60～0.80
层燃链条炉		0.15～0.20	0.80～0.85
循环流化床锅炉		0.40～0.60	0.40～0.60

(2) 排污系数法

污染物的排放量可根据生产过程中产品的经验排污系数进行计算。计算公式为

$$Q=KW \tag{5-9}$$

式中　Q——废气或废水中某污染物的单位时间排放量，kg/h；

K——单位产品的经验排污系数，kg/t；

W——某种产品的单位时间产量，t/h。

经验排污系数是在特定条件下产生的，随地区、生产技术条件的不同而有所变化。经验排污系数和实际排污系数可能有很大差别，因此在选择时应根据实际情况加以修正。

不同行业的经验排污系数见表5-10。

表5-10 几种不同行业的经验排污系数

行业名称	污染物	计量单位	经验排污系数		备注
			平均值	变化幅度	
餐饮业	动植物油	mg/L	100	70～200	废水量按用水量的80%计算
	COD	mg/L	650	400～1000	
	BOD_5	mg/L	300	200～400	
	悬浮物	mg/L	100	80～200	
旅游业（附设餐厅）	动植物油	mg/L	80	30～110	废水量按用水量的85%计算
	COD	mg/L	360	250～580	
	BOD_5	mg/L	195	120～300	
	悬浮物	mg/L	80	60～120	
旅游业	COD	mg/L	100	70～150	—
	悬浮物	mg/L	60	30～95	
理发业	废水量	每月每座位吨	20	10～30	—
	COD	mg/L	700	250～1100	
	BOD_5	mg/L	300	250～650	
	悬浮物	mg/L	120	80～250	
洗衣业	COD	mg/L	～1200	—	废水量按用水量的80%计算
	悬浮物	mg/L	～550	—	
冲晒、扩印	COD	mg/L	～135	—	废水量按用水量的90%计算
	BOD_5	mg/L	～44	—	
	悬浮物	mg/L	～35	—	
医院	COD	mg/L	220	100～350	废水量按用水量的85%计算
	BOD_5	mg/L	60	20～100	
	悬浮物	mg/L	35	15～60	

(3) 实测法

实测法是对污染源进行现场测定，得到污染物的排放浓度和流量，然后计算出污染物排放量。计算公式为

$$Q=kCL \tag{5-10}$$

式中 Q——废气或废水中某污染物的单位时间排放量，t/h；

C——实测的污染物算术平均浓度，废气的单位是 mg/m^3，废水的单位为mg/L；

L——烟气或废水的流量，m^3/h；

k——单位换算系数，废气取 10^{-9}，废水取 10^{-6}。

这种方法只适用于已投产的污染源，并且容易受到采样频次的限制。如果实测的数据没有代表性，也不易得到真实的排放量。

实测法是从实地测定中得到的数据，因而比其他方法更接近实际，比较准确，这是实测法最主要的优点。但是实测法必须解决好实测的代表性问题。为此，常常不只测定一个浓度值而是测定多个浓度值。此时，对于污染物的实测浓度 C 的取值有以下两种情况。

① 如果废水或废气流量 Q 只有一个测定值，而污染物浓度 C 反复测定多次，则污染物的浓度 C 则取算术平均值 $\overline{C}$，即

$$\overline{C}=(C_1+C_2+\cdots+C_n)/n \tag{5-11}$$

② 如果废水或废气流量 Q 与污染物浓度 C 同时反复测定多次，此时废水或废气流量 Q 取

算术平均值$\overline{Q}$，而污染物的浓度C则取加权算术平均值$\overline{C}$，即

$$\overline{Q}=(Q_1+Q_2+\cdots+Q_n)/n \tag{5-12}$$

$$\overline{C}=(Q_1C_1+Q_2C_2+\cdots+Q_nC_n)/(Q_1+Q_2+\cdots+Q_n) \tag{5-13}$$

5.4.2 燃料燃烧过程中主要污染物排放量的估算

固体、液体及气体燃料在燃烧的过程中均有废气产生，其中含有二氧化硫、氧化物、烟尘等，根据其来源、燃烧方式等方面的差异，污染物的产生及排放情况各不相同，可按物料衡算方法计算。

5.4.2.1 燃料消耗量和燃料的成分

锅炉燃烧燃料的种类主要包括：燃煤、燃油、燃气、生物质燃料等。

（1）燃料消耗量

一般来说，燃料量的确定应根据能量守恒、蒸汽平衡、物料平衡等按以下步骤核算：

① 根据项目的蒸汽平衡，并考虑各用汽环节，核算项目的热（汽）负荷；

② 根据热（汽）负荷，并考虑焓差系数、网损率、蒸汽压力变化等，核算热（汽）源设备的设计热负荷；

③ 根据设计热负荷，按不同燃料的低位发热量，并考虑设备热效率等，核算各工况下需要的燃料的消耗量。

（2）燃料组分

燃料中的不同组分在燃烧过程产生不同类型污染物。燃料组分分析应注意以下问题：

① 提供正式的燃料组分检验分析报告；

② 对现有、技改扩建项目，应结合收集实际运行中的燃料组分，确定工程燃料主要组分（如含硫率）的平均值和变化范围；

③ 对固体燃料组分，应注意收到基与空气干燥基等的换算，将成分换算为收到基；

④ 燃料组分往往差别很大，一般不采用类比法确定。

5.4.2.2 SO_2排放量的估算

煤中的硫有三种存在形态：有机硫、硫铁矿和硫酸盐。煤燃烧时只有有机硫和硫铁矿中的硫可以转化为SO_2，硫酸盐则以灰分的形式进入灰渣中。一般情况下，可燃硫占全硫量的80%左右。石油中的硫可全部燃烧并转化为SO_2。

从硫燃烧的化学反应方程式$S+O_2 \longrightarrow SO_2$可知，32g硫经氧化可生成64g$SO_2$，即1g硫可产生2g$SO_2$。因此燃煤产生的$SO_2$排放量的计算公式如下：

$$G=B\times S\times 80\%\times 2\times(1-\eta)=1.6BS(1-\eta) \tag{5-14}$$

式中 G——SO_2的排放量，kg/h；

B——燃煤量，kg/h；

S——煤的含硫量，%；

η——脱硫设施的SO_2去除率。

燃油产生的SO_2排放量为

$$G=2BS(1-\eta) \tag{5-15}$$

式中 G——SO_2的排放量，kg/h；

B——耗油量，kg/h；

S——油的含硫量，%；

η——脱硫设施的SO_2去除率。

不同脱硫方式可达到的设计脱硫效率见表5-11。在长期稳定运行状态下，实际脱硫效率

一般比设计脱硫效率低。

表 5-11　不同脱硫方式可达到的设计脱硫效率

锅炉与炉窑	脱硫装置或系统	设计脱硫效率/%
大型锅炉与电站锅炉	石灰石-石膏湿法	>95
	海水脱硫	≥90
	烟气循环流化床法	≥95
	电子束氨法	80～90
	炉内喷钙/尾部增湿活化	>85
中小型工业及民用锅炉	增湿灰循环脱硫技术	>90
	旋转喷雾半干法	80～90
	氧化镁法	≥90
	双碱法	≥90
	燃用工业固硫型煤	40～50
	水膜除尘器加碱脱硫	40～60
	复合式除尘脱硫器	≥80
	喷雾干燥烟气脱硫	80～90
	湿式除尘脱硫一体化	60～80
	湿式脱硫器(与干法除尘器配合使用)	≥60
中型锅炉及炉窑	《工业锅炉及炉窑湿法烟气脱硫工程技术规范》(HJ 462—2009)规定:脱硫装置的设计脱硫效率不宜小于90%。对于65t/h以下工业锅炉脱硫装置在满足排放标准和总量控制要求的前提下,设计脱硫效率可适当降低,但不宜小于80%。	

注：有条件时，应通过实测或类比确定实际的脱硫效率。

5.4.2.3　燃煤烟尘排放量的估算

燃煤烟尘包括黑烟和飞灰两部分，黑烟是未完全燃烧的炭粒，飞灰是烟气中不可燃烧的矿物微粒，是煤的灰分的一部分。烟尘的排放量与炉型和燃烧状况有关，燃烧越不完全，烟气中的黑烟浓度越大，飞灰的量与煤的灰分和炉型有关。一般根据燃煤量、煤的灰分和除尘效率来计算燃烧产生的烟尘量，即

$$Y=BAD(1-\eta) \tag{5-16}$$

式中　Y——烟尘排放量，kg/h；

B——燃煤量，kg/h；

A——煤的灰分含量，%；

D——烟气中的飞灰占灰分的百分数，%；

η——除尘器的总效率，%。

各类除尘器可达到的设计除尘效率见表 5-12。

表 5-12　各类除尘器可达到的设计除尘效率 η

类　别	除尘设备形式	设计除尘效率/%
机械式除尘器	重力沉降室	40～60
	惯性除尘器	50～70
	旋风除尘器	70～90
	多管旋风除尘器	80～95
湿式洗涤除尘器	喷淋洗涤塔	75～90
	水膜除尘器	85～90
	自激式洗涤器	85～95
	文丘里洗涤器	90～99
袋式除尘器	振动袋式除尘器	≥99
	逆气流反吹袋式除尘器	
	脉冲喷吹袋式除尘器	

续表

类　别	除尘设备形式	设计除尘效率/%
静电除尘器	板式静电除尘器 管式静电除尘器	≥98
复合式除尘器	电袋组合多级除尘	≥99
	石灰石-石膏湿法脱硫装置具有一定的除尘效果，其除尘效率可达50%～70%，保守评价可按50%选取；海水脱硫亦可参照按50%选取	

注：除尘器的效率受多种因素影响，即使同一除尘器在不同条件下，效率相差也可能较大，因此仅供参考。

若安装了二级除尘器系统的总效率为：

$$\eta=1-(1-\eta_1)(1-\eta_2) \tag{5-17}$$

式中　η_1——一级除尘器的除尘效率，%；

η_2——二级除尘器的除尘效率，%。

【例 5-1】 某厂全年用煤量 30000t，其中用甲地煤 15000t，含硫量 0.8%，乙地煤15000t，含硫量 3.6%，SO_2去除率为 90%，求该厂全年共排放 SO_2多少 kg?

解：

$$G=1.6\times(15000\times0.8\%+15000\times3.6\%)\times10^3\times(1-90\%)\text{kg}$$

$$=1.6\times66000\times0.1\text{kg}=105600\text{kg}$$

5.4.3 工艺尾气污染源强和排放参数的确定

工艺尾气污染源强的确定主要来自工程设计中的物料衡算，大多数设计单位在进行工艺计算时，都要利用有关软件进行模拟计算，给出的数据比较准确可靠。

没有设计资料的可采用类比的方式，但要注意分析对象与类比对象间的相似性和可比性。下面介绍水泥熟料和电解铝生产中大气污染物源强的计算。

(1) 水泥熟料烧成过程中大气污染物排放量的计算

① 二氧化硫　水泥熟料烧成过程中 SO_2 排放量的确定通常采用两种方法。

a. 类比法：选择与拟建项目的生产规模，工艺、原料和燃料含硫量相似的项目实际监测其大气污染物排放浓度、烟气量等，得到 SO_2 排放量。

b. 公式计算

$$G_{SO_2}=2(B_1S_1+B_2S_2)K(1-\eta_S) \tag{5-18}$$

式中，G_{SO_2}是水泥熟料烧成中 SO_2排放量（t/a）；B_1是烧成水泥熟料的煤耗量（t/a）；S_1是煤的含硫率（%）；B_2是生料耗量（t/a）；S_2是生料中的含硫率（%）；K 是硫生成 SO_2的系数，可取 0.95；η_S 是水泥熟料的吸硫率。根据多家水泥企业验收监测结果，新型干法水泥熟料的吸硫率可达 95%以上。

② 氮氧化物　水泥窑排放的氮氧化物产生于窑内高温燃烧过程，其排放量与燃烧温度、过剩空气量、反应时间有关。不同的水泥窑型、燃料燃烧状况不同，氮氧化物的差别较大。新型干法生产线的氮氧化物生成量比其他窑型低。

水泥熟料烧成过程中氮氧化物排放量的确定，目前尚难以采用公式法计算，一般用类比监测方法确定。对新型干法生产线竣工验收的监测结果表明，氮氧化物浓度在 200～1000mg/Nm³左右，但大多在 600～700mg/m³左右。

③ 粉尘　水泥项目颗粒物的有组织排放量，可根据不同生产设备的通风量、颗粒物产生浓度、除尘效率、排放浓度以及通风设备的运转时间等核算，也可以采用类比同类项目实际监测数据的方法，但必须要有可比性。

(2) 电解铝生产中气态氟化物（以 F 计）排放量的计算

电解铝生产中气态氟化物（以 F 计）排放量可用以下计算公式：

$$G_F = A(H_1 FH_1 + H_2 FH_2) f_F K(1-\eta_F) \tag{5-19}$$

式中　G_F——气态氟化物（以F计）排放量，kg/a；

A——电解铝的年产量，t/a；

H_1——生产每吨铝冰晶石的消耗量，kg/t铝；

FH_1——冰晶石的含氟率，%；

H_2——生产每吨铝氟化铝消耗量，kg/t铝；

FH_2——氟化铝含氟率，%；

f_F——气态氟的逸出率，%，一般取56.6%；

K——设计密闭集气效率，一般为98%；

η_F——氟化物净化系统的净化效率（%）。电解铝行业含氟废气采用氧化铝粉吸附法，净化效率一般在98%以上。

(3) 化工、石化、医药等行业生产工艺过程污染物产生与排放量

化工、石化、医药等行业的废气产生环节较多，但各排放点的废气量一般较小且较为分散，排放污染物种类多且往往具有特殊毒性和恶臭气味，一般采用集气系统收集集中净化处理，经工艺尾气排气筒排放。

① 污染物的产生与排放量　对燃烧产生排放的污染物量可由相关公式进行计算；对工艺过程中污染物产生排放量一般采用物料衡算法确定；对无组织排放产生排放量原则也可以采用物料衡算确定，但一般采用实测反推法确定。

② 废气量　由于气体的体积随温度、压力和化学组分等的变化会发生显著地变化，通常应采用实测排烟量、烟气流速等并换算为标准状态下的参数。如果无实测或类比资料，对燃烧类的烟气量一般可通过理论计算与考虑过剩空气系数、漏风系数等得到；对采用密闭罩、集气罩等送、排风系统类的烟气量，一般可通过风机排风量及相应体积换算关系得到；对工艺中无送、排风系统的纯物质排放类的烟气量，可通过温度、压力、容积及纯物料量核算得到。

第6章 环境现状调查与评价

无论是建设项目环境影响评价，还是规划环境影响评价，均是针对环境现状而言的，即在环境现状调查与评价的基础上，评价建设项目的某种活动对环境中某种要素的影响。

环境现状调查与评价是根据当前环境状况或近两三年的环境监测资料对某一区域的环境质量进行分析评价，是环评影响评价工作中不可缺少的重要环节。通过这一环节，不仅可以了解项目的社会经济背景和相关产业政策等信息，掌握建设项目所在区域的自然环境概况和环境功能区划，也可以通过环境监测等手段，获得建设项目实施前该区域的大气环境、水环境、声环境和生态环境质量现状数据，为建设项目的环境影响预测提供科学的依据。

6.1 自然环境现状调查与评价

自然环境现状调查内容：一般包括地理位置、地形地貌、地质状况、气候与气象、地表水环境、地下水环境、土壤与水土流失、动植物与生态等内容。

6.1.1 地理位置

建设项目所在地的经、纬度，行政区位置和交通位置，要说明项目所在地与主要城市、车站、码头、港口、机场等的距离和交通条件，并附地理位置图。

6.1.2 地质状况

一般情况，只需根据现有资料，选择下述部分或全部内容，概要说明当地的地质状况，如当地地层概况，地壳构造的基本形式（岩层、断层及断裂等）以及与其相应的地貌表现，物理与化学风化情况，当地已探明或已开采的矿产资源情况。若建设项目规模较小且与地质条件无关时，则可不叙述地质环境现状。

评价生态影响类建设项目，如评价矿山以及其它与地质条件密切相关的建设项目的环境影响时，与建设项目有直接关系的地质构造，如断层、断裂、坍塌、地面沉陷等不良地质构造，要进行较为详细的叙述。一些特别有危害的地质现象，如地震，也应加以说明，必要时，应附图辅助说明。若没有现成的地质资料，应根据评价要求做一定的现场调查。

6.1.3 地形地貌

在一般情况下，只需根据现有资料，简要说明下述部分或全部内容，建设项目所在地区海拔高度，地形特征（即相对高差的起伏状况），周围的地貌类型（山地、平原、沟谷、丘陵、海岸等）以及岩溶地貌、冰川地貌、风成地貌等地貌的情况。崩塌、滑坡、泥石流、冻土等有危害的地貌现象及分布情况，若不直接或间接威胁到建设项目时，可概要说明其发展情况。若无可查资料，需要做一些简单的现场调查。

当地形地貌与建设项目密切相关时，除应比较详细地叙述上述全部或部分内容外，还应附建设项目周围地区的地形图，特别应详细说明可能直接对建设项目有危害或将被项目建设所诱发的地貌现象的现状及发展趋势，必要时还应进行一定的现场调查。

6.1.4 气候与气象

一般情况下，应根据现有资料概要说明大气环境状况，如建设项目所在地区的主要气候特征、年平均风速、主导风向、风玫瑰图、年平均气温、极端气温与月平均气温（最冷月和最热月）、年平均相对湿度、平均降水量、降水天数、降水量极值、日照、主要的灾害性天气特征（如梅雨、寒潮、雹和台、飓风）等。

如果需要进行建设项目的大气环境影响评价，除应详细叙述上面全部或部分内容外，还应根据评价需要，对大气环境影响评价区的大气边界层和大气湍流等污染气象特征进行调查与必要的实际观测。

6.1.5 地表水环境

一般，当不进行地表水环境的单项环境影响评价时，应根据现有资料概要说明地表水状况，如地表水资源的分布及利用情况，主要取水口分布，地表水各部分（河，湖、库）之间及其与河口、海湾、地下水的联系，地表水的水文特征及水质现状，以及地表水的污染来源等。

如果建设项目建在海边又无需进行海湾的单项影响评价时，应根据现有资料选择性叙述部分或全部内容概要说明海湾环境状况，如海洋资源及利用情况，海湾的地理概况，海湾与当地地表水及地下水之间的联系，海湾的水文特征及水质现状，污染来源等。

如需进行建设项目的地表水（包括海湾）环境影响评价，除应详细叙述上面的部分或全部内容外，还应增加水文、水质调查、水文测量及水利用状况调查等有关内容。

6.1.6 地下水环境

一般，若不进行地下水环境的单项环境影响评价时，只需根据现有资料，全部或部分地简述下列内容，如地下水资源的蕴藏与开采利用情况，地下水埋深，地下水水位，地下水与地表水的联系以及水质状况与污染来源等。

若需进行地下水环境影响评价，除要比较详细地叙述上述内容外，还应根据需要，选择以下内容进一步调查：水质的物理、化学特性，污染源情况，水的储量与运动状态，水质的演变与趋势，水源地及其保护区的划分，水文地质方面的蓄水层特性，承压水状况，地下水开发利用现状与采补平衡分析等。当资料不全时，应进行现场监测和采样分析，以确定的地下水质量标准限值为基准，采用单因子指数法对选定的评价因子分别进行评价。

6.1.7 大气环境

一般，应根据现有资料，简单说明建设项目周围地区大气环境中的主要污染物、污染源及其污染物质、大气环境质量现状等。如果需要进行建设项目的大气环境影响评价，则应对上述全部或部分内容进行详细调查。

6.1.8 土壤与水土流失

一般，若不进行土壤的环境影响评价时，可根据现有资料简述建设项目周围地区的主要土壤类型及其分布，成土母质，土壤层厚度、肥力与使用情况，土壤污染的主要来源及其质量现状，水土流失现状及原因等。

当需要进行土壤的环境影响评价时，除应详细叙述上面的部分或全部内容外，还应根据需要选择以下内容做进一步调查，如土壤的物理、化学性质，土壤成分与结构，颗粒度，土壤容重，土壤含水率与持水能力，土壤一次、二次污染状况，水土流失的原因、特点、面积、元素及流失量等，同时要附水土流失现状图。

6.1.9 生态调查

若建设项目不进行生态影响评价，但规模较大时，根据现有资料简述下列部分或全部内容，如建设项目周围地区的植被情况（类型、主要组成、覆盖度、生长情况等），有无国家重点保护的或稀有的、受危害的或作为资源的野生动植物和当地主要的生态系统类型及现状（森林、草原、沼泽、荒漠、湿地、水域、海洋、农业及城市生态等）。若建设项目规模较小，又不进行生态影响评价时，这一部分可不叙述。

若建设规模较大，且需要进行生态影响评价时，除应详细叙述上面的部分或全部内容外，还应根据需要选择以下内容进一步调查，如本地区主要的动、植物清单，特别是需要保护的珍稀动、植物种类与分布，生态系统的生产力、物质循环状况、稳定性状况，重要生态环境情况，生态环境敏感目标，生态系统与周围环境的关系以及影响生态系统的主要环境因素调查。

6.1.10 声环境

根据建设项目评价等级、敏感目标分布情况及环境影响预测评价需要等因素确定声环境现状调查的范围、监测布点与污染源调查工作，如现有噪声源种类、数量及相应的噪声级，现有噪声敏感目标，噪声功能区划分情况，各声环境功能区的环境噪声现状、超标情况，边界噪声超标情况及受噪声影响的人口分布。

环境噪声现状调查的基本方法是收集资料法、现场调查法和测量法。一般，应根据噪声评价工作等级相应的要求确定是采用收集资料法还是现场调查法、测量法，或是三种方法相结合。如果需要，应选择有代表性的点位进行现场监测。

6.1.11 其他

根据当地环境情况及建设项目的特点，决定是否进行有关放射性、光与电磁波、振动、地面下沉等相关项目的调查。

6.2 社会环境现状调查与评价

6.2.1 社会经济

一般，根据现有资料，结合必要的现场调查，简要叙述评价所在区域的社会经济状况和发展趋势、人口、工业与能源、农业与土地利用、交通运输等。

① 人口 包括居民区的分布情况及分布特点，人口数量和人口密度等；

② 工业与能源 包括建设项目周围地区现有工矿企业分布状况，工业结构、工业总产值及能源的供给与消耗方式等；

③ 农业与土地利用 包括可耕地面积，粮食作物与经济作物构成及产量，农业总产值以及土地利用现状。若建设项目需要进行土壤与生态环境影响评价，应附土地利用图；

④ 交通运输 包括建设项目所在地区公路、铁路或水路方面的交通运输概况以及与建设项目之间的关系。

6.2.2 文物与景观

文物是指遗存在社会上或埋藏在地下的历史文化遗物，一般包括具有纪念意义和历史价值的建筑物、遗址、纪念物或具有历史、艺术、科学价值的古文化遗址、古墓葬、古建筑、石窟、寺庙、石刻等。

景观一般指具有一定价值必须保护的特定的地理区域或现象，如自然保护区、风景游览区、疗养区、温泉以及重要的政治文化设施等。

若不需要进行这方面的影响评价，则只需根据现有资料，概要说明下述部分或全部内容：①建设项目周围具有哪些重要文物与景观；②文物或景观相对建设项目的位置和距离，其基本情况以及国家或当地政府的保护政策和规定。

如建设项目需要进行文物或景观的环境影响评价，除要比较详细叙述上述内容外，还应根据现有资料结合必要的现场调查，进一步叙述文物或景观对人类活动敏感部分的主要内容。这些内容有：它们易受哪些物理的、化学的或生物学因素的影响，目前有无已损害的迹象及其原因，主要的污染及其他影响的来源，景观外貌特点，自然保护区或风景游览区中珍贵的动、植物种类以及文物或景观的价值（包括经济的、政治的、美学的、历史的、艺术的和科学的价值等）。

6.2.3 人群健康状况

当建设项目传输某种污染物，且拟排污染物毒性较大时，应进行一定的人群健康调查。调查时，根据环境中现有污染物及建设项目将排放的污染物的特性选定指标。

6.3 环境质量现状调查与评价

环境质量现状评价是根据近期环境质量监测资料以及区域背景环境质量，对一定区域内人类社会近期和当前活动引起的环境质量变异所进行的描述与评定；它是对环境的优劣程度进行的一种定量描述，即按照一定的评价标准和评价方法对一定区域范围内的环境质量进行说明、评定和预测。

6.3.1 大气环境质量现状调查与评价

6.3.1.1 大气污染源调查与分析

（1）调查与分析对象

大气污染源是指排放大气污染物的设施或者建筑物、构筑物。污染源调查对象和内容应符合相应评价等级的规定，重点关注现场监测值能否反映评价范围有变化的污染源，如包括所有被替代污染源的调查，以及评价区内与污染排放主要污染物有关的其他在建项目、已批复环境影响评价文件的拟建项目等污染源。

对于一级和二级评价的建设项目，应调查、分析拟建项目的所有污染源（对改、扩建项目应包括新、老污染源）、评价范围内与项目排放污染物有关的其他在建项目、已批复环境影响评价文件的未建项目等污染源。如有区域替代方案，还应调查评价范围内所有的拟替代的污染源。对于三级评价项目可只调查、分析拟建项目污染源。

（2）调查与分析方法

污染源调查与分析方法根据不同的项目可采用不同的方式，一般对于新建项目可通过类比调查、物料衡算或设计资料确定；对于评价范围内的在建和未建项目的污染源调查，可使用已批准的环境影响报告书的资料；对于现有项目和改建、扩建项目的现状污染源调查，可利用前期工程最近5年内的验收监测资料、年度例行监测资料或进行实测。评价范围内拟替代的污染源调查方法参考项目的污染源调查方法。

① 现场实测法　对于排气筒排放的大气污染物，如 SO_2、NO_x 或颗粒物等，可根据实测的废气流量和污染物浓度，按下式进行计算：

$$Q_i = Q_N C_i \times 10^{-6} \tag{6-1}$$

式中　Q_i——废气中 i 类污染物的源强（排放量），kg/h；

Q_N——废气体积（标准状态）流量，m^3/h；

C_i——废气中污染物 i 的实测质量浓度值，mg/m^3。

该方法只适用于已投产的污染源，且一定要掌握取样的代表性，否则会带来很大的误差。

② 物料衡算法　物料衡算法是对生产过程中所使用的物料进行定量分析的一种科学方法。针对一些无法实测的污染源，可采用此法计算污染物的源强。

其计算通式如下：

$$\sum G_{投入} = \sum G_{产品} + \sum G_{损失} \tag{6-2}$$

式中　$\sum G_{投入}$——投入物料量总和；

$\sum G_{产品}$——所得产品量总和；

$\sum G_{损失}$——物料和产品流失量总和。

该方法既适用于整个生产过程中的总物料衡算，也适用于生产过程中任何工艺过程某一步或某一生产设备的局部衡算。同时，通过物料衡算，可明确进入环境中气相、液相、固相的污染物种类和数量。

③ 排污系数法　根据《产排污系数手册》提供的实测和类比数据，按规模、污染物、产污系数、末端处理技术以及排污系数来计算污染物的排放量，《产排污系数手册》可参考《第一次全国污染源普查工业污染源产排污系数手册》。

(3) 调查内容

① 一级评价项目

a. 污染源排污概况调查：对建设项目评价范围内现有的各种大气污染源，需调查污染源的类型、数量，污染物排放方式、排放量和排放浓度等内容。

b. 点源调查内容：主要包括排气筒底部中心坐标（一般按国家坐标系）及分布平面图；排气筒底部的海拔高度（m）、几何高度（m）及出口内径（m）；烟气出口速度（m/s）；排气筒出口处烟气温度（K）；各主要污染物正常排放量（kg/h）；毒性较大物质的非正常排放量（kg/h）；排放工况，如连续排放或间断排放，间断排放应注明具体排放时间、小时数和可能出现的频率；年排放小时数（h）；对排放颗粒物的重点点源，除排放量外，还应调查其颗粒物的密度和粒径分布。

c. 面源调查内容：进行面源调查时，可以在评价区内选定坐标系并网格化。按网格统计面源的下述参数：面源起始点坐标（m），面源所在位置的海拔高度（m）；面源初始排放高度（m）（若网格内排放高度不等时，可以按排放量加权平均取平均排放高度）；各主要污染物正常排放量 [$g/(s \cdot m^2)$]、排放工况、年排放小时数（h）。

d. 体源调查内容：主要包括体源中心点坐标，体源所在位置的海拔高度（m）；体源高度（m），体源的边长（m）（把体源划分为多个正方形的边长）；体源排放速率（g/s）、排放工况、年排放小时数（h）；体源初始横向扩散参数（m）和初始垂直扩散参数（m），分别见表 6-1 和表 6-2。

表 6-1　体源初始横向扩散参数的估算

源类型	初始横向扩散参数
单个源	σ_{y0}＝边长/4.3
连续划分的体源	σ_{y0}＝边长/2.15
间隔划分的体源	σ_{y0}＝两个相邻间隔中心点的距离/2.15

表 6-2　体源初始垂直扩散参数的估算

源位置		初始横向扩散参数
源基底处地形高度 $H_0 \approx 0$		$\sigma_{\gamma 0}$＝源的高度/2.15
源基底处地形高度 $H_0 > 0$	在建筑物上，或邻近建筑物	$\sigma_{\gamma 0}$＝建筑物高度/2.15
	不在建筑物上，或不邻近建筑物	$\sigma_{\gamma 0}$＝源的高度/4.3

e. 线源调查内容：对于无限长线源和有限长线源的调查，可从下面进行调查：线源几何尺寸（分段坐标）、线源距地面高度（m）、道路宽度（m）、街道街谷高度（m）；对于移动线源，需要统计经过的各种车型的污染物排放速率［g/(km・s)］；对于移动线源，需要统计经过的各种车型的平均车速（km/h）、各时段车流量（辆/h）、车型比例（可以按照大型车、中型车和小型车分类，也可以按照重型车、轻型车和微型车分类）。

f. 其他需调查的内容：由于周围建筑物引起的空气扰动而导致地面局部高浓度的现象，需调查建筑物下洗参数；对于颗粒物污染源，还应调查颗粒物粒径分级（最多不超过 20 级）、颗粒物的分级粒径（μm）、各级颗粒物的质量密度（g/cm^3），以及各级颗粒物所占的质量比（0～1）。

② 二级评价项目污染源调查内容可以参照一级评价项目执行，但可适当从简。

③ 三级评价项目可只调查污染源排污概况，调查内容见上文中的污染源排放概况调查，并对估算模式中的污染源参数进行核实。

6.3.1.2　环境空气质量调查

（1）调查原则

环境空气质量调查资料可以从三种途径获得，具体情况可视不同评价工作等级对数据的要求结合进行。具体要求如下：

① 评价范围内及邻近评价范围的各例行环境空气质量监测站（点）近三年与建设项目有关的监测资料；

② 收集近三年与建设项目有关的历史监测资料；

③ 在上述两种情况下收集的资料不能满足环境影响评价要求时，需要在评价范围内，对有关的评价因子进行现场监测；

④ 现场补充监测对污染物监测方法的要求　涉及《环境空气质量标准》(GB 3095—2012) 中各项污染物的分析方法应符合该标准对分析方法的规定。在进行现场监测时，应首先选用国家环境保护主管部门发布的标准监测方法。对尚未制定环境标准的非常规大气污染物，应尽可能参照 ISO 等国际组织和国内外相应的检测方法，在环评文件中详细列出监测方法、适用性及其引用依据，并报请环境保护主管部门批准。同时监测方法的选择，还应满足建设项目的监测需要，并注意其适用范围、检出限、有效检测范围等监测要求。

（2）现有监测资料分析

在对现有资料站（点）的例行监测数据进行分析时，首先需要对数据进行有效性分析。有效性分析请参考《环境空气质量标准》(GB 3095—2012) 中污染物的数据统计的有效性规定。具体参考《环境空气质量标准》(GB 3095—2012) 中污染物的各类监测资料的统计内容与要求。

对照各污染物有关的环境质量标准，分析其长期浓度（如年均浓度、季均浓度、月均浓度等)、短期浓度（如日平均浓度、小时平均浓度）的达标情况。若监测结果出现超标，应分析其超标率、最大超标倍数以及超标原因。另外，还需要分析评价范围内的污染水平和变化趋势。

（3）现状监测与分析

① 监测因子选择　常规污染因子、特征污染因子、对于没有相应环境质量标准，且毒性

较大的污染物，应按照实际情况，选取有代表性的污染物作为监测因子，同时给出参考标准值和出处。

② 监测制度

a. 确定监测制度的依据是建设项目大气环境影响评价工作等级；一级评价项目应进行两期（冬季、夏季）监测；二级评价项目可取一期不利季节进行监测，必要时应进行两期监测；三级评价项目必要时应进行一期监测。

b. 每期监测时间都要求取得有季节代表性的 7 天有效数据，采样时间应符合监测资料的统计要求，对于评价范围内没有排放同种特征污染物的项目，可适当减少监测天数。

c. 监测时间安排和采用的监测手段，应能同时满足环境空气质量现状调查、污染源资料验证和预测模式的需要。

d. 监测时应使用空气自动监测设备。在不具备自动连续采样时，1h 浓度监测值一级评价项目每天应至少获取 8h 浓度值，二、三级评价项目每天应至少获取 4h 浓度值；日平均浓度监测值应符合《环境空气质量标准》（GB 3095—2012）对数据有效性的规定。

e. 对于部分无法进行连续采样的特殊污染物，可监测一次浓度值，监测时间须满足所用评价标准值的取值时间要求。

③ 监测布点数量　监测点位的布设应尽量全面、客观、真实反映评价范围内的环境空气质量。根据评价等级、建设项目规模和性质，结合评价范围的地形复杂程度、污染源和环境空气敏感目标分布情况，综合考虑监测点设置数量。一级项目，点位不少于 10 个，二级不少于 6 个，三级在评价范围内已有例行监测点位，或有近 3 年监测资料的，可不设监测点，否则设 2～4 个点。若评价范围内没有其他污染源排放同种特征污染物，可适当减少监测点位。

④ 监测布点位置

a. 以监测期所处季节的主导风向为轴向，取上风向为 0°，一级项目至少在 0°、45°、90°、135°、180°、225°、270°、315°方向上各设置 1 个监测点，共 8 个监测点。下风向加密 1～3 个点，二级项目在 0°、90°、180°、270°、315°设 4 个监测点，下风向加密布点，三级项目在 0°和 180°设点，下风向加密布点。

b. 点位调整依据：根据局地地形条件、风频分布特征、环境空气功能区和环境空气保护目标所处方位调整。

c. 布点要求：反映环境敏感区域、环境功能区、预计受项目影响的高浓度区的环境质量。

⑤ 监测采样　采样方法有单独采样和集中采样两种方法，对气态污染物的长时间采样必须采用几种采样方法；采样时必须对采样过程进行严格的质量控制，以保证样品的代表性和数据的可靠性。

⑥ 同步气象资料要求　收集建设项目位置附近有代表性且与环境空气质量现状监测相对应的常规地面气象观测资料。

⑦ 监测结果统计分析

a. 以列表的方式统计各监测点大气污染物不同取样时间的浓度变化范围，计算各取样时间最大浓度值占标准浓度限值的百分比和超标率，并评价达标情况；

b. 分析空气污染物浓度的日变化规律，以及污染物浓度与地面风向、风速等气象因素及污染源排放的关系。

6.3.1.3 大气环境质量现状评价

区域大气环境质量现状主要通过对现状监测资料和区域历史监测资料进行统计分析进行评价，评价方法主要采用对标法。对照各污染物有关的环境质量标准，分析其长期浓度（年均浓度、季均浓度、月均浓度）、短期浓度（日平均浓度、小时平均浓度）的达标情况。

（1）监测结果统计分析内容

监测结果统计分析内容包括各监测点大气污染物不同取值时间的浓度变化范围，统计年平均浓度最大值、日平均浓度最大值和小时平均浓度最大值与相应的标准限值进行比较分析，给出占标率或超标倍数，评价其达标情况，若监测结果出现超标，应分析其超标率、最大超标倍数以及超标原因，并分析大气污染物浓度的日变化规律，以及分析重污染时间分布情况及其影响因素。此外，还应分析评价范围内的污染水平和变化趋势。

（2）现状监测数据达标分析

统计分析监测数据时，先以列表的方式给出各监测点位置、监测内容以及监测方法等内容，现状监测内容见表 6-3，监测方法见表 6-4。

表 6-3　现状监测内容

现状监测点号	监测点名称	坐标 x/m	坐标 y/m	距污染源距离/m	监测点位代表性描述	监测内容
1						
2						
3						
…						

表 6-4　监测方法

监测内容	监测方法

在分析处理各时段监测数据时应反映其原始有效监测数据，小时、日均等监测浓度应是从最小监测值到最大监测值的浓度变化范围值，即 $C_{\min}\sim C_{\max}$ 的浓度，并分析最大浓度 $C_{\max}$ 占标率，监测期间的超标率以及达标情况，见表 6-5。

表 6-5　现状监测统计与分析

监测位点	监测项目	采样时间	采样个数	浓度范围/(mg/m^3)	最大浓度占标率/%	超标率	达标情况
1							
2							
…							

参加统计计算的监测数据必须是符合要求的监测数据。对于个别极值，应分析出现的原因，判断其是否符合规范的要求，不符合监测技术规范要求的监测数据不参加统计计算，未检出的点位数计入总监测数据个数中。

对于国家未颁布标准的监测项目，一般不进行超标率计算。

超标率按下式计算：

$$超标率=\frac{超标数据个数}{总监测数据个数}\times 100\%$$

根据评价结果，确定评价区域主要污染物：对于超标的监测数据，应分析超标原因。

（3）评价范围内的污染水平和变化趋势分析

根据现场监测数据和收集的例行监测数据，分析评价范围内的各项监测数据的日变化规律以及年变化趋势，并绘制污染物日变化图和年变化趋势图，参考同步气象资料分析其变化规律，并分析重污染时间分布情况及其影响因素。结合区域大气环境整治方案和近 3 年例行监测数据的变化趋势分析区域环境容量。

6.3.1.4　大气环境质量评价方法

一般采用单因子指数法对大气环境质量的现状作出初步评价，给出达标率、超标率、超标倍数、平均值等，超标时要分析超标原因。

6.3.1.4.1　评价方法

(1) 指数法

环境质量指数法是目前应用最广泛的环境质量评价方法。此方法以原始的监测数据的统计值与规定的评价标准作为评价依据，通过公式计算出无量纲环境质量指数，用它作为评价环境质量的尺度，分为单要素（单项，大气、水、土壤）环境质量指数和总环境（整体环境，由水体、大气、土壤等组成）质量指数，用反映单一污染物影响下的“分指数”或反映多项污染物共同影响下的“综合指数”来表示。

单项质量指数评价方法是以国家、地方的有关法规、标准为依据，评定与估价各评价项目的单个质量参数的环境影响。

① 分指数（单项等标指数）

$$I_i=\frac{C_i}{C_{oi}}\quad\left(I_i=\frac{\rho_i}{S_i}\right) \tag{6-3}$$

式中　I_i——某种污染物的分指数；

C_i——某种污染物的实测浓度，mg/m^3；

C_{oi}——某种污染物的评价标准，mg/m^3。

② 综合指数

其一，简单叠加法：

$$P_I=\sum_{i=1}^{n}I_i=\sum_{i=1}^{n}\frac{C_i}{C_{oi}} \tag{6-4}$$

式中　P_I——某要素的综合指数；

I_i——某要素的分指数；

n——参加评价的污染物项目数。

其二，叠加均数法：

$$P_I=\frac{1}{n}\sum_{i=1}^{n}I_i \tag{6-5}$$

其三，几何均值法（上海空气质量指数）：

$$P_I=\sqrt{I_{i\max}\times\frac{1}{n}\sum_{i=1}^{n}I_i} \tag{6-6}$$

③ 常用的评价方法　此处介绍上海大气质量指数法，即几何均值法。假如空气中有一项污染物浓度很高，而其他污染物浓度都低于空气质量标准，这时按平均值计算的环境指数不高，往往会掩盖高浓度污染物对环境的影响，用计算的平均值评价空气质量会得出良好的结论。而事实上，空气中出现任何一种污染物严重污染，都有可能引起较大的危害。

上海大气质量指数法兼顾了平均值和最大值，公式为：

$$P_I=\sqrt{I_{i\max}\times\frac{1}{n}\sum_{i=1}^{n}I_i} \tag{6-7}$$

$$I_i=\frac{C_i}{C_{oi}} \tag{6-8}$$

式中　P_I——综合指数；

$I_{i\max}$——各污染物中的最大分指数；

I_i——分指数；

C_i——某种污染物的实测浓度（或统计值），mg/m^3；

C_{oi}——某种污染物的评价标准，mg/m^3。

分级标准见表 6-6 所示。

表 6-6 几何均值法大气质量分级标准

污染级别	Ⅰ	Ⅱ	Ⅲ	Ⅳ	Ⅴ
P_I值	＜0.6	0.6～1.0	1.0～1.9	1.9～2.8	＞2.8
意义	清洁	轻污染	中度污染	重污染	极重污染

(2) 分级评价法（大气监测评价法）

$$M = \sum_{i=1}^{n} A_i \tag{6-9}$$

式中 M——大气质量的分数；

A_i——i 参数的评分值，由表 6-7 确定；

n——污染物个数。

计算结果 M 值在 20～100 之间，然后根据分级标准（表 6-8）进行分级，并描述大气质量。

表 6-7 大气质量分级评分表 浓度单位：mg/m^3

污染物	第一级		第二级		第三级		第四级		第五级	
	浓度范围	得分	浓度范围	得分	浓度范围	得分	浓度范围	得分	浓度范围	得分
总悬浮颗粒	≤0.12		≤0.30		≤0.50		≤0.12		＞1.0	
SO_2	≤0.05	25	≤0.15	20	≤0.25	15	≤0.50	10	＞0.50	5
NO_x	≤0.05	25	≤0.10	20	≤0.15	15	≤0.20	10	＞0.20	5
降尘	≤8	25	≤12	20	≤20	15	≤40	10	＞40	5
		100		80		60		40		10

表 6-8 评分标准

M	100～95	94～75	74～55	54～35	34 以下
级别	一级	二级	三级	四级	五级
意义	理想级	良好级	安全级	污染级	重污染级

6.3.1.4.2 图件绘制及评价结论

(1) 绘制图件

采用绘制图件来表示评价区域的监测分析结果，比较直观和清晰。一般评价项目应提供的图件如下，也可根据评价工作等级的要求适当增减。

① 区域大气环境监测布点图；

② 区域大气污染物浓度分布图；

③ 大气环境质量分级图。

(2) 评价结论

大气环境质量现状评价结论的要点包括如下几个方面：

① 大气环境监测点中污染物的合格率、超标率或超标倍数；

② 通过污染源调查、环境要素和环境因子等分析超标原因；

③ 大气环境质量等级分级结果等；

④ 评价区域大气环境优劣程度。

6.3.1.5 气象观测资料调查

6.3.1.5.1 调查要求

调查要求与项目评价等级、地形复杂程度、水平流场是否均匀一致、污染物排放是否连续稳定有关；各级评价项目均应调查评价范围 20 年以上的主要气候统计资料（包括年平均风速和风向玫瑰图、最大风速和月平均风速、月平均气温、极端气温和月平均气温、日照、年均降水量、最大降水量、年平均相对湿度等）。

① 一级评价项目调查要求　分别调查距离项目最近的地面气象观测站和高空气象探测站，近5年内连续3年的常规地面气象观测资料和高空气象探测资料；如果与项目距离超过50km，补充1年的地面气象观测资料，高空气象资料采用中尺度气象模式模拟50km内的格点气象资料。

② 二级评价项目调查要求　气象观测资料调查基本要求同一级评价项目。对应的气象观测资料年限要求为近3年内的至少连续1年的常规地面气象观测资料和高空气象探测资料

6.3.1.5.2　调查内容

（1）地面气象观测资料

收集每日实际逐次观测资料，常规调查项目有时间（年、月、日、时）、风向、风速、干球温度、低云量、总云量；选择调查项目：湿球温度、露点温度、相对湿度、降水量、降水类型、海平面气压、观测站地面气压、云底高度、水平能见度。

一级评价项目应至少包括以下各项：

① 年、季（期）地面温度，露点温度及降雨量；

② 年、季（期）风玫瑰图；

③ 月平均风速随月份的变化（曲线图）；

④ 季（期）小时平均风速的日变化（曲线图）；

⑤ 年、季（期）各风向，各风速段，各级大气稳定度的联合频率及年、季（期）的各级大气稳定度的出现频率。

二、三级评价项目至少应进行②和⑤两项的调查。

（2）高空气象资料

可直接从符合使用要求的气象台站获得，如果没有符合使用要求的气象台，则要进行现场观测，应至少设有一个观测点，根据地形的复杂程度，还应适当增设探空点。对于一、二级评价项目，应着重统计分析距地面1500m高度以下的风和气温资料，具体内容如下：

① 规定时间的风向、风速随高度的变化；

② 年、季（期）的规定时间的逆温层（包括从地面算起第一层和其它各层逆温）及其出现频率，平均高度范围和强度；

③ 规定时间各级稳定度的混合层高度；

④ 日混合层最大高度及对应的大气稳定度。

6.3.1.5.3　常见的不利气象条件

不利气象条件指熏烟状态以及对环境敏感区或关心点易造成污染的风向、风速、稳定度和混合层高度等条件（也可称典型气象条件）。熏烟状态可按一次取样计算，其他典型气象条件可酌情按1h取样或按日均值计算。

熏烟型气象条件出现在日出后，夜间产生的贴地逆温逐渐自下而上地消失，新的混合层开始增长，到前一天晚上烟羽的高度时，聚集的污染物通过混合层夹卷和湍流被完全混合至地面。

在目前评价中选择不利气象条件经常采用的方法是从全年每小时和每日计算出的小时和日平均地面浓度中筛选出对环境敏感区和综合各关心点造成污染较重的小时或日典型气象条件。

6.3.1.5.4　特殊气象条件分析

人类活动排放的污染物主要在大气边界层中进行传输与扩散，受大气边界层的生消演变的影响。有些污染现象随着边界层的生消演变而产生。污染物扩散受下垫面的影响也比较大，非均匀下垫面会引起局地风速、风向发生改变，形成复杂风场，常见的复杂风场有海陆风、山谷

风等。

① 边界层演变　在晴朗的夜空，由于地表辐射，地面温度低于上覆的空气温度，形成逆温的稳定边界层，而白天混合层中的污染物残留在稳定边界层的上面。次日，又受太阳辐射的作用，混合层重新升起。由于边界层的生消演变，导致近地层的低矮污染源排放的污染物在夜间不易扩散，如果夜间有连续的低矮污染源排放，则污染物浓度会持续增高；而日出后，夜间聚集在残留层内的中高污染源排放的污染物会向地面扩散，出现熏烟型污染（Fumigation)。

② 海陆风　在大水域（海洋和湖泊）的沿岸地区，在晴朗、小风的气象条件下，由于昼夜水域和陆地的温差，日间太阳辐射使陆面增温高于水面，水面有下沉气流产生，贴地气流由水面吹向陆地，在海边称之为海风，而夜间则风向相反，称作陆风，昼夜间边界层内的陆风和海风的交替变化。当局地气流以海陆风为主时，处于局地环流之中的污染物，就可能形成循环累积污染，造成地面高浓度区。当陆地温度比水温高很多的时候，多发生在春末夏初的白天，气流从水面吹向陆地的时候，低层空气很快增温，形成热力内边界层（TIBL)，下层气流为不稳定层结，上层为稳定层结（Stable Layer ），如果在岸边有高烟囱排放，则会发生岸边熏烟污染。

③ 山谷风　山区的地形比较复杂，风向、风速和环境主导风向有很大区别，一方面是因受热不均匀引起热力环流，另一方面由于地形起伏改变了低层气流的方向和速度。例如，白天山坡向阳面受到太阳辐射加热，温度高于周围同高度的大气层，暖而不稳定的空气由谷底沿山坡爬升，形成低层大气从陆地往山上吹、高层大气风向相反的谷风环流；夜间山坡辐射冷却降温，温度低于周围大气层，冷空气沿山坡下滑，形成低层大气从山往陆地吹、高层大气风向相反的山风环流。

山谷风的另一种特例就是在狭长的山谷中，由于两侧坡面与谷底受昼夜日照和地表辐射的影响，产生横向环流。横向流场存在着明显的昼夜变化，日落后，坡面温度降低比周围温度快，接近坡面的冷空气形成浅层的下滑气流，冷空气向谷底聚集，形成逆温层；日出后，太阳辐射使坡面温度上升，接近坡面的暖空气形成浅层的向上爬升气流，谷底有下沉气流，逆温层破坏，形成对流混合层。由于这种现象，导致近地层的低矮污染源排放的污染物在夜间不易扩散，如果夜间有连续的低矮污染源排放，则污染物浓度会持续增高，而日出后，夜间聚集在逆温层中的中高污染源排放的污染物会向地面扩散，形成高浓度污染。

一般来说，山区扩散条件比平原地区差，同样的污染源在山区比在平原污染严重。

6.3.2　地表水环境现状调查与评价

地表水环境现状调查与评价是为了了解项目所在区域和相关区域水环境特点、环境敏感目标及水环境质量状况，为预测模型的选择提供依据和基础资料，决定评价的主要方向和重点。

6.3.2.1　调查范围

地表水环境调查范围应包括受建设项目影响较显著的地表水区域，在此区域内进行的调查，能够说明地表水环境的基本情况，并能充分满足环境影响预测的要求。具体有以下几点需要说明：

① 某具体建设项目的地表水环境现状调查范围时，应尽量按照将来污染物排放进入天然水体后可能到达水域使用功能质量标准要求的范围，并考虑评价等级的高低（评价等级高时调查范围略大，反之略小）后决定。

② 水环境现状调查应根据污水排放量大小和河流规模等因素确定排放口下游调查河段长度。当下游附近有敏感区（如水源地、自然保护区等）时，调查范围应考虑延长到敏感区上游边界，以满足预测敏感区所受影响的需要。

③ 湖泊、水库及海湾水环境现状调查范围应考虑污水排放量的大小，以排污口为圆心，

以参考的调查半径为半径确定调查面积。

6.3.2.2 调查时间

根据当地的水文资料初步确定河流、河口、湖泊、水库的丰水期、平水期、枯水期，同时确定最能代表这三个时期的季节或月份；海湾按大潮期和小潮期划分；北方地区可以划分冰封期和非冰封期。

对于不同的评价等级，各类水域调查时期的要求不同。对各类水域调查时期的要求详见表 6-9。

表 6-9 对水环境调查时期的要求

水域	一级	二级	三级
河流	一般情况调查一个水文年的丰水期、平水期、枯水期；若评价时间不够，至少应调查平水期和枯水期	条件许可，可调查一个水文年的丰水期、平水期、枯水期；一般情况只调查平水期、枯水期；若评价时间不够，可只调查枯水期	一般情况只调查枯水期
河口	一般情况调查一个潮汐的丰水期、平水期、枯水期；若评价时间不够，至少应调查平水期和枯水期	一般情况可只调查平水期、枯水期；若评价时间不够，可只调查枯水期	一般情况只调查枯水期
湖泊（水库）	一般情况调查一个水文年的丰水期、平水期、枯水期；若评价时间不够，至少应调查平水期和枯水期	一般情况可只调查平水期、枯水期；若评价时间不够，可只调查枯水期	一般情况只调查枯水期

当调查区域内面源污染严重，丰水期水质劣于枯水期时，一级和二级评价的各类水域应调查丰水期，若时间允许，三级评价也应调查丰水期。冰封期较长的水域，且作为生活饮用水、食品加工用水的水源或渔业用水时，还应调查冰封期的水质、水文情况。

6.3.2.3 水文调查与测量

一般，根据评价的等级和水体的规模决定工作内容。

① 河流工作内容　丰水期、平水期、枯水期的划分；河段的平直及弯曲情况；过水断面积、坡度（比降）、水位、水深、河宽、流量、流速及其分布、水温、糙率及泥沙含量等；丰水期有无分流漫滩，枯水期有无浅滩、沙洲和断流；北方河流还应了解结冰、封冻、解冻等现象。河网地区应调查各河段流向、流速、流量的关系，并了解它们的变化特点。如采用数学模式预测时，其具体调查内容应根据评价等级及河流规模按照模式及参数的需要决定。

② 感潮河口工作内容　其中除与河流相同的内容外，还应有感潮河段的范围，涨潮、落潮及平潮时的水位、水深、流向、流速及其分布、横断面形状、水面坡度、河潮间隙、潮差和历时等。如采用数学模式预测时，其具体调查内容应根据评价等级及河流规模按照模式及参数的需要决定。

③ 湖泊、水库工作内容　湖泊、水库的面积和形状，应附有平面图；丰水期、平水期、枯水期的划分；流入、流出的水量；水力滞留时间或交换周期；水量的调度和储量；水深；水温分层情况及水流状况（湖流的流向和流速，环流和流向、流速及稳定时间）；江湖汇合的尾闾地区的水文与水环境及景观生态的周期变化等。如采用数学模式预测时，其具体调查内容应根据评价等级及湖泊、水库的规模按照水质模式参数的需要来决定。

④ 降雨调查　需要预测建设项目的面源污染时，应调查历年的降雨资料，并根据预测的需要对资料进行统计分析。根据降水的年际和季月变化及相应的径流变化，了解水文状况及变化规律。

6.3.2.4 污染源调查

现有污染源调查以搜集现有资料为主，只有在十分必要时才补充现场调查和现场测试，例如在评价改建、扩建项目时，对项目改建、扩建前的污染源应详细了解，常需进行现场调查或测试。

凡对环境质量可以造成影响的物质和能量输入，统称污染源；输入的物质和能量，称为污染物或污染因子。影响地表水环境质量的污染物按排放方式可分为点源和面源，按污染性质可分为持久性污染物、非持久性污染物、水体酸碱度（pH）和热效应四类（图 6-1）。

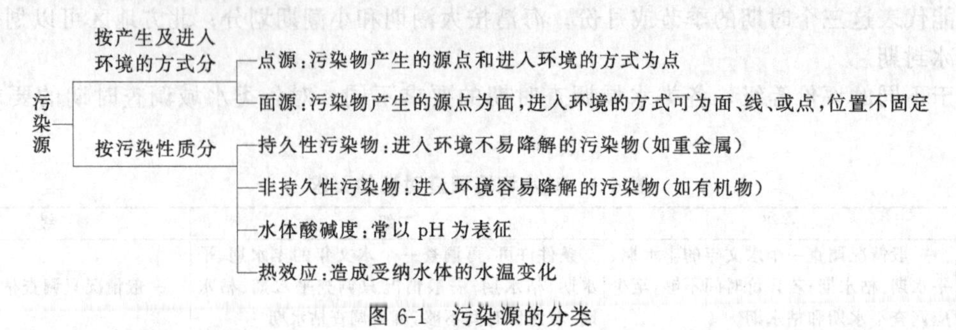

图 6-1 污染源的分类

6.3.2.4.1 点源调查

(1) 调查的原则

点源调查的繁简程度可根据评价等级及其与建设项目的关系而略有不同。如评价等级高且现有污染源与建设项目距离较近时，应详细调查，例如，其排水口位于建设项目排水与受纳河流的混合过程段范围内，并对预测计算有影响的情况。

(2) 调查的内容

有些调查内容可以列成表格，根据评价工作的需要选择下述全部或部分内容进行调查。

① 污染源的排放特点　主要包括排放形式，分散还是集中排放；排放口的平面位置（附污染源平面位置图）及排放方向；排放口在断面上的位置。

② 污染源排放数据　根据现有实测数据、统计报表以及各厂矿的工艺路线等选定的主要水质参数，调查其现有的排放量、排放速度、排放浓度及变化情况等方面的数据。

③ 用排水状况　主要调查取水量、用水量、循环水量、排水总量等。

④ 废水、污水处理状况　主要调查各排污单位废（污）水的处理设施、处理效率、处理能力及事故排放状况等。

6.3.2.4.2 非点源调查

(1) 调查原则

非点源调查基本上采用间接搜集资料的方法，一般不进行实测。

(2) 非点源调查内容

根据评价工作需要，选择下述全部或部分内容进行调查。

① 工业类非点源污染源　原料、燃料、废料、废弃物的堆放位置（主要污染源要绘制污染源平面位置图）、堆放面积、堆放形式（几何形状、堆放厚度）、堆放点的地面铺装及其保洁程度、堆放物的遮盖方式等；排放方式、排放去向与处理情况，说明非点源污染物是有组织的汇集还是无组织的漫流；是集中后直接排放还是处理后排放；是单独排放还是与生产废水或生活污水合并排放等；根据现有实测数据、统计报表以及根据引起非点源污染的原料、燃料、废料、废弃物的成分及物理、化学、生物化学性质选定调查的主要水质参数，并调查有关排放季节、排放时期、排放浓度及其变化等方面的数据。

② 其他非点污染源　对于山林、草原、农地非点污染源，应调查有机肥、化肥、农药的施用量，以及流失率、流失规律、不同季节的流失量等。对于城市非点源污染，应调查雨水径流特点、初期城市暴雨径流的污染物数量。

6.3.2.4.3 污染源采样分析方法

按照《污水综合排放标准》（GB 8978—1996）的相关规定执行。

6.3.2.4.4　污染源资料的整理与分析

对搜集到的和实测的污染源资料进行检查，找出相互矛盾和错误之处，并予以更正。资料中的缺漏应尽量填补。将这些资料按污染源排入地表水的顺序及水质因子的种类列成表格，根据受纳水体的功能要求与水文条件变化来其接纳的主要污染源和主要污染物。

6.3.2.5　水质调查

水质调查与水质监测的原则是根据信息共享的通则，尽量利用现有的资料和数据，在资料不足或可信度较差时需实测。调查的目的是弄清水体评价范围内水质的现状，作为环境影响预测和评价的基础。

水质调查需要调查和监测的水质参数主要有三类：一类是常规水质因子，它能反映受纳水体的一般水质状况；另一类是特殊水质因子，它能代表或反映建设项目建成投产后外排污水的特征污染因子；在某些情况下，还需调查一些其他方面的因子。

(1) 常规水质因子

以地表水环境质量标准（GB 3838—2002）中所列的 pH 值、溶解氧、高锰酸盐指数或化学耗氧量、五日生化需氧量、总氮或氨氮、酚、氰化物、砷、汞、铬（六价）、总磷及水温为基础，根据水域类别、评价等级及污染源状况适当增减。

(2) 特殊水质因子

根据建设项目特点、水域类别及评价等级以及建设项目所属行业的特征水质参数表选定。选择时可以根据具体情况适当删减。

(3) 其他方面的因子

指受纳水体敏感的或曾出现过超标而要求控制的污染因子。被调查水域的环境质量要求较高（如自然保护区、饮用水源地、珍贵水生生物保护区、经济鱼类养殖区等），且评价等级为一、二级，应考虑调查水生生物和底质。其调查项目可根据具体工作要求确定，或从下列项目中选择部分内容。

水生生物方面主要调查浮游动植物、藻类、底栖无脊椎动物的种类和数量，水生生物群落结构等。

底质方面主要调查与建设项目排污水质有关的易积累的污染物。

6.3.2.6　地表水体水质采样的原则及方法

6.3.2.6.1　河流

(1) 取样断面的布设

在调查范围的两端、调查范围内重点保护水域及重点保护对象附近的水域、水文特征突然变化处（如支流汇入处等）、水质急剧变化处（如污水排入处等）、重点水工构筑物（如取水口、桥梁涵洞）等附近、水文站附近等应布设取样断面。还应适当考虑拟进行水质预测的地点。通常情况下，在建设项目拟建排污口上游 500m 处应设置一个取样断面。

布设在评价河段上的取样断面通常包括对照断面、控制断面和削减断面。其中对照断面应设在评价河段上游一端，一般在建设项目拟建排污口上游 500m 处应设置一个取样断面，基本不受建设项目排水影响的位置，用于掌握评价河段的背景水质情况；削减断面应设在排污口下游污染物浓度变化不显著的完全混合段，以了解河流中污染物的稀释、净化和衰减情况；控制断面应设在评价河段的末端或有控制意义的位置，诸如支流汇入、建设项目以外的其他排污口、工农业用水取水点、地球化学异常的水土流失区、水工构筑物和水文站所在位置等。

控制断面和削减断面的数量应根据评价等级和污染物的迁移、转化规律和河流流量、水力特征和河流的环境条件等情况确定。

(2) 取样断面上取样点的布设

① 断面上取样垂线的确定　断面上取样垂线设置的主要依据为河宽。当河流断面形状为

矩形或相近于矩形时，可按下列方法布设取样垂线。

小河：在取样断面的主流线上设一条取样垂线。

大河、中河：河宽小于50m者，在取样断面上各距岸边1/3水面宽处，设一条取样垂线(垂线应设在有较明显水流处)，共设两条取样垂线；河宽大于50m者，在取样断面的主流线上及距两岸不小于0.5m，并有明显水流的地方各设一条取样垂线，即共设三条取样垂线。

特大河（例如长江、黄河、珠江、黑龙江、淮河、松花江、海河等)：由于河流较宽，取样断面上的取样垂线数应适当增加，而且主流线两侧的垂线数目不必相等，拟设有排污口的一侧可以多一些。

如断面形状十分不规则时，应结合主流线的位置，适当调整取样垂线的位置和数目。

② 垂线上取样点的确定　垂线上取样点设置的主要依据为水深。在一条垂线上，水深大于5m，在水面下0.5m处及在距河底0.5m处，各取样一个；水深为1～5m时，只在水面下0.5m处取一个样；在水深不足1m时，取样点距水面不应小于0.3m，距河底也不应小于0.3m。对于三级评价的小河，不论河水深浅，只在一条垂线上一个点取一个样，一般情况下取样点应在水面下0.5m处，距河底也不应小于0.3m。

(3) 取样方式

一级评价：每个取样点的水样均应分析，不取混合样。

二级评价：需要预测混合过程段水质的场合，每次应将该段内各取样断面中每条垂线上的水样混合成一个水样。其他情况每个取样断面每次只取一个混合水样，即将断面上各处所取水样混匀成一个水样。

三级评价：原则上只取断面混合水样。

(4) 河流取样次数

① 在所规定的不同规模河流、不同评价等级的调查时期中（表6-9)，每个时期调查一次，每次调查3～4天，至少有一天对所有已选定的水质因子取样分析，其他天数根据预测需要，配合水文测量对拟预测的水质因子取样。

② 在不预测水温时，只在采样时测水温；在预测水温时，要测日平均水温的变化情况，一般可采用每隔6h测一次的方法计算日平均水温。

③ 一般情况，每天每个水质因子只取一个样，在水质变化很大时，应采用每间隔一定时间采样一次的方法。

6.3.2.6.2　河口

(1) 取样断面布设原则

当排污口拟建于河口感潮段内时，其上游需设置取样断面的数目与位置，应根据感潮段的实际情况决定，其下游取样断面的布设原则与河流相同。

取样断面上取样点的布设和采样方式同前述的河流部分。

(2) 河口取样次数

① 在所规定的不同规模河口、不同等级的调查时期中（表6-9)，每期调查一次，每次调查两天，一次在大潮期，一次在小潮期；每个潮期的调查，均应分别采集同一天的高潮、低潮水样；各监测断面的采样，尽可能同步进行。两天调查中，要对已选定的所有水质因子取样。

② 在不预测水温时，只在采样时间测水温；在预测水温时，要测日平均水温，一般可采用每隔4～6h测一次的方法求平均水温。

6.3.2.6.3　湖泊、水库

(1) 取样位置的布设原则、方法和数目

在湖泊、水库中布设取样位置时，应尽量覆盖推荐的整个调查范围，并且能切实反映湖泊、水库的水质和水文特点（如进水区、出水区、深水区、浅水区、岸边区等)。取样位置可采用以建设项目的排放口为中心，向周围辐射的方法布设，每个取样位置的间隔可参考下列数字。

① 大中型湖泊、水库　当建设项目污水排放量＜50000m^3/d时：一级评价每1～2.5km^2布设一个取样位置；二级评价每1.5～3.5km^2时布设一个取样位置；三级评价每2～4km^2布设一个取样位置。

当建设项目污水排放量＞50000m^3/d时：一级评价每3～6km^2布设一个取样位置；二级、三级评价每4～7km^2布设一个取样位置。

② 小型湖泊、水库　当建设项目污水排放量＜50000m^3/d时：一级评价每0.5～1.5km^2时布设一个取样位置；二级、三级评价每1～2 km^2布设一个取样位置。

当建设项目污水排放量＞50000m^3/d时，各级评价每0.5～1.5 km^2布设一个取样位置。

(2) 取样位置上取样点的确定

① 大中型湖泊、水库　当平均水深＜10m时，取样点设在水面下0.5m处，但此点距底不应＜0.5m。当平均水深≥10m时，首先要根据现有资料查明此湖泊（水库）有无温度分层现象，如无资料可供利用，应先测水温。在取样位置水面以下0.5m处测水温，以下每隔2m水深测一个水温值，如发现两点间温度变化较大时，应在这两点间酌量加测几点的水温，目的是找到斜温层。找到斜温层后，在水面下0.5m及斜温层以下，距底0.5m以上处各取一个水样。

② 小型湖泊、水库　当平均水深＜10m时，在水面下0.5m并距底不小于0.5m处设一取样点；当平均水深≥10m时，在水面下0.5m处和水深10 m，并距底不小于0.5m处各设一取样点。

(3) 取样方式

对于小型湖泊、水库，水深＜10m时，每个取样位置取一个水样；如水深≥10m时，则一般只取一个混合样，在上下层水质差别较大时，可不进行混合。大、中型湖泊、水库，各取样位置上不同深度的水样均不混合。

(4) 取样次数

① 在所规定的不同规模湖泊（水库）、不同评价等级的调查时期中（表6-9）每期调查一次，每次调查3～4天，至少有一天对所有已选定的水质参数取样分析，其他天数根据预测需要，配合水文测量对拟预测的水质参数取样。

② 表层溶解氧和水温每隔6h测一次，并在调查期内适当检测藻类。

6.3.2.6.4　水质调查取样需注意的特殊情况

(1) 对设有闸坝受人工控制的河流，其流动状况，在排洪时期为河流流动；用水时期，如用水量大则类似河流，用水量小则类似狭长形水库；在蓄水期也类似狭长形水库。这种河流的取样断面、取样位置、取样点的布设及水质调查的取样次数等可参考前述河流、水库部分的取样原则酌情处理。

(2) 在我国的一些河网地区，河水流向、流量经常变化，水流状态复杂，特别是受潮汐影响的河网，情况更为复杂。遇到这类河网，应按各河段的长度比例布设水质采样、水文测量断面。至于水质监测项目、取样次数、断面上取样垂线的布设可参照前述河流、河口的有关内容。调查时应注意水质、流向、流量随时间的变化。

6.3.2.6.5　水样的采集、保存和分析

① 河流、湖泊、水库水样保存、分析的原则与方法按《地表水环境质量标准》(GB 3838—2002)。标准中未说明者暂先参考《水和废水监测分析方法》。

② 河口水样保存、分析的原则与方法依水样的盐度而不同。对水样盐度＜3‰者，采用河流、湖泊、水库的原则与方法；水样盐度≥3‰者，按海湾原则与方法执行。

6.3.2.7 水利用状况调查

水利用状况是地表水环境影响评价的基础资料，一般应由环境保护部门规定。调查的目的是核对补充这个规定，若还没有规定则应通过调查明确之，并报环境保护部门认可。调查的方法以间接了解为主，并辅以必要的实地勘察。

水利用状况调查，可根据需要选择下述全部或部分内容：城市、工业、农业、渔业、水产养殖业等各类的用水情况（其中包括各种用水的用水时间、用水地点等），以及各类用水的供需关系、水质要求和渔业、水产养殖业等所需的水面面积等。此外，对用于排泄污水或灌溉退水的水体也应调查。在水利用状况调查时还应注意地表水与地下水之间的水力联系。

6.3.2.8 地表水环境质量现状评价方法

地表水环境质量现状评价方法主要包括：物理评价法、水质指数法、概率统计法和生物学评价法等。

6.3.2.8.1 物理评价法（即感官性状法）

① 水色 水层浅时应为无色，水层深时应为浅蓝色；当水中含有污染物质时，水色将随污染物质的性质和含量而变化。因此，可以从水色测定水体污染的程度。水色时旅游用水的一项重要评价指标。

② 水味 纯净的水应无任何味道，如水中浮有悬浮杂质，则会产生异味。水味对饮用水是一项重要的评价指标。

③ 嗅 纯净的水应无任何气味，受污染的水可产生特异的气味。

④ 透明度（或浑浊度） 纯净的水应清澈透明，水中悬浮物和胶体状物质越多，透明度越小，浑浊度越大。透明度反映了水体清澈的程度。

6.3.2.8.2 水质评价法

水质评价方法常采用单因子指数评价法。单因子指数评价是将每个水质因子单独进行评价，利用统计及模式计算得出各水质因子的达标率或超标率、超标倍数、水质指数等项结果。单因子指数评价能客观地反映评价水体的水环境质量状况，可清晰地判断出评价水体的主要污染因子、主要污染时段和主要污染区域。

水质评价方法推荐采用标准指数，其计算公式如下：

(1) 一般水质因子（随水质浓度增而水质变差的水质因子）

$$S_{i,j}=c_{i,j}/c_{s,i} \tag{6-10}$$

式中 $S_{i,j}$—— 标准指数；

$c_{i,j}$—— 评价因子 i 在 j 点的实测统计代表值，mg/L；

$c_{s,i}$—— 评价因子 i 的评价标准限值，mg/L。

(2) 特殊水质因子

① DO——溶解氧

当 $DO_j \geqslant DO_s$

$$S_{DO_j}=\frac{|DO_f-DO_j|}{DO_f-DO_s} \tag{6-11}$$

当 $DO_j < DO_s$

$$S_{DO_j}=10-9\frac{DO_j}{DO_s}$$

式中 S_{DO_j}——DO 的标准指数；

DO_f——某水温、气压条件下的饱和溶解氧浓度，mg/L，计算公式常采用：$DO_f=468/(31.6+T)$，T 为水温，℃；

DO_j—— 在 j 点的溶解氧实测统计代表值，mg/L；

DO_s—— 溶解氧的评价标准限值，mg/L。

② pH 值——两端有限值，水质影响不同

当 $pH_j \leqslant 7.0$　　　$S_{pH_j}=(7.0-pH_j)/(7.0-pH_{sd})$

当 $pH_j > 7.0$　　　$S_{pH_j}=(pH_j-7.0)/(pH_{su}-7.0)$

式中　S_{pH_j}——pH 值的标准指数；

pH_j—— pH 值的实测统计代表值；

pH_{sd}——评价标准中 pH 值的下限值；

pH_{su}——评价标准中 pH 值的上限值。

水质因子的标准指数≤1 时，表明该水质因子在评价水体中的浓度符合水域功能及水环境质量标准的要求。

6.3.2.8.3　实测统计代表值获取的方法

① 极值法　当水质因子的监测数据量少，水质浓度变化幅度大；

② 均值法　当水质因子的监测数据量多，水质浓度变化幅度较小；

③ 内梅罗法　当水质因子有一定的监测数据量，且水质浓度变化幅度较大，为了突出高值的影响。

目前，常采用内梅罗法计算水质现状评价因子的监测统计代表值，其计算公式为：

$$c=\sqrt{\frac{c_{极}^2+c_{均}^2}{2}} \tag{6-12}$$

式中　c——某水质监测因子的内梅罗值，mg/L；

$c_{极}$——某水质监测因子的实测极值，mg/L；

$c_{均}$——某水质监测因子的算术平均值，mg/L。

注意：极值的选取主要考虑水质监测数据中反映水质状况最差的一个数据值。当水质参数的标准指数大于 1 时，表明该水质参数超过了规定的水质标准，已经不能满足使用要求。

6.3.2.8.4　基本图件及评价结论

(1) 基本图件

一般评价项目应提供的图件如下。

① 地表水环境质量监测断面布设图；

② 水质污染分级图。

(2) 评价结论

地表水环境质量现状评价结论的要点包括如下几个方面：

① 水体环境监测断面的超标污染物、超标率或超标倍数等；

② 引起水体污染物超标的原因；

③ 研究区水环境质量现状评价结论。

6.3.3　地下水环境现状调查与评价

依据我国地下水水质现状、人体健康基准值及地下水质量保护目标，并参照生活饮用水、工业、农业用水水质最高要求，将地下水质量划分为以下五类。

Ⅰ类：主要反映地下水化学组分的天然低背景含量，适用于各种用途。

Ⅱ类：主要反映地下水化学组分的天然背景含量，适用于各种用途。

Ⅲ类：以人体健康基准值为依据，主要适用于集中式生活饮用水水源及工、农业用水。

Ⅳ类：以农业和工业用水要求为依据，除适用于农业和部分工业用水外，适当处理后可作生活饮用水。

Ⅴ类：不宜饮用，其他用水可根据使用目的选用。

6.3.3.1 调查的目的

地下水是水资源的重要组成部分，在保障我国城乡居民生活、支撑社会经济发展、维持生态平衡等方面发挥着极其重要的作用。

地下水环境现状调查是为了查明天然及人为条件下地下水的形成、赋存和运移特征，地下水水量、水质的变化规律，为地下水环境现状评价、地下水环境影响预测、开发利用与保护、环境水文地质问题的防治提供所需的资料。

6.3.3.2 调查的任务

地下水环境现状调查应查明地下水系统的结构、边界、水动力系统及水化学系统的特征，具体需查明下面五个基本问题。

① 水文地质条件　包括地下水的赋存条件，查明含水介质的特征及埋藏分布情况；地下水的补给、径流、排泄条件；查明地下水的运动特征及水质、水量变化规律。

② 地下水的水质特征　查明地下水的化学成分及地下水化学成分的形成条件和影响因素。

③ 地下水污染源分布　查明与建设项目污染特征相关的污染源分布。

④ 环境水文地质问题　原生环境水文地质问题调查，包括天然劣质水分布状况，以及由此引发的地方性疾病等环境问题；地下水开采过程中水质、水量、水位的变化情况，以及引起的环境水文地质问题。

⑤ 地下水开发利用状况　查明分散、集中式地下水开发利用规模、数量、位置等，并收集集中式饮用水水源地水源保护区划分资料。

地下水环境现状调查由地下水自身特征所确定，地下水赋存、运动在地下岩石的空隙中，既受地质环境制约又受水循环系统控制，影响因素复杂多变，需要采用种类繁多的调查方法，除采用地质调查方法之外，还要应用各种调查水资源的方法，调查工作十分复杂。

6.3.3.3 调查方法

地下水环境现状调查是一项复杂而重要的工作，其复杂性是由地下水自身特征所确定的。地下水由于其埋藏于地下，其调查方法要更复杂。

地下水赋存、运动在地下岩石的空隙中，既受地质环境制约又受水循环系统控制，影响因素复杂多变，因此地下水环境现状调查需要采用种类繁多的调查方法。除需要采用各种调查水资源的方法外，因地下水与地质环境关系密切，还要采用一些地质调查的技术方法。

目前，地下水环境现状调查最基本的方法有：地下水环境地面调查（又称水文地质测绘）、钻探、物探、野外试验、室内分析、检测、模拟试验及地下水动态均衡研究等。随着现代科学技术的发展，不断产生新的地下水环境现状调查技术方法，包括航卫片解译技术、地理信息系统（GIS）技术、同位素技术、直接寻找地下水的物探方法及测定水文地质参数的技术方法等，这些都大大提高了地下水环境现状调查的精度和工作效率。

6.3.3.4 调查内容

地下水环境现状调查内容一般包括：地下水环境地面调查、环境水文地质问题调查、环境水文地质实验、水文地质参数调查等几个方面。

6.3.3.4.1 地下水环境地面调查

6.3.3.4.1.1 地下水露头的调查

地下水露头的调查是整个地下水环境地面调查的核心，是认识和寻找地下水直接可靠的方法。地下水露头的种类有：①地下水的天然露头，包括泉、地下水溢出带、某些沼泽湿地、岩溶区的暗河出口及岩溶洞穴等；②地下水的人工露头，包括水井、钻孔、矿山井巷及地下开挖工程等。

在地下水露头的调查中，应用最多的是水井（钻孔）和泉。

(1) 泉的调查研究

泉是地下水的天然露头，泉水的出流表明地下水的存在。泉的调查研究内容有：

① 查明泉水出露的地质条件（特别是出露的地层层位和构造部位）、补给的含水层，确定泉的成因类型和出露的高程；

② 观测泉水的流量、涌势及其高度，水质和泉水的动态特征，现场测定泉水的物理特性，包括水温、沉淀物、色、味及有无气体逸出等；

③ 泉水的开发利用状况及居民长期饮用后的反映；

④ 对矿泉和温泉，在研究前述各项内容的基础上，应查明其含有的特殊组分、出露条件及与周围地下水的关系，并对其开发利用的可能性做出评价。

(2) 水井（钻孔）的调查

调查水井比调查泉的意义更大。调查水井能可靠地帮助确定含水层的埋深、厚度、出水段岩性和构造特征，反映出含水层的类型；调查水井还能帮助我们确定含水层的富水性、水质和动态特征。水井（钻孔）的调查内容有：

① 调查和收集水井（孔）的地质剖面和开凿时的水文地质观测记录资料；

② 记录井（孔）所处的地形、地貌、地质环境及其附近的卫生防护情况；

③ 测量井孔的水位埋深、井深、出水量、水质、水温及其动态特征；

④ 查明井孔的出水层位，补给、径流、排泄特征，使用年限，水井结构等。

在泉、井调查中，都应取水样，测定其化学成分。必要时，应在井孔中进行抽水试验等，以取得必需的参数。

6.3.3.4.1.2 地表水的调查

在自然界中，地表水和地下水是地球上水循环最重要的两个组成部分。两者之间一般存在相互转化的关系。只有查明两者的相互转化关系，才能正确评价地表水和地下水的资源量，避免重复和夸大；才能了解地下水水质的形成和遭受污染的原因；才能正确制订区域水资源的开发利用和环境保护的措施。

对于地表水，除了调查研究地表水体的类型、水系分布、所处地貌单元和地质构造位置外，还要进一步调查以下内容：

(1) 查明地表水与周围地下水的水位在空间、时间上的变化特征。

(2) 观测地表水的流速及流量，研究地表水与地下水之间量的转化性质，即地表水补给地下水地段或排泄地下水地段的位置；在各段的上游、下游测定地表水流量，以确定其补排量及预测补排量的变化。

(3) 结合岩性结构、水位及其动态，确定两者间的补排形式，具体为：

① 集中补给（注入式），常见于岩溶地区［图 6-2(a)］；

② 直接渗透补给，常见于冲洪积扇上部的渠道两侧［图 6-2(b)］；

③ 间接渗透补给，常见于冲洪积扇中部的河谷阶地［图 6-2(c)］；

④ 流补给，常见于丘陵岗地的河谷地区［图 6-2(d)，为越流补给形式之一］。

(4) 分析、对比地表水与地下水的物理性质与化学成分，查明它们的水质特征及两者间的变化关系。

6.3.3.4.1.3 气象资料调查

气象资料调查主要是降水量、蒸发量的调查。

降水是地下水资源的主要来源。降水量是指在一定时间段内降落在一定面积上的水体积，一般用降水深度表示，即将降水的总体积除以对应的面积，以毫米（mm）为单位。降水量资料应到雨量站收集。降水资料序列长度的选定，既要考虑调查区大多数测站的观测系列的长短，避免过多的插补，又要考虑观测系统的代表性和一致性。在分析降水的时间变化规律时，

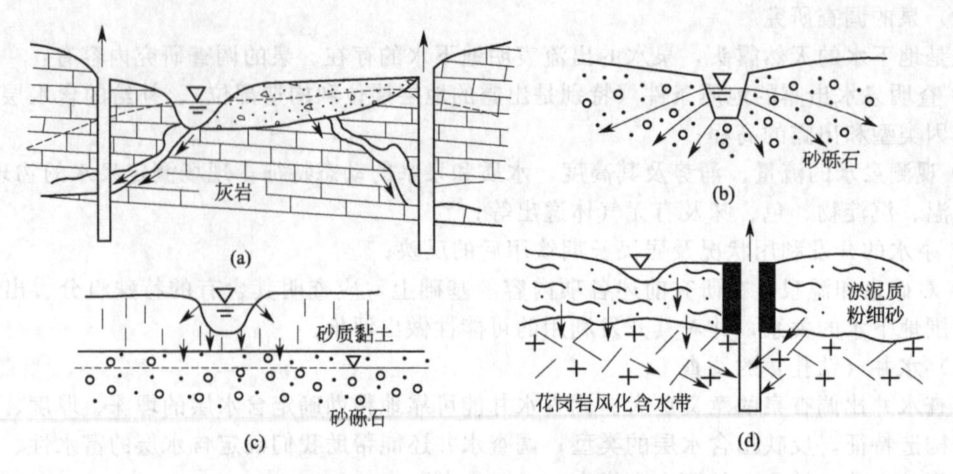

图 6-2 地表水补给地下水的方式

应采用尽可能长的资料序列。调查区面积比较大时，雨量站应在面上均匀分布；在降水量变化梯度大的地区，选用的雨量站应加密，以满足分区计算要求，所采用降水资料也应为整编和审查的成果。

因蒸发面的性质不同，蒸发可分为水面蒸发、土面蒸发和植物散发，三者统称蒸发或蒸散发。水面蒸发通常是在气象站用特别的器皿直接观测获得水分损失量，称为蒸发量或蒸发率，以日、月或年为时段，以毫米（mm）为单位。调查区内实际水面蒸发量较气象站蒸发器皿测出的蒸发量要小，需要进行折算，折算系数与蒸发皿的直径有关，各个地区也有所差异，收集水位蒸发资料要说明蒸发皿的型号，查阅有关手册确定折算系数。

6.3.3.4.2 环境水文地质问题调查

地下水污染调查是地下水污染研究的基础和出发点。其主要目的是：

① 探测与识别地下污染物；

② 测定污染物的浓度；

③ 查明污染物在地下水系统中的运移特性；

④ 确定地下水的流向和速度，查明主径流向及控制污染物运移的因素，定量描述控制地下水流动和污染物运移的水文地质参数。场地调查获得的水文地质信息对水文地球化学调查、数值模拟和治理技术至关重要。

（1）初步场地勘察及初始评估

① 搜集前人资料

a. 污染现场历史资料：有关过去及现在土地使用情况的资料可以指示在污染现场的地下水环境中可能存在哪些污染物。

b. 地质与水文地质资料：前人的现场调查报告可以提供有关地形、岩土体和填埋材料的厚度及分布、含水层的分布、基岩高程、岩性、厚度、区域地质条件、构造特征等方面的资料。任何污染现场的水文地质条件都对地下水和污染物在地下的运移起着极其重要的作用。在第一阶段调查中，应以搜集与总结有关地质情况的资料为出发点。

c. 水文资料：调查内容包括地表水的位置、流动情况、水质以及与地下水的水力联系方式等。有关地表水来源及流向的资料大多可由地形图中获得，更详细的情况则可在专门的水资源报告中找到。如果可能的话，已有资料还应包括场地水文地质平面图、剖面图及初步的概念模型。

② 初步现场踏勘　在资料搜集完成以后，必须进行初步现场踏勘，以证实从资料分析中

得出的结论。需携带以下物件：所有相关的平面图、剖面图及航空图件；用于近地表勘察的铁铲及手工钻；用于采集地表水或泉水的采样瓶。

根据场地的复杂程度和已有资料的情况，初步建立起一个场地水文地质概念模型。该模型应包括以下要素：

a. 现场邻近地区的地质条件概念模型；

b. 区域及局部的地下水流动系统与地表水之间的水力联系；

c. 确定人类活动对地下水流动及污染物运移的影响；

d. 确定污染物运移途径及优势流的通道；

e. 确定污染物的性质；

f. 确定污染物的可能受体，包括人、植物、动物及水生生物等。

在第一阶段调查中，整理和评价已有的背景资料并进行野外考察是非常必要的。工作计划应考虑现场的特殊物理特征。例如，低渗透性岩层将使较深处的含水层免受附近地表污染物的影响，但钻探技术使用不当可能会破坏这些条件，使污染进一步扩大至深部，地质条件对勘察方法的选择起着极其重要的作用。

(2) 野外调查与监测

第二阶段调查的主要目的是：划分并刻画主要的含水层，确定地下水流向，形成一个仿真度较高的地下水系统概念模型，能够刻画主要含水层并绘制出场地附近地下水流场图，定性评价地下水脆弱性，并识别污染物可能的运移途径。

第二阶段调查内容包括对现场特征的勘察及地下水监测孔的安装。在搜集有关现场特征的资料时可采用许多不同的勘察技术。实际的现场调查包括直接方法和间接方法。直接方法包括钻探、土壤采样、土工试验等，间接方法则包括航片、卫片、探地雷达、电法等。调查者应该有机地结合直接方法与间接方法，以有效地获得全面的现场特征方面的资料。

地下水污染调查最终提交的资料至少包括以下部分：说明场地水文地质条件的剖面图；每个主要含水层的水位等值线图；表示地下水侧向和垂向流动的剖面图；所有测定方法得出的水位和物理参数值列表；总结污染物运移的主要途径；总结可能影响污染物运移的附加场地条件。

6.3.3.4.3　其他环境水文地质问题调查

(1) 土地盐渍化调查

① 基本特征调查　了解盐渍化土壤的区域类型，查明盐渍化土壤的分布范围、面积；查明不同类型盐渍化土壤母质的岩性成分、结构特征，表层土壤粒度组成、渗透性、含盐量及其组分；查明包气带及潜水含水层有关的岩土水理性质，重点是潜水的埋藏条件、分布特征、补径排条件，潜水水化学成分与性质和土壤溶液的酸碱度；确定土地盐渍化性质与程度，并分析其发展趋势。

② 分析控制土壤盐渍化的自然因素和人为因素　了解气象、水文、地貌、地质、水文地质等自然因素以及农田灌溉、水库渗漏等人为因素在土壤盐渍化形成过程中的作用。

③了解土地盐渍化的危害性和对生态环境的影响，并分析其发展趋势。

(2) 土地沼泽化调查

① 基本特征调查　查明沼泽化土地的分布范围、面积与历史变化；查明泥炭沼泽地泥炭层和潜育沼泽地土层的特征及潜育化发育情况；了解包括植物、农作物的种类与生长情况和优势动物种群。

② 水文条件调查　查明沼泽水的输入、输出、水位与水深、水质、水流方式、淹水持续时间和淹水频率等水文条件与地下水主要赋存层位、补径排条件和水化学特征及其动态变化等水文地质特征；根据沼泽的形成条件，确定沼泽的成因类型。

③ 分析沼泽化的演化趋势及其对生态环境的正负效应。

(3) 海水入侵调查

① 了解海水入侵的地质环境背景，包括区域地貌形态、岩性结构及组合、地质构造、海岸性质、海滨与入海河口变迁、地表水文、潮汐和气候气象特点等。

② 查明咸、淡水层的岩性结构，含水介质及其特征，地下水水质咸化程度及其特征，地下水位动态变化以及潮汐对地下水动态的影响，咸水体的空间分布范围（距海岸带的距离、面积）及咸水体与淡水体的接触关系，地下水、地表水与海水之间的水力联系、补排关系和海水入侵通道。

③ 分析控制海水入侵的自然因素和人为因素。了解海平面上升、潮汐等自然因素和抽、排地下水等人为因素与海水入侵的关系。

④ 查明海水入侵的途径，了解海水入侵的历史及变化规律。根据水化学分析成果，进行海水入侵程度分区，分析海水入侵发展趋势。

⑤ 了解海水入侵对土地资源、地下水资源和生态环境等的危害及趋势。

⑥ 了解海水入侵的勘查、监测、工程治理措施及效果。

(4) 地下水天然劣质水调查

① 查明地下水水质现状，按《生活饮用水卫生标准》(GB 5749—2006) 和《地下水水质标准》(GB/T 14848—1993) 评价地下水质量，并分析其发展趋势。

② 查明地下水天然水质不良地段的分布、含水层位及其特征，主要超标物质成分、含量及时空分布，并研究分析其形成原因。

③ 了解地下水天然水质不良带来的危害，目前的防治措施及效果。

6.3.3.4.4 环境水文地质试验

环境水文地质试验是地下水环境现状调查中不可缺少的重要手段，许多水文地质资料皆需通过环境水文地质试验才能获得。环境水文地质试验的种类很多，主要有野外抽水试验，还有渗水试验等。

(1) 抽水试验

抽水试验是通过从钻孔或水井中抽水，定量评价含水层富水性，测定含水层水文地质参数和判断某些水文地质条件的一种野外试验工作方法。

随着水文地质勘察阶段由浅入深，抽水试验在各个勘察阶段中都占有重要的比重，其成果质量直接影响着对调查区水文地质条件的认识和水文地质计算成果的精确程度。在整个勘察费用中，抽水试验的费用仅次于钻探工作费用，有时，整个钻探工程主要是为了抽水试验而进行。

(2) 注水试验

在地下水位埋深较大、含水层富水性较差时，可以采用注水试验近似确定含水层的渗透系数。注水试验从原理上可以看作是抽水试验的反过程，只是以注水代替抽水。

(3) 渗水试验

渗水试验是一种在野外现场测定包气带土层垂向渗透系数的简易方法，在研究地面入渗对地下水的补给时，常需进行此种试验。目前，野外现场进行渗水试验的方法是试坑渗水试验，包括试坑法、单环法、双环法及开口和密封试验等。

渗水试验方法的最大缺陷是，水体下渗时常常不能完全排出岩层中的空气，这对试验结果必然产生影响。

6.3.3.4.5 水文地质参数

岩石中存在着各种形式的水。存在于岩石空隙中的有结合水、重力水及毛细水，另外还有气态水和固态水。组成岩石的矿物中则有矿物结晶水。

含水层是指能够透过并给出相当数量水的岩层。含水层不但储存有水，而且水可以在其中运移。隔水层则是不能透过和给出水，或透过和给出水的数量很小的岩层。由含水层和隔水层相互结合而形成的能够积蓄地下水的地质构造称蓄水构造。每个蓄水构造中地下水的补给、径流和排泄都是独立的。因此，蓄水构造也就是独立的水文地质单元。

水文地质参数是表征岩土水文地质性能大小的数量指标，是地下水资源评价的重要基础资料，主要包括含水层的渗透系数和导水系数、承压含水层贮水系数、潜水含水层的给水度、弱透水层的越流系数及含水介质的水动力弥散系数。

确定这些水文地质参数的方法可以概括为两类：一类是用水文地质试验法（如野外现场抽水试验、注水试验、渗水试验及室内渗压试验、达西试验、弥散试验等），这种方法可以在较短的时间内求出含水层参数而得到广泛应用；另一类是利用地下水动态观测资料来确定，是一种比较经济的水文地质参数测定方法，并且测定参数的范围比前者更为广泛，可以求出一些用抽水试验不能求得的一些参数。

（1）给水度

给水度是表征潜水含水层给水能力和储蓄水量能力的一个指标，在数值上等于单位面积的潜水含水层柱体，当潜水位下降一个单位时，在重力作用下自由排出的水量体积和相应的潜水含水层体积的比值。

给水度不仅和包气带的岩性有关，而且随排水时间、潜水埋深、水位变化幅度及水质的变化而变化。各种岩性给水度经验值见表 6-10。

表 6-10　各种岩性给水度经验值

岩性	给水度	岩性	给水度
黏土	0.02～0.035	细砂	0.08～0.11
亚黏土	0.03～0.045	中细砂	0.085～0.12
亚砂土	0.035～0.06	中砂	0.09～0.13
黄土状亚黏土	0.02～0.05	中粗砂	0.10～0.15
黄土状亚砂土	0.03～0.06	粗砂	0.11～0.15
粉砂	0.06～0.08	黏土胶结的砂岩	0.02～0.03
粉细砂	0.07～0.010	裂隙灰岩	0.008～0.10

（2）渗透系数和导水系数

渗透系数又称水力传导系数，是描述介质渗透能力的重要水文地质参数。根据达西公式，渗透系数代表当水力坡度为 1 时，水在介质中的渗流速度，单位是 m/d 或 cm/s。渗透系数大小与介质的结构（颗粒大小、排列、空隙充填等）和水的物理性质（液体的黏滞性、容重等）有关。

导水系数即含水层的渗透系数与其厚度的乘积，其理论意义为水力梯度为 1 时，通过含水层的单宽流量，常用单位是 m^2/d。导水系数只适用于平面二维流和一维流，而在三维流及剖面二维流中无意义。

利用抽水试验资料求取含水层的渗透系数及导水系数方法视具体的抽水试验情况而定，其原理及具体计算步骤可参考地下水动力学相关教材。

（3）水动力弥散系数

在研究地下水溶质运移问题中，水动力弥散系数是一个很重要的参数。水动力弥散系数是表征在一定流速下，多孔介质对某种污染物质弥散能力的参数，它在宏观上反映了多孔介质中地下水流动过程和空隙结构特征对溶质运移过程的影响。

水动力弥散系数是一个与流速及多孔介质有关的张量，即使几何上均质，且有均匀的水力传导系数的多孔介质，就弥散而论，仍然是有方向性的，即使在各向同性介质中，沿水流方向的纵向弥散和与水流方向垂直的横向弥散不同。一般地说，水动力弥散系数包括机械弥散系数与分子扩散系数。当地下水流速较大以至于可以忽略分子扩散系数，同时假设弥散系数与孔隙平均流速呈线性关系，这样可先求出弥散系数再除以孔隙平均流速便可获取弥散度。

(4) 贮水率和贮水系数

贮水率和贮水系数是含水层中的重要水文地质参数，它们表明含水层中弹性贮存水量的变化和承压水头（潜水含水层中为潜水水头）相应变化之间的关系。

贮水率表示当含水层水头变化一个单位时，从单位体积含水层中，因为水体积膨胀（或压缩）以及介质骨架的压缩（或伸长）而释放（或贮存）的弹性水量，用 μ_s 表示，它是描述地下水三维非稳定流或剖面二维流中的水文地质参数。

贮水系数表示当含水层水头变化一个单位时，从底面积为一个单位、高等于含水层厚度的柱体中所释放（或贮存）的水量，用 S 表示。潜水层的贮水系数等于贮水率与含水层的厚度之积再加上给水度，潜水贮水系数所释放（贮存）的水量包括两部分：一部分是含水层由于压力变化所释放（贮存）的弹性水量；二是水头变化一个单位时所疏干（贮存）含水层的重力水量，这一部分水量正好等于含水层的给水度，由于潜水含水层的弹性变形很小，近似可用给水度代替贮水系数。承压含水层的贮水系数等于其贮水率与含水层厚度之积，它所释放（或贮存）的水量完全是弹性水量，承压含水层的贮水系数也称为弹性贮水系数。

贮水系数是没有量纲的参数，其确定方法是通过野外非稳定流抽水试验，用配线法、直线图解法及水位恢复等方法进行推求，具体步骤详见地下水动力学相关书籍。

(5) 越流系数和越流因素

越流系数和越流因素是表示越流特性的水文地质参数。越流补给量的大小与弱透水层的渗透系数 r 及厚度 b' 有关，即 r 愈大 b' 愈小，则越流补给的能力就愈大。当地下水的主要开采含水层底顶板均为弱透水层时，开采层和相邻的其他含水层有水力联系时，越流是开采层地下水的重要补给来源。

越流系数 σ 表示当抽水含水层和供给越流的非抽水含水层之间的水头差为一个单位时，单位时间内通过两含水层之间弱透水层的单位面积的水量。显然，当其他条件相同时，越流系数越大，通过的水量就愈多。

越流因素 B 或称阻越系数，其值为主含水层的导水系数和弱透水层的越流系数的倒数的乘积的平方根，可用下式表示：

$$B=\sqrt{\frac{Tb'}{K'}} \tag{6-13}$$

式中 T——抽水含水层的导水系数，m^2/d；

b'——弱透水层的厚度，m；

K'——弱透水层的渗透系数 m/d；

B——越流因素，m。

弱透水层的渗透性愈小，厚度愈大，则越流因素 B 越大，越流量愈小。自然界越流因素的值变化很大，可以从只有几米到几千米。对于一个完全不透水的覆盖岩层来说，越流因素 B 为无穷大，而越流系数 σ 为零。越流因素和越流系数的测定方法也是采用野外抽水实验，可参考地下水动力学等相关书籍。

(6) 降水入渗补给系数

① 基本概念　降水是自然界水分循环中最活跃的因子之一，是地下水资源形成的重要组成部分。地下水可恢复资源的多寡是与降水入渗补给量密切相关的。但是，降落到地面的水分不能直接到达潜水面，因为在地面和潜水面中间隔着一个包气带，入渗的水必须在包气带中向下运移才能到达潜水面。

降水入渗补给系数α是指降水渗入量与降水总量的比值，α值的大小取决于地表土层的岩性和土层结构、地形坡度、植被覆盖以及降水量的大小和降水形式等。一般情况下，地表土层的岩性对α值的影响最显著。降水入渗系数可分为次降水入渗补给系数、年降水入渗补给系数、多年平均降水入渗补给系数，它随着时间和空间的变化而变化。

降水入渗系数是一个无量纲系数，其值变化于0～1，表6-11为水利电力部水文局综合各流域片的分析成果，列出了不同岩性在不同降水量年份条件下的平均年降水入渗补给系数的取值范围。

表6-11　不同岩性和降水量的平均年降水入渗补给系数值

$P_{年}$/mm	岩性				
	黏土	亚黏土	亚砂土	粉细砂	砂卵砾石
50	0～0.02	0.01～0.05	0.02～0.07	0.05～0.11	0.08～0.12
100	0.01～0.03	0.02～0.06	0.04～0.09	0.07～0.13	0.10～0.15
200	0.03～0.05	0.04～0.10	0.07～0.13	0.10～0.17	0.15～0.21
400	0.05～0.11	0.08～0.15	0.12～0.20	0.15～0.23	0.22～0.30
600	0.08～0.14	0.11～0.20	0.15～0.24	0.20～0.29	0.26～0.36
800	0.09～0.15	0.13～0.23	0.17～0.26	0.22～0.31	0.28～0.38
1000	0.08～0.15	0.14～0.23	0.18～0.26	0.22～0.31	0.28～0.38
1200	0.07～0.14	0.13～0.21	0.17～0.25	0.21～0.29	0.27～0.37
1500	0.06～0.12	0.11～0.18	0.15～0.22		
1800	0.05～0.10	0.09～0.15	0.13～0.19		

注：东北黄土和表中亚黏土的系数值相近，陕北黄土含有裂隙，其值与表中亚砂土相近（引自水利电力部水文局《中国地下水资源》）。

② 降水入渗补给系数的确定方法　常用地下水位动态资料计算降水入渗补给系数。这种方法适用于地下水位埋藏深度较小的平原区。我国北方平原区地形平缓，地下径流微弱，地下水从降水获得补给，消耗于蒸发和开采。在一次降雨的短时间内，水平排泄和蒸发消耗都很小，可以忽略不计。

（7）潜水蒸发系数

潜水蒸发是指潜水在土壤水势作用下运移至包气带并蒸发成为水汽的现象。在潜水埋深较小的地区，潜水蒸发是潜水的主要排泄途径，直接影响到潜水位的消退。单位时间的潜水蒸发量成为潜水蒸发强度，潜水蒸发强度的变化既受潜水埋深的制约，又受气象、土壤、植被等因素的影响。

潜水蒸发系数是平原地区三水转化关系及水资源评价的一个重要参数。潜水蒸发系数是指潜水蒸发量与水面蒸发量的比值。潜水蒸发量受气象因素影响，并和潜水埋深、包气带岩性、地表植被覆盖情况有关。潜水蒸发与水面蒸发在蒸发动力条件等方面，具有相似之处，用如下公式表达，即：

$$E=CE_0 \tag{6-14}$$

式中　E——潜水蒸发量，mm/d；

E_0——水面蒸发量，mm/d；

C——潜水蒸发系数。

6.3.3.5　地下水环境现状监测

地下水环境现状监测主要通过对地下水水位、水质的动态监测，了解和查明地下水水流与地下水化学组分的空间分布现状和发展趋势，为地下水环境现状评价和环境影响预测提供基础资料。

根据建设项目对地下水环境影响的特征可分为以下三类。

Ⅰ类：指在项目建设、生产运行和服务期满后的各个过程中，可能造成地下水水质污染的建设项目；

Ⅱ类：指在项目建设、生产运行和服务期满后的各个过程中，可能引起地下水流场或地下水水位变化，并导致环境水文地质问题的建设项目；

Ⅲ类：指同时具备 Ⅰ 类和Ⅱ类建设项目环境影响特征的建设项目。

6.3.3.5.1 现状监测井点的布设原则

（1）地下水环境现状监测井点采用控制性布点与功能性布点相结合的布设原则。监测井点应主要布设在建设项目场地、周围环境敏感点、地下水污染源、主要现状环境水文地质问题以及对于确定边界条件有控制意义的地点。当现有监测井不能满足监测井点位置和监测深度要求时，应布设新的地下水现状监测井。

（2）监测井点的层位应以潜水和有开发利用价值的含水层为主。潜水监测井不得穿透潜水隔水底板，承压水监测井中的目的层与其他含水层之间应止水良好。

（3）一般情况下，地下水水位监测点数应大于相应评价级别地下水水质监测点数的 2 倍以上。

（4）地下水水质监测点布设的具体要求

① 一级评价项目目的含水层的水质监测点应不少于 7 个点/层。评价区面积大于 $100km^2$ 时，每增加 $15km^2$ 水质监测点应至少增加 1 个点/层。

一般要求建设项目场地上游和两侧的地下水水质监测点分别不得少于 1 个点/层，建设项目场地及其下游影响区的地下水水质监测点不得少于 3 个点/层。

② 二级评价项目目的含水层的水质监测点应不少于 5 个点/层。评价区面积大于 $100km^2$ 时，每增加 $20km^2$ 水质监测点应至少增加 1 个点/层。

一般要求建设项目场地上游和两侧的地下水水质监测点分别不得少于 1 个点/层，建设项目场地及其下游影响区的地下水水质监测点不得少于 2 个点/层。

③ 三级评价项目目的含水层的水质监测点应不少于 3 个点/层。

一般要求建设项目场地上游水质监测点不得少于 1 个点/层，建设项目场地及其下游影响区的地下水水质监测点不得少于 2 个点/层。

6.3.3.5.2 现状监测点取样深度的确定

（1）评价级别为一级的Ⅰ类和Ⅲ类建设项目，对地下水监测井（孔）点应进行定深水质取样，具体要求如下：

① 地下水监测井中水深小于 20m 时，取两个水质样品，取样点深度应分别在井水位以下 1.0m 之内和井水位以下井水深度约 3/4 处；

② 地下水监测井中水深大于 20m 时，取三个水质样品，取样点深度应分别在井水位以下 1.0m 之内、井水位以下井水深度约 1/2 处和井水位以下井水深度约 3/4 处。

（2）评价级别为二级、三级的Ⅰ类和Ⅲ类建设项目和所有评价级别的Ⅱ类建设项目，只取一个水质样品，取样点深度应在井水位以下 1.0m 之内。

6.3.3.5.3 现状监测内容

（1）水质

自然界中影响地下水质量的有害物质很多，不同地区工业布局不同，污染源类型差异大，污染物种类也各不相同，因此，地下水质量因子的选择要根据研究区的具体情况而定，选择对生物、环境、人体和社会经济危害大的参数作为主要评价对象。

通常建设项目的环境影响评价，其地下水水质监测主要考虑能够反映地下水正常的水质状况及建设项目的特征污染物两方面就可以了。地下水水质现状监测项目的选择，应根据建设项目行业污水特点、评价等级、存在或可能引发的环境水文地质问题而确定。

（2）水位

水位是确定地下水流向的重要因素，应通过水准仪进行测定。当不具备条件时，要测量其水位埋深。

（3）水温

水温是确定含水层埋深、循环深度及补、径、排条件的重要指标。当水温出现异常时，应分析原因，判断取样工作的正确性，水温应现场测定。

6.3.3.5.4　现状监测频率

① 评价等级为一级的建设项目，应在评价期内至少分别对一个连续水文年的枯、平、丰水期的地下水水位、水质各监测一次。

② 评价等级为二级的建设项目，对于新建项目，若有近 3 年内不少于一个连续水文年的枯、丰水期监测资料，应在评价期内进行至少一次地下水水位、水质监测。对于改、扩建项目，若掌握现有工程建成后近 3 年内不少于一个连续水文年的枯、丰水期观测资料，也应在评价期内进行至少一次地下水水位、水质监测。

若已有的监测资料不能满足本条要求，应在评价期内分别对一个连续水文年的枯、丰水期的地下水水位、水质各监测一次。

③ 评价等级为三级的建设项目，应至少在评价期内监测一次地下水水位、水质，并尽可能在枯水期进行。

6.3.3.6　评价方法及内容

地下水质量评价是指充分利用现状调查所获得的野外调查、试验与室内实验资料进行综合分析，对地下水环境质量现状进行评价，给出评价结果。

地下水质量单组分评价，按照《地下水质量标准》（GB/T 14848—1993）所列指标，划分为五类，代号与类别代号相同，不同类别标准值相同时，从优不从劣。例如挥发性酚，Ⅰ类和Ⅱ类标准值均为 0.001mg/L，如水质分析的结果为 0.001mg/L，则应定为Ⅰ类，而不应定为Ⅱ类。

地下水质量评价方法以地下水水质调查分析资料或水质监测资料为基础，可采用标准指数法、污染指数法和综合评价方法。

6.3.3.6.1　标准指数法

地下水质量分类指标限值按《地下水质量标准》（GB/T 14848—1993）执行。

（1）对评价标准为定值的水质参数，其标准指数法公式为：

$$P_i=\frac{C_i}{S_i} \tag{6-15}$$

式中　P_i——标准指数；

C_i——水质参数 i 的监测浓度值；

S_i——水质参数 i 的标准浓度值。

（2）对于评价标准为区间值的水质参数（如 pH 值），其标准指数式为：

$$P_{pH}=(7.0-pH_i)/(7.0-pH_{sd}) \qquad pH_i \leqslant 7.0\text{时} \tag{6-16}$$

$$P_{pH}=(pH_i-7.0)/(pH_{su}-7.0) \qquad pH_i>7.0\text{时} \tag{6-17}$$

式中　P_{pH}——pH 值的标准指数；

pH_i——pH 值的实测统计代表值；

pH_{sd}——评价标准中 pH 值的下限值；

pH_{su}——评价标准中 pH 值的上限值。

评价时，标准指数＞1，表明该水质参数已超过了规定的水质标准，指数值越大，超标越严重。

6.3.3.6.2　污染指数法

对照项目所在地区地下水的背景值或对照值，对地下水污染现状进行评价。方法与标准指数法相同。

(1) 对于对照值为定值的水质参数，其污染指数法公式为：

$$P_i=\frac{C_i}{S_i'} \tag{6-18}$$

式中　P_i——污染指数；

C_i——水质参数 i 的监测浓度值；

S_i'——水质参数 i 的对照值浓度值。

(2) 对于地下水污染对照值为区间值的水质参数（如 pH 值），其污染指数式为：

$$P_{pH}=(7.0-pH_i)/(7.0-pH_{sd}) \quad pH_i\leqslant 7.0\text{时} \tag{6-19}$$

$$P_{pH}=(pH_i-7.0)/(pH_{su}-7.0) \quad pH_i>7.0\text{时} \tag{6-20}$$

式中　P_{pH}——pH_i的污染指数；

pH_i——i 点实测 pH 值；

pH_{su}——地下水污染对照值中 pH 值的上限值；

pH_{sd}——地下水污染对照值中 pH 值的下限值。

评价时，污染指数>1，表明该水质因子已受到污染，指数值越大，污染越严重。

6.3.3.6.3　综合评价方法

地下水质量综合评价在单因子指数法的基础上按照以下几个步骤进行。

① 对各单项组分进行评价，划分各组分所属质量类别。

② 对各类别按照表 6-12 所列规定确定各组分分值 F_i。

表 6-12　各类别单项组分评价分值

类别	Ⅰ	Ⅱ	Ⅲ	Ⅳ	Ⅴ
F_i	0	1	3	6	10

③ 按照下列公式计算 F 值与$\overline{F}$值。

$$F=\sqrt{\frac{\overline{F}^2+F_{max}^2}{2}} \tag{6-21}$$

$$\overline{F}=\frac{1}{n}\sum_{i=1}^{n}F_i \tag{6-22}$$

式中　F_i——各单元组分评分值；

$\overline{F}$——各单元组分评分值的平均值；

F_{max}——各单元组分评分值的最大值；

n——项数。

④ 根据 F 值，按照表 6-13 所列规定确定地下水质量级别，再将细菌学评价指标类别注在级别定名之后，如“优良（Ⅱ类）”、“较好（Ⅲ类）”。

表 6-13　地下水质量级别判定 F 值

类别	优良	良好	较好	较差	极差
F	$F<0.8$	$0.8\leqslant F<2.5$	$2.5\leqslant F<4.25$	$4.25\leqslant F<7.2$	$F\geqslant 7.2$

在使用两次以上的水质分析资料进行评价时，可分别进行地下水质量评价，也可根据具体情况，使用全年平均值或多年平均值，或分别使用多年的枯水期、丰水期平均值进行评价。

6.3.4 环境噪声现状调查与评价

环境噪声现状调查与评价，需根据评价级别、敏感点分布情况及环境影响预测评价的需要等因素，确定声环境调查的范围、监测布点与污染源调查工作内容，给出现有噪声源种类、数量及相应的噪声级，现有的噪声敏感目标、噪声功能区划分情况，各声环境功能区的环境噪声现状、超达标情况，边界噪声超标情况以及受噪声影响的人口分布。

6.3.4.1 调查内容

环境噪声现状调查的主要内容有：评价范围内现有的噪声源种类、数量及相应的噪声级，评价范围内现有的噪声敏感目标及相应的噪声功能区划和应执行的噪声标准，评价范围内各功能区噪声现状，边界噪声超标状况及受影响人口分布和敏感目标超标情况。

(1) 影响声波传播的环境要素

调查建设项目所在区域的主要气象特征：年平均风速和主导风向，年平均气温，年平均相对湿度等。

收集评价范围内 1：(2000～50000) 地理地形图，说明评价范围内声源和敏感目标之间的地貌特征、地形高差及影响声波传播的环境要素。

(2) 声环境功能区划

调查评价范围内不同区域的声环境功能区划情况，调查各声环境功能区的声环境质量现状。

(3) 敏感目标

调查评价范围内的敏感目标的名称、规模、人口的分布等情况，并以图、表相结合的方式说明敏感目标与建设项目的关系（如方位、距离、高差等）。

(4) 现状声源

建设项目所在区域的声环境功能区的声环境质量现状超过相应标准要求或噪声值相对较高时，需对区域内的主要声源的名称、数量、位置、影响的噪声级等相关情况进行调查。

有厂界（或场界、边界）噪声的改、扩建项目，应说明现有建设项目厂界（或场界、边界）噪声的超标、达标情况及超标原因。

6.3.4.2 调查方法

环境噪声现状调查的基本方法是收集资料法、现场调查法和现场测量法。实际评价工作中，应根据噪声评价工作等级相应的要求确定是采用收集资料法，还是现场调查法和现场测量法，或是几种方法结合进行。

6.3.4.3 评价量的含义

(1) 量度声波强度的物理量

为说明声环境评价中评价量的含义，首先了解一下几个量度声波强度的物理量。

① 声压　声压指声波扰动引起的和平均大气压不同的逾量压强。声压的单位：帕斯卡(帕)，$1Pa=1N/m^2$。

$$\Delta P=P_1-P_0 \tag{6-23}$$

式中　P_0——平均大气压；

　　　P_1——弹性媒质中疏密部分的压强。

② 声功率　声功率是指单位时间内声源辐射出来的总声能量，或单位时间内通过某一面积的声能，记作 w，单位是瓦（W）。

$$w=\frac{SP_e^2}{\rho_0 c} \tag{6-24}$$

式中　S——包围声源的面积，m^2；

$\rho_0 c$——媒质的特性阻抗，单位为瑞利，即帕秒/米(Pa·s/m)；

P_e——有效声压，某时间段内的瞬时声压的均方根值。

③ 频率（f）和倍频带　声波的频率（f）为每秒钟媒质质点振动的次数，单位为赫兹（Hz）。声波频率的划分，次声波的频率范围为 10^{-4}～20Hz；可听声波频率范围为（20～2）$\times 10^4$Hz；超声波的频率范围为 $2\times(10^4 \sim 10^9)$Hz；环境声学中研究的声波一般为可听声波。

可听声波的频率范围较宽，按式(6-25)将可听声波划分为10个频带。

$$f_2 = 2^n f_1 \tag{6-25}$$

式中　f_1——下限频率，Hz；

f_2——上限频率，Hz；

$n=1$时就是倍频带。

倍频带中心频率可按式(6-26)计算。

$$f_0 = \sqrt{f_1 f_2} \tag{6-26}$$

对于倍频带，实际使用时通常可8个频带进行分析。噪声监测仪器中有频谱分析仪器（滤波器），可测量不同频带的声压级。倍频带的划分范围和中心频率见表6-14。

表 6-14　倍频带中心频率和上下限频率

下限频率 f_1	中心频率 f	上限频率 f_2	下限频率 f_1	中心频率 f	上限频率 f_2
22.3	31.5	44.5	707	1000	1414
44.6	63	89	1414	2000	2828
89	125	177	2828	4000	5656
177	250	354	5656	8000	11312
354	500	707	11312	16000	22624

④ 声压级　某声压 P 与基准声压 P_0 之比的常用对数乘以20称为该声音的声压级，以分贝（dB）计，计算式为：

$$L_p = 20\lg \frac{P}{P_0} \tag{6-27}$$

空气中的参考声压 P_0 规定为 2×10^{-5}Pa，这个数值是正常人耳对1000Hz声音刚刚能觉察到的最低声压值（或可听声阈）。

人耳可以听闻的声压为 2×10^{-5}Pa，痛阈声压为20Pa，两者相差100万倍。按上式计算，L_p（听阈）=0dB；L_p（痛阈）=120dB。

如测量得到的是某一中心频率倍频带上限和下限频率范围内的声压级，则可称其为某中心频率倍频带的声压级，由可听声范围内10个中心频率倍频带的声压级经对数叠加可得到总声压级。

⑤ 声功率级　某声源的声功率与基准声功率之比的常用对数乘以10，称为该声源的声功率级，以分贝（dB）计，计算式为：

$$L_w = 10\lg \frac{w}{w_0} \tag{6-28}$$

式中　$w_0 = 10^{-12} w$

声压级和声功率级的关系可由式(6-29)表示：

$$L_p = L_w - 10\lg S \tag{6-29}$$

式中　S——包围声源的面积，m^2。

上述公式的适用条件是自由声场或半自由声场，声源无指向性，其他声源的声音均小到可以忽略。

自由声场指声源位于空中，它可以向周围媒质均匀、各向同性地辐射球面声波，S 可为球面面积。

半自由声场指声源位于广阔平坦的刚性反射面上，向下半个空间的辐射声波也全部被反射到上半空间来，S可为半球面面积。

倍频带声功率级指的是声波在某一中心频率倍频带上限和下限频率范围内的不同频率声波能量合成的声功率级。

以上均是描述声波的物理量，要评价噪声对人的影响，就不能单纯利用这些物理量，而需要与人对噪声的主观反应结合起来进行评价。

(2) A声级L_A和最大A声级L_{Amax}

环境噪声的度量，不仅与噪声的物理量有关，还与人对声音的主观听觉有关。人耳对声音的感觉不仅和声压级大小有关，而且也和频率的高低有关。声压级相同而频率不同的声音，听起来不一样响，高频声音比低频声音响，这是人耳听觉特性所决定的。

为了能用仪器直接测量出人的主观响度感觉，研究人员为测量噪声的仪器，即声级计设计了一种特殊的滤波器，叫A计权网络。通过A计权网络测得的噪声值更接近人的听觉，这个测得的声压级称为A计权声级，简称A声级，以L_{pA}或L_A表示，单位为dB(A)。由于A声级能较好地反映出人们对噪声吵闹的主观感觉，因此，它几乎已成为一切噪声评价的基本量。

倍频带声压级和A声级的换算关系为：

设各个倍频带声压级为L_{pi}，那么A声级为：

$$L_A = 10\lg\left[\sum_{i=1}^{n} 10^{0.1(L_{pi}-\Delta L_i)}\right] \tag{6-30}$$

式中 ΔL_i——第i个倍频带的A计权网络修正值，dB；

n——总倍频带数。

63～16000 Hz范围内的A计权网络修正值见表6-15。

表6-15　A计权网络修正值

频率/Hz	63	125	250	500	1000	2000	4000	8000	16000
ΔL_i/dB	−26.2	−16.1	−8.6	−3.2	0	1.2	1.0	−1.1	−6.6

A声级一般用来评价噪声源。对特殊的噪声源在测量A声级的同时还需要测量其频率特性，频发、偶发噪声及非稳态噪声往往需要测量最大A声级（L_{Amax}）及其持续时间，而脉冲噪声应同时测量A声级和脉冲周期。

(3) 等效连续A声级L_{Aeq}或L_{eq}

A声级用来评价稳态噪声具有明显的优点，但是在评价非稳态噪声时又有明显的不足。因此，人们提出了等效连续A声级（简称“等效声级”），即将某一段时间内连续暴露的不同A声级变化，用能量平均的方法以A声级表示该段时间内的噪声大小，单位为dB(A)。

等效连续A声级的数学表达式：

$$L_{eq} = 10\lg\left[\frac{1}{T}\int_0^T 10^{0.1L_{A(t)}}dt\right] \tag{6-31}$$

式中 L_{eq}——在T段时间内的等效连续A声级，dB(A)；

$L_{A(t)}$——t时刻的瞬时A声级，dB (A)；

T——连续取样的总时间，min。

等效连续A声级是目前应用较广泛的环境噪声评价量。我国制定的《声环境质量标准》《工业企业厂界环境噪声排放标准》《建筑施工场界噪声限值》《铁路边界噪声限值和测量方法》和《社会生活环境噪声排放标准》等项环境噪声排放标准，均采用该评价量作为标准，只是根据环境噪声实际变化情况确定不同的测量时间段，将其测量结果代表某段时间的环境噪声状况。昼间时段测得的等效声级称为昼间等效连续 A 声级（L_d），夜间时段测得的声级称为夜间等效连续 A 声级（L_n）。

（4）计权等效连续感觉噪声级 L_{WECPN} 或 WECPNL

计权等效连续感觉噪声级是在有效感觉噪声级的基础上发展起来，用于评价航空噪声的方法，其特点在于既考虑了在全天 24h 的时间内飞机通过某一固定点所产生的有效感觉噪声级的能量平均值，同时也考虑了不同时间段内的飞机数量对周围环境所造成的影响。

一日计权等效连续感觉噪声级的计算公式如下：

$$WECPNL=\overline{EPNL}+10\lg(N_1+3N_2+10N_3)-39.4 \tag{6-32}$$

式中 $\overline{EPNL}$——N 次飞行的有效感觉噪声级的能量平均值，dB；

N_1——7～19 时的飞行次数；

N_2——19～22 时的飞行次数；

N_3——22～7 时的飞行次数。

计算式中所需参数，如飞机噪声的 EPNL 与距离的关系，一般采用美国联邦航空局提供的数据或通过类比实测得到。具体的计算步骤可依据《机场周围飞机噪声测量方法》（GB 9661—1988）进行。

计权等效连续感觉噪声级仅作为评价机场飞机噪声影响的评价量，其对照评价的标准是《机场周围飞机噪声环境标准》（GB 9660—1988）。

6.3.4.4 现状监测

6.3.4.4.1 环境噪声源数据获得

获得噪声源数据有两个途径：类比测量法和引用已有的数据。

首先应考虑类比测量法。评价等级为一级，必须采用类比测量法；评价等级为二级、三级，可引用已有的噪声源声级数据。

① 类比测量　在噪声预测过程中，应选取与建设项目的声源具有相似的型号、工况和环境条件的声源进行类比测量，并根据条件的差别进行必要的声学修正。为了获得声源声级的准确数据，必须严格按照现行国家标准进行测量。

② 引用已有的数据　引用类似的声源声级数据，必须是公开发表的、经过专家鉴定并且是按有关标准测量得到的数据。

6.3.4.4.2 环境噪声现状测量要求

（1）测量量

① 环境噪声测量量为等效连续 A 声级；频发、偶发噪声，非稳态噪声测量量还应有最大 A 声级及噪声持续时间；机场飞机噪声的测量量为等效感觉噪声级（L_{EPN}），然后根据飞行架次计算出计权等效连续感觉噪声级（L_{WECPN}）。

② 声源的测量量为 A 声功率级（L_{Aw}），或中心频率为 63Hz～8kHz 8 个倍频带的声功率级（L_w）；距离声源 r 处的 A 声级 [$L_A(r)$] 或中心频率为 63Hz～ 8kHz 8 个倍频带的声压级 [$L_p(r)$]；等效感觉噪声级（L_{EPN}）。

（2）测量时段

① 应在声源正常运行工况的条件下选择适当时段测量。

② 每一测点，应分别进行昼间、夜间时段的测量，以便与相应标准对照。

③ 对于噪声起伏较大的情况（如道路交通噪声、铁路噪声、飞机机场噪声），应增加昼间、夜间的测量次数。其测量时段应具有代表性。

每个测量时段的采样或读数方式以现行标准方法规范要求为准。

（3）测量记录内容

① 测量仪器型号、级别，仪器使用过程的校准情况。

② 各测量点的编号、测量时段和对应的声级数据（备注中需说明测量时的环境条件）。

③ 有关声源运行情况（如设备噪声包括设备名称、型号、运行工况、运转台数，道路交通噪声包括车流量、车种、车速等）。

6.3.4.4.3 声环境现状监测的布点要求

（1）布点范围

为充分了解评价范围内声环境质量现状，布设的现状监测点应能覆盖整个评价范围，覆盖整个评价范围并不是要求评价范围内的每个敏感目标都要监测，而是要求选择的监测点，其监测结果能够描述出评价范围内的声环境质量。为达到上述目标，评价范围内的厂界（或场界、边界）和敏感目标的监测点位均应在调查的基础上，合理布设。

由于声波传播过程中受地面建筑物和地面对声波吸收的影响，同一敏感目标不同高度上的声级会有所不同，因此当敏感目标高于3层（含3层）建筑时，还应选取有代表性的不同楼层设置测点。

（2）环境现状监测布点

在实际评价中评价范围内有的没有明显的声源；有的有明显噪声源，如工业噪声、交通运输噪声、建筑施工噪声、社会生活噪声等。布点时应根据声源的不同情况采用不同的布点方法。

① 评价范围内无明显声源，声级一般较低。环境中的噪声主要来自风声等自然声，不同地点的声级不会有很大不同，因此可选择有代表性的区域布设测点。

② 评价范围内有明显的声源，并对敏感目标的声环境质量有影响，或建设项目为改扩建工程，应根据声源种类采取不同的监测布点原则。

a. 当声源为固定声源时，现状测点应重点布设在既可能受到现有声源影响，又受到建设项目声源影响的敏感目标处，以及有代表性的敏感目标处；为满足预测需要，也可在距离现有声源不同距离处加密设监测点，以测量出噪声随距离的衰减。

b. 当声源为流动声源，且呈现线声源特点时，例如公路、铁路噪声，现状测点位置选取应兼顾敏感目标的分布状况、工程特点及线声源噪声影响随距离衰减的特点。例如对于道路，其代表性的敏感目标可布设在车流量基本一致，地形状况和声屏蔽基本相似，距线声源不同距离的敏感目标处。

为满足预测需要，得到随距离衰减的规律，也可选取若干线声源的垂线，在垂线上距声源不同距离处布设监测点。

c. 对于改扩建机场工程，测点一般布设在距机场跑道不同距离的主要敏感目标处，可以在跑道侧面和起、降航线的正下方和两侧设点；设置的测点应能监测到飞机起飞和降落时的噪声。测点数量可根据机场飞行量及周围敏感目标情况确定，现有单条跑道、两条跑道或三条跑道的机场可分别布设3～9、9～14或12～18个飞机噪声测点，跑道增多可进一步增加测点。

由于难于对机场评价范围内所有敏感点进行监测，机场其余敏感目标的现状WECPNL可通过实测点WECPNL或EPNL验证后，经计算求得。

6.3.4.5 现状评价内容

环境噪声现状评价包括噪声源现状评价和声环境质量现状评价，其评价方法是对照相关标准评价达标或超标情况并分析其原因，同时评价受到噪声影响的人口分布情况。

① 对于噪声源现状评价，应当评价在评价范围内现有噪声源种类、数量及相应的噪声级、噪声特性，并进行主要噪声源分析等。

② 对于环境噪声现状评价应当就评价范围内现有噪声敏感区、保护目标的分布情况、噪声功能区的划分情况等，来评价评价范围内环境噪声现状，包括各功能区噪声级、超标状况及

主要影响的噪声源分析；各边界的噪声级、超标状况，并进行主要噪声源分析。此外，还要说明受噪声影响的人口分布状况。

③ 环境噪声现状评价结果应当用表格和图示来表达清楚。说明主要噪声源位置、各边界测量点和环境敏感目标测量点位置，给出相关距离和地面高差。对于改扩建飞机场，需要绘制现状 WECPNL 的等声级线图，说明周围敏感目标受不同声级的影响情况。

6.3.5 生态现状调查与评价

生态调查至少要进行两个阶段：影响识别和评价因子筛选前要进行初次调查与现场踏勘；环境影响评价中要进行详细勘测和调查。

6.3.5.1 调查要求

生态现状调查是生态现状评价、影响预测的基础和依据，调查的内容和指标应能反映评价工作范围内的生态背景特征和现存的主要生态问题。在有敏感生态保护目标（包括特殊生态敏感区和重要生态敏感区）或其他特别保护要求对象时，应做专题调查。

生态现状调查应在收集资料基础上开展现场工作，生态现状调查的范围应不小于评价工作的范围。

一级评价应给出采样地样方实测、遥感等方法测定的生物量、物种多样性等数据，给出主要生物物种名录、受保护的野生动植物物种等调查资料；

二级评价的生物量和物种多样性调查可依据已有资料推断，或实测一定数量的、具有代表性的样方予以验证；

三级评价可充分借鉴已有资料进行说明。

生态现状调查常用方法包括：资料收集、现场勘查、专家和公众咨询、生态监测、遥感调查、海洋生态调查和水库渔业资源调查等。具体可参见《环境影响评价技术导则—生态影响》（HJ 19—2011）附录 A；图件收集和编制要求可见《环境影响评价技术导则—生态影响》（HJ 19—2011）附录 B。

6.3.5.2 调查内容

6.3.5.2.1 生态背景调查

根据生态影响的空间和时间尺度特点，调查影响区域内涉及的生态系统类型、结构、功能和过程，以及相关的非生物因子特征（如气候、土壤、地形地貌、水文及水文地质等），重点调查受保护的珍稀濒危物种、关键种、土著种、建群种和特有种，天然的重要经济物种等。如涉及国家级和省级保护物种、珍稀濒危物种和地方特有物种时，应逐个或逐类说明其类型、分布、保护级别、保护状况等；如涉及特殊生态敏感区和重要生态敏感区时，应逐个说明其类型、等级、分布、保护对象、功能区划、保护要求等。

6.3.5.2.2 主要生态问题调查

调查影响区域内已经存在的制约本区域可持续发展的主要生态问题，如水土流失、沙漠化、石漠化、盐渍化、自然灾害、生物入侵和污染危害等，指出其类型、成因、空间分布、发生特点等。

6.3.5.2.3 调查方法

(1) 资料收集法

收集现有的能反映生态现状或生态背景的资料，从表现形式上分为文字资料和图形资料，从时间上可分为历史资料和现状资料，从收集行业类别上可分为农、林、牧、渔和环境保护部门，从资料性质上可分为环境影响报告书、有关污染源调查、生态保护规划、规定、生态功能区划、生态敏感目标的基本情况以及其他生态调查材料等。使用资料收集法时，应保证资料的现时性，引用资料必须建立在现场校验的基础上。

(2) 现场勘查法

现场勘查应遵循整体与重点相结合的原则，在综合考虑主导生态因子结构与功能的完整性的同时，突出重点区域和关键时段的调查，并通过对影响区域的实际踏勘，核实收集资料的准确性，以获取实际资料和数据。

(3) 专家和公众咨询法

专家和公众咨询法是对现场勘查的有益补充。通过咨询有关专家，收集评价工作范围内的公众、社会团体和相关管理部门对项目影响的意见，发现现场踏勘中遗漏的生态问题。专家和公众咨询应与资料收集和现场勘查同步开展。

(4) 生态监测法

当资料收集、现场勘查、专家和公众咨询提供的数据无法满足评价的定量需要，或项目可能产生潜在的或长期累积效应时，可考虑选用生态监测法。生态监测应根据监测因子的生态学特点和干扰活动的特点确定监测位置和频次，有代表性地布点。生态监测方法与技术要求须符合国家现行的有关生态监测规范和监测标准分析方法；对于生态系统生产力的调查，必要时需现场采样、实验室测定。

(5) 遥感调查法

当涉及区域范围较大或主导生态因子的空间等级尺度较大，通过人力踏勘较为困难或难以完成评价时，可采用遥感调查法。遥感调查过程中必须辅助必要的现场勘查工作。

6.3.5.2.4 植物的样方调查和物种重要值

自然植被经常需进行现场的样方调查，样方调查中首先须确定样地大小，一般草本的样地在 $1m^2$ 以上，灌木林样地在 $10m^2$ 以上，乔木林样地在 $100m^2$ 以上，样地大小依据植株大小和密度确定。其次须确定样地数目，样地的面积须包括群落的大部分物种，一般可用物种与面积和关系曲线确定样地数目。样地的排列有系统排列和随机排列两种方式。样方调查中“压线”植物的计量须合理。

在样方调查（主要是进行物种调查、覆盖度调查）的基础上，可依下列方法计算植被中物种的重要值：

① 密度＝个体数目/样地面积。

$$相对密度=\frac{一个种的密度}{所有种的密度}\times100\%$$

② 优势度＝底面积（或覆盖面积总值）/样地面积。

$$相对优势度=\frac{一个种的优势度}{所有种的优势度}\times100\%$$

③ 频度＝包含该种样地数/样地总数。

$$相对频度=\frac{一个种的频度}{所有种的频度}\times100\%$$

④ 重要值＝相对密度＋相对优势度＋相对频度。

6.3.5.2.5 水生生态调查

水生生态系统有海洋生态系统和淡水生态系统两大类别。淡水生态系统又有河流生态系统和湖泊生态系统之别。

建设项目的水生生态调查，一般应包括水质、水温、水文和水生生物群落的调查，并且应包括鱼类产卵场、索饵场、越冬场、洄游通道、重要水生生物及渔业资源等特别问题的调查。水生生态调查一般按规范的方法进行，如海洋水质和底泥监测须按《海洋监测规范》(GB 17378.3—1998) 和 GB 17378.4—1998) 执行，海洋生物调查按《海洋调查规范》(GB 12763—1991) 执行，该规范对样品采集、保存和分析方法等都进行了规定。

水生生态调查一般包括初级生产力、浮游生物、底栖生物、游泳生物和鱼类资源等，有时还有水生植物调查等。

(1) 初级生产量的测定方法

① 氧气测定法　即黑白瓶法。用三个玻璃瓶，一个用黑胶布包上，再包以铅箔。从待测的水体深度取水，保留一瓶（初始瓶 IB）以测定水中原来溶氧量。将另一对黑白瓶沉入取水样深度，经过 24h 或其他适宜时间，取出进行溶氧测定。根据初始瓶（IB）、黑瓶（DB）、白瓶（LB）溶氧量，即可求得：

LB－IB＝净初级生产量

IB－DB＝呼吸量

LB－DB＝总初级生产量

昼夜氧曲线法是黑白瓶方法的变形。每隔 2～3h 测定一次水体的溶氧量和水温，做成昼夜氧曲线。白天由于水中自养生物的光合作用，溶氧量逐渐上升；夜间由于全部好氧生物的呼吸，溶氧量逐渐减少。这样，就能根据溶氧的昼夜变化，来分析水体群落的代谢情况。因为水中溶氧量还随温度而改变，因此必须对实际观察的昼夜氧曲线进行校正。

② CO_2测定法　用塑料帐将群落的一部分罩住，测定进入和抽出的空气中 CO_2 含量。如黑白瓶方法比较水中溶氧量那样，本方法也要用暗罩和透明罩，也可用夜间无光条件下的 CO_2增加量来估计呼吸量。测定空气中 CO_2 含量的仪器是红外气体分析仪，或用古老的 KOH 吸收法。

③ 放射性标记物测定法　将放射性^{14}C，以碳酸盐（$^{14}CO_3^{2-}$）的形式，放入含有自然水体浮游植物的样瓶中，沉入水中经过短时间培养，滤出浮游植物，干燥后在计数器中测定放射活性，然后通过计算，确定光合作用固定的碳量。因为浮游植物在暗中也能吸收^{14}C，因此还要用“暗呼吸”作校正。

④ 叶绿素测定法　通过薄膜将自然水进行过滤，然后用丙酮提取，将丙酮提出物在分光光度计中测量光吸收，再通过计算，化为每平方米含叶绿素多少克。叶绿素测定法最初应用于海洋和其他水体，较用 ^{14}C 和氧测定方法简便，花费时间也较少。

有很多新技术正在发展，其中最著名的包括海岸区彩色扫描仪、先进的分辨率很高的辐射计、美国专题制图仪或欧洲斯波特卫星（SPOT）等遥感器。

(2) 浮游生物调查

浮游生物包括浮游植物和浮游动物，也包括鱼卵和仔鱼。许多水生生物在幼虫期，都是以浮游状态存在，营浮游生活。浮游生物调查指标包括：

① 种类组成及分布　包括种及其类属和门类，不同水域的种类数（种/网）；

② 细胞总量　平均总量（个/立方米）及其区域分布、季节分析；

③ 生物量　单位体积水体中的浮游生物总重量（mg/m^3）；

④ 主要类群　按各种类的浮游生物的生态属性和区域分布特点进行划分；

⑤ 主要优势种及分布　细胞密度（个/立方米）最大的种类及其分布；

⑥ 鱼卵和仔鱼的数量（粒/网或尾/网）及种类、分布。

(3) 底栖生物调查

底栖生物活动范围小，常可作为水环境状态的指示性生物：底栖生物也是很多鱼类的饵料生物，它的丰富与否与水生生态系统的生产能力密切相关。在水生生态调查与评价中，底栖生物的调查与评价是必不可少的。

底栖生物的调查指标包括：

① 总生物量（g/m^2）和密度（个/立方米）；

② 种类及其生物量、密度　各种类的底栖生物及其相应的生物量、密度；

③ 种类——组成——分布；

④ 群落与优势种　群落组成、分布及其优势种；

⑤ 底质　类型。

(4) 潮间带生物调查

海洋生态中，潮间带是一个特殊生境，也因而养育了特殊的潮间带生物。很多海岸建设工程会强烈地影响到潮间带生态，因而潮间带生物调查是很重要的。潮间带生物调查的采样和标本处理按《海洋调查规范》进行，一般按不同的潮区进行调查，其主要调查指标是：

① 种类组成与分布，鉴定潮间带生物种和类属；

② 生物量（g/m^2）和密度（个/m^2）及其分布，包括平面分布和垂直分布；

③ 群落　群落类型和结构，按潮区分别调查；

④ 底质　相应群落的底质类型（砂、岩、泥）。

(5) 鱼类

鱼类是水生生态调查的重点，一般调查方法为网捕，也附加市场调查法等。鱼类调查既包括鱼类种群的生态学调查，也包括鱼类作为资源的调查。一般调查指标有：

① 种类组成与分布　区分目、科、属、种，相应的分布位置；

② 渔获密度、组成与分布　渔获密度（尾/网），相应的种类、地点；

③ 渔获生物量、组成与分布　渔获生物量（g/网）及相应的种类、地点；

④ 鱼类区系特征　不同温度区及其适宜鱼类种类，不同水层（上层、中层、底层）中分布，不同水域（静水、流水、急流）鱼类分布；

⑤ 经济鱼类和常见鱼类　种类、生产力；

⑥ 特有鱼类　地方特有鱼类种类、生活史（食性、繁殖与产卵、洄游等）、特殊生境要求与利用，种群动态；

⑦ 保护鱼类　列入国家和省级一类、二类保护名录中的鱼类、分布、生活史、种群动态及生境条件。

6.3.5.2.6　水库渔业资源调查

水库渔业资源调查按《水库渔业资源调查规范》(SL 167—1996) 执行。水库渔业资源调查的内容主要包括水库形态与自然环境调查、水的理化性质调查、浮游植物和浮游动物调查、浮游植物叶绿素的测定、浮游植物初级生产力的测定、细菌调查、底栖动物调查、着生生物调查、大型水生植物调查、鱼类调查、经济鱼类产卵场调查 11 个方面的调查。

(1) 水库形态与自然环境调查

主要调查水库工程概况、水库形态特征、集雨区概况、淹没区概况、消落区概况、气候气象和水文条件等。

(2) 水的理化性质调查

① 水样的采集和保存

a. 采样点布设：按环境条件的异同将水库分为若干个区域，然后确定能代表该区域特点的地方作为采样点。一般可在水库的上游、中游、下游的中心区和出、入水口区以及库湾中心区等水域布设采样点。样点的控制数量见表 6-16。

表 6-16　采样点的控制数量

水面面积/hm^2	<500	500～1000	1000～5000	5000～10000	>10000
采样点数量/个	2～4	3～5	4～6	5～7	≥6

b. 采样层次：水深小于 3m 时，可只在表层采样；水深为 3～6m 时，至少应在表层和底层采样；水深为 6～10m 时，至少应在表层、中层和底层采样；水深大于 10 m 时，10 m 以下

除特殊需要外一般不采样，10m 以上至少应在表层、5m 和 10 m 水深层采样。

c. 采样方法：水样用采水器采集。每个采样点应采水样 2L。分层采样时，可将各层所采水样等量混合后取 2L，但水库下游中心区采样点的各层水样宜分别处理，以便分析垂直分布。

d. 水样灌瓶：水样瓶应事先洗净。水样灌瓶前，应用水样冲洗水样瓶 2～3 次。测定溶解氧的水样，应立即通过导管自瓶底注入 250mL 磨口细口玻璃瓶中，并溢出 2～3 倍所灌瓶容积的水。除测定溶解氧的水样外，其他水样不宜灌满。水样灌瓶后，应立即加入固定液。

e. 水样的固定和保存：测定溶解氧的水样，应加入 2 mL 硫酸锰溶液和 2 mL 碱性碘化钾溶液固定。测定总碱度、总硬度、氮量、磷量、氯化物、硫酸盐、总铁、钠、钾等项目的水样，每升水样中加入 2～4mL 氯仿固定。测定化学耗氧量的水样，每升水样中缓慢加 1mL 3＋1 硫酸溶液固定。固定后的水样，应尽快置于低温下（0～4℃）避光保存，并带回实验室后立即进行测定。

② 测定项目　必做的检测项目包括水温、透明度、电导率、pH 值、溶解氧、化学耗氧量、总碱度、总硬度、氨氮、硝酸盐氮、总氮、总磷、可溶性磷酸盐等，选做的检测项目包括重碳酸盐、碳酸盐、钙、镁、氯化物、硫酸盐、亚硝酸盐氮、总铁、钠、钾、污染状况等。

(3) 浮游植物和浮游动物调查

通过来样、样品固定、种类鉴定、计数、生物量计算等，分析浮游植物和浮游动物的种类组成，并按分类系统列出名录表，记录浮游植物和浮游动物的数量和生物量。

(4) 浮游植物叶绿素的测定

测定叶绿素 a、叶绿素 b、叶绿素 c 的含量。

(5) 浮游植物初级生产力的测定

采用黑白瓶测氧法测定浮游植物的初级生产力。

(6) 细菌调查

记录细菌总数、异养细菌数量和细菌生物量的测定结果。

(7) 底栖动物调查

分析软体动物、水生昆虫和水栖寡毛类的种类组成，并按分类系统列出名录表，记录数量和生物量的调查结果。

(8) 着生生物调查

分析着生藻类和着生原生动物的种类组成，并按分类系统列出名录表，记录计数结果。

(9) 大型水生植物调查

分析大型水生植物的种类组成，并按分类系统列出名录表，记录称重结果。

(10) 鱼类调查

包括种类组成、渔获物分析、主要经济鱼类年龄与生长、虾等水生经济动物等调查。

(11) 经济鱼类产卵场调查

水库中经济鱼类种类很多，应根据实际情况和调查目的确定调查内容。除特大型水库外，一般应对非放养的经济鱼类的产卵场进行调查，主要调查其位置和规模。

6.3.5.2.7　海洋生态调查

海洋生态调查按《海洋调查规范》（GB/T 12763.9—2007）“第 9 部分，海洋生态调查指南”执行。海洋生态调查包括海洋生态要素调查和海洋生态评价两大部分。

(1) 海洋生态要素调查

① 海洋生物要素调查

a. 海洋生物群落结构要素调查：微生物、叶绿素、游泳动物、底栖生物、潮间带生物和污损生物调查均按 GB/T 12763.6 的规定执行。

b. 浮游植物调查

a）网采样品和采水样品的采集与处理：按 GB/T 12763.6 的规定执行。

b）采水样品的鉴定计数：采水样品显微鉴定计数时分三个粒级：小于 20μm、20～200μm、大于 200μm。粒级按细胞最大长度计算，对于那些多个细胞聚集形成的群体，则按群体的最大长度分级。对于小于 20μm 的浮游植物鉴定到种或属会有一定难度，如没有倒置显微镜和荧光显微镜，细胞的测量和计数都有困难，可根据调查任务的要求酌情处理。

c）给制分布图：分别绘制总浮游植物和各粒级浮游植物细胞密度的分布图和粒级结构图，各粒级浮游植物细胞密度的等值线取值标准参照 GB/T 12763.6 执行，也可视具体情况酌情增减。

c. 浮游动物调查

网采浮游动物按 GB/T 12763.6 的规定执行。

水采浮游动物。

采样：采样层次按 GB/T 12763.6 的规定执行。

分级：20～200μm、200～500μm、大于 500μm。

采水量：30～70L，依不同海区情况而定。

连续观测采样频次：每 3h 采样一次，一昼夜共九次。

样品处理步骤如下。

a）过滤：取 20～60L 水样，依次经 500μm、200μm、20μm 筛绢过滤，分别冲洗到小瓶中，各规格筛绢也可自行设计成直径大小不同的小网，网口直径一般为 15cm、20cm、25cm 均可，网衣长度分别为 15cm、20cm、30cm；滤过样品的固定同 GB/T 12763.6 规定的网采样品。

b）样品编号：按 GB/T 12763.6 浮游动物的规定，但编号末尾应加 020、200 和 500，分别表示经 20μm、200μm、500μm 筛绢过滤。

c）鉴定计数：按 GB/T 12763.6 浮游动物的规定执行。

d）数据处理：按 GB/T 12763.6 浮游动物的数据处理方法执行，但应计算各粒级浮游动物的种类、个体数量和生物量（粒级小的浮游动物如原生动物，可酌情考虑不称量），并绘制浮游动物总数和各粒级的分布图和粒级结构图，各粒级的个体数量和生物量的等值线取值标准参照 GB/T 12763.6 浮游动物的规定执行，也可视具体情况酌情增减。

e）海洋生态系统功能要素调查：海洋生态系统功能要素目前着重调查初级生产力、新生产力和细菌生产力，具体调查内容按 GB/T 12763.6 的规定执行。

② 海洋环境要素调查

a. 海洋水文要素调查：深度、水温、盐度、水位和海流调查按 GB/T 12763.2 的规定执行。温跃层和盐跃层调查方法同水温和盐度，判断标准按 GB/T 12763.7 的规定执行。记录海面状况，收集入海河流径流量和输沙量数据。

b. 海洋气象要素调查：包括日照时数、气温、风速、风向、天气状况等，气温、风速、风向的调查按 GB/T 12763.3 的规定执行。

c. 海洋光学要素调查。

a）海面照度、水下向下辐照度调查按 GB/T 12763.5 的规定执行。

b）真光层深度。

真光层深度计算：提取表层和每米水层的向下辐照度数据，作垂直分布图，确定向下辐照度为表层的 100%、50%、30%、10%、5%和 1%的深度。

真光层判断标准：取向下辐照度为表层 1%的深度作为真光层的下界深度；若真光层大于水深，取水深作为真光层的深度。

c) 透明度调查按 GB/T 17378.4 的规定执行。

d. 海水化学要素调查：总氮、硝酸盐、亚硝酸盐、铵盐、总磷、活性磷酸盐、活性硅酸盐、溶解氧和 pH 调查按 GB/T 12763.4 的规定执行。化学耗氧量调查按 GB/T 17378.4 的规定执行。重金属（总汞、铜、铅、镉、总铬、砷）、有机污染物（硫化物、氰化物、有机氯农药、挥发酚类）和油类调查按 GB/T 12763.4 和 GB/T17378.4 的规定执行。所测定的要素可根据调查任务和海区的具体情况酌情增减。调查悬浮颗粒物（SPM）和颗粒有机物（POM），颗粒有机碳（POC）和颗粒氮（CPN）。

e. 海洋底质要素调查：底质类型、粒度、有机碳、总氮、总磷、pH 和 Eh 的调查按 GB/T 12763.8 的规定执行。硫化物、有机氯、油类、重金属（总汞、铜、铅、镉、总铬、砷、硒）的调查按 GB/T 17378.5 的规定执行。

③ 人类活动要素调查

a. 海水养殖生产要素调查：调查海区如果存在一定规模的养殖活动，应调查养殖海区坐标、面积，养殖的种类、密度、数量、方式；收集养殖海区多年的养殖数据，包括养殖时间、种类、密度、数量、单位产量、总产量、养殖从业人口等，并制作养殖空间分布图。具体养殖数据根据不同海区的养殖情况相应增减。

b. 海洋捕捞生产要素调查：存在捕捞生产活动的海区，应现场调查和查访捕捞作业情况，进行渔获物拍照和统计，并收集该海区多年的捕捞生产数据，包括捕捞生产海区坐标、面积，捕捞的种类、方式、时间、产量，渔船数量（马力），网具规格，捕捞从业人口等，并制作捕捞生产空间分布图。具体捕捞生产数据根据不同海区的情况相应增减。

c. 入海污染要素调查：存在排海污染（陆源、海上排污等）的调查海区，应调查和收集多年的排污数据，包括排污口、污染源分布，主要污染物种类、成分、浓度、入海数量、排污方式等，并制作排污口和污染源的空间分布图。具体情况根据不同海区的污染源的情况相应增减。

d. 海上油田生产要素调查：存在油田生产的调查海区，应收集多年的油田生产和污染数据，包括石油平台位置、坐标、数量、产量、输油方式、污水排放量、油水比、溢油事故发生时间、溢油量、污染面积、持续时间、受污染生物种类和数量、使用消油剂种类和使用量等，并制作石油污染源分布图。具体情况根据不同海区的污染源的情况相应增减。

e. 其他人类活动要素调查：若调查海区存在建港、填海、挖沙、疏浚、倾废、围垦、运动（游泳、帆船、滑水等）、旅游、航运、管线铺设等情况，而且对主要调查对象可能有较大影响时，应调查这些人类活动的情况，调查要素主要包括位置、数量、规模、建设和营运情况，对周围海域自然环境的影响程度，排放污染物的种类、数量、时间等，对海洋生物的影响程度等方面。具体内容根据调查目标确定。

(2) 海洋生态评价。

① 海洋生物群落结构分析与评价。

a. 单元法分析。

a) 生物量评价

评价对象：包括微生物、浮游植物群落、浮游动物群落、游泳动物群落、底栖生物群落、潮间带生物群落和污损生物群落。

评价方法和结果表达：分析各类群的个体数量（微生物指菌落数量，浮游植物指细胞数量，底栖生物、潮间带生物和污损生物指栖息密度）和生物量，绘制空间分布图，评价其变化趋势。

b) 优势种评价

评价对象：包括浮游植物群落、浮游动物群落、游泳动物群落、底栖生物群落、潮间带生物群落和污损生物群落。

评价方法：采用优势度评价。某一个站位的优势度，用百分比表示。优势度的计算公式如下：

$$D_i=\frac{n_i}{N}\times 100\% \tag{6-33}$$

式中 D_i——第 i 种的百分比优势度；

n_i——该站位第 i 种的数量；

N——该站位群落中所有种的数量，单位可用个体数、密度、重量等表示。

结果表达：分析群落优势种丰度及其优势度，绘制空间分布图，评价其变化趋势。

c）指示种评价

评价对象：包括浮游植物群落、浮游动物群落、游泳动物群落、底栖生物群落、潮间带生物群落和污损生物群落。

评价方法和结果表达：分析不同环境压力（如有机污染、重金属污染、油污染等）下生物群落出现的指示性物种，计算其生物量，绘制空间分布图，评价环境和群落的变化趋势。

d）关键种评价

评价对象：海洋食物网，包括浮游食物网、高营养阶层食物网、底栖碎屑食物网等。

评价方法和结果表达：分析食物网各营养阶层的关键物种，计算其生物量，绘制空间分布图，评价其变化趋势。

e）物种多样性评价

评价对象：包括浮游植物群落、浮游动物群落、底栖生物群落、潮间带生物群落。

评价方法=采用物种多样性指数评价。物种多样性指数一般采用 Shannon 信息指数计算。

结果表达：计算生物群落的物种多样性，制作空间分布图，评价其变化趋势。

多样性指数的等值线取值标准为 0.5，1.0，1.5，2.0，2.5，3.0，3.5，4.0，4.5，5.0，6.0，7.0，8.0。以上取值标准，可视具体情况酌情增减。

f）群落均匀度评价

评价对象：包括浮游植物群落、浮游动物群落、底栖生物群落、潮间带生物群落。

评价方法：采用均匀度指数评价。

结果表达：计算不同生物群落的均匀度，制作空间分布图，评价其变化趋势。均匀度指数等值线取值标准为 0.2，0.4，0.6，0.8，1.0。以上取值标准，可视具体情况酌情增减。

g）群落演变评价

评价对象：包括浮游植物群落、浮游动物群落、底栖生物群落、潮间带生物群落。

评价方法：群落演变评价采用演变速率指标，群落演变速率指标采用 β 多样性指数评价。β 多样性指数测度群落间的相似性大小。演变速率（E）介于 0～1。$E=0$，两个群落结构完全相同，没有发生演变；$E=1$，两个群落结构完全不同，没有共同种，发生完全演变。通常情况下，$0<E<1$，两个群落的结构发生部分改变。

结果表达：计算不同生物群落的演变速率，沿时间系列绘制演变图，评价其演变趋势。

b. 多变量分析。

a）评价对象：评价对象主要适应于无运动能力或运动能力较弱的浮游植物、浮游动物和区域性较强的底栖生物和潮间带生物群落。

b）分析方法：包括一系列以等级相似性为基础的非参数技术方法，如等级聚类（Cluster）、非度量多维标度（MDS）、主分量分析（PCA），用于分析生物群落的空间格局和确定主要支配因素。具体规定如下：

ⓐ 等级聚类：等级聚类的目的是确定生物群落样品的自然分组，使得组内样品彼此间较组间样品更为相似，分析结果以树枝图的形式表示，该图给出了样品间彼此的相似性水平。

ⓑ 非度量多维标度：非度量多维标度就是在一个低维标序空间中建立一个样品的“地图”或构型图，使样品间欧氏距离的等级顺序与其相似性或非相似性的等级顺序保持一致，比较准确地反映复杂的生物群落样品之间的关系。非度量多维标度与等级聚类结合使用可以有效地揭示群落变化的连续梯度。

ⓒ 主分量分析：主分量分析的功能是把多维空间中的点向低维空间作有效投影以使点的排列遭受最小可能的畸变，得到较少的主要分量，并尽可能多地反映原来变量的信息，并找出生物群落变化的主要支配因素。

c）分析步骤：

ⓐ 原始生物资料矩阵和环境资料矩阵的建立；

ⓑ 样品间（非）相似性测定和（非）相似性矩阵的建立；

ⓒ 计算原始环境矩阵中每对样品间环境组成非相似性，产生一个三角形非相似性矩阵；

ⓓ 通过样品的聚类和标序表达群落结构格局；

ⓔ 统计检验。

d）数据处理：上述多变量分析的数据处理可以自行编写程序，也可采用现成软件。

e）结果表达：绘制多变量分析有关图表，如等级聚类图、MDS图、主分量贡献图、ABC曲线、*K*-优势度曲线等。

② 海洋生态系统功能评价

a. 初级生产功能评价：海洋生态系统中初级生产功能主要由浮游植物承担，初级生产提供了生态系统运转的大部分的能量来源。初级生产功能采用初级生产力评价，单位：$mg/(m^3 \cdot d)$ 或 $g/(m^2 \cdot d)$（均以碳计）。

绘制初级生产功能的空间分布图，评价其变化趋势。

b. 新生产功能评价：新生产指由浮游植物利用新进入真光层的营养盐完成的有机物生产。新生产功能采用新生产力评价，单位：$mg/(m^3 \cdot d)$ 或 $g/(m^2 \cdot d)$（均以碳计）。

绘制新生产功能的空间分布图，评价其变化趋势。

c. 细菌生产功能评价：海洋生态系统中细菌生产功能主要由异养细菌承担，细菌生产提供了生态系统运转的补充能量来源。细菌生产功能采用细菌生产力评价，单位：$mg/(m^3 \cdot d)$ 或 $g/(m^2 \cdot d)$（均以碳计）。

绘制细菌生产功能的空间分布图，评价其变化趋势。

③ 海洋生态压力评价

a. 富营养化压力评价：富营养化压力评价采用海水营养指数。营养指数的计算主要有两种方法。第一种方法考虑化学耗氧量、总氮、总磷和叶绿素 a。当营养指数大于 4 时，认为海水达到富营养化。第二种方法考虑化学耗氧量、溶解无机氮、溶解无机磷。当营养指数大于 1，认为水体富营养化。

b. 污染压力评价

a）氮污染压力评价：采用氮污染压力指数评价。某月（年）的氮污染压力指数等于该月（年）的入海氮通量除以该月（年）水体中总氮平均含量。这里，入海氮通量指进入调查海区的氮的总量，包括无机态氮和有机态氮。以此确定高污染压力海区，分析氮污染压力的变化趋势。

b）磷污染压力评价：采用磷污染压力指数评价。某月（年）的磷污染压力指数等于该月（年）的入海磷通量除以该月（年）水体中总磷平均含量。这里，入海磷通量指进入调查海区的磷的总量，包括无机磷和有机磷。以此确定高污染压力海区，分析污染压力的变化趋势。

c）油污染压力评价：采用油污染压力指数评价法。某月（年）的油污染压力指数等于该月（年）的入海油通量除以该月（年）水体中油的平均含量。以此确定高污染压力海区，分析污染压力的变化趋势。

d）COD污染压力评价：采用COD污染压力指数评价。某月（年）的COD污染压力指数等于该月（年）的入海COD通量除以该月（年）水体中COD的平均含量。以此确定COD高污染压力海区，分析污染压力的变化趋势。

c. 养殖压力评价：采用养殖压力指数法评价。对于滤食性贝类和浮游生物食性鱼类，其养殖压力指数等于单位时间内养殖收获净输出的有机碳（氮）通量除以该调查区同时期水体中颗粒有机碳（氮）的平均含量。单位时间为月或年。以此确定高养殖压力的海区，分析养殖压力的变化趋势。

d. 捕捞压力评价：捕捞压力分为两类。在高营养阶层，捕捞直接减少渔业生物的现存量，称为Ⅰ类捕捞压力。在低营养阶层，捕捞加速浮游生态系统中颗粒有机物质的输出，称为Ⅱ类捕捞压力。捕捞压力评价应分别进行。

a）Ⅰ类捕捞压力指数法评价。某月（年）的捕捞压力指数等于该月（年）渔获量除以该月（年）的渔业资源现存量。

b）Ⅱ类捕捞压力指数法评价。某月（年）的捕捞压力指数等于该月（年）渔获物的有机碳（氮）通量除以该月（年）海水中颗粒有机碳（氮）平均含量。

6.3.5.3 生态现状评价

生态现状评价是对调查所得的信息资料进行梳理分析，判别轻重缓急，明确主要问题及其根源的过程。生态现状评价一般须按照一定的指标和标准并采用科学的方法作出。

6.3.5.3.1 生态现状评价要求

在区域生态基本特征现状调查的基础上，对评价区的生态现状进行定量或定性的分析评价，评价应采用文字和图件相结合的表现形式，图件制作应遵照《环境影响评价技术导则—生态影响》（HJ 19—2011）附录B的规定。

① 在阐明生态系统现状的基础上，分析影响区域内生态系统状况的主要原因。评价生态系统的结构与功能状况（如水源涵养、防风固沙、生物多样性保护等主导生态功能）、生态系统面临的压力和存在的问题、生态系统的总体变化趋势等。

② 分析和评价受影响区域内动植物等生态因子的现状组成、分布；当评价区域涉及受保护的敏感物种时，应重点分析该敏感物种的生态学特征；当评价区域涉及特殊生态敏感区或重要生态敏感区时，应分析其生态现状、保护现状和存在的问题等。

6.3.5.3.2 生态现状评价方法

生态系统评价方法大致可分两种。一种是生态系统质量的评价方法，主要考虑的是生态系统属性的信息，较少考虑其他方面的意义。例如早期的生态系统评价就是着眼于某些野生生物物种或自然区的保护价值，指出某个地区野生动植物的种类、数量、现状，有哪些外界（自然的、人为的）压力，根据这些信息提出保护措施建议。现在关于自然保护区的选址、管理也属于这种类型。另一种评价方法是从社会——经济的观点评价生态系统，估计人类社会经济对自然环境的影响，评价人类社会经济活动所引起的生态系统结构、功能的改变及其改变程度，提出保护生态系统和补救生态系统损失的措施，目的在于保证社会经济持续发展的同时保护生态系统免受或少受有害影响。两类评价方法的基本原理相同，但由于影响因子和评价目的不同，评价的内容和侧重点不同，方法的复杂程度也不尽相同。

目前，生态评价方法正处于研究和探索阶段。大部分评价采用定性描述和定量分析相结合的方法进行，而且许多定量方法由于不同程度的人为主观因素而增加了其不确定性。因此对生态影响评价来说，起决定性作用的是对评价的对象（生态系统）有透彻的了解，大量而充实的现场调查和资料收集工作，以及由表及里、由浅入深的分析工作，在于对问题的全面了解和深入认识。

生态现状评价方法见《环境影响评价技术导则—生态影响》（HJ 19—2011）推荐的方法，如列表清单、图形叠置、生态机理分析、指数与综合指数、类比分析、系统分析、生物多样性评价、海洋及水生生物资源影响评价等。生态评价中的方法选用，应根据评价问题的层次特点、结构复杂性、评价目的和要求等因素决定。

6.3.5.3.3 列表清单法

列表清单法是 Little 等人于 1971 年提出的一种定性分析方法。该方法的特点是简单明了，针对性强，列表清单法适合于规模较小，工程简单的项目。

（1）方法

列表清单法的基本做法是，将拟实施的开发建设活动的影响因素与可能受影响的生态因子分别列在同一张表格的行与列内。逐点进行分析，并逐条阐明影响的性质、强度等。由此分析开发建设活动的生态影响。

（2）应用

① 进行开发建设活动对生态因子的影响分析；

② 进行生态保护措施的筛选；

③ 进行物种或栖息地重要性或优先度比选。

【例 6-1】 应用列表清单法分析某煤矿项目建设对区域生态造成的影响

某煤炭矿区位于湖区，规模 30km²，湖内动植物资源丰富，国家级保护鸟类 11 种，距矿区 200～300m 外有国家重要湿地保护区，根据矿区生态背景和项目性质，矿区的影响主要来自于矿区占地和矿区开采后地表塌陷的危险，在这两种因素的影响下，可能受影响的生物和非生物如表 6-17 所示。

表 6-17 项目影响因素和可能受影响的生物和非生物

影响因素	可能受影响的生物和非生物
矿业用地	陆生植被、湿地
矿区占地	陆生植被、湿地资源、鸟类栖息生境
地表塌陷	建筑、道路、水生生物群落

根据表 6-17 列出的影响因素及可能受影响的生物和非生物进行分析：

① 矿区用水 项目所在区域为湖区，水资源丰富，地下水位高，矿区主要用水为煤炭洗选，由于拟建设规模较小，因此矿区用水不会占用湖区很多水资源，因此湖区的陆生植被生长及湿地水域面积及植被不会受到影响。

② 矿区占地

a. 矿区占地对陆生植被的影响：矿区属于温带阔叶林带，由于人类活动区域自然植被所剩无几，以人工植被占主导。矿区建设规模占地 30km²，主要是农田占用，且区域内无稀有濒危物种，因此矿区占地不会对陆生植被造成很大影响。

b. 矿区占地对湿地植被的影响：根据调查，矿区离最近的湖堤距离为 200～300m，矿区占用部分鱼塘，鱼塘周围均为矮生芦苇，且不属于区域主要保护的湿地类型，因此矿区占地对湿地植被的影响不大。

c. 矿区占地对鸟类栖息地的影响：矿区所在湖区鸟类资源丰富，但矿区植被占用主要是农田植被，并且农田作业对鸟类的干扰较大，因此矿区基本无鸟巢和鸟类分布，因此对鸟类栖息地影响不大。

③ 地表塌陷

a. 矿井采煤一般会带来诸如下沉、倾斜移动曲率及水平变形等地表形态变化，并造成地表塌陷现象，根据项目所在地理位置和项目性质，预测矿区塌陷会对以下两个方面造成影响。

b. 地表塌陷对建筑、道路的影响。矿区所在湖区的湖泊类型为河迹洼地型湖泊，年淤积厚度4mm，矿井预测塌陷区绝大部分位于湖中部的某区域，塌陷深度一般在1～2m，因此矿井塌陷将会给区域内的建筑物、道路等带来一定影响。

c. 矿区占地对水生生物群落的影响。项目所在湖区为淡水湖，水深1.5m，浮游植物混生，群落分层现象不明显，因此湖区塌陷有利于水生生物分层，但是塌陷较深时导致湖区面积缩小，影响水生生物的生境，此外，湖区突然崩塌会造成湖内鱼类的资源的较少。

根据上述分析得出矿区建设对湖区生态的主要影响是矿区塌陷后对区域内建筑、道路的影响以及矿区塌陷严重时对湖区面积和水生生物的影响。因此矿区建设后要以预防塌陷为主。

6.3.5.3.4 图形叠加法

指把两个以上的生态信息叠合到一张图上，构成复合图，用以表示生态变化的方向和程度。本方法的特点是直观、形象，简单明了，图形叠加法一般适合于具有区域性质的大型项目，如大型水利工程、交通建设等。

(1) 指标法

① 确定评价区域范围；

② 进行生态调查，收集评价工作范围与周边地区自然环境、动植物等的信息，同时收集社会经济和环境污染及环境质量信息；

③ 进行影响识别并筛选拟评价因子，其中包括识别和分析主要生态问题；

④ 研究拟评价生态系统或生态因子的地域分异特点与规律，对拟评价的生态系统、生态因子或生态问题建立表征其特性的指标体系，并通过定性分析或定量方法对指标赋值或分级，再依据指标值进行区域划分；

⑤ 将上述区划信息绘制在生态图上。

【例 6-2】 某铁路沿线土壤侵蚀以风蚀为主，因此选取风力、坡度坡向、土壤类型、植被类型几个因素对土壤侵蚀敏感性进行评价。其中，风力选取年平均大风（>8 级）日数指标反映，坡度坡向使用该地区 DEM 数据生成，植被与土壤资料来自遥感解译的植被、土壤类型图。利用专家经验对这四个指标进行权重赋值（风力：10，坡度坡向：4，土壤类型：7，植被类型：7）及各指标赋值。借助 GIS 按公式将各图层叠加、计算，得到土壤侵蚀敏感性等级分布图。

(2) 3S叠图法

① 选用地形图，或正式出版的地理地图，或经过精校正的遥感影像作为工作底图，底图范围应略大于评价工作范围；

② 在底图上描绘主要生态因子信息，如植被覆盖、动物分布、河流水系、土地利用和特别保护目标等；

③ 进行影响识别与筛选评价因子；

④ 运用 3S 技术，分析评价因子的不同影响性质、类型和程度；

⑤ 将影响因子图和底图叠加，得到生态影响评价图。

【例 6-3】 利用 3S 技术在某铁路项目的应用

根据有关的遥感影像数据，选择 1∶100000 的地形图为底图，在遥感影像上选择若干明显的点，利用 GPS 接收机测出其坐标，在遥感图像处理软件 ERDASMAGNE 下，将影像和地形图做几何精纠正，根据影像地物纹理等特征，结合野外考察和相关资料，分别建立地貌、土壤、植被类型的解译标志，采用人机交互判读分析方法，解译出区域地貌、土壤、植被类型图，将这些生态信息描绘在底图上。在区域生态现状调查的基础上进行影响识别筛选评价因子，根据此项目的特点筛选出此项目评价因子为植被及土壤因子。

根据项目背景铁路沿线地区有植被类型11种，以灌木荒漠和半灌木荒漠为主，农业植被、盐生半灌木荒漠和裸地荒漠所占的面积也较大：铁路沿线土壤有6类10种，以石膏灰棕漠土、典型盐土、灌淤土和龟裂状灰棕漠土为主。根据植被覆盖状况、土壤的理化性状等，不同类型的土壤、植被稳定性分值由专家赋给（分值为1～10，越稳定分值越高），稳定性分值不详述。

接着在GIS支持下，利用评价公式（由评价模型得出）将植被稳定性图和土壤稳定性图进行空间叠加分析和计算，并将稳定性分值分级，得到铁路沿线地区生态系统稳定性评价图。随后进行分析评价。

6.3.5.3.5　景观生态学法

景观生态学法主要是针对具有区域性质的大型项目，如大型水利工程：线性项目，如铁路，输油、输气管道等，重点研究的是项目对区域景观的切割作用带来的影响。

切割作用导致区域景观的破碎化，致使斑块出现多样性，但是这种多样性对区域生态的产生的影响是有利的还是不利的没有统一的标准，不能一概而论。例如，拟建高速公路穿越草原，导致草原的自然景观破坏，造成草原景观美感受损，同时景观破碎化加剧，导致草原的人为干扰加大，影响草原防风固沙功能。相反，坡耕地改梯田，也增加了区域斑块多样性，造成景观破碎，但是相比坡耕地，梯田能够防止水土流失，提高区域土壤保持的功能，因此同样是区域景观的破碎化，但在不同的区域项目对生态的影响不同，所以应用景观生态学法进行生态影响预测与分析时要根据区域的差异性来分析景观破碎化、多样化给区域生态带来的影响。

基质的判定多借用传统生态学中计算植被重要值的方法：决定某一斑块类型在景观中的优势，也称优势度值（Do）。优势度值由密度（R_d）、频率（R_f）和景观比例（L_p）三个参数计算得出。具体数学表达式如下：

$$R_d = (\text{斑块}\ i\ \text{的数目}/\text{斑块总数}) \times 100\%$$

$$R_f = (\text{斑块}\ i\ \text{出现的样方数}/\text{总样方数}) \times 100\%$$

$$L_p = (\text{斑块}\ i\ \text{的面积}/\text{样地总面积}) \times 100\%$$

$$Do = 0.5 \times [0.5 \times (R_d + R_f) + L_p] \times 100\%$$

6.3.5.3.6　系统分析法

系统分析法是指把要解决的问题作为一个系统，对系统要素进行综合分析，找出解决问题的可行方案的咨询方法。具体步骤包括：限定问题、确定目标、调查研究、收集数据、提出备选方案和评价标准、备选方案评估和提出最可行方案。

系统分析的具体方法有专家咨询法、层次分析法、模糊综合评判法、综合排序法、系统动力学和灰色关联等，应用系统分析法进行生态影响预测与评价时要注意方法的适用性。模糊综合判断法、系统动力学灰色关联法一般都是适用与大尺度的区域生态影响评价，针对建设项目的生态影响评价，专家咨询法、层次分析法、综合排序法更合适。

6.3.5.4　生态敏感保护目标

6.3.5.4.1　法规确定的保护目标

在环境影响评价中，敏感保护目标常作为评价的重点，也是衡量评价工作是否深入或是否完成任务的标志。然而，敏感保护目标又是一个比较笼统的概念。按照约定俗成的含义，敏感保护目标概括一切重要的、值得保护或需要保护的目标，其中最主要的是法规已明确其保护地位的目标（表6-18）。生态影响评价中，敏感保护目标可按下述依据判别：

表6-18　中华人民共和国法律规定的保护目标

1	具有代表性的各种类型的自然生态区域	《中华人民共和国环境保护法》
2	珍稀、濒危的野生动植物自然分布区域	《中华人民共和国环境保护法》
3	重要的水源涵养区域	《中华人民共和国环境保护法》
4	具有重大科学文化价值的地质构造、著名溶洞和化石分布区、冰川、火山、温泉等自然遗迹	《中华人民共和国环境保护法》

续表

5	人文遗迹、古树名木	《中华人民共和国环境保护法》
6	风景名胜区、自然保护区等	《中华人民共和国环境保护法》
7	自然景观	《中华人民共和国环境保护法》
8	海洋特别保护区、海上自然保护区、滨海风景游览区	《中华人民共和国海洋环境保护法》
9	水产资源、水产养殖场、鱼蟹洄游通道	《中华人民共和国海洋环境保护法》
10	海涂、海岸防护林、风景林、风景石、红树林、珊瑚礁	《中华人民共和国海洋环境保护法》
11	水土资源、植被、(坡)荒地	《中华人民共和国水土保持法》
12	崩塌滑坡危险区、泥石流易发区	《中华人民共和国水土保持法》
13	耕地、基本农田保护区	《中华人民共和国土地管理法》

在《建设项目环境影响评价分类管理名录》中，将一些地区确定为环境敏感区，并作为建设项目环境影响评价类别确定的重要依据。分类管理名录中的环境敏感区包括以下区域：

① 自然保护区、风景名胜区、世界文化和自然遗产地、饮用水水源保护区；

② 基本农田保护区、基本草原、森林公园、地质公园、重要湿地、天然林、珍稀濒危野生动植物天然集中分布区、重要水生生物的自然产卵场及索饵场、越冬场和洄游通道、天然渔场、资源性缺水地区、水土流失重点防治区、沙化土地封禁保护区、封闭及半封闭海域、富营养化水域；

③ 以居住、医疗卫生、文化教育、科研、行政办公等为主要功能的区域，文物保护单位，具有特殊历史、文化、科学、民族意义的保护地。

6.3.5.4.2 生态敏感区的识别

根据生态敏感性程度，结合《建设项目环境影响评价分类管理名录》(环境保护部令第2号)中的环境敏感区，本标准定义了特殊生态敏感区、重要生态敏感区和一般区域等三类区域，并列举了所包含的区域。其中饮用水水源保护区是水环境影响评价的重要内容，不再作为生态敏感区；风景名胜区是为了游览而非绝对地保护，在不破坏其保护目标的前提下，还需要建设公路等附属设施；封闭及半封闭海域、富营养化水域是水环境影响评价的重要内容，不再作为生态敏感区；基本农田保护区不作为重要生态敏感区，因为基本农田保护尽管很重要，但对其评价却非常简单；基本草原不作为重要生态敏感区，因为基本草原范围很广，但在建设项目生态影响的尺度上往往没有具体的划分，实际评价工作中难以操作；对于编制专题报告、有其他部门进行行政许可的相关内容，如土地预审、防洪评价、水土保持、地灾、压矿等涉及的河流源头区、洪泛区、蓄滞洪区、防洪保护区、水土保持三区等不作为特殊和重要生态敏感区，因为我国进行了水土保持三区划分，全国的土地都应在三区范围内，这就意味着所有的评价都要涉及重要生态敏感区，这显然是不合理的。

第7章 环境影响预测与评价

7.1 大气环境影响预测与评价

7.1.1 预测内容与步骤

大气环境影响预测与评价，用于判断项目建成后对评价范围内大气环境影响的程度和范围，是对建设项目或开发活动从对环境空气影响的角度进行可行性论证。它是大气污染控制工程设计的主要依据之一，是进行环境管理的依据，而大气影响预测是大气影响评价的基础工作。预测的准确性决定了环境空气影响评价结论的可靠程度，因此必须科学地预测大气环境影响。

常用的大气环境影响预测方法，是通过建立数学或物理模型来模拟各种气候条件、下垫面与地形条件下的污染物在大气中输送、扩散、转化和清除等物理、化学机制。

《环境影响评价技术导则 大气环境》(HJ 2.2—2008) 规定了大气环境影响预测评价的10个步骤：确定预测因子；确定预测范围；确定计算点；确定污染源计算清单；确定气象条件；确定地形数据；确定预测内容和设定预测情景；选择预测模式；确定模式中的相关参数；进行大气环境影响预测与评价。

7.1.1.1 确定预测因子

预测因子由评价因子来确定，一般选取有环境空气质量标准的评价因子。

预测因子既要包括项目组织、无组织排放的常规污染物，还应选择有代表性的正常排放和非正常排放的特征污染物。对于评价区域环境空气污染物浓度已经超标的物质，如果拟建项目也排放该类污染物，即使排放量较小，也应该确定为预测因子。

7.1.1.2 确定预测范围

预测范围应覆盖评价范围，同时还应考虑污染源的排放高度（排放高度较高且排放量较大时应适当扩大预测范围)、评价范围的主导风向（主导风向下风向应适当扩大预测范围)、地形（简单地形时应适当扩大预测范围）和周围环境敏感区的位置（邻近评价范围存在重要环境敏感区时应扩大预测范围）等。计算污染源对评价范围的影响时一般取东西向为 x 坐标轴、南北向为 y 坐标轴，项目位于预测范围的中心区域。

鉴于评价范围一般是依据单个污染源的最大影响程度和最远影响范围确定的，对只有一个污染源排放的项目进行大气环境影响预测时，一般可取预测范围与评价范围相同。对有多个污染源排放的项目，则应考虑多源浓度贡献叠加后其 $D_{10\%}$ 的最远影响范围，可能会远大于单个污染源的最大影响程度和最远影响范围，一般应取预测范围≥评价范围。

如选择 AERMOD 或 CALPUFF 模型系统进行预测，应保证预测范围略大于评价范围，以避免气象预处理时可能产生的边界效应对浓度分布的影响。尤其是 CALPUFF，更需注意气象网格的有关参数应完全按 CALMET 中的有关格式设置，并与其输入一致；浓度预测计算网格的范围小于气象网格的范围；同时为了减少气象网格的边界影响效应，计算范围一般要在气象网格内部且离气象网格边界有一定缓冲距离，即应保证：气象网格的范围＞预测范围＞评价范围。

7.1.1.3　确定计算点

大气环境影响预测的计算点一般可分三类：环境空气敏感区，预测范围内的网格点以及区域最大地面浓度点。对存在无组织排放的项目还需要同时计算厂界浓度。

所有的环境空气敏感区中的环境空气保护目标都应作为计算点。

预测网格可以根据具体情况采用直角坐标网格或极坐标网格，并应覆盖整个评价范围。预测范围内的网格点的分布应具有足够的分辨率，以尽可能精确预测污染源对评价范围的最大影响。预测范围内的网格点设置方法见表 7-1。

表 7-1　预测网格点设置方法

预测范围内的网格点设置方法		直角坐标网格	极坐标网格
布点原则		网格等间距或近密远疏法	径向等间距或距源中心近密远疏法
预测网格点	距离源中心≤1000m	50～100m	50～100m
网格距	距离源中心>1000m	100～500m	100～500m

区域最大地面浓度点的预测网格设置，应依据计算出的网格点浓度分布而定，在高浓度分布区，计算点间距应不大于 50m。

对于临近污染源的高层住宅楼，应适当考虑不同代表高度上的预测受体，比如楼顶层、楼中部、楼底层以及与主要排气筒高度相当的楼层等。

7.1.1.4　确定污染源计算清单

客观、准确和可信的污染源参数是整个大气预测评价的基础。应根据工程分析及污染源调查结果，确定并详细列出项目的污染源计算清单。

污染源的计算清单包括点源、线源、面源与体源的源强计算清单。在源强清单列出前，要注意对污染源的周期性排放情况进行调查。在确定污染源计算清单时，应结合预测内容和设定的预测情景，对各类污染源进行分类描述，列表给出不同预测的污染源排放参数。

在预测模式中，污染源参数包括污染源的几何形态、空间位置、烟囱参数、源强、污染物性质等。污染源按照几何形态可以划分为点源、线源、面源与体源；污染源的空间位置指烟囱（或拟合点）空间坐标；烟囱参数包括烟囱基底高度、内径、烟气出口流速与温度等；源强参数包括污染物排放速率、浓度；污染物性质主要考虑颗粒物的粒径分布与密度，这是因为粒径在 15～100μm 的颗粒物需要特别采用颗粒物模式进行预测（粒径小于 15μm 的污染物可以作为气态污染物进行预测）。此外，还应注意污染物的反应性。

在进行大气预测评价时经常会出现污染源强需要采取措施削减、排气筒高度需要提高、排放源在总图中的位置需要调整优化、大气环境防护距离需要达到要求等变化的情况。因此，用来进行大气环境影响预测的污染源清单，应当满足有关环保要求，且与最终的大气环境影响评价结论相一致的污染源参数，并与工程分析及污染源调查确定的污染源参数前后一致。

7.1.1.5　确定气象条件

污染气象参数是反映大气运动与大气污染物相互作用的一系列相关参数，主要包括影响大气污染物在大气的平流输送、湍流扩散与清除机制等的参数。通常所采用的大气环境影响预测模型需要相关的地面和大气边界层平流输送、湍流扩散参数。

（1）典型小时气象条件

计算小时平均浓度时，需采用长期气象条件进行逐时或逐次计算。选择污染最严重的（针对所有计算点）小时气象条件和对各环境空气保护目标影响最大的若干个小时气象条件（可视对各环境空气敏感区的影响程度而定）作为典型小时气象条件。

对一级评价项目，还需酌情对污染源严重（针对区域最大地面浓度点）时的高空气象资料作温廓线、风廓线，分析逆温层出现的频率、平均高度范围、强度和不同时间段大气边界层内的风速变化规律。

(2) 典型日气象条件确定

计算日平均浓度时，需采用长期气象条件进行逐日平均计算。选择污染最严重的（针对所有计算点）日气象条件和各环境空气保护目标影响最大的若干个日气象条件（可视对各环境空气敏感区的影响程度而定）作为典型日气象条件。

若采用长期气象条件预测的区域最大地面浓度点和各环境空气敏感区的小时和日均最大浓度均未出现超标，可列表给出排序最大值的前 5 个或前 10 个浓度结果及对应的气象条件。

若采用长期气象条件预测的区域最大地面浓度点和各环境空气敏感区的小时或日均最大浓度出现超标现象，最好列出表给出排序最大值的所有超标浓度结果及对应的气象条件，分析超标程度、超标位置、超标概率和最大浓度持续发生时间，以找出超标原因、提出替代及改进方案，并结合评价区域的地形特点、环境敏感区的分布、大气污染控制措施可行性等因素综合判断项目实施后的大气环境可接受程度。

(3) 所采用预测模式的气象参数要求和获取来源

应结合气象观测资料的调查和分析，简要说明所采用预测模式的气象参数要求和获取来源。不同预测模式的气象参数要求见表 7-2。

污染气象参数主要有四个资料来源：所在地附近地面气象观测站的长期观测资料、常规高空气象探测资料、补充气象观测资料、环境质量现状监测时的同步气象观测资料。

表 7-2 不同预测模式的气象参数要求

气象条件	AERMOD	CALPUFF	ADMS-EIA
常规地面气象观测数据	必须有地面逐次或逐时气象参数	必须有地面逐时气象参数	必须有地面逐次或逐时气象参数
高空气象数据	必须有一个或一个以上探空站，对应每日至少一次探空数据	必须有对应每日至少一次的探空数据	可选
补充地面气象观测数据	可选	可选	可选

7.1.1.6 确定地形数据

在非平坦的评价范围内，地形的起伏对污染物的传输、扩散会有一定的影响。对于复杂地形下的污染物扩散模拟，需要调查地形数据并将其输入预测模式。对于复杂地形下的污染物浓度预测与评价，需要注意的技术要点见表 7-3。

表 7-3 地形数据处理及复杂地形影响浓度预测评价技术要点

<table>
<tr><th>序号</th><th>内 容</th><th>技术要点及方法</th></tr>
<tr><td>1</td><td>简单地形与复杂地形的判别</td><td>为避免人工判断的失误，一般对存在较多不同高度的排气筒的情形数据先输入并由模式自动判别、自动进行地形修正及浓度计算</td></tr>
<tr><td>2</td><td>地形特征与地形参数的调查分析</td><td>结合评价范围内地形特征（依据实地调查）、地形参数（依据精确高度数据的获取），简要分析地形可能对污染物传输、扩散的影响</td></tr>
<tr><td rowspan="4">3</td><td rowspan="4">地形数据的有关要求</td><td>地形数据的来源于格式、数据精度应当符合相关要求，地形高度数据包含的地理范围＞预测范围≥评价范围</td></tr>
<tr><td>应单给出各环境空气敏感区、区域最大浓度点、厂界受体计算点、其他关心点以及各污染源点的地形高度数据值</td></tr>
<tr><td>复杂地形的地形示意图是环评报告的基本附图之一</td></tr>
<tr><td>复杂地形数据输入文件是基本附件之一</td></tr>
<tr><td rowspan="2">4</td><td rowspan="2">复杂地形条件下的浓度预测与评价</td><td>对复杂地形条件下的厂址选择、总图布置、排气筒高度、污染治理措施、浓度预测评价等，应针对不利因素或制约因素提出减缓或避免地形影响的优化方案，应比简单平坦地形区域采取更为严格的污染治理措施或更高的排气筒高度</td></tr>
<tr><td>应根据复杂地形浓度超标范围、程度、概率、持续发生时间等预测结果，结合大气污染控制措施改进方案的可行性结论，综合判断项目实施后的大气环境可接受程度</td></tr>
</table>

7.1.1.7 确定预测内容和设定预测情景

大气环境影响预测内容依据评价工作等级和项目的特点而定。一级评价项目规定预测的内容包括运营期正常排放（小时、日均、年均）和非正常排放（小时）预测、施工期浓度预测；二级评价项目只进行 运营期正常排放（小时、日均、年均）和非正常排放（小时）预测；三级评价项目可不进行进一步推荐模式的预测。导则规定的预测内容见表 7-4。

表 7-4　不同评价工作等级项目的大气环境影响预测内容

<table>
<tr><th>一级评价项目</th><th>二级评价项目</th><th>三级评价项目</th></tr>
<tr><td colspan="2">a. 全年逐时或逐次小时气象条件下，环境空气保护目标、网格点处的地面浓度和评价范围内的最大地面小时浓度
b. 全年逐日气象条件下，环境空气保护目标、网格点处的地面浓度和评价范围内的最大地面日平均浓度
c. 长期条件下气象条下，环境空气保护目标、网格点处的地面浓度和评价范围内的最大地面年平均浓度
d. 非正常排放情况，全年逐时或逐次小时气象条件下，环境空气保护目标的最大地面小时浓度和评价范围内的最大地面小时浓度</td><td rowspan="2">三级评价项目可不进行 a～e 的预测</td></tr>
<tr><td>e. 对于施工期超过一年的项目，并且施工期排放的污染物影响较大，还应预测施工期间的大气环境质量</td><td>二级评价项目不进行 e 的预测</td></tr>
</table>

预测情景应根据预测内容来设定，一般考虑五个方面的内容：污染源类别、排放方案、预测因子、气候条件、计算点。按这五个方面和进一步细化的情况进行的常规预测情景组合，见表 7-5。

表 7-5　常规预测情景组合

序号	污染源类别	排放方案	预测因子	计算点	常规预测内容
1	新增污染源（正常排放）	现有方案/推荐方案	所有预测因子	环境空气保护目标网格点区域最大地面浓度点	小时平均质量浓度 日平均质量浓度 年平均质量浓度
2	新增污染源（非正常排放）	现有方案/推荐方案	主要预测因子	环境空气保护目标区域最大地面浓度点	小时平均质量浓度
3	削减污染源（若有）	现有方案/推荐方案	主要预测因子	环境空气保护目标	日平均质量浓度 年平均质量浓度
4	被取代污染源（若有）	现有方案/推荐方案	主要预测因子	环境空气保护目标	日平均质量浓度 年平均质量浓度
5	其他在建、拟建项目相关污染源（若有）		主要预测因子	环境空气保护目标	日平均质量浓度 年平均质量浓度

污染源类别可分为 5 种情景：新增污染源、削减污染源、被取代污染源、相关的其他在建和拟建污染源，其中新增污染源分正常排放和非正常排放两种情况。非正常排放是指非正常工况下的污染物排放，如点火开炉、设备检修、污染物排放控制措施达不到应有效率、工艺设备运转异常等情况下的排放。

排放方案可分为两种情景：一是工程设计或可行性研究报告中给出的现有排放方案；二是环评报告所提出的推荐排放方案。

预测因子可分为两种情景：新增污染源正常排放的预测应包括项目的所有预测因子，除此之外的情景为项目的主要预测因子。

气象条件可分为 3 种情景：基于长期气象条件的逐时或逐次、逐日浓度计算，进而确定典型小时气象条件、典型日气象条件、年平均气象条件 3 种情景，对应这 3 种气象条件的常规浓度预测内容即为：小时平均质量浓度、日平均质量浓度、年平均质量浓度。对新增污染源正常排放的气象条件应包含着 3 种情景，而对新增污染源非正常排放则只包括典型小时气象条件。

计算点主要可分为 3 种情景：如前所述，大气环境影响预测的计算点包括环境空气敏感区中环境空气保护目标、预测范围内的网格点区域最大地面浓度点和场界受体计算点，对临近污染源的高层住宅楼应考虑不同代表高度上的预测受体计算点。对新增污染源正常排放的计算点应包括以上各类，而对新增污染源非正常排放则包括环境空气保护目标、区域最大地面浓度点两类，其他情景则只为环境空气保护目标一类。

7.1.1.8 选择预测模式

采用 HJ 2.2 附录 A 推荐模式清单中的模式进行预测，并说明选择模式的理由。选择模式时，应结合模式的适用范围和对参数的要求进行合理选择。如果使用非导则推荐清单中的模式，还需提供模式技术说明和验算结果。

推荐模式清单中的进一步预测模式是一些多源预测模式，主要包括 AERMOD 模式系统、ADMS 模式系统、CALPUFF 模式系统等，适用于一、二级评价工作的进一步预测工作。可基于评价范围的气象特征及地形特征，模拟单个或多个污染源排放的污染物在不同平均时限内的浓度分布。不同的预测模式有其不同的数据要求及适用范围。

① AERMOD 模式系统　AERMOD 是一个稳态烟羽扩散模式，可模拟点源、面源、体源等的短期（小时平均、日平均）、长期（年平均）的浓度分布，适用于农村或城市地区、简单或复杂地形。AERMOD 考虑了建筑物尾流的影响，即烟羽下洗。模式使用每小时连续预处理气象数据模拟大于等于 1 h 平均时间的浓度分布。AERMOD 包括两个预处理模式，即 AFERMET 气象预处理和 AERMAP 地形预处理模式。

AERMOD 模式适用于评价范围小于等于 50km 的一级、二级评价项目。

② ADMS 模式系统　ADMS 可模拟点源、面源、线源和体源等短期（小时平均、日平均）、长期（年平均）的浓度分布，还包括一个街道窄谷模式，适用于农村或城市地区、简单或复杂地形。模式考虑了建筑物下洗、湿沉降、重力沉降和干沉降以及化学反应等功能。化学反应模块包括计算一氧化氮、二氧化氮和臭氧等之间的反应。ADMS 有气象预处理程序，可以用地面的常规观测资料、地表状况以及太阳辐射等参数模拟基本气象参数的廓线值。在简单的地形条件下，使用该模型模拟计算时，可以不调查探空观测资料。

ADMS-EIA 版适用于评价范围小于等于 50km 的一级、二级评价项目。

③ CALPUFF 模式系统　CALPUFF 是一个烟团扩散模式系统，可模拟三维流场随时间和空间发生变化时污染物的输送、转化和清除过程。CALPUFF 模式适用于从 50km 到几百千米的模拟范围，包括了近距离模拟的计算功能，如建筑物下洗、烟羽抬升、部分烟羽穿透、次层网格尺度的地形和海陆的相互影响、地形的影响；还包括长距离模拟的计算功能，如干、湿沉降的污染物清除、化学转化以及颗粒物浓度对能见度的影响。适合于特殊情况，如稳定状态下的持续静风、风向逆转，在传输和扩散过程中气象场时空发生变化下的模拟。

CALPUFF 适用于评价范围大于 50km 的区域和规划环评等项目。

进一步预测模式对比选择条件见表 7-6。

表 7-6　进一步预测模式的对比选择

进一步预测模式	AERMOD	ADMS-EIA	CALPUFF
应用模型	稳态烟羽扩散模型	三维的高斯模型	烟团扩散模型
适用评价等级	一级、二级预测评价	一级、二级预测评价	大于 50km 的区域和规划评价
适用评价范围	≤50km	≤50km	可大于 50km 到几百 km
适用污染源类型	点源、面源、体源；单个源或多源随小时以及以上时间周期变化	点源、面源、体源；单个源或多源随小时以及以上时间周期变化	点源、面源、体源；单个源或多源随小时以及以上时间周期变化

续表

进一步预测模式	AERMOD	ADMS-EIA	CALPUFF
预测内容	≥1h的小时、日、年均浓度	≥1h的小时、日、年均浓度	≥1h的小时、日、年均浓度
对气象数据最低要求	地面气象数据及对应高度空气数据	地面气象数据及简单地形时可不调查探空观测资料	地面气象数据及对应高度空气数据
适用地形及风向条件	农村或城市地区；简单地形、复杂地形	农村或城市地区；简单地形、复杂地形	农村或城市地区；简单地形、复杂地形
模拟污染物	气态污染物、颗粒物	气态污染物、颗粒物	气态污染物、颗粒物、恶臭、能见度
模式的其他计算功能	①考虑了建筑物下洗、化学转化、重力沉降等；②也可采用分段体源或狭长形面源来模拟线源	①模式考虑了建筑物下洗、湿沉降、重力沉降、干沉降以及化学反应等功能；②街道窄谷模型	①近距离模拟计算功能；②长距离模拟计算功能；③适合于特殊情况，如稳定状态下的持续静风、风向逆转，在传输和扩散过程中气象场时空发生变化下的模拟

7.1.1.9 确定模式中的相关参数

在进行大气环境影响预测时，应对预测模式中的有关参数进行说明，在预测模式中还应当关注大气污染物的化学转化与颗粒物的重力沉降。

在计算小时平均浓度时，可不考虑SO_2的转化；在计算日平均或更长时间平均浓度时，应考虑化学转化；SO_2转化可取半衰期为4h。对于一般的燃烧设备，在计算小时或日平均浓度时，可以假定$Q(NO_2)/Q(NO_x)=0.9$；在计算年平均浓度时，可以假定$Q(NO_2)/Q(NO_x)=0.75$；在计算机动车排放NO_2和NO_x的比例时，应根据不同车型的实际情况而定。

7.1.1.10 大气环境影响预测分析与评价

按确定的预测内容和设计的各种预测情景分别进行模拟计算。在模拟计算的基础上，根据计算结果进行大气环境影响预测分析与评价。主要内容包括：

① 对环境空气敏感区的环境影响分析，应考虑其预测值和同点位处的现状背景值的最大值的叠加影响；对最大地面质量浓度点的环境影响分析可考虑预测值和评价区域内所有现状背景值的平均值的叠加影响。

② 叠加现状背景值，分析项目建成后最终的区域环境质量状况，即：新增污染源预测值＋现状监测值－削减污染源计算值（如果有）－被取代污染源计算值（如果有）＝项目建成后最终的环境影响。若评价范围内还有其他在建项目、已批复环境影响评价文件的拟建项目，也应考虑其建成后对评价范围的共同影响。对小时、日均浓度影响评价，按环境空气质量现状监测和同期例行监测点的浓度背景值进行叠加影响分析。对长期平均浓度影响评价，可收集例行监测点位的长期平均浓度背景值，进行影响分析。

③ 分析典型小时气象条件下，项目对环境空气敏感区和评价范围的最大环境影响，分析是否超标、超标程度、超标位置；分析小时质量浓度超标概率和最大持续发生时间，并绘制评价范围内出现区域小时平均质量浓度最大值时所对应的质量浓度等值线分布图。

④ 分析典型日气象条件下，项目对环境空气敏感区和评价范围的最大环境影响；分析是否超标、超标程度、超标位置；分析日平均质量浓度超标概率和最大持续发生时间，并绘制评价范围内出现区域日平均质量浓度最大值时所对应的质量浓度等值线分布图。

⑤ 分析长期气象条件不，项目对环境空气敏感区和评价范围的环境影响，分析是否超标、超标程度、超标范围及位置，并绘制预测范围内的质量浓度等值线分布图。

⑥ 分析评价不同排放方案对环境的影响，即从项目的选址、污染源的排放强度与排放方式、污染控制措施等方面评价排放方案的优劣，并针对存在的问题（如果有）提出解决方案。

⑦ 对解决方案进行进一步预测和评价，并给出最终的推荐方案。

7.1.2 大气环境防护距离与卫生防护距离

7.1.2.1 卫生防护距离

工业企业排放大气污染物分集中排放和无组织排放两种。凡不通过排气筒或通过15m以下排气筒排放有害气体或其他有害物均属于无组织排放。例如：工业企业中各种跑、冒、滴、漏、天窗、窗口、屋顶的排气筒，各种堆场、废水池、污水沟等形成的空气污染问题，统称为无组织排放。其特点是污染源分散、排放高度低，污染物未经充分稀释扩散就进入近地面，即使排放量不大，在近距离也会形成较为严重的局地污染。

无组织排放源的有害气体进入呼吸带大气层时，浓度如超过《环境空气质量标准》所容许的浓度限值，则在无组织排放所在的生产单元（生产区、车间或工段）与居住区之间应设置卫生防护距离。从环境空气质量的角度来说，卫生防护带的主要作用就是为无组织排放的大气污染物提供一段稀释距离，使之到达居住区时其浓度符合质量标准的有关规定。

工业企业所需卫生防护距离的宽度主要取决于其无组织排放的方式、数量及污染物的有害程度。因此工业企业所需的卫生防护距离应按其无织排放量可达到的控制水平来确定。为此有不少行业已经明确规定了企业的防护距离，我国先后制定了铅蓄电池厂、石油化工企业、水泥厂、塑料厂、油漆厂等30几个行业的工业企业卫生防护距离标准。只要有明确规定的，应该按照有关规定执行，但在执行时也应该对企业的实际情况进行分析。

如果没有明确规定企业的卫生防护距离，卫生防护距离 L 按式(7-1) 计算：

$$\frac{Q_c}{C_m}=\frac{1}{A}\sqrt{BL^C+0.25r^2}L^D \tag{7-1}$$

式中 Q_c—— 工业企业有害气体无组织排放量可以达到控制水平（kg/h），即 Q_c 取同类企业中生产工艺流程合理，生产管理与设备维护处于先进水平的工业企业在正常运行时的无组织排放量；

C_m—— 标准浓度限值（mg/m^3）；

L—— 工业企业所需卫生防护距离（m）；

r—— 有害气体无织排放源所在生产单元的等效半径（m）。其值可根据该生产单元占地面积 $S(m^2)$ 计算：$r=(S/\pi)^{0.5}$；

A、B、C、D—— 卫生防护距离计算系数，无因次，根据工业企业所在地区近5年平均风速和工业企业大气污染源构成类别从表7-7中查取。

表 7-7 卫生防护距离计算系数

计算系数	工业企业所在地区近五年平均风速/(m/s)	卫生防护距离 L/m								
		$L\leqslant1000$			$1000<L\leqslant2000$			$L>2000$		
		工业企业大气污染源构成类别								
		Ⅰ	Ⅱ	Ⅲ	Ⅰ	Ⅱ	Ⅲ	Ⅰ	Ⅱ	Ⅲ
A	<2	400	400	400	400	400	400	80	80	80
	2～4	700	470	350	700	470	350	380	250	190
	>4	530	350	260	530	350	260	290	190	140
B	<2	0.01			0.015			0.015		
	>2	0.021			0.036			0.036		
C	<2	1.85			1.79			1.79		
	>2	1.85			1.77			1.77		
D	<2	0.78			0.78			0.57		
	>2	0.84			0.84			0.76		

注：工业企业的大气污染源构成分为三类。

Ⅰ类：与无组织排放源共存的排放同种有害气体的排气筒的排放量大于标准规定的允许排放量的1/3者。

Ⅱ类：与无组织排放源共存的排放同种有害气体的排气筒的排放量小于标准规定的允许排放量的1/3者，或虽无排放同种大气污染物的排气筒存在，但无组织排放的有害物质的允许浓度指标是按急性反应指标确定者。

Ⅲ类：没有排放同种有害物质的排放气筒种与无组织排放源共存，且无组织排放的有害物质的允许浓度是按慢性指标确定者。

在确定卫生防护距离时，还应注意以下几点：

① 已经有明确规定的，应该按照有关卫生防护距离的规定执行。

② 卫生防护距离在100m以内时，级差为50m；超过100m，但小于或等于1000m时，级差为100m；超过1000m以上，级差为200m。

③ 当计算的L值在两级之间时，取偏宽的一级。

④ 无组织排放多种有害气体的工业企业，应分别计算，并按计算结果的最大值计算其所需卫生防护距离；但当按两种或两种以上的有害气体的值计算的卫生防护距离在同一级别时，该类工业企 业的卫生防护距离级别应提高一级。

⑤ 地处复杂地形条件下的工业企业所需的卫生防护距离，应在风洞模拟或现场扩散试验的基础上确定，并报主管部门，由建设主管部门和所在省、市、自治区的卫生和环境主管部门确定。

⑥ 卫生防护距离的设置起点是从无组织排放所在的生产单元（生产区、车间或工段）算起，而不是厂界。

⑦ 应在图上画出卫生防护距离，明确标明卫生防护距离。在卫生防护距离内，不能有长久居住的居民和密集的人群，已有的居民应予搬迁。

7.1.2.2　大气环境防护距离

（1）大气环境防护距离确定方法

大气环境防护距离是为保护人群健康，减少正常排放条件下大气污染物对居住区的环境影响，在项目厂界以外设置的环境防护距离。在大气环境防护距离内不应有长期居住的人群。

采用推荐模式中的大气环境防护距离模式计算各无组织排放源的大气环境防护距离。计算出的距离是以污染源中心点为起点的控制距离，并结合厂区平面布置图，确定需要控制的范围，对于超出厂界以外的范围，即为项目大气环境防护区域。

当无组织源排放多种污染物时，应分别计算各自的防护距离，并按计算结果的最大值确定其大气环境防护距离。

对属于同一生产单元（生产区、车间或工段）的无组织排放源，应合并作为单一面源计算并确定其大气环境防护距离。

（2）大气环境防护距离参数选择

计算环境防护距离时采用的评价标准，应遵循《环境空气质量标准》（GB 3095）中1h平均取样时间的二级标准的质量浓度限值；对于没有小时浓度限值的污染物，可取日平均浓度限值的三倍值；对该标准中未包含的污染物，可参照《工业企业设计卫生标准》（GBZ1—2010）中居住区大气中有害物质的最高容许浓度的一次浓度限值。如已有地方标准，应选用地方标准中的相应值。对某些上述标准中都未包含的污染物，可参照国外有关标准选用，但应作出说明，报环保主管部门批准后执行。

有场界无组织排放监控浓度限值的，大气环境影响预测结果应首先满足场界无组织浓度排放监控浓度限值要求。如预测结果在场界监控点处（以标准规定为准）出现超标，必须要求工程采取可靠的环境保护治理措施以削减排放源强。计算大气环境防护距离的污染物排放源强应采用削减达标后的源强。

（3）防护距离的设定

首先应执行国家标准中尚有效的各行业卫生防护距离标准。在环评中应根据工程分析确定的无组织排放源参数计算大气环境防护距离，如大气环境防护距离大于卫生防护距离，则必须采取措施削减源强，还需与厂界浓度和评价区域最大浓度预测结果相互比较，以确定合理的评价结论和保守预测结果。对于没有相关的行业卫生防护距离标准的，可同时计算卫生防护距离和大气环境防护距离，防护距离取两者中的最大者。

7.2 地表水环境影响预测与评价

建设项目地表水环境影响分析、预测和评价的范围、时段、内容及方法均应根据其评价工作等级、工程与环境特性、当地的环境保护要求而定。对于季节性河流，应依据当地环保部门所定的水体功能，结合建设项目的特性确定其预测的范围、时段、内容及方法。

7.2.1 预测方法的选择

预测环境影响时应尽量选用通用、成熟、简便并能满足准确度要求的方法。目前使用较多的预测方法有数学模式法、物理模型法、类比调查法和专业判断法等。

数学模式法是依据人们的实践经验或客观系统的观测结果归纳出的一套反应系统内部状态变化与输入、输出之间数量关系的数学公式和具体算法。在水环境影响预测中，数学模型法是利用表达水体净化机制的数学方程预测建设项目引起的水体水质变化。一般情况此方法比较简便，并可以给出定量的结果，在水环境影响预测中应优先考虑，同时也是最常用的方法。选用数学模式时要注意模式的应用条件，如实际情况不能很好满足模式的应用条件而又拟采用时，要对模式进行修正并验证。

物理模型法是依据相似理论，在一定比例缩小的环境模型上模拟污染物在大气、地表水、地下水中的迁移转化的过程及噪声的传播衰减过程。物理模型法定量化程度较高，再现性好，能反映比较复杂的环境特征，但需要有合适的试验条件和必要的基础数据，且制作复杂的环境模型需要较多的人力、物力和时间。在无法利用数学模式法预测而又要求预测结果定量精度较高时，应选用此方法。

类比调查法的预测结果属于半定量性质，是参照现有相似工程对水体的影响来预测拟建项目对水环境的影响。一般在评价工作级别较低，且评价时间较短，无法取得足够的参数、数据，不能采用前述两种方法进行预测时，可选用此方法。

专业判断法则是定性地反映建设项目的环境影响，它是根据专家的专长和经验，运用专家判断法、情景分析法等经验地推断建设项目对水环境的影响。建设项目的某些环境影响很难定量估测（如对文物与“珍贵”景观的环境影响），或由于评价时间过短等原因无法采用上述三种方法时，可选用此方法。

当水生生物保护对地表水环境要求较高时（如珍贵水生生物保护区、经济鱼类养殖区等）要分析建设项目对水生生物的影响。分析时一般可采用类比调查法或专业判断法。

7.2.2 预测条件的确定

在选定预测方法后，还必须确定必要的预测条件。预测条件包括预测范围、预测点布设、预测水质参数、预测时期和预测时段等。

7.2.2.1 预测范围和预测点布设

地表水环境预测的范围与地表水环境现状调查的范围相同或略小（特殊情况也可以略大）。预测范围的原则与现状调查相同。

在预测范围内布设适当的预测点，通过预测这些点所受的环境影响来全面反映建设项目范围内地表水环境的影响。预测点的数量和预测点的布设应根据受纳水体和建设项目的特点、评价等级以及当地的环保要求确定。一般选择以下地点为预测点：①评价范围内的敏感点；②环境现状监测点（以利进行对照）；③水文特征突然变化和水质突然变化处的上、下游，重要水工建筑物及水文站附近。虽然在预测范围以外，但估计有可能受到影响的重要用水地点，也应设立预测点。当需要预测河流混合过程段的水质时，应在该河流中布设若干预测点。

当拟预测溶解氧时，应预测最大亏氧点的位置及该点的浓度，但是分段预测的河段不需要预测最大亏氧点。

排放品附近常有局部超标区，如有必要可在适当水域加密预测点，以便确定超标区的范围。

7.2.2.2 预测时期

地表水环境预测应考虑水体自净能力不同的各个时段。通常可将其划分为自净能力最小、一般、最大三个时段。一般而言，枯水期河流自净能力最小，平水期居中，丰水期自净能力最大。但个别水域因面源污染严重可能使丰水期的污染负荷增大。冰封期是北方河流特有的情况，此时期的自净能力最小。海湾的自净能力与时期的关系不明显，可以不分时段。

评价等级为一、二级时应分别预测建设项目在水体自净能力最小（通常在枯水期）和一般（通常在平水期）两个时段的环境影响。冰封期较长的水域，当其水体功能为生活饮用水、食品工业用水水源或渔业用水时，还应预测此时段的环境影响。评价等级为三级或评价等级为二级但评价时间较短时，可以只预测自净能力最小时段的环境影响。

7.2.2.3 预测阶段

一项建设项目一般可分为建设过程、生产运行和服务期满后三个阶段。所有建设项目均应预测生产运行阶段对地面水环境的影响。该阶段的地面的水环境影响应按正常排放和非正常排放（包括事故）两种情况进行预测。当大型建设项目建设阶段时间较长（超过1年），且进入地表水环境的堆积物较多或土方量较大、地表水水质要求较高（Ⅲ类以上）时应预测建设阶段的环境影响。对于垃圾填埋场、矿山开发等类型的建设项目，应根据该项目建设过程阶段的特点、评价等级、受纳水体特点以及当地环保要求，预测服务期满后地表水环境的影响。

7.2.2.4 预测参数筛选

建设项目实施过程各阶段拟预测的水质参数应根据工程分析和环境现状、评价等级、当地的环境要求筛选和确定。拟预测水质参数的数目应既说明问题又不过多。一般应少于环境现状调查水质参数的数目。建设过程、生产运行（包括正常和不正常排放两种情况）、服务期满后各阶段均应根据各自的具体情况决定其拟预测水质参数，彼此不一定相同。根据上述原则，在环境现状调查水质参数中选择拟预测水质参数。

对河流，可以按式(7-2)将水质参数排序后从中选取：

$$\mathrm{ISE}=\frac{C_{\mathrm{p}}Q_{\mathrm{p}}}{(C_{\mathrm{s}}-C_{\mathrm{h}})Q_{\mathrm{h}}} \tag{7-2}$$

式中 C_p—— 污染物排放浓度，mg/L；

Q_p—— 废水排放量，m^3/d；

C_s—— 地表水水质标准，mg/L；

C_h—— 河流中污染物本底浓度，mg/L；

Q_h—— 河流流量，m^3/d。

式(7-2)中分子可理解为污染物的排放量，分母为水体中污染物的容量，ISE越大说明建设项目对河流中该项水质参数的影响越大。

7.2.3 水环境与污染源简化

自然界的水体形态和水文、水力要素比较复杂，而不同等级的评价，各有不同的精度要求。为了减少预测的难度，便于模型预测，可在满足精度要求的基础上，对水体边界形状进行规则化，对水文、水力要素做适当的简化，以使用比较简单的方法，达到预测的目的。

(1) 河流的简化

① 河流可以简化为矩形平直河流，矩形弯曲河流和非矩形河流。

a. 河流的断面宽深比≥20时，可视为矩形河流。

b. 大中河流中，预测河段弯曲较大（如其最大弯曲系数>1.3）时，可视为弯曲河流，否则可以简化为平直河流。

c. 大中河流预测河段的断面形状沿程变化较大时，可以分段考虑。

d. 大中河流断面上水深变化很大且评价等级较高（如一级评价）时，可以视为非矩形河流并应调查其流场，其它情况均可简化为矩形河流。

e. 小河可以简化为矩形平直河流。

② 河流水文特征或水质有急剧变化的河段，可在急剧变化之处分段，各段分别进行环境影响预测。河网应分段进行环境影响预测。

③ 对于江心湖的简化

a. 评价等级为三级时，江心洲、浅滩等均可按无江心洲、浅滩的情况对待。

b. 江心洲位于充分混合段，评价等级为二级时，可以按无江心洲对待；评价等级为一级且江心洲较大时，可以分段进行环境影响预测，江心洲较小时可不考虑。

c. 江心洲位于混合过程段，可分段进行环境影响预测，评价等级为一级时也可以采用数值模式进行环境影响预测。

④ 人工控制河流根据水流情况可以视其为水库，也可视其为河流，分段进行环境影响预测。

(2) 河口简化

河口包括河流汇合部、河流感潮段、口外深海段、河流与湖泊、水库汇合部。

① 河流感潮段是指受潮汐作用影响较明显的河段。可以将落潮时最大断面平均流速与涨潮时最小断面平均流速之差等于0.05m/s的断面作为其与河流的界限。除个别要求很高（如评价等级为一级）的情况外，河流感潮段一般可按潮周平均、高潮平均和低潮平均三种情况，简化为稳态进行预测。

② 河流汇合部可以分为支流、汇合前主流，汇合后主流三段分别进行环境影响预测。小河汇入大河时可以把小河看成点源。

③ 河流与湖泊、水库汇合部可以按照河流和湖泊、水库两部分分别预测其环境影响。

④ 河口断面沿程变化较大时，可以分段进行环境影响预测。

⑤ 口外滨海段可视为海湾。

(3) 湖泊、水库简化

在预测湖泊、水库环境影响时，可以将湖泊、水库简化为大湖（库）、小湖（库）、分层湖（库）等三种情况进行。

① 评价等级为一级时，中湖（库）可以按大湖（库）对待，停留时间较短时也可以按小湖（库）对待；评价等级为二级时，如何简化可视具体情况而定；评价等级为三级时，中湖（库）可以按小湖（库）对待，停留时间很长时也可以按大湖（库）对待。

② 水深大于10m且分层期较长（如大于30天）的湖泊、水库可视为分层湖（库）。珍珠串湖泊可以分为若干区，各区分别按上述情况简化。

③ 不存在大面积回流区和死水区且流速较快，停留时间较短的狭长湖泊可简化为河流。其岸边形状和水文要素变化较大时还可以进一步分段。

④ 不规则形状的湖泊、水库可根据流场的分布情况和几何形状分区。

⑤ 自顶端入口附近排入废水的狭长湖泊或循环利用湖水的小湖，可以分别按各自的特点考虑。

(4) 海湾的简化

① 预测海湾水质时一般只考虑潮汐作用，不考虑波浪作用。

② 评价等级为一级且海流（主要指风海流）作用较强时，可以考虑海流对水质的影响。

潮流可以简化为平面二维非恒定流场。

③ 当评价等级为三级时可以只考虑潮周期的平均情况。

④ 较大的海湾交换周期很长，可视为封闭海湾。

⑤ 注入海湾的河流中，大河及评价等级为一、二级的中河应考虑其对海湾流场和水质的影响；小河及评价等级为三级的中河可视为点源，忽略其对海湾流场的影响。

(5) 污染源的简化

污染源简化包括排放形式的简化和排放规律的简化。根据污染源的具体情况排放形式可简化为点源和面源，排放规律可简化为连续恒定排放和非连续恒定排放。

① 排入河流的两排放品的间距较近时，可以简化为一个，其位置假设在两排放口之间，其排放量为两者之和。两排放口间距较远时，可分别单独考虑。

② 排入小湖（库）的所有排放口可以简化为一个，其排放量为所有排放量之和。排入大湖（库）的两排放口间距较近时，可以简化成一个，其位置假设在两排放口之间，其排放量为两者之和。两排放口间距较远时，可分别单独考虑。

③ 当评价等级为一、二级并且排入海湾的两排放口间距小于沿岸方向差分网格的步长时，可以简化成一个，其排放量为两者之和，如不是这种情况，可分别单独考虑。评价等级为三级时，海湾污染源简化与大湖（库）相同。

④ 无组织排放可以简化成面源。从多个间距很近的排放口排水时，也可以简化为面源。

⑤ 在地表水环境影响预测中，通常可以把排放规律简化为连续恒定排放。

7.2.4 水环境影响预测模式

7.2.4.1 河流常用数学模型

(1) 河流完全混合模式

废水排放到河流如能迅速与和水混合，或所含特征污染物为持久性污染物，则废水与河水充分混合后污染物的浓度可用式(7-3) 计算：

$$c=\frac{c_p Q_p+c_h Q_h}{Q_p+Q_h} \tag{7-3}$$

式中 c—— 混合后污染物浓度，mg/L；

Q_p—— 废水流量，m^3/s；

c_p—— 废水中污染物浓度，mg/L；

Q_h—— 河水流量，m^3/s；

c_h—— 上游河水中污染物浓度，mg/L。

该式使用条件：①废水与河水充分混合；②持久性污染物，不考虑降解或沉淀；③河流为恒定流动；④废水连续稳定排放。

对于沿河有非点源（面源）分布入流时，可按下式计算河流（$x=0$km 至 $x=x_s$km）内 x 处污染物浓度：

$$c=\frac{c_p Q_p+c_h Q_h}{Q}+\frac{W_s}{86.4Q} \tag{7-4}$$

$$Q=Q_p+Q_h+\frac{Q_s}{x_s}x \tag{7-5}$$

式中 W_s—— 沿程河流内非点源汇入的污染物总量，kg/d；

Q—— 下游 x 河流水流量，m^3/s；

Q_s—— 河段内非点源汇入的污水总量，m^3/s。

【例 7-1】 某企业产生 $3600m^3/d$ 的含锌废水，经处理达到《污水综合排放标准》的二级标准后排入附近河流（水功能区划为Ⅳ类），废水中锌浓度为 4.5mg/L，该河的平均流速为 0.5m/s，平均河宽为 14m，平均水深为 0.6m，锌浓度为 1.0mg/L，该厂废水如排入河中能与河水迅速混合，则该企业的废水排入河后，锌浓度是否超标？

解：废水流量 $Q_p = 3600m^3/d = 0.042m^3/s$

河水流量 $Q_h = uWh = 0.5 \times 14 \times 0.6 = 4.2m^3/s$

根据完全混合模型，废水与河水充分混合后锌的浓度为：

$$c = \frac{c_p Q_p + c_h Q_h}{Q_p + Q_h} = \frac{4.5 \times 0.042 + 1.0 \times 4.2}{0.042 + 4.2} \text{mg/L} = 1.03 \text{mg/L}$$

对照《地表水环境质量标准》(GB 3838—2002) Ⅳ类水体中锌的浓度限值（2.0mg/L），可知河水中锌浓度未超标。

(2) 河流一维稳定模式

在河流的流量和其他水文条件不变的稳定情况下，废水排入河流并充分混合后，非持久性污染物或可降解污染物沿河下游 x 处的污染物浓度可按下式计算：

$$c = c_0 \exp\left[\frac{ux}{2E_x}\left(1 - \sqrt{1 + \frac{4KE_x}{u^2}}\right)\right] \tag{7-6}$$

式中 c—— 计算断面污染物浓度，mg/L；

c_0—— 初始断面污染物浓度，可按式(7-3) 计算；

E_x—— 废水与河流的纵向混合系数，m^2/d；

K—— 污染物降解系数，1/d；

u—— 河水平均流速，m/s。

对于一般条件下的河流，推流形成的污染物迁移作用要比弥散作用大的多，弥散作用可以忽略，则有

$$c = c_0 \exp\left(-\frac{Kx}{86400u}\right) \tag{7-7}$$

该式适用条件：①非持久性污染物；②河流为恒定流动；③废水连续稳定排放；④废水与河水充分混合后河段，混合段长度可按下式计算：

$$L = \frac{(0.4B - 0.6a)Bu}{(0.058H + 0.0065B)(gHI)^{1/2}} \tag{7-8}$$

式中 L—— 混合段长度，m；

B—— 河流宽度，m；

a—— 排放口到岸边的距离，m；

H—— 平均水深，m；

u—— 河流平均流速，m/s；

I—— 河流底坡，m/m。

【例 7-2】 某一个建设项目拟向附近河流排放达标废水，废水量 $Q_p = 0.1m^3/s$，氨氮浓度 $c_p = 12mg/L$，河水流量 $Q_h = 5.0m^3/s$，流速 $u = 0.5m/s$，河水中氨氮本底浓度为 0.8mg/L，氨氮的降解速率常数 $K = 0.15d^{-1}$，纵向弥散系数 $E_x = 10m^2/s$。求废水排放点下游 10km 处的氨氮浓度。

解：计算起始点处完全混合后的氨氮初始浓度：

$$c = \frac{c_p Q_p + c_h Q_h}{Q_p + Q_h} = \frac{12 \times 0.1 + 0.8 \times 5.0}{0.1 + 5.0} = 1.02 \text{mg/L}$$

考虑纵向弥散条件的下游 10km 处的浓度：

$$c=1.02\exp\left[\frac{0.5\times10000}{2\times10}\left(1-\sqrt{1+\frac{4\times0.15\times10}{86400\times0.5^2}}\right)\right]=0.98\text{mg/L}$$

忽略纵向弥散条件的下游 10km 处的浓度：

$$c=1.02\exp\left(-\frac{0.15\times10000}{86400\times0.5}\right)=0.98\text{mg/L}$$

由此看出，在稳定条件下，忽略纵向弥散系数与考虑纵向弥散系数的差异很小，常可以忽略。

（3）Streeter-Phelps（S-P）模式

S-P 模式反映了河流水中溶解氧与 BOD 的关系，水中的溶解氧只用于需氧有机物的生物降解，而水中溶解氧的补充主要来自大气。即在其他条件一定时，溶解氧的变化取决于有机物的耗氧和大气的复氧，生物氧化和复氧均为一级反应。则有：

$$c=c_0\exp\left(-\frac{K_1x}{86400u}\right) \tag{7-9}$$

$$D=\frac{K_1c_0}{K_2-K_1}\left[\exp\left(-K_1\frac{x}{86400u}\right)-\exp\left(-K_2\frac{x}{86400u}\right)\right]+D_0\exp\left(-K_2\frac{x}{86400u}\right) \tag{7-10}$$

其中：
$$D_0=\frac{D_pQ_p+D_hQ_h}{Q_p+Q_h}$$

式中 D—— 亏氧量，即 DO_f-DO，mg/L；

D_0—— 计算初始断面氧亏量，mg/L；

D_p—— 废水中溶解氧亏量，mg/L；

D_h—— 上游水中溶解氧亏量，mg/L；

K_1—— 耗氧系数，1/d；

K_2—— 大气复氧系数，1/d。

（4）河流二维稳态混合模式

岸边排放

$$c(x,y)=c_h+\frac{c_pQ_p}{H\sqrt{\pi M_yxu}}\left\{\exp\left(-\frac{uy^2}{4M_yx}\right)+\exp\left[-\frac{u(2B-y)^2}{4M_yx}\right]\right\} \tag{7-11}$$

非岸边排放

$$c(x,y)=c_h+\frac{c_pQ_p}{2H\sqrt{\pi M_yxu}}\left\{\exp\left(-\frac{uy^2}{4M_yx}\right)+\exp\left[-\frac{u(2a+y)^2}{4M_yx}\right]+\exp\left[-\frac{u(2B-2a-y)^2}{4M_yx}\right]\right\} \tag{7-12}$$

式中 H—— 平均水深，m；

B—— 平均河宽，m；

a—— 排放口与岸边距离，m；

M_y—— 横向混合系数，m^2/s。

该式适用条件：①平直、断面形状规则的混合过程段；②持久性污染物；③河流为恒定流动；④废水连续稳定排放；⑤对于非持续性污染物，需采用相应的衰减式。

（5）河流二维稳定混合累积流量模式

岸边排放

$$c(x,q)=c_h+\frac{c_pQ_p}{\sqrt{\pi M_qx}}\left\{\exp\left(-\frac{q^2}{4M_qx}\right)+\exp\left[-\frac{u(2Q_h-q)^2}{4M_qx}\right]\right\} \tag{7-13}$$

$q=Huy$；$M_q=H^2uM_y$

式中 $c(x,q)$—— 累计流量坐标系下的污染物浓度，mg/L；

M_y—— 累计流量坐标系下的横向混合系数，m^2/s。

该式适用条件：①弯曲河流、断面形状不规则的混合过程段；②持久性污染物；③河流为恒定流动；④废水连续稳定排放；⑤对于非持久性污染物，需采用相应的衰减式。

7.2.4.2 河口常用数学模式

(1) 河口一维动态混合衰减模式

常见的一维动态混合衰减模式为：

$$\frac{\partial c}{\partial t}+u\frac{\partial c}{\partial x}=\frac{1}{F}\frac{\partial}{\partial x}\left(FM_1\frac{\partial C}{\partial X}\right)-K_1c+S_p \tag{7-14}$$

式中 c—— 污染物浓度，mg/L；

u——河水流速，m/s；

F—— 过水断面面积，m^2；

M_1—— 断面纵向混合系数；

K_1—— 衰减系数；

S_p—— 污染源强；

t—— 时间，s。

采用树脂方法求解上述微分过程方程时，需要确定初值、边界条件和源强。流速和过流断面面积随时间变化，需要通过求解一维非恒定流方程来获取。

该式适用条件：①潮汐河口充分混合段；②非持久性污染物；③污染物连续稳定排放或非稳定排放；④需要预测任何时刻的水质。

(2) 欧康（O'connor）河口（均匀河口）模式

上溯（$x<0$，自 $x=0$ 处排入）

$$c=\frac{c_pQ_p}{(Q_h+Q_pM)}\exp\left[\frac{ux}{2M_1}(1-M)\right]+c_h \tag{7-15}$$

下溯（$x>0$，自 $x=0$ 处排入）

$$c=\frac{c_pQ_p}{(Q_h+Q_p)M}\exp\left(\frac{ux}{2M_1}(1-M)\right)+c_h \tag{7-16}$$

其中：

$$M=(1+4K_1M_1/u^2)^{1/2} \tag{7-17}$$

该式适用条件：①均匀的潮汐河口充分混合段；②非持久性污染物；③污染物连续稳定排放；④只要求预测潮周平均、高潮平均和低潮平均的水质。

7.2.4.3 湖库常用数学模式

(1) 湖库完全混合衰减模式

动态模式：

$$c=\frac{W_0+c_pQ_p}{VK_h}+\left(c_h-\frac{W_0+c_pQ_p}{VK_h}\right)\exp(-K_ht) \tag{7-18}$$

平衡模式：

$$c=\frac{W_0+c_pQ_p}{VK_h} \tag{7-19}$$

其中：

$$K_h=\frac{Q_h}{V}+\frac{K_1}{86400} \tag{7-20}$$

式中 W_0—— 湖库中现有污染物的量，kg/d；

V—— 湖库水体积，m^3；

t—— 时间，s。

该式适用条件：①小湖库；②非持久性污染物；③废水连续稳定排放；④预测污染物浓度

随时间变化时采用动态模式，预测长期浓度采用平衡模式。

(2) 湖库推流衰减模式

$$c_r = c_p \exp\left(-\frac{K_1 \phi H r^2}{172800 Q_p}\right) + c_h \tag{7-21}$$

式中 ϕ—— 混合角度，平直岸边排放取 π，湖库中心排放取 2π；

r—— 以排放点为中心的径向距离，m。

该式适用条件：①大湖库；②非持久性污染物；③废水连续稳定排放。

7.2.4.4 水质模型参数的确定

(1) 耗氧系数 K_1 的估算方法

① 实验室测定法　对于清洁河流（现状水质为Ⅰ、Ⅱ、Ⅲ级水体）可以采用实验室测定法。取研究河段或湖（库）的水样，采用自动 BOD 测定仪，也可将水样分成 10 瓶或更多瓶，置于 20℃培养箱培养，分别测定 1～10d 或更长时间的 BOD 值。试验数据可采用最小二乘法，按下式求得 K_1。

$$\ln\frac{c_0}{c_t} = K_1 t \tag{7-22}$$

实验室测定的 K_1 可以直接用于湖泊、水库的预测。对于河流或河口的预测，K_1 值需按下式进行修订：

$$K_1' = K_1 + (0.11 + 54I)u/H \tag{7-23}$$

式中 I—— 河流底坡，m/m。

② 两点法　现场测定河段上、下游断面的 BOD 浓度（或利用常规检测数据）以及该河段长度 x 和河水平均流速 u，则可按下式求算 K_1

$$K_1 = \frac{u}{x}\ln\frac{c_1}{c_2} \tag{7-24}$$

式中，c_1，c_2 分别为上、下游断面的 BOD 浓度。

(2) 复氧系数 K_2 的估算方法

复氧系数 K_2 的估算可采用实验室测定法，但费时费力，一般采用经验公式估算。

① 欧康那-道宾斯（O'Conner-Dobbins）公式

$$K_{2(20℃)} = 294\,\frac{(D_m u)^{1/2}}{H^{3/2}},\ C_z \geqslant 17 \tag{7-25}$$

$$K_{2(20℃)} = 824\,\frac{D_m^{0.5} I^{0.25}}{H^{1.25}},\ C_z < 17 \tag{7-26}$$

式中，谢才系数 $C_z = \frac{1}{n}H^{1/6}$；氧分子在水中扩散系数 $D_m = 1.774\times10^{-4}\times 1.037^{(T-20)}$；$n$ 为河床糙率。

② 欧文斯等（Owens 等）经验式

$$K_{2(20℃)} = 5.34\,\frac{u^{0.67}}{H^{1.85}}\quad 0.1\text{m} \leqslant H \leqslant 0.6\text{m},\ u \leqslant 1.5\text{m/s} \tag{7-27}$$

③ 丘吉尔（Churchill）经验式

$$K_{2(20℃)} = 5.03\,\frac{u^{0.696}}{H^{1.673}}\quad 0.6\text{m} \leqslant H \leqslant 8\text{m},\ 0.6\text{m/s} \leqslant u \leqslant 1.8\text{m/s} \tag{7-28}$$

表 7-8 给出了我国某些河流 K_1 和 K_2 的实测结果。

表 7-8 我国某些河流的 K_1 和 K_2 值

河流名称	K_1/d^{-1}	K_2/d^{-1}	河流名称	K_1/d^{-1}	K_2/d^{-1}
第一松花江(黑龙江)	0.015～0.13	0.0006～0.07	黄河兰州段	0.41～0.87	0.82～1.9
第二松花江(吉林)	0.14～0.26	0.008～0.18	渭河(咸阳)	1.0	1.7
图们江(吉林)	0.20～3.45	1～4.20	清安河(江苏)	0.88～2.52	—
丹东大沙河	0.5～1.4	7～9.6	漓江(象山)	0.1～0.13	0.3～0.52

(3) K_1 和 K_2 的温度校正

温度对 K_1 和 K_2 有影响，一般以 20℃的值为基准，则温度 T（10～30℃范围）时的值分别为：

$$K_{1,T}=K_{1,20}\theta^{(T-20)} \tag{7-29}$$

$$K_{2,T}=K_{2,20}\theta^{(T-20)} \tag{7-30}$$

对于 K_1，$\theta=1.02\sim1.06$，一般取 1.047；对于 K_2，$\theta=1.015\sim1.047$，一般取 1.024。

(4) 混合系数的估算方法

混合系数的估算方法一般有实验测定和经验估算两种方法。

① 经验公式法　对于流量稳定的顺直河流，其垂直、横向和纵向混合系数 M_z、M_y、M_x 可分别按下列公式估算：

$$M_z=a_zH(gHI)^{1/2} \tag{7-31}$$

$$M_y=a_yH(gHI)^{1/2} \tag{7-32}$$

$$M_x=a_xH(gHI)^{1/2} \tag{7-33}$$

一般河流的 a_z 在 0.067 左右。据菲希尔（Fischer）统计分析，矩形明渠的 $a_y=0.1\sim0.2$，平均 0.15，有些灌溉渠可达 0.25。天然河流的 a_x 变化幅度较大，对于 15～60m 宽的河流 $a_x=140\sim300$。

河流的横向混合系数 M_y 可采用泰勒（Taylor）公式法求得：

$$M_y=(0.058H+0.0065B)(gHI)^{1/2} \tag{7-34}$$

河流的纵向混合系数 M_x 可采用爱尔德（Elder）公式法求得：

$$M_x=5.93H(gHI)^{1/2} \tag{7-35}$$

② 示踪实验测定法　示踪实验法是向某河段断面瞬间投放示踪剂，并在投放点下游断面取样测定不同时间 t 时示踪剂的浓度 $c(x,t)$，按下式计算纵向混合系数 M_x：

$$c(x,t)=\frac{W}{A\sqrt{4\pi M_xt}}\exp\left[-\frac{(x-ut)^2}{4M_xt}\right] \tag{7-36}$$

式中　A—— 河流断面面积，m^2；

W—— 示踪剂计量，g。

示踪剂有无机盐类（NaCl、LiCl）、荧光染料（如工业碱性玫瑰红）和放射性同位素等，示踪剂的选择应满足下列要求：a. 在水体中不沉降，不产生化学反应；b. 测定简单准确；c. 经济；d. 对环境无害。

7.2.4.5 水质模型的选用

(1) 一般原则

① 在《环境影响评价技术导则——地面水环境》中主要考虑环境影响评价中经常遇到而非其预测模式又不相同的四种污染物，即持久性污染物、非持久性污染物、酸碱污染和废热。

(a) 持久性污染物是存在地表水中，不能或很难由于物理、化学、生物作用而分解、沉淀或挥发的污染物，例如在悬浮物甚少、沉降作用不明显水体中的无机盐类、重金属等。

(b) 非持久性污染物是存在地表水中，由于生物作用而逐渐减少的污染物，例如耗氧有机物。

(c) 酸碱污染物有各种废酸、废碱等。表征酸碱污染物的水质参数是 pH 值。

(d) 废热主要由排放热废水所引起，表征废热的水质参数是水温。

② 预测范围内的河段可以分为充分混合段、混合过程段和上游河段。充分混合段是指污染物浓度在断面上均匀分布的河段。当断面上任意一点的浓度与断面平均浓度之差小于平均浓度的5%时，可以认为达到均匀分布。混合过程段是指排放口下游达到充分混合以前的河段。上游河段是排放口上游的河段。

③ 在利用数学模式预测河流水质时，充分混合以采用一维模式或零维模式预测断面平均水质。大、中河流一级、二级评价，且排放口下游 3～5km 以内有集中取水点式其他特别重要的环保目标时，采用二维稳态混合模式预测混合过程段水质。其他情况可根据工程、环境特点、评价工作等级及当地环保要求，决定是否采用二维模式。

④ 上述的数学模式中，解析模式适用于恒定水域中点源连续恒定排放，其中二维解析模式只适用于矩形河流或水深变化不大的湖泊、水库；稳态数值模式适用于非矩形河流、水深变化较大的浅水湖泊、水库形成的恒定水域内的连续恒定排放；动态数值模式适用于各类恒定水域的非连续恒定排放或非恒定水域中的各类排放。

(2) 河流常用数学模式及其推荐

对于不同类型的河段（充分混合段、平直河流混合过程段、弯曲河流混合过程段和沉降作用明显的河流），不同的污染物类型（持久性污染物、非持久性污染物、酸碱和热污染），以及不同的评价等级，可参照表 7-9 选用不同的数学模式进行预测。

表 7-9 河流数学模式学则参照表

污染物类型	河段类型	评价等级	数学模式
持久性污染物	充分混合段	一、二、三级	河流完全混合模式
	平直河流混合过程段	一、二、三级	二维稳态累积流量模式
	弯曲河流混合过程段	一、二、三级	稳态混合累积流量模式
	沉降作用明显的河流		目前尚无相应模式。混合过程段可近似采用非持久性污染物的相应模式，但应将 K_1 改为 K_3（沉降系数）；充分混合段可近似采用托马斯（Thomas）模式，但模式中的 K_1 为零
非持久性污染物	充分混合段	一、二、三级	S-P 模式，清洁河流和三级评价可以不预测溶解氧
	平直河流混合过程段	一、二、三级	二维稳态混合衰减模式
	弯曲河流混合过程段	一、二、三级	稳态混合累积流量模式
	沉降作用明显的河流		目前尚无相应模式。混合过程段可近似采用沉降作用不明显河流相应的预测模式，但应将 K_1 改为综合消减系数 K，充分混合段可以采用托马斯模式
酸碱	充分混合段	一、二、三级	河流 pH 模式
	混合过程段		目前尚无相应模式。可假设酸碱污染物在河流中只有混合作用，按照持久性污染物模式预测混合过程段各点的酸碱物的浓度，然后通过室内试验找出该污染物浓度与 pH 值的关系曲线，最后根据各点污染物的计算浓度查曲线以近似求得相应点的 pH 值
废热	充分混合段	一、二、三级	一维日均水温模式
	混合过程段		目前尚无成熟的简单模式。一级、二级可参考水电部门采用的方法

(3) 河口数学模式推荐

对于不同类型的河口（充分混合段、混合过程段），不同的污染物类型（持久性污染物、非持久性污染物、酸碱和热污染），以及不同的评价等级，可参照表 7-10 选用不同的数学模式进行预测。

表 7-10　河口数学模式选择参照表

污染物类型	河口类型	评价等级	数学模式
持久性污染物	充分混合段	一级	大河：一维非恒定流方程数值模式(偏心差分解法)计算流场，一维动态混合数值模式预测任何时刻的水质 中小河：欧康那(O'connor)河口模式，计算潮周平均、高潮平均和低潮平均水质
		二级	欧康那河口模式
		三级	河流完全混合模式预测潮周平均、高潮平均和低潮平均水质
	混合过程段	一级	可采用二维动态混合数值模式预测水质，也可以采用河流相应情况的模式预测潮周平均、高潮平均低潮平均水质
		二级	可以采用河流相应情况的模式预测潮周平均情况
非持久性污染物	充分混合物	一级	大河可以采用一维非恒定流方程数值模式计算流场，采用一维动态混合衰减数值模式预测水质，小河和中河可以采用欧康那河口衰减模式，预测潮周平均、高潮平均和低潮平均水质
		二级	可以采用欧康那河口衰减模式预测潮周平均、高潮平均和低潮平均水质
		三级	可以采用 S-P 模式，预测潮周平均、高潮平均和低潮平均水质。可以不预测溶解氧
	混合过程段	一级	可以采用二维动态混合衰减数值模式预测水质，也可以采用河流相应情况的模式预测潮周平均、高潮平均和低潮平均水质
		二级	可以采用河流相应模式预测潮周平均、高潮平均和低潮平均水质
酸碱	充分混合段	一、二、三级	可以采用河流响应情况模式预测潮周平均、高潮平均和低潮平均水质
废热	混合过程段	一、二、三级	可以采用河流一维日均温度模式近似地估算潮周平均、高潮平均和低潮平均的温度情况，或参照河流相关模式处理

注：本表中的河口特指河流感潮段，其他形成的河口预测计算问题分别参见河流、湖库或海湾相关模式。

(4) 湖库数学模式推荐

对于不同类型的湖库（小湖库、无风时的大湖库、近岸环流显著的大湖库、分层湖库），不同的污染物类型（持久性污染物、非持久性污染物、酸碱和热污染），以及不同的评价等级，可参照表 7-11 选用不同的数学模式进行预测。

表 7-11　湖库数学模式选择参照表

污染物类型	湖库类型	评价等级	数学模式
持久性污染物	小湖(库)	一、二、三级	均采用湖泊完全混合平衡模式
	无风的大湖(库)	一、二、三级	一、二、三级均可采用卡拉乌舍夫模式
	近岸环流显著的大湖(库)	一、二、三级	湖泊环流二维稳态混合模式
	分层湖(库)		分层湖(库)集总参数模式
非持久性污染物	小湖(库)	一、二、三级	湖泊完全混合模式
	无风的大湖(库)	一、二、三级	一、二、三级均可采用湖泊推流衰减模式
	近岸环流显著的大湖(库)	一、二、三级	湖泊环流二维稳态混合衰减模式
	分层湖(库)	一、二、三级	分层湖(库)集总参数衰减模式
	顶端入口附近排入废水的狭长湖(库)	一、二、三级	狭长湖移流衰减模式
	循环利用湖水的小湖(库)	一、二、三级	部分混合水质模式
酸碱污染物	小湖		河流 pH 模式
	大湖(库)和近岸环流显著的大湖(库)		首先假设酸碱污染物在湖(库)中只有混合作用，并按照湖泊持久性污染物相关模式预测该污染物在湖(库)各点的浓度，然后通过室内试验找出该污染物浓度和 pH 的关系曲线，最后根据各点浓度曲线近似求得该点的 pH 值

（5）海湾数学模式推荐

对于不同的污染物类型（持久性污染物、非持久性污染物、酸碱和热污染），以及不同评价标准，可参照表 7-12 选用不同的数学模式对海湾进行影响预测。

表 7-12　海湾数学模式选择参照表

污染物类型	评价等级	数学参数
持久性污染物	一、二级	建议采用 ADI 潮流模式计算流场，采用 ADI 水质模式陈预测水质；也可以采用特征理论模式计算流场，采用特征理论水质模式预测水质
	三级	建议采用约瑟夫-新德那(Joseph-Sendner，简称约-新)模式
非持久性污染物	一、二、三级	由于海湾中非持久性污染物的衰减作用远小于混合作用，所以不同评价等级时，均可近似采用持久性污染物的相应模式预测
酸碱		目前尚无通用成熟的数学模式。可先假设拟排入的酸碱污染物只有混合作用，并按照海湾持久性污染物相关模式预测该污染物各点的浓度，然后通过室内试验找出该污染物浓度与 pH 的关系曲线，最后根据某点该污染物的浓度查曲线，即可近似求得该点的 pH 值
废热	一级	可以采用特征理论潮流模式计算流场，采用特征理论温度模式预测水温
	二级	废水量较大求温度较高时，可以采用与一级相同的方法预测水温；废水量较小求温度较低时，可以采用与三级相同的方法
	三级	可以采用类比调查法分析废热对海湾水温的影响

7.2.5　地表水环境影响评价

地表水环境影响评价是在工程分析、现状评价和影响预测基础上，以法规、标准为依据，说明建设项目或区域开发引起的水环境变化，做出评价结论。

7.2.5.1　评价基本要求

① 评价因子原则上同预测因子。确定主要评价因子及特征评价因子对水环境的影响范围和程度，以及最不利影响出现的时段（或时期）和频率。

② 水环境影响评价的时期与水环境影响预测的时期对应。

③ 评价建设项目的地表水环境影响所采用的水质标准应与环境现状评价相同，河道断流时应由环保部门规定功能，并据以选择标准，进行评价。

④ 建设项目达标排入水质现状超标的水域，或者实现达标排放但叠加背景值后不能达到规定的水域类别及水质标准时，应根据水环境容量提出区域总量削减方案。

⑤ 向江河、湖库等水域排放水污染物，应符合流域水污染防治规划。

⑥ 向已超标的水体排污时，应结合环境规划酌情处理或由环保部门事先规定排污要求。

7.2.5.2　评价方法

地表水环境影响评价采用的标准、评价方法等，与地表水环境现状评价基本相同。

一般采用单因子标准指数法进行水质影响评价，具体评价方法详见第 6 章地表水环境现状评价部分。对于水质超标的因子应计算超标倍数并说明超标原因。

规划中几个建设项目在一定时期（如 5 年）内兴建并且向同一地表水环境排污的情况可以采用自净利用指数法进行单项评价。

自净利用指数法是在标准指数法的基础上考虑自净能力允许利用率 λ。自净能力允许利用率 λ 应根据当地水环境自净能力的大小、现在和将来的排污状况及建设项目的重要性等因素决定，并应征得有关单位同意。位于地表水环境中 j 点的污染物 i 来说，它的自净利用指数 $P_{i,j}$ 为

$$P_{i,j}=\frac{C_{i,j}-C_{\mathrm{h}i,j}}{\lambda(C_{\mathrm{s},j}-C_{\mathrm{h}i,j})} \tag{7-37}$$

式中　$P_{i,j}$—— 污染物在 j 点的自净利用系数；

$C_{i,j}$—— i 污染物在 j 预测点的浓度，mg/L；

$C_{hi,j}$—— 河流上游 i 污染物的浓度，mg/L；

$C_{s,j}$—— 污染物的水质标准，mg/L。

DO 的自净利用指数为

$$P_{DO,j}=\frac{DO_{hj}-DO_j}{\lambda(DO_{hj}-DO_s)} \tag{7-38}$$

式中　$P_{DO,j}$—— DO 在 j 预测点的自净利用指数；

DO_{hj}—— 河流在 j 点的 DO 现状值（mg/L）；

DO_j—— j 点的 DO 预测浓度（mg/L）；

DO_s—— 地表水水质标准中规定的 DO 限值（mg/L）。

pH 的自净利用指数为

排入酸性污染物时

$$P_{pH,j}=\frac{pH_{hj}-pH_j}{\lambda(pH_{hj}-pH_{sd})} \tag{7-39}$$

排入碱性污染物时

$$P_{pH,j}=\frac{pH_j-pH_{hj}}{\lambda(pH_{su}-pH_{hj})} \tag{7-40}$$

式中　$P_{pH,j}$—— pH 在 j 预测点的自净利用指数；

pH_{hj}—— 河流在 j 点的 pH 现状值；

pH_j—— j 点的 pH 预测浓度；

pH_{sd}—— 地表水水质标准中规定的 pH 下限；

pH_{su}—— 地表水水质标准中规定的 pH 上限。

当 $P_{i,j}\leqslant 1$ 时，说明污染物 i 在 j 点利用的自净能力没有超过允许的比例；否则说明超过允许利用的比例。这时 $P_{i,j}$ 的值即为允许利用的倍数。

7.2.5.3　评价内容

① 分析环境水文条件及水动力条件变化趋势与特征，评价水文要素及水动力条件的改变对水环境及各类用水对象的影响程度。

② 以评价确定的水文条件或最不利影响出现的时段（或水期），确定评价因子的影响范围和影响程度，明确对敏感用水对象及水环境保护目标的影响。

③ 对所有的预测点位、所有的预测因子，均应进行各建设阶段（施工期、运行期、服务期满后）、不同工况（正常、非正常、事故）的水环境影响评价，但应重点突出对水急剧变化处、水域功能改变处、敏感水域及特殊用水取水口等水域的环境影响评价。水环境影响评价应包括水文特征值和水环境质量、影响明显的水环境因子，且应作为评价重点。

④ 建设项目可能导致的水环境影响，应给出排污、水文情势变化对水质、水量影响范围和程度的定量或定性结论。

7.3　地下水环境影响预测与评价

7.3.1　地下水环境影响预测

7.3.1.1　预测原则

① 建设项目地下水环境影响预测应遵循《环境影响评价导则》（HJ 2.1—2011）中确定的

原则进行。考虑到地下水环境污染的隐蔽性和难恢复性，还应遵循环境安全性原则，预测应为评价各方案的环境安全和环境保护措施的合理性提供依据。

② 预测的范围、时段、内容和方法均应根据评价工作等级、工程特征与环境特征，结合当地环境功能和环保要求确定，应以拟建设项目对地下水水质、水位、水量动态变化的影响及由此而产生的主要环境水文地质问题为重点。

③ Ⅰ类建设项目，对工程可行性研究和评价提出的不同选址（选线）方案、或多个排污方案等所引起的地下水环境质量变化应分别进行预测，同时给出污染物正常排放和事故排放两种工况的预测结果。

④ Ⅱ类建设项目，应遵循保护地下水资源与环境的原则，对工程可行性研究中提出的不同选址方案、或不同开采方案等所引起的水位变化及其影响范围应分别进行预测。

⑤ Ⅲ类建设项目，应同时满足Ⅰ类和Ⅱ类建设项目的要求。

7.3.1.2 预测范围

（1）地下水环境影响预测的范围可与现状调查范围相同，但应包括保护目标和环境影响的敏感区域，必要时扩展至完整的水文地质单元，以及可能与建设项目所在的水文地质单元存在直接补排关系的区域。

（2）预测重点应包括：

① 已有、拟建和规划的地下水供水水源区。

② 主要污水排放口和固体废物堆放处的地下水下游区域。

③ 地下水环境影响的敏感区域（如重要湿地、与地下水相关的自然保护区和地质遗迹等）。

④ 可能出现环境水文地质问题的主要区域。

⑤ 其他需要重点保护的区域。

7.3.1.3 预测时段

地下水环境影响预测时段应包括建设项目建设、生产运行和服务期满后三个阶段。

7.3.1.4 预测因子

（1）Ⅰ类建设项目

Ⅰ类建设项目预测因子应选取与拟建项目排放的污染物有关的特征因子，选取重点应包括：

① 改、扩建项目已经排放的及将要排放的主要污染物；

② 难降解、易生物蓄积、长期接触对人体和生物产生危害作用的污染物，持久性有机污染物；

③ 国家或地方要求控制的污染物；

④ 反应地下水循环特征和水质成因类型的常规项目或超标项目。

（2）Ⅱ类建设项目

Ⅱ类建设项目预测因子应选取水位及与水位变化所引发的环境水文地质问题相关的因子。

（3）Ⅲ类建设项目

Ⅲ类建设项目，应同时满足Ⅰ类和Ⅱ类建设项目的要求。

7.3.1.5 预测方法

（1）建设项目地下水环境影响预测方法包括数学模型法和类比预测法。其中数学模型法包括数值法、解析法、均衡法、回归分析法、趋势外推、时序分析等方法。

（2）一级评价应采用数值法；二级评价中水文地质条件复杂时应采用数值法，水文地质条件简单时可采用解析法；三级评价可采用回归分析、趋势外推、时序分析或类比预测法。

（3）采用数值法或解析法预测时，应先进行参数识别和模拟验证。

(4) 采用解析模型预测污染物在含水层中的扩散时，一般应满足以下条件：

① 污染物的排放对地下水流场没有明显的影响；

② 预测区内含水层的基本参数（如渗透系数、有效孔隙度等）不变或变化很小。

(5) 采用类比预测分析法时，应给出具体的类比条件。类比分析对象之间应满足以下要求：

① 二者的环境水文地质条件、水动力场条件相似；

② 二者的工程特征及对地下水环境的影响具有相似性。

7.3.1.6 预测模型概化

(1) 水文地质条件概化

应根据评价等级选用的预测方法，结合含水介质结构特征，地下水补、径、排条件，边界条件及参数类型来进行水文地质条件概化。

(2) 污染源概化

污染源概化包括排放形式与排入规律的概化。根据污染源的具体情况，排放形式可以概化为点源或面源；排放规律可以简化为连续恒定排放或非连续恒定排放。

(3) 水文地质参数值的确定

对于一级评价建设项目，地下水水量（水位）、水质预测所需用的含水层渗透系数、释水系数、给水度和弥散度等参数值应通过现场试验获取；对于二、三级评价建设项目，水文地质参数可从评价区以往环境水文地质勘察成果资料中选定，或依据相邻地区和类比区最新的勘察成果资料确定。

7.3.2 地下水环境影响评价

7.3.2.1 评价原则

(1) 评价应以地下水环境现状调查和地下水环境影响预测结果为依据，对建设项目不同选址（选线）方案、各实施阶段（建设、生产运行和服务期满后）不同排污方案及不同防渗措施下的地下水环境影响进行评价，并通过评价结果的对比，推荐地下水环境影响最小的方案。

(2) 地下水环境影响评价采用的预测值未包括环境质量现状值时，应叠加环境质量现状值后再进行评价。

(3) Ⅰ类建设项目应重点评价建设项目污染源对地下水环境保护目标（包括已建成的在用、备用应急水源地，在建和规划的水源地、生态环境脆弱区域和其他地下水环境敏感区域）的影响。评价因子同影响预测因子。

(4) Ⅱ类建设项目应重点依据地下水流场变化，评价地下水水位（水头）降低或升高诱发的环境水文地质问题的影响程度和范围。

7.3.2.2 评价范围

地下水环境影响评价范围与环境影响预测范围相同。

7.3.2.3 评价方法

(1) Ⅰ类建设项目的地下水水质影响评价，可采用标准指数法进行评价。

(2) Ⅱ类建设项目评价其导致的环境水文地质问题时，可采用预测水位与现状调查水位相比较的方法进行评价，具体方法如下：

① 地下水位降落漏斗：对水位不能恢复、持续下降的疏干漏斗，采用中心水位降和水位下降速率进行评价。

② 土壤盐渍化、沼泽化、湿地退化、土地荒漠化、地面沉降、地裂缝、岩溶塌陷：根据地下水水位变化速率、变化幅度、水质及岩性等分析其发展的趋势。

7.3.2.4 评价要求

（1）Ⅰ类建设项目

评价Ⅰ类建设项目对地下水水质影响时，可采用以下判据评价水质能否满足地下水环境质量标准要求。

① 以下情况应得出可以满足地下水环境质量标准要求的结论：

建设项目在各个不同生产阶段、除污染源附近小范围以外地区，均能达到地下水环境质量标准要求；

在建设项目实施的某个阶段，有个别水质因子在较大范围内出现超标，但采取环保措施后，可满足地下水环境质量标准要求。

② 以下情况应做出不能满足地下水环境质量标准要求的结论：

新建项目将要排放的主要污染物，改、扩建项目已经排放的及将要排放的主要污染物，在采取防治措施后，仍造成评价范围内的地下水环境质量超标；

污染防治措施在技术上不可行，或在经济上明显不合理。

（2）Ⅱ类建设项目

评价Ⅱ类建设项目对地下水流场或地下水水位（水头）影响时，应依据地下水资源补采平衡的原则，评价地下水开发利用的合理性及可能出现的环境水文地质问题的类型、性质及其影响的范围、特征和程度等。

（3）Ⅲ类建设项目

Ⅲ类建设项目的环境影响分析就按照Ⅰ类和Ⅱ类建设项目进行。

7.4 声环境影响预测与评价

7.4.1 基本要求

7.4.1.1 预测范围及预测点

噪声预测范围一般与所确定的噪声评价等级所规定的范围相同。根据建设项目声源特性（声级大小特征、频率特征和时空分布特征等）和周边敏感目标分布特征（集中与分散分布、地面水平与楼房垂直分布、建筑物使用功能等）可适当扩大预测范围。

（1）固定声源建设项目（如工厂、港口、施工工地、铁路站场等）

① 满足一级评价的要求，一般以建设项目边界向外200m为评价范围。

② 二级、三级评价范围可根据建设项目所在区域和相邻区域的声环境功能区类别及敏感目标等实际情况适当缩小。

③ 如依据建设项目声源计算得到的贡献值到200m处，仍不能满足相应功能区标准值时，应将评价范围扩大到满足标准值的距离。

（2）流动声源建设项目

① 城市道路、公路、铁路、城市轨道交通地上线路和水运线路等建设项目，一般以道路中心线外两侧200m以内为评价范围可满足一级评价的要求。

② 二级、三级评价范围可根据建设项目所在区域和相邻区域的声环境功能区类别及敏感目标等实际情况适当缩小。

③ 如依据建设项目声源计算得到的贡献值到200m处，仍不能满足相应功能区标准值时，应将评价范围扩大到满足标准值的距离。

（3）机场评价项目

机场周围飞机噪声评价范围应根据飞行量计算到L_{WECPN}为70dB的区域。

① 满足一级评价的要求，一般以主要航迹离跑道两端各5～12km、侧向各1～2km的范围为评价范围。

② 二级、三级评价范围可根据建设项目所处区域的声环境功能区类别及敏感目标等实际情况适当缩小。

7.4.1.2 预测点

建设项目厂界（或场界、边界）和评价范围内的敏感目标应作为预测点。

对于地面水平分布敏感目标注意按其所属的环境噪声功能区分不同距离段预测；对于楼房垂直分布敏感目标注意按不同层数的垂直声场分布来预测；预测点根据评价等级和环境管理需求不同可以是一个评价点，也可以是一栋楼房或一个区域。

为了便于绘制等声级线图，可以用网格法确定预测点，网格的大小应根据具体情况确定。对于建设项目包含呈线状声源特征的情况，平行于线状声源走向的网格间距可大些（如100～300m），垂直于线状声源走向的网格间距应小些（如20～60m）；对于建设项目包含呈点声源特征的情况，网格的大小一般为（20m×20m）～（100m×100m）。

7.4.1.3 预测需要的基础资料

（1）声源资料

建设项目的声源资料主要包括：声源种类、数量、空间位置、噪声级、频率特性、发声持续时间和对敏感目标的作用时间段等。

（2）影响声波传播的各类参量

影响声波传播的各类参量应通过资料收集和现场调查取得，各类参量如下：

① 建设项目所处区域的年平均风速和主导风向，年平均气温，年平均相对湿度。

② 声源和预测点间的地形、高差。

③ 声源和预测点间障碍物（如建筑物、围墙等；若声源位于室内，还包括门、窗等）的位置及长、宽、高等数据。

④ 声源和预测点间树林、灌木等的分布情况，地面覆盖情况（如草地、水面、水泥地面、土质地面等）。

7.4.2 预测步骤

7.4.2.1 声环境影响预测步骤

（1）建立坐标系，确定各声源坐标和预测点坐标，并根据声源性质以及预测点与声源之间的距离情况，把声源简化成点声源，或线声源，或面声源。

（2）根据已获得的声源源强的数据和各声源到预测点的声波传播条件资料，计算出噪声从各声源传播到预测点的声衰减量，由此计算出各声源单独作用在预测点时产生的A声级（L_{Ai}）或有效感觉噪级（L_{EPN}）。

7.4.2.2 声级的计算

（1）建设项目声源在预测点产生的等效声级贡献值（L_{eqg}）计算公式：

$$L_{eqg}=10\lg\left(\frac{1}{T}\sum_i t_i 10^{0.1L_{Ai}}\right) \tag{7-41}$$

式中 L_{eqg}—— 建设项目声源在预测点的等效声级贡献值，dB(A)；

L_{Ai}—— i声源在预测点产生的A声级，dB(A)；

T—— 预测计算的时间段，s；

t_i—— i声源在T时段内的运行时间，s。

（2）预测点的预测等效声级（L_{eq}）计算公式：

$$L_{eq}=10\lg(10^{0.1L_{eqg}}+10^{0.1L_{eqb}}) \tag{7-42}$$

式中　L_{eqg}—— 建设项目声源在预测点的等效声级贡献值，dB(A)；

L_{eqb}—— 预测点的背景值，dB(A)。

(3) 机场飞机噪声计权等效连续感觉噪声级（L_{WECPN}）计算公式：

$$L_{WECPN}=\overline{L_{EPN}}+10\lg(N_1+3N_2+10N_3)-39.4 \tag{7-43}$$

式中　N_1—— 7：00～19：00 对某个预测点声环境产生噪声影响的飞行架次；

N_2—— 19：00～22：00 对某个预测点声环境产生噪声影响的飞行架次；

N_3—— 22：00～7：00 对某个预测点声环境产生噪声影响的飞行架次；

$\overline{L_{EPN}}$—— N 次飞行有效感觉噪声级能量平均值（$N=N_1+N_2+N_3$），dB。

$\overline{L_{EPN}}$的计算公式：

$$\overline{L_{EPN}}=10\lg\left(\frac{1}{N_1+N_2+N_3}\sum_i\sum_j 10^{0.1L_{EPNij}}\right) \tag{7-44}$$

式中　L_{EPNij}—— j 航路，第 i 架次飞机在预测点产生的有效感觉噪声级，dB。

(4) 按工作等级要求绘制等声级线图。等声级线的间隔应不大于 5dB（一般选 5dB）。对于 L_{eq} 等声级线最低值应与相应功能区夜间标准值一致，最高值可为 75dB；对于 L_{WECPN} 一般应有 70dB、75dB、80dB、85dB、90dB 的等声级线。

7.4.3 户外声传播衰减计算

7.4.3.1 基本公式

户外声传播衰减包括几何发散（A_{div}）、大气吸收（A_{atm}）、地面效应（A_{gr}）、屏障屏蔽（A_{bar}）、其他多方面效应（A_{misc}）引起的衰减。

(1) 在环境影响评价中，应根据声源声功率级或靠近声源某一参考位置处的已知声级（如实测得到的）、户外声传播衰减，计算距离声源较远处的预测点的声级。在已知距离无指向性点声源参考点（r_0）处的倍频带（用 63～8000Hz 的 8 个标称倍频带中心频率）声压级和计算出参考点（r_0）和预测点（r）处之间的户外声传播衰减后，预测点 8 个倍频带声压级可分别用式(7-45) 计算。

$$L_p(r)=L_p(r_0)-(A_{div}+A_{atm}+A_{bar}+A_{gr}+A_{misc}) \tag{7-45}$$

(2) 预测点的 A 声级可按式(7-46) 计算，即将 8 个倍频带声压级合成，计算出预测点的 A 声级［$L_A(r)$］。

$$L_A(r)=10\lg\left(\sum_{i=1}^{8}10^{0.1(L_{pi}(r)-\Delta L_i)}\right) \tag{7-46}$$

式中　$L_{pi}(r)$—— 预测点（r）处，第 i 倍频带声压级，dB；

ΔL_i—— 第 i 倍频带的 A 计权网络修正值，dB。

(3) 在只考虑几何发散衰减时，可用式(7-47) 计算：

$$L_A(r)=L_A(r_0)-A_{div} \tag{7-47}$$

7.4.3.2 几何发散衰减

噪声源的声功率值是基本恒定的，随着传播距离的增加，波阵面面积迅速增加，因而单位时间通过垂直于声波传播方向上单位面积的能量（即声强）减小，这种衰减称为几何发散衰减。

(1) 点声源的几何发散衰减

$$A_{div}=10\lg\frac{1}{4\pi r^2} \tag{7-48}$$

式中　r—— 点声源至受声点的距离，m；

在距离点声源 r_1 处至点声源 r_2 处的衰减值为

$$A_{div}=20\lg\frac{r_1}{r_2} \quad (7\text{-}49)$$

当 $r_2=2r_1$ 时，$A_{div}=-6dB$，即点声源传播距离增加1倍，衰减6dB。

需要注意的是，无论是对参照点还是对计算点，声源都必须可以视为点声源时才可以应用(7-48)式计算。许多人习惯于取离声源1m处为参照点，由于此处离声源近，对于面积较大或线度较长的声源而言，该处并不能将声源视为点声源，衰减值将被高估。

【例7-3】 已知距离冷却塔10m处噪声测量值为74dB，距居民楼50m；距离锅炉房8m处噪声测量值为70dB，距离居民楼65m，求两设备噪声对居民楼共同影响的声级。

解： 冷却塔对居民楼的噪声贡献值为：

$$L_1=74-20\lg(50/10)=60.02dB$$

锅炉房对居民楼的噪声贡献值为：

$$L_2=70-20\lg(65/8)=51.80dB$$

两设备对居民楼噪声贡献叠加值为：

$$L=10\lg(10^{0.1L_1}+10^{0.1L_2})=10\lg(10^{6.002}+10^{5.180})=61dB$$

(2) 线声源的几何发散衰减

$$A_{div}=10\lg\frac{1}{2\pi rl} \quad (7\text{-}50)$$

式中 A_{div}—— 距离增加产生的衰减值，dB；

r—— 线声源至受声点的距离，m；

l—— 线声源的长度，m。

当 $r>l$ 且 $r_1>l$ 时，即在有限长线声源的远场，有限长线声源可视为点声源。

当 $r<l/3$ 且 $r_1<l/3$ 时，即在近场区，有限长线声源可当作无限长线声源处理，在距离线声源 r_1 处至 r_2 处的衰减值为：

$$A_{div}=10\lg\frac{r_1}{r_2} \quad (7\text{-}51)$$

当 $r_2=2r_1$ 时，$A_{div}=-3dB$，即线声源传播距离增加1倍，衰减3dB。

当 $l/3<r<l$ 且 $l/3<r_1<l$ 时，在距离线声源 r_1 处至 r_2 处的衰减值为：

$$A_{div}=15\lg\frac{r_1}{r_2} \quad (7\text{-}52)$$

(3) 面声源的几何发散衰减

设面声源短边是 a，长边是 b ($b>a$)，随着距离的增加，其衰减值与距离 r 的关系如下：

当 $r<a/\pi$ 时，几乎不衰减（$A_{div}\approx0$）；

当 $a/\pi<r<b/\pi$，距离加倍衰减3dB左右，类似线声源衰减特性；

当 $r>b/\pi$ 时，距离加倍衰减趋近于6dB，类似点声源衰减特性。

7.4.3.3 大气吸收引起的衰减（A_{atm}）

大气吸收引起的衰减按式(7-53)计算：

$$A_{atm}=\frac{a(r-r_0)}{1000} \quad (7\text{-}53)$$

式中 A_{atm}—— 大气吸收造成的衰减值，dB；

a—— 每1000m空气吸收系数，可查相关表格；

r_0—— 参考位置到声源距离，m；

r—— 计算点到声源距离，m。

空气吸收引起的声压级衰减量与距离成正比，由于空气吸收系数值很小，在距离较大时（如 200m 以上）才考虑空气吸收。

空气吸收系数与声音频率关系很大，空气对中高频噪声的吸收远大于低频，对于中、低频特性的噪声源可不考虑空气吸收。

空气吸收系数还与温度、相对湿度有关，计算时可取项目所在地常年平均气温与温度。

7.4.3.4 地面效应衰减（A_{gr}）

地面按其对声波反射性能可分为：坚实地面（如铺筑过的路面、夯实地面、水面、冰面等）、疏松地面（如农田、被草或其他植物覆盖的地面）和混合地面（由坚实地面和疏松地面组成）。

声波越过疏松地面传播时，或大部分为疏松地面的混合地面，在预测点仅计算 A 声级前提下，地面效应引起的倍频带衰减可用式(7-54) 计算。

$$A_{gr}=4.8-\left(\frac{2h_m}{r}\right)\left[17+\frac{300}{r}\right] \tag{7-54}$$

式中 r—— 声源到预测点的距离，m；

h_m—— 传播路径的平均离地高度，m。

若 A_{gr} 计算出负值，则 A_{gr} 可用“0”代替。

7.4.3.5 屏障引起的衰减（A_{bar}）

（1）墙壁屏障效应

室内混响对建筑物的墙壁隔声影响十分明显，其总隔声量 TL 可用下列公式进行计算：

$$TL=L_{p_1}-L_{p_2}+10\lg\left(\frac{1}{4}+\frac{S}{A}\right) \tag{7-55}$$

所以，受墙壁阻挡的噪声衰减值为

$$A_{b1}=TL-10\lg\left(\frac{1}{4}+\frac{S}{A}\right) \tag{7-56}$$

式中 A_{b1}—— 墙壁阻隔产生的衰减值，dB；

L_{p_1}—— 室内混响噪声级，dB；

L_{p_2}—— 室外 1m 处的噪声级，dB；

S—— 墙壁的阻挡面积，m^2；

A—— 受声室内吸声量，m^2；

若用不同类型的门窗组合墙时，则总隔声量应按下列公式计算：

$$TL=10\lg\frac{1}{\bar{\tau}} \tag{7-57}$$

$$\bar{\tau}=\frac{1}{S}\sum_{i=1}^{n}\tau_i S_i=\frac{\tau_1 S_1+\tau_2 S_2+\cdots+\tau_n S_n}{S_1+S_2+\cdots+S_n} \tag{7-58}$$

式中 $\bar{\tau}$—— 组合墙的平均透射系数，无量纲；

S—— 组合墙的总表面积，m^2，墙壁、门、窗的透射系数分别为 $\tau_{墙}=5\times10^{-5}$，$\tau_{门}=10\times10^{-2}$，$\tau_{窗}=3.7\times10^{-2}$。

（2）户外建筑物的声屏障效应

声屏障的隔声效应与声源和接收点及屏障的位置、屏障高和屏障长度及结构性质有关。可根据它们之间的距离、声音的频率（一般铁路和公路的屏障用频率 500Hz）算出菲涅尔数 N，然后，从图 7-1 曲线中查出相对应的衰减值，声屏障衰减最大不超过 24dB。菲涅尔数 N 的计算式为

$$N=\frac{2(A+B-d)}{\lambda} \tag{7-59}$$

式中 A—— 声源与屏障顶端的距离，m；

B—— 接收点与屏障顶端的距离，m；

d—— 声源与接收点间的距离，m；

λ—— 波长，m。

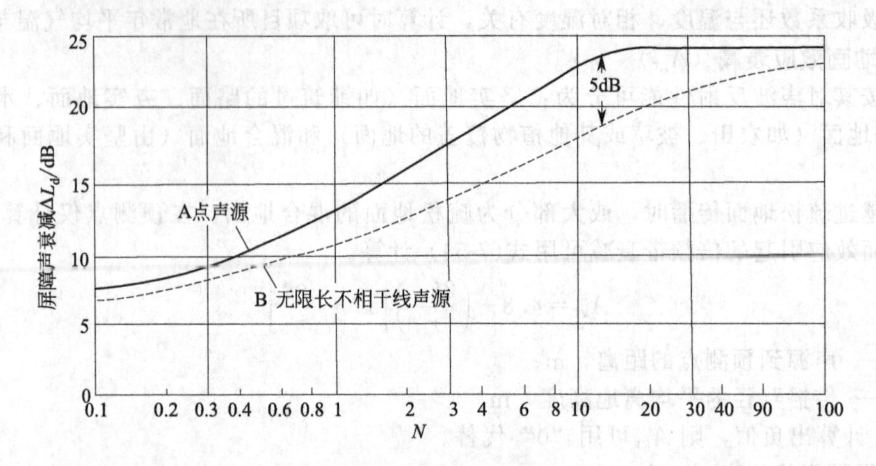

图 7-1　声屏障绕射声衰减曲线

上述各表示距离的参数如图 7-2 所示。

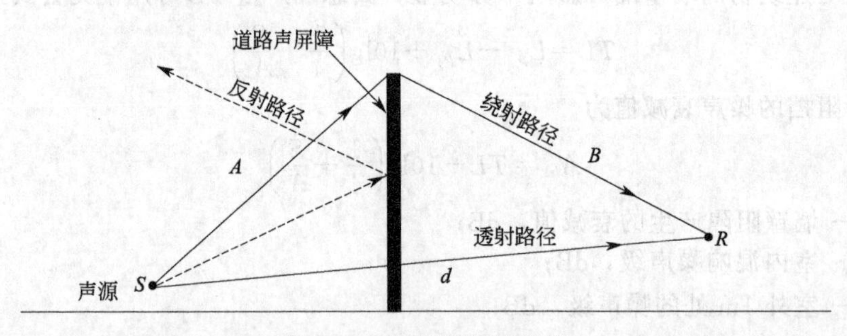

图 7-2　声屏障绕射路径图

(3) 植物吸收的屏障效应

声波通过高于声线 1m 以上的密集植物从时，即会因植物阻挡而产生声衰减。在一般情况下，松树林带能使频率为 1000Hz 的声音衰减 3dB/(10m)；杉树林带为 2.8dB/(10m)；槐树林带为 3.5dB/(10m)；高 30cm 的草地为 0.7dB/(10m)；阔叶林地带的声衰减值见表 7-13。

表 7-13　阔叶林地带的声衰减值　　单位：dB/(10m)

频率/Hz	250	500	1000	2000	4000	8000
衰减值	1	2	3	4	4.5	5

7.4.3.6　反射效应

如图 7-3 所示，当点声源与预测点处在反射体同侧附近时，到达预测点的声级是直达声与反射声叠加的结果，从而使预测点声级增高。

当满足下列条件时，需考虑反射体引起的声级增高：

① 反射体表面平整光滑，坚硬的。

② 反射体尺寸远远大于所有声波波长 λ。

③ 入射角 $\theta<85°$。

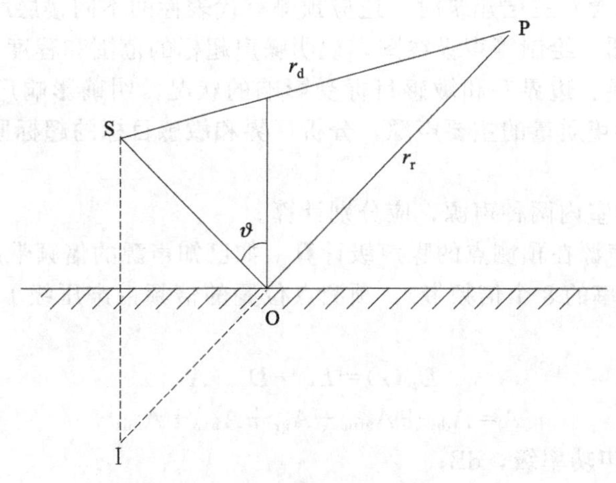

图 7-3　反射体的影响

$r_r - r_d \gg \lambda$ 反射引起的修正量 ΔL_r 与 r_r/r_d（r_r＝IP、r_d＝SP）有关，可按以下关系计算：

当 $r_r/r_d \approx 1$ 时，$\Delta L_r = 3\text{dB}$；

当 $r_r/r_d \approx 1.4$ 时，$\Delta L_r = 2\text{dB}$；

当 $r_r/r_d \approx 2$ 时，$\Delta L_r = 1\text{dB}$；

当 $r_r/r_d > 2.5$ 时，$\Delta L_r = 0$。

7.4.4　典型项目噪声影响预测 A_{div}

7.4.4.1　工业噪声预测

（1）固定声源分析

① 主要声源的确定　分析建设项目的设备类型、型号、数量，并结合设备类型、设备和工程边界、敏感目标的相对位置确定工程的主要声源。

② 声源的空间分布　依据建设项目平面布置图、设备清单及声源源强等资料，标明主要声源的位置。建立坐标系，确定主要声源的三维坐标。

③ 声源的分类　将主要声源划分为室内声源和室外声源两类。确定室外声源的源强和运行的时间及时间段。当有多个室外声源时，为简化计算，可视情况将数个声源组合为声源组团，然后按等效声源进行计算。对于室内声源，需分析围护结构的尺寸及使用的建筑材料，确定室内声源源强和运行的时间及时间段。

④ 编制主要声源汇总表　以表格形式给出主要声源的分类、名称、型号、数量、坐标位置等；声功率级或某一距离处的倍频带声压级、A 声级。

（2）声波传播途径分析

列表给出主要声源和敏感目标的坐标或相互间的距离、高差，分析主要声源和敏感目标之间声波的传播路径，给出影响声波传播的地面状况、障碍物、树林等。

（3）预测内容

按不同评价工作等级的基本要求，选择以下工作内容分别进行预测，给出相应的预测结果。

① 厂界（或场界、边界）噪声预测　预测厂界噪声，给出厂界噪声的最大值及位置。

② 敏感目标噪声预测　预测敏感目标的贡献值、预测值、预测值与现状噪声值的差值，敏感目标所处声环境功能区的声环境质量变化，敏感目标所受噪声影响的程度，确定噪声影响的范围，并说明受影响人口分布情况。

当敏感目标高于（含）三层建筑时，还应预测有代表性的不同楼层所受的噪声影响。

③ 绘制等声级线图　绘制等声级线图，说明噪声超标的范围和程度。

④ 根据厂界（场界、边界）和敏感目标受影响的状况，明确影响厂界（场界、边界）和周围声环境功能区声环境质量的主要声源，分析厂界和敏感目标的超标原因。

（4）预测模式

工业声源有室外和室内两种声源，应分别计算。

① 单个室外的点声源在预测点的噪声级计算　如已知声源的倍频带声功率级（从63Hz到8KHz标称频带中心频率的8个倍频带），预测点位置的倍频带声压级 $L_p(r)$ 可按公式(7-60)计算：

$$L_p(r)=L_w+D_c-A \tag{7-60}$$

$$A=A_{div}+A_{atm}+A_{gr}+A_{bar}+A_{misc} \tag{7-61}$$

式中　L_w—— 倍频带声功率级，dB；

D_c—— 指向性校正，dB；它描述点声源的等效连续声压级与产生声功率级 L_w 的全面点声源在规定方向的级的偏差程度。指向性校正等于点声源的指向性指标 D_I 加上计到小于 4π 球面度（sr）立体角内的声传播指数 D。对辐射到自由空间的全向点声源，$D_c=0$dB；

A—— 倍频带衰减，dB；

A_{div}—— 几何发散引起的倍频带衰减，dB；

A_{atm}—— 大气吸收引起的倍频带衰减，dB；

A_{gr}—— 地面效应引起的倍频带衰减，dB；

A_{bar}—— 声屏障引起的倍频带衰减，dB；

A_{misc}—— 其他多方面效应引起的倍频带衰减，dB。

衰减项计算按7.4.3相关模式计算。

如已知靠近声源处某点的倍频带声压级 $L_p(r_0)$ 时，相同方向预测点位置的倍频带声压级 $L_p(r)$ 可按公式(7-62)计算：

$$L_p(r)=L_p(r_0)-A \tag{7-62}$$

预测点的A声级 $L_A(r)$，可利用8个倍频带的声压级按公式(7-63)计算：

$$L_A(r)=10\lg\left\{\sum_{i=1}^{8}10^{[0.1L_{pi}(r)-\Delta L_i]}\right\} \tag{7-63}$$

式中　$L_{pi}(r)$—— 预测点（r）处，第 i 倍频带声压级，dB；

ΔL_i—— i 倍频带A计权网络修正值，dB（见表7-14）。

表7-14　A计权网络修正值

倍频带中心频率/Hz	63	125	250	500	1000	2000	4000	8000	16000
ΔL_i/dB	−26.2	−16.1	−8.6	−3.2	0	1.2	1.0	−1.1	−6.6

在不能取得声源倍频带声功率或倍频带声压级，只能获得A声功率级或某点的A声级时，可按公式(7-64)和式(7-65)作近似计算：

$$L_A(r)=L_{Aw}-D_c-A \tag{7-64}$$

或
$$L_A(r)=L_A(r_0)-A \tag{7-65}$$

A 可选择对A声级影响最大的倍频带计算，一般可选中心频率为500Hz的倍频带作估算。

② 室内声源等效室外声源的计算

a. 如图7-4所示，首先计算出某个室内靠近围护结构处的倍频带声压级，即

$$L_{p1}=L_{\mathrm{w}}+10\lg\left(\frac{Q}{4\pi r_i^2}+\frac{4}{R}\right) \tag{7-66}$$

式中　L_{p1}—— 室内某个声源在靠近维护结构处产生的倍频带声压级；

L_{w}—— 某个声源的倍频带声功率级；

r_i—— 室内某个声源与靠近围护结构处的距离；

R—— 房间常数，$R=Sa/(1-a)$，S 为房间内表面面积，m^2，a 为平均吸声系数；

Q—— 指向性因数，通常对无指向性声源，当声源放在房间中心时，$Q=1$；当放在一面墙的中心时，$Q=2$；当放在两面墙夹角处时，$Q=4$；当放在三面墙夹角处时，$Q=8$。

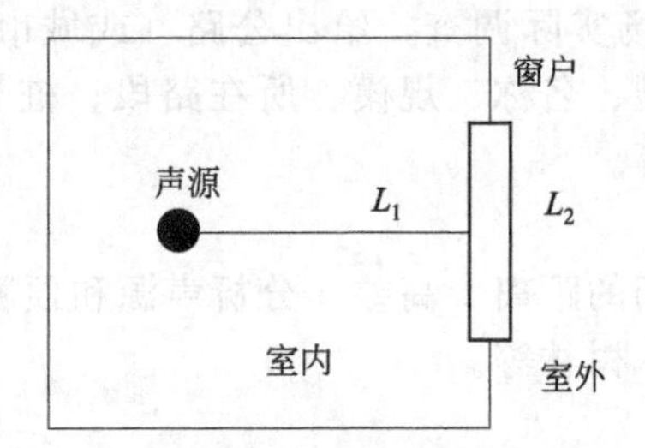

图 7-4　室内声源位置示意图

b. 计算出所有室内声源在靠近维护结构处产生的总倍频带声压级，即

$$L_{p1i}(T)=10\lg\left(\sum_{i=1}^{N}10^{0.1L_{p1ij}}\right) \tag{7-67}$$

式中　$L_{p1i}(T)$—— 靠近围护结构处室内 N 个声源 i 倍频带的叠加声压级，dB；

L_{p1ij}—— 室内 j 声源 i 倍频带的声压级，dB；

N—— 室内声源总数。

c. 计算出室外靠近维护结构处的声压级，即

$$L_{p2i}(T)=L_{p1i}(T)-(TL_i+6) \tag{7-68}$$

式中　$L_{p2i}(T)$—— 靠近围护结构处室外 N 个声源 i 倍频带的叠加声压级，dB；

TL_i—— 围护结构 i 倍频带的隔声量，dB。

d. 将室外声压级 $L_{p2i}(T)$ 和透声面积换算成等效的室外声源，计算出等效声源第 i 个倍频带的声功率级 L_{w}：

$$L_{\mathrm{w}}=L_{p2}(T)+10\lg S \tag{7-69}$$

式中　S—— 透声面积，m^2。

e. 等效室外声源的位置为围护结构的位置，其倍频带声功率级为 L_{w}，由此按室外声源方法计算等效室外声源在预测点产生的声级。

③ 噪声贡献值计算　设第 i 个室外声源在预测点产生的 A 声级为 $L_{\mathrm{A}i}$，在 T 时间内该声源工作时间为 t_i；第 j 个等效室外声源在预测点产生的 A 声级为 $L_{\mathrm{A}j}$，在 T 时间内该声源工作时间为 t_j，则拟建工程声源对预测点产生的贡献值（L_{eqg}）为：

$$L_{\mathrm{eqg}}=10\lg\left[\frac{1}{T}\left(\sum_{i=1}^{N}t_i10^{0.1L_{\mathrm{A}i}}+\sum_{j=1}^{M}t_j10^{0.1L_{\mathrm{A}j}}\right)\right] \tag{7-70}$$

式中　t_j—— 在 T 时间内 j 声源工作时间，s；

t_i—— 在 T 时间内 i 声源工作时间，s；

T—— 用于计算等效声级的时间，s；

N—— 室外声源个数；

M—— 等效室外声源个数。

工业企业的专用铁路、公路等辅助设施的噪声影响预测，按 7.4.4.2、7.4.4.3 进行。

7.4.4.2 公路、城市道路交通运输噪声预测

(1) 预测参数

① 工程参数　明确公路（或城市道路）建设项目各路段的工程内容，路面的结构、材料、坡度、标高等参数；明确公路（或城市道路）建设项目各路段昼间和夜间各类型车辆的比例、昼夜比例、平均车流量、高峰车流量、车速。

② 声源参数　按照 HJ 2.4—2009 进行大、中、小车型的分类，利用相关模式计算各类型车的声源源强，也可通过类比测量进行修正。

③ 敏感目标参数　根据现场实际调查，给出公路（或城市道路）建设项目沿线敏感目标的分布情况，各敏感目标的类型、名称、规模、所在路段、桩号（里程）、与路基的相对高差及建筑物的结构、朝向和层数等。

(2) 声传播途径分析

列表给出声源和预测点之间的距离、高差，分析声源和预测点之间的传播路径，给出影响声波传播的地面状况、障碍物、树林等。

(3) 预测内容

预测各预测点的贡献值、预测值、预测值与现状噪声值的差值，预测高层建筑有代表性的不同楼层所受的噪声影响。按贡献值绘制代表性路段的等声级线图，分析敏感目标所受噪声影响的程度，确定噪声影响的范围，并说明受影响人口分布情况。给出满足相应声环境功能区标准要求的距离。依据评价工作等级要求，给出相应的预测结果。

(4) 预测模式

① 第 i 类车等效声级预测模式：

$$L_{\mathrm{eq}}(h)_i=(\overline{L_{OE}})_i+10\lg\frac{N_i}{V_iT}+10\lg\frac{7.5}{r}+10\lg\frac{\psi_1+\psi_2}{\pi}+\Delta L-16 \tag{7-71}$$

式中 $L_{\mathrm{eq}}(h)_i$—— 第 i 类车的小时等效声级，dB(A)；

$(\overline{L_{OE}})_i$—— 第 i 类车速度为 V_i、水平距离为 7.5m 处的能量平均 A 声级，dB(A)；

N_i—— 昼间、夜间通过某个预测点的第 i 类车平均小时车流量，辆/小时；

r—— 从车道中心线到预测点的距离，m，适用于 $r>7.5$m 预测点的噪声预测；

V_i—— 第 i 类车的平均车速，km/h；

T—— 计算等效声级的时间，1h；

ψ_1、ψ_2—— 预测点到有限长路段两端的张角（弧度）；

ΔL—— 由其他因素引起的修正量，dB(A)，可按式(7-72)、式(7-73)、式(7-74)计算。

$$\Delta L=\Delta L_1-\Delta L_2+\Delta L_3 \tag{7-72}$$

$$\Delta L_1=\Delta L_{坡度}+\Delta L_{路面} \tag{7-73}$$

$$\Delta L_2=A_{\mathrm{atm}}+A_{\mathrm{gr}}+A_{\mathrm{bar}}+A_{\mathrm{misc}} \tag{7-74}$$

式中 ΔL_1—— 线路因素引起的修正量，dB(A)；

$\Delta L_{坡度}$—— 公路纵坡修正量，dB(A)；

$\Delta L_{路面}$—— 公路路面材料引起的修正量，dB(A)；

ΔL_2—— 声传播途径中引起的衰减量，dB(A)；

ΔL_3—— 由反射等引起的修正量，dB(A)。

② 总车流量等效声级：

$$L_{eq}(t)=10\lg[10^{0.1L_{eq}大(h)}+10^{0.1L_{eq}中(h)}+10^{0.1L_{eq}小(h)}]$$

如某个预测点受多条线路交通噪声影响（如高架桥周边预测点受桥上和桥下多条车道的影响，路边高层建筑预测点受地面多条车道的影响），应分别计算每条车道对该预测点的声级后，经叠加后得到贡献值。

7.4.4.3 铁路、城市轨道交通噪声预测

（1）预测参数

① 工程参数　明确铁路（或城市轨道交通）建设项目各路段的工程内容，分段给出线路的技术参数，包括线路型式、轨道和道床结构等。

② 车辆参数　铁路列车可分为旅客列车、货物列车、动车组三大类，牵引类型主要有内燃牵引、电力牵引两大类；

城市轨道交通可按车型进行分类。分段给出各类型列车昼间和夜间的开行对数、编组情况及运行速度等参数。

③ 声源源强参数　不同类型（或不同运行状况下）列车的声源源强，可参照国家相关部门的规定确定，无相关规定的应根据工程特点通过类比监测确定。

④ 敏感目标参数　根据现场实际调查，给出铁路（或城市轨道交通）建设项目沿线敏感目标的分布情况，各敏感目标的类型、名称、规模、所在路段、桩号（里程）、与路基的相对高差及建筑物的结构、朝向和层数等。视情况给出铁路边界范围内的敏感目标情况。

（2）声传播途径分析

列表给出声源和预测点间的距离、高差，分析声源和预测点之间的传播路径，给出影响声波传播地面状况、障碍物、树林等。

（3）预测内容

预测内容要求与 7.4.4.2 相同。

（4）预测模式

① 城市轨道交通运输噪声预测模式　预测点列车运行噪声等效声级计算模式：

$$L_{eq,l}=10\lg\left(\frac{1}{T}\sum_{j=1}^{m}t_j10^{0.1L_{p,j}}\right) \tag{7-75}$$

$$t_j=\frac{l_j}{V_j}\left(1+0.8\frac{d}{l_j}\right) \tag{7-76}$$

$$L_{p,j}=L_{p_0,j}+C_j \tag{7-77}$$

$$C_j=C_{1j}-A \tag{7-78}$$

$$C_{1j}=C_{Vj}+C_t+C_\theta \tag{7-79}$$

式中　$L_{eq,l}$——预测点列车运行噪声等效声级，dB(A)；

T——预测时段内的时间，s；

m——T 时段内通过的列车数，列；

t_j——j 列车通过时段的等效时间，s；

l_j——j 列车长度，m；

V_j——j 列车运行速度，m/s；

d——预测点到轨道中心线的水平距离，m；

$L_{p,j}$——预测点 j 列车通过时段内的等效声级，按式(A.24) 计算，dB(A)；

$L_{p_0,j}$——参考点 j 列车通过时段内最大垂向指向性方向上的噪声辐射源强，dB(A)；

C_j——j 列车噪声修正量，dB(A)；

C_{1j}——j 列车车辆、线路及轨道结构等修正量，dB(A)；

C_{Vj}——j 列车速度修正量，dB(A)；

C_t—— 线路和轨道结构的修正量，dB(A)；

C_θ—— 垂向指向性修正量，dB(A)；

A—— 声波重播途径引起的衰减量，dB，根据式(7-61) 计算。

以上公式同样适用于倍频带声压级计算，若按倍频带声压级计算，应按式(7-75) 分别计算倍频带等效声级后再按公式(7-46) 计算等效声级。

② 铁路交通噪声预测模式　预测点列车运行噪声等级声级预测模式

$$L_{\mathrm{eq},l} = 10\lg\left[\frac{1}{T}\sum_{i} n_i t_i 10^{0.1(L_{p_0,i}+C_i)}\right] \tag{7-80}$$

式中 T—— 规定的评价时间，s；

n_i—— T 时间内通过的第 i 类列车列数，列；

t_i—— 第 i 类列车通过的等效时间，s；计算方法见公式(7-76)；

$L_{p_0,i}$—— 第 i 类列车最大垂向指向性上的噪声辐射源强，为 A 声级或倍频带声压级，dB(A) 或 dB；

C_i—— 第 i 类列车的噪声修正项，可为 A 声级或倍频带声压级修正项，dB(A) 或 dB。

若采用按倍频带计算的方法，则应按式(7-76) 分别计算频带等效声级后，再按公式(7-46) 计算等效声级。

7.4.4.4 机场飞机噪声预测

(1) 预测参数

① 工程参数

a. 机场跑道参数：跑道的长度、宽度、坐标、坡度、数量、间距、方位及海拔高度。

b. 飞行参数：机场年日平均飞行架次；机场不同跑道和不同航向的飞机起降架次，机型比例昼间、傍晚、夜间的飞行架次比例；飞行程序——起飞、降落、转弯的地面航迹；爬升、下滑的垂直剖面。

② 声源参数　利用国际民航组织和飞机生产厂家提供的资料，获取不同型号发动机飞机的功率-距离-噪声特性曲线，或按国际民航组织规定的监测方法进行实际测量。

③ 气象参数　机场的年平均风速、年平均温度、年平均湿度、年平均气压。

④ 地面参数　分析飞机噪声影响范围内的地面状况（坚实地面，疏松地面，混合地面）。

(2) 预测的评价量

根据 GB 9660 的规定，预测的评价量为 L_{WECPN}。

(3) 预测范围

计权等效连续感觉噪声级（L_{WECPN}）等值线应预测到 70dB。

(4) 预测内容

在 1：50000 或 1：10000 地形图上给出计权等效连续感觉噪声级（L_{WECPN}）为 70dB、75dB、80dB、85dB、90dB 的等声级线图。同时给出评价范围内敏感目标的计权等效连续感觉噪声级（L_{WECPN}）。给出不同声级范围内的面积、户数、人口。依据评价工作等级要求，给出相应的预测结果。

(5) 预测模式

改扩建项目应进行飞机噪声现状监测值和预测模式计算值符合性的验证，给出误差范围。

依据 GB 9660 机场周围噪声的预测评价量应为计权等效（有效）连续感觉噪声级（L_{WECPN}），其计算公式如下：

$$L_{\mathrm{WECPN}} = \overline{L_{\mathrm{EPN}}} + 10\lg(N_1 + 3N_2 + 10N_3) - 39.4 \tag{7-81}$$

式中 N_1—— 07：00～19：00 对某预测点产生的噪声影响的飞行架次；

N_2—— 19：00～22：00 对某预测点产生的噪声影响的飞行架次；

N_3—— 22：00～07：00 对某预测点产生的噪声影响的飞行架次。

$$\overline{L_{EPN}}=10\lg\left(\frac{1}{N_1+N_2+N_3}\sum_i\sum_j 10^{L_{EPNij}}\right) \tag{7-82}$$

式中 L_{EPNij}—— j 航路第 i 架次飞机队某预测点引起的有效感觉噪声级，dB。

7.4.5 声环境影响评价

7.4.5.1 评价标准的确定

应根据声源的类别和建设项目所处的声环境功能区等确定声环境影响评价标准，没有划分声环境功能区的区域由地方环境保护部门参照 GB 3096 和 GB/T 15190 的规定划定声环境功能区。

7.4.5.2 评价的主要内容

（1）评价方法和评价量

根据噪声预测结果和环境噪声评价标准，评价建设项目在施工、运行期噪声的影响程度、影响范围，给出边界（厂界、场界）及敏感目标的达标分析。进行边界噪声评价时，新建建设项目以工程噪声贡献值作为评价量；改扩建建设项目以工程噪声贡献值与受到现有工程影响的边界噪声值叠加后的预测值作为评价量。进行敏感目标噪声环境影响评价时，以敏感目标所受的噪声贡献值与背景噪声值叠加后的预测值作为评价量。

（2）影响范围、影响程度分析

给出评价范围内不同声级范围覆盖下的面积，主要建筑物类型、名称、数量及位置，影响的户数、人口数。

（3）噪声超标原因分析

分析建设项目边界（厂界、场界）及敏感目标噪声超标的原因，明确引起超标的主要声源。对于通过城镇建成区和规划区的路段，还应分析建设项目与敏感目标间的距离是否符合城市规划部门提出的防噪声距离的要求。

（4）对策建议

分析建设项目的选址（选线）、规划布局和设备选型等的合理性，评价噪声防治对策的适用性和防治效果，提出需要增加的噪声防治对策、噪声污染管理、噪声监测及跟踪评价等方面的建议，并进行技术、经济可行性论证。

7.5 固体废物环境影响评价

7.5.1 固体废物的分类

固体废物是指在生产、生活和其他活动中产生的丧失原有利用价值或者虽未丧失利用价值但被抛弃或者放弃的固态、半固态和置于容器中的气态物、物质，以及法律、行政法规规定纳入固体废物管理的物品、物质。不能排入水体的液态废物和不能排入大气的置于容器中的气态废物，由于多数具有较大的危害性，一般也被归入固体废物管理体系。

固体废物种类繁多，主要来自于生产过程和生活活动的一些环节。按其污染特性可分为一般废物和危险废物。按废物来源又可分为城市固体废物、工业固体废物和农业固体废物。

（1）城市固体废物

城市固体废物是指居民生活、商业活动、市政建设与维护、机关办公等过程产生的固体废物，一般分为以下几类。

① 生活垃圾　指在日常生活中或者为日常生活提供服务的活动中产生的固体废物，以及法律、行政法规规定视为生活垃圾的固体废物，主要包括厨余物、废纸、废塑料、废金属、废玻璃、陶瓷碎片、废家具、废旧电器等。

② 城建渣土　包括废砖瓦碎石、渣土、混凝土碎块（板）等。

③ 商业固体废物　包括废纸，各种废旧的包装材料，丢弃的主、副食品等。

④ 粪便　城市居民产生的粪便，大都通过下水道输入污水处理厂处理。小城镇或边远地区，城市下水处理设施少，粪便需要收集、清运，是城市固体废物的重要组成部分。

（2）工业固体废物

工业固体废物是指在工业生产活动中产生的固体废物，主要包括以下几类。

① 冶金工业固体废物　主要包括各种金属冶炼或加工过程中所产生的各种废渣，如高炉炼铁产生的高炉渣，平炉转电炉炼钢产生的钢渣、铜镍铅锌等，有色金属冶炼过程中产生的有色金属渣、铁合金渣及提炼氧化铝时产生的赤泥等。

② 能源工业固体废物　主要包括燃煤电厂产生的粉煤灰、炉渣、烟道灰、采煤机洗煤过程中产生的煤矸石等。

③ 石油化学工业固体废物　主要包括石油及加工工业产生的油泥、焦油页岩渣、废催化剂、废有机溶剂等，化学工业生产过程中产生的硫铁矿渣、酸渣、碱渣、盐泥、釜底泥、精（蒸）馏残渣，以及医药和农药生产过程中产生的医药废物、废药品、废农药等。

④ 矿业固体废物　主要包括采矿石和尾矿。采矿石是指各种金属、非金属矿山开采过程中从矿上剥离下来的各种围岩，尾矿是指在选矿过程中提取精矿以后剩下的尾渣。

⑤ 轻工业固体废物　主要包括食品工业、造纸印刷工业、纺织印染工业、皮革工业等工业加工过程中产生的污泥、动物残物、废酸、废碱及其他废物。

⑥ 其他工业固体废物　主要包括机械加工过程产生的金属碎屑、电镀污泥、建筑废料及其他工业加工过程产生的废渣等。

（3）农业固体废物

农业固体废物来自农业生产、畜禽饲养、农副产品加工所产生的废物，如农作物秸秆、农田薄膜及畜禽排泄物等。

（4）危险废物

危险废物泛指除放射性废物以外，具有毒性、易燃性、反应性、腐蚀性、爆炸性、传染性，因而可能对人类的生活环境产生危害的废物。《中华人民共和国固体废物污染环境防治法》中规定："危险废物是指列入国家危险废物名录或者根据国家规定的危险废物鉴别标准和鉴别方法认定的具有危险特性的固体废物。"

环境保护部和国家发改委联合发布的《国家危险废物名录》中，危险废物类别有 49 种，把具有腐蚀性、毒性、易燃性、反应性或者感染性等特性的固体废物和液态废物均列入名录，还特别将医疗废物因其具有感染性而列入危险废物范畴，同时明确家庭日常生活中产生的废药品及其包装物、废杀虫剂和消毒剂及其包装物、废油漆和溶剂及其包装物、电子类危险废物等可以不按照危险废物进行管理，但是将上述家庭生活中产生的废物从生活垃圾中分类收集后，其运输、存储、利用或者处置须按照危险废物进行管理。

7.5.2　固体废物环境影响评价

固体废物的环境影响评价主要分为两大类型：第一类是对一般建设项目产生的固体废物，从产生、收集、运输、处理到最终处置的环境影响评价；第二类是以处理、处置固体废物为建设内容项目（如一般工业废物的存储、处置场，危险废物存储场所，生活垃圾填埋场，生活垃圾焚烧厂，危险废物填埋场，危险废物焚烧厂等）的环境影响评价。

7.5.2.1 固体废物处理的环境影响评价

固体废物对环境危害很大，其污染往往是多方面、多环境要素的。固体废物不适当地堆放、处置除有损环境美观外，还产生有毒有害气体和扬尘，污染周围环境空气；废物经雨水淋溶或地下水浸泡，有毒有害物质随渗滤液迁移，污染附近江河湖泊及地下水；同时渗滤液的渗透，破坏土壤团粒结构和微生物的生存条件，影响植物生长发育；大量未经处理的人畜粪便和生活垃圾又是病原菌的滋生地。所以固体废物是污染环境的重要污染源。

（1）对大气环境的影响

固体废物在堆放和处理处置过程中会产生有害气体，若不加以妥善处理将对大气环境造成不同程度的影响。例如，露天堆放和填埋的固体废物会由于有机组分的分解而产生沼气，一方面，沼气中的 NH_3、H_2S、甲硫醇等的扩散会造成恶臭的影响；另一方面，沼气的主要成分 CH_4 气体，这是一种温室气体，其温室效应是 CO_2 的 21 倍，而 CH_4 在空气中含量达到 5%～15%时很容易发生爆炸，对生命安全造成很大威胁。固体废物在焚烧过程中会产生粉尘、酸性气体等，也会对大气环境造成污染。

另外，堆放的固体废物中的细微颗粒、粉尘等可随风飞扬，从而对大气环境造成污染。据研究表明，当发生 4 级以上的风力时，在粉煤灰或尾矿堆表层的粉末将出现剥离，其飘扬的高度可达 20～50m 以上；在季风期间可使平均视程降低 30%～70%。一些有机固体废物，在适宜的湿度和温度下被微生物分解，能释放出有害气体，可以在不同程度上产生毒气或恶臭，造成地区性空气污染。

此外，采用焚烧法处理固体废物，如露天焚烧法处理塑料，排出 Cl_2、HCl 和大量粉尘，也将造成大气污染；一些工业和民用锅炉，由于收尘效率不高造成的大气污染更是屡见不鲜。

（2）对水环境的影响

固体废物对水环境的污染途径有直接污染和间接污染两种。前者是把水体作为固体废物的接纳体，向水体直接倾倒废物，从而导致水体的直接污染，并缩减水体的有效面积，进而影响水体的排洪、航运、养殖和灌溉能力。后者是固体废物在堆放过程中，经过自身分解和雨水淋溶将会产生含有有害化学物质的渗滤液，流入相关地表水和渗入地下而导致地表水和地下水的污染。

（3）对土壤环境的影响

固体废物对土壤的环境影响有两个方面。第一个影响是废物堆放、存储和处置过程中，其中有害组分容易污染土壤。土壤是许多细菌、真菌等微生物聚居的场所，这些微生物与其周围环境构成了一个生态系统，在大自然的物质循环中，担负着碳循环和氮循环的一部分重要任务。工业固体废物特别是有害固体废物，经过风化、雨雪淋溶、地表径流的侵蚀，产生高温和有毒液体渗入土壤，能杀害土壤中的微生物，改变土壤的性质和土壤结构，破坏土壤的腐解能力，导致草木不生。第二个影响是固体废物的堆放需要占用土地。据估计，每堆积 10000t 废渣约需占用土地 $0.067\times10^{-4}km^2$。我国许多城市的近郊也常常是城市垃圾的堆放场所，形成垃圾围城的状况。

（4）固体废物对人体健康的影响

固体废物处理或过程中，特别是露天存放，其中的有害成分在物理、化学和生物的作用下会发生浸出，含有害成分的浸出液可通过地表水、地下水、大气和土壤等环境介质直接或间接被人体吸收，从而对人体健康造成威胁。

根据物质的化学特性，当某些不相容物质相混时，可能发生不良反应，包括热反应（燃烧或爆炸），产生有毒气体（砷化氢、氰化氢、氯气等）和产生可燃性气体（氯气、乙炔等）。若人体皮肤与废强酸或废强碱接触，将发生烧灼性腐蚀作用。若误吸收一定量的农药，能引起急性中毒，出现呕吐、头晕等症状。存储化学物品的空容器，若未经适当处理或管理不善，能引起严重中毒事件。化学废物的长期暴露会产生对人类健康有不良影响的恶性物质。对这类潜存的负面效应，应予以高度重视。

7.5.2.2 固体废物处置的环境影响评价

以处置固体废物为建设内容的项目包括生活垃圾处理厂、一般工业固体废物处置场、医疗废物处置中心、危险废物处置中心等。在进行这些项目的环境影响评价时应根据处理处置的工艺特点，根据《环境影响评价技术导则》及相应的污染控制标准进行环境影响评价。评价的重点应放在处理、处置固体废物设施的选址、污染控制项目、污染物排放等内容上。除此之外，为了保证固体废物处理、处置设施的安全稳定运行，必须建立一个完整的收集、贮存、运输系统，因此在环境影响评价中这个系统是与处理、处置设施构成一个整体的。如果这一系统运行的过程中，可能对周围环境敏感目标造成威胁（如危险废物的运输），如何规避环境风险也是环境影响评价的主要任务。

由于一般固体废物和危险废物在性质上差别较大，因此其环境影响评价的内容和重点也有所不同。

(1) 一般固体废物集中处置设施建设项目环境影响评价

根据处理、处置设施建设及其排污特点，一般固体废物处理、处置设施建设项目环境影响评价的主要工作内容有厂址选择评价、环境质量现状评价、工程污染因素分析、施工期影响评价、地表水和地下水环境影响预测与评价以及大气环境影响预测与评价。

以生活垃圾卫生填埋场的建设为例，其厂（场）址选择和公众参与两项评价内容显得尤其重要；对周围环境（特别是周围居民）最直接、周围居民反应最强烈的恶臭气体、轻物质（废纸片、废塑料袋等）和苍蝇等生物对影响周围居民正常生活的影响；而一旦污染造成严重后果且难以消除的是对水环境（特别是地下水环境、生活水源地）的影响。

(2) 危险废物和医疗废物集中处置设施建设项目环境影响评价

① 评价技术原则　由于危险废物和医疗废物具有较大的危险性、危害性和对环境影响的滞后性，开展集中处置设施的建设也刚起步，所以此类建设项目的环境影响评价应谨慎从事。为了认真落实国务院国函［2003］128号《国务院关于全国危险废物和医疗废物处置设施建设规划的批复》，解决危险废物和医疗废物带来的环境污染问题，实现危险废物和医疗废物的无害化集中处置的目标，防止在处置危险废物和医疗废物过程中产生二次污染，明确危险废物和医疗废物集中处置设施建设项目环境影响评价的技术要求，国家环境保护部于2004年4月15日颁布了《危险废物和医疗废物处置设施建设项目环境影响评价技术原则（试行）》，内容主要包括厂址选择、工程分析、环境现状调查、环境空气影响评价、水环境影响评价、生态环境影响评价、污染防治措施经济技术论证、环境风险评价、环境监测与管理、公众参与结论与建议等。《危险废物和医疗废物处置设施建设项目环境影响评价技术原则（试行）》是进行危险废物和医疗废物集中处置设施建设项目环境影响评价的主要技术依据。在评价中除严格执行有关法律法规外，还应遵循以下几个原则。

a. 安全合理的原则。由于危险废物和医疗废物具有较大的危险性和危害性，给集中处置设施建设带来了潜在的风险，如果处置不当，将直接威胁人体健康和生命安全。该类建设项目的环境影响评价工作与一般工程建设项目的环境影响评价工作有很大的区别，所以在《危险废物和医疗废物处置设施建设项目环境影响评价技术原则（试行）》特别强调了厂址选择的重要性和风险评价的特殊要求。

b. 从严管理原则。危险废物和医疗废物集中处置，我国尚处在技术落后、经验不足的起步阶段，考虑到其环境影响的滞后性，充分估计可能产生的风险就显得十分重要。在项目建设过程中，环境影响评价有着举足轻重的作用。所以，在《危险废物和医疗废物处置设施建设项目环境影响评价技术原则（试行）》中特别规定了危险废物和医疗废物处置设施建设项目环境影响评价必须编制环境影响报告书，同时把厂址选择放到了首要位置，并按危险废物和医疗废物处置污染控制的有关标准对厂址的要求做了进一步细化。

② 危险废物和医疗废物集中处置设施建设项目环境影响评价　危险废物和医疗废物集中处置设施建设项目与一般工程项目的环境影响评价相比主要由以下几方面的特点。

a. 厂址选择至关重要。由于危险废物和医疗废物所具有的危险性和危害性，因此在环境影响评价中，首要关注的就是厂址选择。处置设施选址除要符合国家法律法规要求外，还要就社会环境、自然环境、场地环境、工程地质、水文地质、气候条件、应急救援等因素进行综合分析。结合《危险废物焚烧控制标准》(GB 18484—2001)、《危险废物填埋污染控制标准》(GB 18598—2001)、《医疗废物集中焚烧处置工程建设技术要求（试行)》(环发 2004　15 号)等规定的对厂址选择的要求，详细论证拟选厂址的合理性。确定厂址的各种因素（表 7-15）可分成 A、B、C 三类。A 类为必须满足，B 类为场址比选优劣的重要性，C 类为参考条件。

表 7-15　处置设施选址各种因素

环境	条件	因素区划
社会环境	符合当地发展规划、环境保护规划、环境功能区划	A
	减少因缺乏联系而使公众产生过度担忧，得到公众支持	
	确保城市市区和规划区边缘的安全距离，不得位于城市主导风向上风向	
	确保与重要目标(包括重要的军事设施、大型水利电力设施、交通通信主要干线、核电站、飞机场、重要桥梁、易燃易爆危险设施等)的安全距离	
	社会安定、治安良好地区，避开人口稠密区、宗教圣地等敏感区。危险废物焚烧厂厂界距居民区应大于 1000m，危险废物填埋场场界应位于 800m 以外	
自然环境	不属于河流溯源地、饮用水源保护区	B
	不属于自然保护区、风景区、旅游度假区	
	不属于国家、省(自治区)、直辖市规定的文物保护区	
	不属于重要资源丰富区	
场地环境	避开现有和规划中的地下设施	A
	地形开阔，避免大规模平整土地、砍伐森林、占用基本保护农田	B
	减少设施用地对周围环境的影响，避免公用设施或居民的大规模拆迁	B
	具备一定的基础条件(水、电、交通、通信、医疗等)	C
	可以常年获得危险废物和医疗废物供应	A
	危险废物和医疗废物运输风险	B
工程地质/水文地质	避免自然灾害多发区和地质条件不稳定地区(废弃矿区、坍塌区、崩塌、岩堆、滑坡区、泥石流多发区、活动断层、其他危及设施安全的地质不稳定区)，设施选址应在百年一遇洪水位以上	A
	地震烈度在Ⅶ度以下	B
	最高地下水位应在不透水层以下 3.0m	B
	土壤不具有强烈腐蚀性	B
气候	有明显的主导风向，静风频率低	B
	暴雨、暴雪、雷暴、尘暴、台风等灾害性天气出现概率小	
	冬季冻土层厚度低	
应急救援	有实施应急救援的水、电、通信、交通、医疗条件	A

b. 全时段的环境影响评价。处置的对象是危险废物和医疗废物，处置的方法包括焚烧、安全填埋及其他物化技术等。无论使用何种技术处置何种对象，其建设项目都经历建设期、营运期和服务期满后的全时段。至于采用焚烧和其它物化技术的处置厂，主要关注的是营运期，而对于填埋场则关注的是建设期、营运期和服务期满后的全时段的环境影响。填埋场在建设期势必有永久占地和临时占地，植被将受到影响，可能造成生物资源和农业资源的损失，甚至对生态环境敏感目标产生影响。而在服务期满后，需要提出封场、植被恢复层和植被建设的具体措施，并要求提出封场后 30 年内的管理和监测方案。

c. 全过程的环境影响评价。危险废物和医疗废物处置的环境影响评价应包括收集、运输、贮存、预处理、处置全过程的环境影响评价。分类收集、专业运输、安全贮存和防止不相容废物的混配都直接影响物化方法、焚烧工况、填埋工艺和运行安全。同时各环节的污染物及对环境的影响又有所不同，因此，制定污染防治措施是保证在处置过程中不产生二次污染的重要评价内容。

d. 必须有环境风险评价。危险废物种类繁多、成分复杂，具有传染性、毒性、腐蚀性和易燃易爆性。环境风险评价的目的是分析和预测建设项目存在的潜在危险，预测项目营运期和服务期满后可能发生的突发性事件，以及因此而产生的有毒有害和易燃易爆等物质的泄露，造成对人身的损害和对环境的污染，从而提出合理可行的防范、减缓措施及应急预案，以使建设项目的事故率降到最小，使事故带来的损失及对环境的影响到达可以接受的水平。所以环境风险评价是该类项目环境影响评价的必有内容。

e. 充分重视环境管理与环境监测。为了保证危险废物和医疗废物处置设施安全、有效地运行，必须有健全的管理机构和完整的规章制度。环境影响报告书必须提出风险管理及应急救援制度、转移联单管理制度、处置过程安全操作规程、人员培训考核制度、档案管理制度、处置全过程管理制度以及职业健康、安全、环境保护管理体系等。在环境监测方面，焚烧处置厂的检测重点是环境空气检测，而对安全填埋场监测的重点是地下水环境监测。

临时灰渣场设置应注意临时灰渣场、周围敏感点分布及对环境的影响。

7.6 生态环境影响预测与评价

7.6.1 影响预测与评价的基本步骤

生态环境影响预测是在生态环境现状调查、生态分析和影响识别的基础上，对主要生态因子和生态系统的结构与功能因开发建设活动而导致的变化作定量或半定量预测计算，分析其变化程度以及相关环境后果，明确开发建设者应负的环境责任以及指出为保护生态环境和维持区域生态环境功能不被削弱而应采取的措施及要求。其基本程序是：

① 选定影响预测的主要对象和主要预测因子。

② 根据预测的影响对象和因子选择预测方法、模式、参数，并进行计算。

③ 研究确定评价标准和进行主要生态系统和主要环境功能的预测评价。

④ 进行生态系统与景观及其相关影响的综合评价与分析。

7.6.2 影响预测与评价的要求

在进行生态环境影响预测与评价时，一般应达到如下要求。

① 至少要对关键评价因子（如对绿地、植被、珍稀濒危物种、荒漠等）进行预测分析；评价级别较高时，要对所有重要评价因子均进行单项预测，或者对区域性全方位的影响进行预测。

② 为便于分析和采取对策，要将生态影响划分为：有利影响和不利影响，可逆影响与不可逆影响，近期影响与长期影响，一次影响与累积影响，明显影响与潜在影响，局部影响与区域影响。

③ 要根据不同因子受开发建设影响在时间和空间上的表现和累积情况进行预测评估。如时间分布上的年内和年际变化，空间分布上的宏观和微观变化。

④ 自然资源开发建设项目的生态影响预测要进行经济损益分析。

7.6.3 影响预测与评价的内容和指标

按照《环境影响评价技术导则 生态影响》（HJ 19—2011），生态影响预测与评价的内容应与现状评价的内容相对应，主要考虑如下几个内容。

① 生态系统及其主要生态因子的影响评价　在生态现状调查与影响识别的基础上，评价生态系统受影响的范围、强度和持续时间；预测生态系统组成及其服务功能的变化趋势，重点关注其中的不利影响、不可逆影响和累积生态影响。

② 敏感生态保护目标的影响评价　应明确评价范围内涉及的各类保护目标，在阐明其性质、特点、法律地位和保护要求的基础上，分析评价项目的影响途径、影响方式和影响程度，预测潜在后果。

③ 预测评价项目对区域现存主要生态问题的影响趋势。

在影响识别的基础上筛选评价因子，依据区域生态保护的需要和受影响生态系统的主导生态功能，选择并确定影响预测与评价指标。筛选评价因子时应针对不同的评价对象与生态系统类型，一般应考虑如下几个因素：

① 应能代表和反映受影响的生态环境的性质和特点；

② 相关的信息应易于测量或易于获得；

③ 法规要求或评价中要求的因子。

影响预测的内容与指标应从保护环境功能出发，结合工程项目特点以及区域生态环境的具体情况进行，不同的评价项目，其内容与采用的指标不完全相同，但一般应考虑从如下几个方面来选取可用的指标：

① 是否带来对种群、群落或生态系统新的变化，其变化的性质与程度如何；

② 是否带来对环境资源的新的变化，其变化的性质与程度如何；

③ 是否带来对生态系统支持条件的新的变化，其变化的性质与程度如何；

④ 是否带来对生态环境问题的新的变化，其变化的性质与程度如何；

⑤ 是否改变了现有的景观格局，其改变的性质与程度如何；

⑥ 在生态学各个层次上是否有不利的影响，其影响的程度与范围；

⑦ 在生态学各个层次上是否有有利的影响，其影响的程度与范围。

由于生态环境的区域性特点，在进行具体评价时，类似的问题可以列出许多。

7.6.4 预测与评价方法

生态影响预测一般采取类比分析法、列表清单法、图形叠置法、生态机理分析、景观生态学的方法进行文字分析、定性描述或定量预测，也可以辅之以数学模拟进行预测。

7.6.4.1 类比分析法

类比分析法是一种比较常用的定性和半定量评价方法，可分为生态整体类比、生态因子类比、生态问题类比等，由于生态系统本身的复杂性与区域性特点，单项类比或部分类比方法较整体类比方法更实用一些。

类比分析是根据已有的开发建设活动（项目、工程）对生态产生的影响来分析或预测拟进行的开发建设活动（项目、工程）可能产生的生态影响，选择好类比对象（类比项目）是进行类比分析或预测评价的基础，也是该法成败的关键。类比对象的选择条件是：工程性质、工艺和规模与拟建项目基本相当，生态条件（地理、地质、气候、生物因素等）相似，项目建成已有一定时间，所产生的影响已基本全部显现；通过类比说明项目建设对动植物及生态系统等方面产生的影响。类比对象确定后，则需选择和确定类比因子及指标，并对类比对象开展调查与评价，再分析拟建项目与类比对象的差异，根据类比对象与拟建项目的比较，做出类比分析结论。

类比方法适用于以下几个方面：生态影响识别、评价因子筛选，以原始生态系统为参照评价目标生态系统质量，生态影响的定性分析与评价、某一个或几个生态因子的影响评价、预测生态问题的发生与发展趋势及其危害、确定环保目标和寻求最有效、可行的生态保护措施。

7.6.4.2 列表清单或描述法

列表清单法是 Little 等人于 1971 年提出的一种定性分析方法，该法的特点是简单明了，针对性强。其方法是根据已有的知识、经验，结合具体的建设项目和特定的生态系统，进行定性分析和描述，有时需要结合地形图、植被图、土地利用图、水系图或其它示意图等进行，可使描述的问题更直观可信。

列表清单法对单因素的分析较为适用，如对生态因子的影响分析、生态保护措施筛选、物种或栖息地重要性或优先度比选等；对生态系统的完整性、稳定性的影响分析适用性较小。

7.6.4.3 生态机理分析方法

生态机理分析法是一种根据生态学原理，结合专家判断与必要的生物模拟试验所进行的影响预测方法，主要是定性分析方法，也可在一定程度上进行定量分析，其要点如下（环境影响评价技术导则　生态影响（HJ 19—2011））：

① 调查环境背景现状和搜集有关资料；

② 调查动植物种类及其分布状况，特别是动物栖息地和迁徙路线；

③ 根据调查结果分析所在区域的种群、群落和生态系统，描述其分布特点、结构特征和演化等级；

④ 识别有无珍稀濒危物种及重要经济、历史、景观和科研价值的物种；

⑤ 观测项目建成后该地区动植物生长环境（水、气、土和生命组分）的变化；

⑥ 根据兴建项目后的环境变化，对照无开发项目条件下动物、植物或生态系统演替趋势，预测动物和植物个体、种群和群落的影响以及生态系统演替方向。

评价过程中有时要进行相应的生物模拟试验，如环境条件-生物习性模拟试验、生物毒理学试验、实地种植或放养试验等，或进行数学模拟，如种群增长模型的应用。该方法需与生物学、地理学、水文学、数学及其它多学科合作评价，才能得出较为客观的结果。

7.6.4.4 图形叠置法

用于环境影响评价的图形叠置法是由美国的迈克哈格于 1968 年首先提出来的，一般使用时有指标法和 3S 叠图法两种基本制作手段。图形叠置法就是将两个以上的生态信息叠合到一张图上，构成复合图，用以表示生态变化的方向和程度。在生态环境影响评价中，将土地利用现状图与影响改变图重叠构成影响图，或将污染影响程度和植被或动物分布图重叠形成污染物对生物的影响分布图。其特点是直观、形象，简单明了，但不能作精确的定量评价。其具体作法与一般影响评价相同；如果应用计算机作图，或与地理信息系统等技术结合，则可提高应用的范围与效果。

图形叠置法主要适用于生态影响评价工作中表达地理空间信息的地图，应遵循有效、实用、规范的原则，根据评价等级和成图范围以及所表达的主题内容选择适当的图件构成和成图精度，充分反映出评价项目、生态因子构成、空间分布以及评价项目与影响区域生态的空间作用关系、途径或规模。

7.6.4.5 景观生态学的方法

景观生态学方法对生态环境质量状况的评判主要是通过空间结构分析和功能与稳定性分析两个方面进行的。通过景观要素空间结构各特征参数的分析，可以判别工程建设前后斑块优势度、斑块密度、景观连通度等特征的变化，在景观层次上计算与分析生态系统类型及其结构的变化，进而进行工程的影响分析与评价。在景观的功能与稳定性分析中，主要是分析生物恢复力、景观异质性、种群源的持久性与可达性、景观组织的开放性等，这些分析一般采用定性方法，如景观格局分析、景观协调性与相容性分析、景观廊道功能分析、景观中动植物扩散迁移等行为的分析。景观生态学具体分析方法可与计算机技术、航空照片等结合，在大范围的评价中得以广泛地应用。

景观生态学评价一般可用如下指标与参数：

（1）斑块形状指数（Shape coefficient）

$$P=\frac{L}{2\times\sqrt{\pi A}} \tag{7-83}$$

式中，P 是形状系数，L 为斑块周边长度，A 是斑块面积。

D 值说明某一斑块周边长度 L 与面积同该斑块相等的圆的圆周长之比。比值为 1，说明该斑块为圆形；D 值越大说明该斑块周边越发达。

（2）斑块分维数

$$Df=2\ln(P/4)/\ln A \tag{7-84}$$

式中，Df 表示分维数，P 为斑块周长，A 为斑块面积。边界分维数值越高，说明该类景观要素斑块形状越复杂。

（3）景观要素优势度

应用群落生态学中种群优势度的原理构造景观优势度指标模型：

$$D_i=[0.5\times(DD_i+DF_i)+DC_i)]\times0.5\times100\% \tag{7-85}$$

式中，DD_i 为密度；DF_i 为频度；DC_i 为景观比例。

（4）景观多样性指数与均匀度

景观多样性测度指标采用 Shannon-Wiener 指数构建：

$$H=-\sum DC_j\log_2 DC_j \tag{7-86}$$

均匀度 E 是景观实际多样性指数 H 与最大多样性指数 $H_{\max}$ 的相对比值：

$$E=H/H_{\max}\qquad H_{\max}=-\log_2(1/M) \tag{7-87}$$

式中，M 为景观要素类型数；其它同前。

（5）景观要素密度

总密度 PD 是景观中全部要素的单位面积块数；各要素密度 PD_i 是景观中某类景观要素的单位面积块数：

$$PD=(\sum N_i)/A\qquad PD_i=N_i/A_i \tag{7-88}$$

式中，N_i 为第 i 类景观要素块数；A_i 为第 i 类景观要素面积；A 为景观总面积。

（6）景观破碎度

景观破碎度表示景观的破碎化程度：

$$F=[(N-1)/C]\times100\% \tag{7-89}$$

式中，N 为景观斑块总数，C 为景观分布于方格网中的栅格总数。F 值越大，景观破碎化的程度越大。

7.6.4.6 质量指标法（综合指标法）

质量指标法是环境质量评价中常用的综合指数法的拓展形式，同样可将其拓展而用于生态环境影响评价中。其基本方法是：首先分析研究评价的环境因子的性质及变化规律，建立表征各环境因子特性的指标体系和评价标准，建立其评价函数曲线；通过评价函数曲线将评价的环境因子的现状值（开发建设活动前）与预测值（开发建设活动后）转换为统一的无量纲的环境质量指标，用 1-0 表示优劣（“1”表示最佳的环境状况，“0”表示最差的环境状况），由此计算出开发建设活动前后环境因子质量的变化值；最后，根据各评价因子的相对重要性赋与权重，再将各因子的变化值综合，得出综合影响评价值。用下式计算：

$$\Delta E = \sum_{i=1}^{n}(Eh_i - Eq_i) \times W_i \tag{7-90}$$

式中：ΔE 为开发建设活动前后生态环境质量变化值；Eh_i 为开发建设活动后 i 因子的质量指标；Eq_i 为开发建设活动前 i 因子的质量指标；W_i 为 i 因子的权值。

综合指数法简明扼要，但建立表征生态质量的标准体系、赋权和准确定量等较为困难。有时采用单因子指数法相对较为简便，如以植被覆盖率为标准，可评价项目建设前后的现状及其变化。

7.6.4.7 系统分析法

系统分析法因其能妥善地解决一些多目标动态性问题，目前已广泛应用于各行各业，尤其在进行区域规划或解决优化方案选择问题时，系统分析法显示出其它方法所不能达到的效果。在生态系统质量评价中使用系统分析的具体方法有专家咨询法、层次分析法、模糊综合评判法、综合排序法、系统动力学、灰色关联等方法，这些方法原则上都适用于生态影响评价。这些方法的具体操作过程可查阅有关书刊。

生态质量评价（EQI）法实质上就是一种系统分析方法，适用于生态质量及其变化幅度评价。EQI 法主要包括三大部分：采用层次分析法建立生态指标体系递阶模型；利用 Matlab 计算权重；利用 EQI 计算公式评价生态状况。

① 层次分析法建模　层次分析法适用于难于完全定量分析的问题。它的特点是在对复杂的决策问题的本质、影响因素及其内在关系等进行深入分析的基础上，利用较少的定量信息使决策的思维过程数学化，从而为多目标、多准则或无结构特性的复杂决策问题提供简便的决策方法，并可利用此方法建立数学模型。

② Matlab 计算权重　利用 Matlab 计算权重，并编制计算程序，减少了确定权重时矩阵计算的工作量，使其成为一种方便的工具。

③ EQI 评价　EQI 指数计算公式：

EQI＝($n1$ 针叶林＋$n2$ 阔叶林＋$n3$ 灌丛和萌生矮林＋$n4$ 荒漠和旱生灌丛＋$n5$ 针草原＋$n6$ 草甸＋$n7$ 草本沼泽)/总面积

式中：Ni 为特定植被区域中植被类型的权重（$i=1$，2，…，7，根据实际情况可以缺失）。

④ 生态状况分级　根据生态状况指数，将生态分为五级：优、良、一般、较差、差。

⑤ 生态状况变化幅度分级　生态状况变化幅度分为 4 级：无明显变化、略有变化（好或差）、明显变化（好或差）和显著变化（好或差）。

生态环境影响预测与评价的方法正在发展之中，有许多新的方法不断提出和应用，一些用于现状评价的方法经过修改后同样可用于影响预测与评价。我国学者曹洪法于 1995 年提出了生态系统质量分析评价系统方法，采用了 100 分制的方式进行各特征要素的赋值与分级，最后得到一个综合评价数值。美国野生生物联合会（NWF）推荐了“多维欧氏空间距离法”，在我国的山西万家寨引黄工程、汾河二库工程、平朔露天煤矿等评价中，其应用效果良好。其它的如列表清单法结合分级评分的定量分析方法，系统分析方法中的层次分析法、模糊综合评判法、灰色关联法、综合排序法，生物量与生产力分析法，多元回归与趋势面分析方法等，在影响评价中均有应用，可在实际工作中根据具体情况选用。

思考题

1. 简述大气环境影响预测步骤。
2. 评价等级定为一级的建设项目，大气环境影响预测的内容包括哪些？
3. 什么是大气卫生防护距离？如何设定？

4. 向一条河流稳定排放污水，污水排放量 $Q_p=0.2m^3/s$，COD 浓度为 30mg/L，河流流量 $Q_h=5.8m^3/s$，河水平均流速 $u=0.3m/s$，COD 本底浓度为 0.5mg/L，COD 降解的速率常数 $K_1=0.2d^{-1}$，假定下游无支流汇入，也无其他排污口，试求排放点下游 5km 处的 COD 浓度。

5. 一条稳态河流流经一村庄，河流流量 $Q_h=280m^3/s$，平均流速 $u=0.2m/s$，COD 本底浓度为 18mg/L，NH_3-N 本底浓度为 0.8mg/L。村中一村办企业向河流稳定排放污水，废水排放量 $Q_p=0.5m^3/s$，COD 浓度为 148mg/L，氨氮浓度 12mg/L。在其下游 10km 处有一支流汇入，支流流量 $Q_h=70m^3/s$，COD 本底浓度为 12mg/L，NH_3-N 本底浓度为 0.1mg/L。河水 COD 降解的速率常数 $K_1=0.2d^{-1}$，NH_3-N 降解的速率常数 $K_1=0.15d^{-1}$，假定下游再无支流，也无其他排污口，试问距离村庄下游 25km 处的水质是否能达到地表水Ⅲ类水体要求。

6. 拟建一个化工厂，其废水排入工厂边的一条河流，已知污水与河水在排放口下游 1.5km 处完全混合，在这个位置 $BOD_5=7.8mg/L$，$DO=5.6mg/L$，河流的平均流速为 1.5m/s，在完全混合断面的下游 25km 处是渔业用水的引水源，河流的 $K_1=0.35d^{-1}$，$K_2=0.5d^{-1}$，若从 BOD_5、DO 的浓度分析，该厂的废水排放对下游的渔业用水有何影响？水温为 20℃。

7. 简述地下水的预测重点。

8. 工业区内有一企业，每天三班倒连续工作。企业噪声源等效声级 98dB(A)，距西、北厂界分别为 200m 和 150m，对西、北厂界的贡献值分别为 50dB(A) 和 55dB(A)。位于企业西厂界外 200m 有一学校，声环境背景值为昼间 41dB(A)，夜间 38dB(A)；北厂界外 300m 有一居民区，声环境背景值为昼间 43dB(A)，夜间 39dB(A)。若只考虑距离衰减，问两敏感点声环境质量能否达标？

9. 简述固体废物的分类和对环境的影响。

10. 位于市中心的某化工厂烟囱高 180m，当稳定度级别为 D、气象站测定风速为 2.4m/s 时，烟囱出口处的风速是多少？

11. 在东经 104°、北纬 31°某平原城市的工厂，产生的 SO_2 废气通过高 110m、出口内径 2m 的烟囱排放，烟气抬升高度为 116m。废气量 $4\times10^5m^3/h$，烟温 150℃，SO_2 排放量 400kg/h。在 2009 年 7 月 13 日北京时间 13 时，太阳倾角为 21°，当地气象状况是气温 35℃、云量 2/2、地面风速 3m/s。试计算：(1) 此时距离烟囱 3000m 的地面轴向浓度；(2) 由该厂造成的 SO_2 最大地面浓度及产生距离。

第 8 章 社会环境影响评价

社会环境是人类在利用和改造自然环境中创造出来的人工环境和人类在生活和生产活动中形成的人与人之间关系的总体。社会环境是人类活动的必然产物，是人类通过有意识的长期的劳动，对自然物质进行加工和改造，形成的物质生产体系、物质文化与精神文化的综合体。社会环境包括了经济、政治、文化、道德、意识、风俗等诸多要素。

社会环境质量是人类精神文明和物质文明的标志。社会环境质量包括经济、文化、历史、人口、美学等多方面的质量。不同地区的社会环境质量因其社会经济发展、人口密度、科学技术和文化水平等的差异，存在着明显的不同。简单来说，一个地区是否适宜于人类健康地生存、生活和工作，除了自然环境以外，还取决于该地区社会环境质量的好坏。

社会环境与自然地理环境密切结合，具有区域性和综合性。其质量好坏是社会文明水平的重要标志。

8.1 社会环境影响评价概述

8.1.1 社会环境影响评价的定义和理论基础

8.1.1.1 社会环境影响评价的定义

为了尽量减免或补偿对社会环境的不良影响，或者尽可能改善社会环境质量，在拟建项目或计划、政策实施之前，通过深入全面地调查研究，对影响区及周围区域社会环境可能受到的影响的内容、作用机制、过程、趋势等进行系统的、综合的模拟、预测和评估，并据此提出评断意见或预防、补偿与改进措施，从而为科学管理、决策提供切实依据的方法，统称为社会环境影响评价。

社会环境影响评价是环境影响评价的新领域，是评估和预测开发项目对社会环境可能产生的影响，体现了环境效益、经济效益和社会效益三方面的统一。

8.1.1.2 社会环境影响评价的理论基础

社会环境影响评价是环境影响评价的重要组成部分，它的内容几乎涉及经济、社会、文化系统的所有方面。由于它从宏观上将社会放在整个自然—社会大环境历史发展、空间分异和功能联系的背景上，探讨维持区域社会环境持续、稳定、协调发展及其与自然环境和谐相处的理论、方法、手段，追求社会—自然环境的整体优化和平衡，因而它的理论基础建立在人类已掌握的几乎所有先进知识和技术手段上，特别是一些综合性学科和理论上，其中比较重要的有社会生态学、福利经济学、生态经济学、环境经济学、区域科学、系统控制论、信息科学、预测学、运筹学、决策管理科学等以及相应的技术与方法。

8.1.2 社会环境影响评价的发展意义

回顾我国传统的城市规划和建设项目中，长期以来以财务和经济评价为主，很少关注社会层面的影响，即使可能出现整个邻里社区的迁移、传统社会网络的摧毁等将对当地居民生活和工作方式造成严重影响的问题，普遍观点也是认为项目带来的巨大经济效益可以弥补这些影响，而不论这些经济效益中有多少是真正为受损群体所享有。

对于公共投资（涉及重大公共利益的规划和基础性项目）以及涉及重大经济、社会、生态影响的建设项目，由于涉及对地方自然、生态、历史、文化、社会风俗等具有“公共产权”的性质资源的重新调整和分配，往往对当地甚至更广泛区域的社会形成重大影响；另外，当前不断凸现的拆迁移民等社会问题也显示，一项规划或减少活动的成功与否，很大程度上将受到当地社会文化环境适应和接受程度的制约。

可见，面向当前我国大规模的城市规划和建设进程，通过预测、评价项目与当地社会人文环境之间的相互影响和适应程度，将社会可持续发展目标和对社会因素的关注纳入决策过程，指导提出更加科学合理及社会可接受的建议，将有助于提高决策质量，尽早预防、避免或缓解消极的社会影响或社会问题，并为项目地区的人口提供更为广阔和可持续的发展机遇。

8.1.2.1 落实以人为本的社会发展战略

第二次世界大战后至今，全球社会发展观经历了从以经济增长为核心，到以满足人类基本需求为核心，再到当前经济、政治、社会和生态全面协调的综合发展观的演变历程。社会环境影响评价强调将全社会协调发展的评价原则纳入干预行动的决策过程，成为落实社会可持续发展战略与指导实践干预活动的有机联系。

8.1.2.2 强化政府对公共社会事务的宏观调控职能

随着当前我国投资体制改革的推进，政府对投资项目的管理重点从市场前景及项目盈利能力等属于企业自主决策的问题，转移到项目的公共性、外部性等问题。政府作为社会公共利益的代言人，需要分析监控项目对各利益相关群体的间接和直接、短期和长期、有形和无形、正面和负面的影响，保障成本和效益分配中的社会公正原则。

8.1.2.3 提升在干预行动决策阶段预防和缓解城市社会问题的重要职责

面对城市开发建设中不断出现的各种社会问题和冲突，仅仅采取“头痛医头、脚痛医脚”的补救性措施是难以从根本上解决问题的，而且项目施工阶段的执行主体房地产开发商、拆迁公司等经济实体，必然以营利为目标，因而需要从干预行动的源头入手，即在项目规划和立项等政府决策阶段，通过社会环境影响评价予以关注，并提出有效的预防和减缓措施。

8.1.3 社会环境影响评价的基本评价准则

8.1.3.1 社会公正原则

① 公正原则　确保项目实施不会加剧地区或群体间的不平等现象，尤其关注儿童、事业群体等弱势群体。

② 成本负担　社会成本应被视为干预成本的一部分。

③ 效益获取　确保项目收益确实为目标受益人获取。

④ 补偿原则　探讨各种可行的规划方案，尽可能避免或减少群体利益受损。如果影响不可避免，则尽可能使受损群体能分享项目效益，应全面考虑环境影响的各种可能措施。

8.1.3.2 社会可持续原则

① 多样性原则　充分认识和尽可能保护地方社会、经济和文化等特征的多样性。

② 预防原则　尽可能通过修正规划方案避免影响的产生，如果影响不可避免，应探讨可持续的缓解措施。

③ 优化原则　社会环境影响评价应不仅限于在经济效益和社会成本之间的仲裁手段，还应有助于决策最优的发展方案。

④ 协作原则　强调多部门间的协商与合作。

8.1.3.3 互透性原则

① 社会学习　在规划方案制定和影响评价中，都需要充分考虑并尊重地方性知识、经历和文化价值观。

② 民主原则　应充分考虑社会群体对项目的意愿和接受程度，任何侵犯社会群体人权的手段和过程都不可接受。

③ 公众参与　规划行动的决策应尽可能接近各类利益相关群体。

8.1.4　社会环境影响评价的分类

社会环境影响评价按评价时间特征可分为：社会环境回顾评价、社会环境现状评价和社会环境影响分析评价。

按评价的空间层次可分为：个体或群体影响评价（健康、心理、行为、安全等）、家庭—邻里—组织等社群的影响评价（社会关系、社会风尚、习俗、社会心理、意识等）、居住区/社区社会环境影响评价和区域社会环境影响评价。

按综合性程度划分可分为：单因子社会环境影响评价（如公路、桥梁、商业、通讯、保险、自然景观开发等的社会环境影响评价）、单项社会环境影响评价（如工业社会环境影响评价、社会景观影响评价等）、综合社会环境影响评价（如开发区社会环境影响评价、移民社会环境影响评价、旧城改造的社会环境影响评价等）。其中单项社会环境影响评价又可细分为：社会影响评价、经济环境影响评价、城镇住区社会环境影响评价、乡村住区社会环境影响评价、各类第三产业社会环境影响评价、工矿业社会环境影响评价、农业社会环境影响评价、社会景观影响评价和社会风险评价。

8.1.5　社会环境影响评价的一般评价程序

社会环境层次众多，因素繁杂，动态特征突出，对不同类型的社会环境进行评价时，因评价对象不同，评价方法和程序也必然差别很大。因此，社会环境影响评价工作作为对项目初级规划的重新认识、修正、补充、提高和完善的手段与过程，作为协助完成开发性社会环境改善目标的先期措施，必须有目标、有计划、有步骤地进行。

第一阶段：在社会环境现状评价过程中，在调查收集基本资料的基础上遴选出重要社会环境因子和关键社会环境因子，进行影响程度识别，并进而理清社会环境内部各层次、各因子之间的相互耦合适应机制和作用传递链网，以及它们与自然环境因子的链接关系，查明其中存在的薄弱环节、缺陷以及问题的根源、开发潜力等，以便为下阶段影响预测、评价的进行提供明确的背景分析和入手方向。

第二阶段：进行影响过程分析和影响预测。利用现状评价过程提供的资料和结论，联系工程本身的性质、特点、进度安排等进行类比分析和综合分析，确定主要的受影响因素，预测影响程度、影响机制、影响作用方式、影响传递和反馈过程以及可能的影响最终结果。

第三阶段：根据上述分析和已有资料，建立评价模型，并调试、修正直到满意为止。

第四阶段：将最新获得的数据和资料，输入模型运行得出评价结果。评价结果社会环境意义要明显，易于解释。

第五阶段：根据评价结果解释得出评价结论，包括环境影响具体过程、机制和最终可能结果，特别是要确定出对关键环境影响因子的具体影响方式及其与影响结果的函数关系，以便确定需着重注意的环节、补偿措施和改进手段。

第六阶段：为确保提出的补偿措施、改进建议得到切实的贯彻实施，便于领导层的决策管理，并考虑到贯彻过程的长期性、连续性、稳定性及应有的权威性，应在管理体制的建立健全，组织及立法保证以及经济、技术手段的系统完善等方面结合评价结论和目标，提出较为具体详尽的意见和建议，并指明注意的问题、要点，列出各种可供采用的具体选择方案、手段和应急措施等，以便评价结果转化为具体可行的操作指南。

社会环境影响评价的一般技术路线见图 8-1。

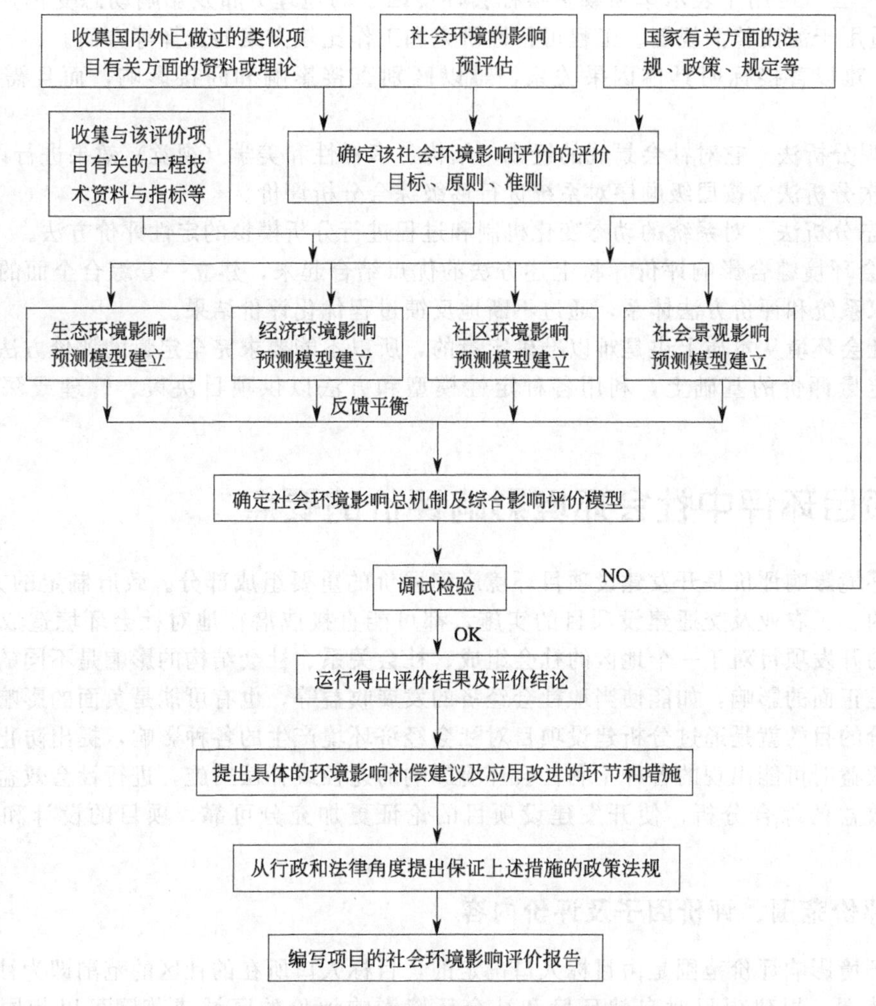

图 8-1 社会环境影响评价一般技术路线图

8.1.6 社会环境影响评价方法

在社会影响环境影响评价的具体工作中，针对单因子、单项或综合评价中常用的评价方法有：

① 环境质量的费用效益分析法　是经济学中的费用效益分析法在环境经济系统中的推广和应用。它将环境质量与经济分析综合起来，从经济效果上对项目或计划的社会环境影响进行评估。它对社会环境系统中的经济系统尤其适用。

缺点：并非所有的社会环境因素都可折算成货币价值。

② 列表法　以清单或表格的方式列出项目可能影响的所有社会环境参数。适用于社会环境因子的初步影响识别。

缺点：不能清楚地显示出影响过程、影响程度及综合效果。

③ 矩阵法　类似于列表法，只是表示方式不同，另外它还可用数字大致标示影响的因果联系、影响程度及相对重要性。

④ 网络法　它以连续的影响传递链条网络表示出项目对社会环境影响的因果关系和影响传递过程，给人以直观而全面的印象。

⑤ 叠图法　可用于表示单项或多项社会环境因子的地理分布及影响动态变化，直观而明晰。主要适用于河流整治规划、工程可行性研究和工作比较方案的选择等方面。

缺点：难以直接标明具体因果关系，难以区别直接影响和间接影响，而且需收集大量资料。

⑥ 景观分析法　它对社会景观的组成、结构、多样性和美学（视觉）效果进行评价。

⑦ 层次分析法　按层级顺序对系统进行逐级综合分析评价。

⑧ 动态分析法　对系统的动态变化机制和过程进行分析模拟的定性评价方法。

⑨ 社会环境综合影响评价　将上述方法的优点结合起来，建立一套综合全面的社会环境信息、专家系统和评价方法体系，通过不断地反馈过程优化评价结果。

由于社会环境从本质上讲是难以准确定量的，所以不能要求完全定量的评价方法，而应该在尽可能定量评价的基础上，利用各种定性模型和方法以供项目决策、管理或深入研究的需要。

8.2　项目环评中社会环境影响评价的要点

社会环境影响评价是开发建设项目环境影响评价的重要组成部分。政府制定的方针政策，区域开发的、工农业及交通建设项目的实施，都可能直接或潜在地对社会环境造成巨大的影响。不同的开发项目对于一个地区的社会组成、社会关系、社会结构的影响是不同的。这些影响有可能是正面的影响，如能使当地社会经济的发展收益等，也有可能是负面的影响。社会环境影响评价的目的就是通过分析建设项目对社会经济环境产生的各种影响，提出防止或减少项目在获取效益时可能出现的各种不利社会环境影响的途径或补偿措施，进行社会效益、经济效益和环境效益的综合分析，使开发建设项目的论证更加充分可靠，项目的设计和实施更加完善。

8.2.1　评价范围、评价因子及评价内容

社会环境影响评价范围是由目标人口确定的，目标人口所在的社区的范围即为社会环境影响评价的范围。拟建项目对自然环境和社会环境影响评价的区域或范围可以相同，也可以不同。

社会环境影响因子的筛选，应根据项目建设规模、所在位置、所在地区自然和社会环境特征等具体情况进行，这些要素一定要能从总体上反映目标人口引起的社会环境受拟建项目影响的情况。

社会环境影响评价因子的确定主要从以下几方面考虑。

① 目标人口　拟建项目影响区内的人口总数、人口密度、人员组成、人员结构等的现状情况；受项目建设影响人口情况的变化，现实受损者和潜在受损者的人数及比例；人口迁移等方面。

② 科技文化　当地的传统文化、风俗习惯、科研单位、科研力量、科研水平、学校数量、教学水平、入学率等方面。

③ 医疗卫生　当地的医疗设施以及卫生保健条件情况，医院的数量、分布、规模和卫生健康等。

④ 基础设施　当地住房、交通、通信、水电气的供应、娱乐设施等。

⑤ 社会安全　当地的治安情况、交通事故和其他意外事件等。

⑥ 社会福利　当地的社会保险和福利事业，居民的生活方式和生活质量等。

社会环境影响评价因子设计面很广，与建设项目开发行动性质以及所在地区的自然和社会

经济环境的基本条件及特点密切相关。评价因子视其受项目的具体影响程度可分为重大影响评价因子、中等影响评价因子和轻度影响评价因子，影响视其结果又分为正影响和负影响。对于不同类型的项目和不同自然条件的区域，上述影响评价因子可做适当的增删和修改。

在对各评价因子的重要程度进行研究、比较、筛选之后，根据评价因子的筛选结果确定评价内容。对确定为重大影响的评价因子进行详评，中等影响的因子进行简评，轻度影响的因子进行简评或不评。

社会环境影响评价应包括以下内容：

① 项目建设对直接影响区的社会经济发展、规划和产业结构等的宏观影响；

② 项目建设征地拆迁和再安置影响；

③ 项目建设对区域内民众的生计方式、生活质量、健康水平、通行交往等影响；

④ 项目建设对基础设施（含防洪）的影响；

⑤ 项目建设对社区发展及土地利用的影响；

⑥ 项目建设促进项目直接影响区旅游和文化事业发展的作用；

⑦ 项目建设对项目直接影响区交通运输体系的改善作用；

⑧ 项目建设对项目直接影响区矿产资源开发和工农业生产的宏观影响；

⑨ 项目建设对文物和旅游资源保护与开发的影响；

⑩ 其他一些特殊或具体问题的分析，如少数民族、宗教习俗等。

例如：公路建设项目社会环境影响评价主要是在现状调查的基础上，分析评价拟建公路可能对区域环境质量产生的影响以及影响的程度，并提出相应的减缓措施或对策。其社会环境影响评价的特点主要有：①公路的线性特征；②影响因素多，调查难度大，影响范围广；③总体属于间接影响评价类型，定量分析评价难度较大；④缺乏成熟的方法和所需的数据。

由于公路建设项目社会环境影响评价存在上述特点，其在社会环境影响评价中主要从以下几方面考虑。

（1）评价范围

公路项目社会环境影响评价范围首先取决于公路建设项目的规模、等级和标准等，其次取决于公路所在区域的社会环境状况。一般有三种评价范围：

① 直接影响区　指导公路所在的行政区域，如地区、市、县、乡等，这与“公路工程可行性研究报告”中所规定的直接影响区范围一致。

② 间接影响区　指与直接影响区接壤的行政区域。一般对于建设规模大的国道、省道等项目，由于项目在较大区域对社会经济具有重要影响，则需分析它对间接影响区的影响。

③ 公路沿线范围　指拟建公路两侧一定范围内的区域，它是直接影响区中的重点影响区域。一般情况选择公路两侧 200～500m 范围内的带状区域，这是公路施工期和运营期影响最大的区域，也是自然环境评价所取定的主要评价范围。

但对于特殊评价区域，如工程建设主要控制点、环境影响区、文物遗址等地区应作为重点评价区域，其范围可适当扩大。另外，由于公路建成后，必然会对沿线的经济布局、农林发展、资源开发、劳动就业、民众生活等产生一定的影响，这些影响又直接影响着当地经济和社会发展，其影响范围波及很宽，所以在调查工作和评价工作中可根据具体情况，也可适当拓展公路沿线的评价范围。

（2）评价因子

公路项目社会环境影响评价因子应根据地区特点和工程特征，对各评价因子的重要程度进行研究，并进行筛选，应考虑区域社会环境和沿线社会环境。

区域社会环境因子一般为矿产资源利用、工农业生产、地区发展规划、旅游资源、文化教育等。沿线社会环境评价因子一般为社区发展、农村生计方式、居民生活质量、征迁安置、土地利用、基础设施、文物古迹、旅游资源等。

(3) 评价内容

公路项目社会环境影响评价内容应根据评价因子筛选结果确定，对确定为重大影响的评价因子进行详评，中等影响的因子进行简评，轻度影响的因子进行简评或不评。

公路建设项目社会环境影响评价内容应包括以下要点：

① 拟建公路所在区域的社会环境状况分析；

② 公路建设对影响区域社会经济发展以及产业结构变化的影响；

③ 公路建设对影响区域中的工业农业和其他产业的影响，以及对社会和经济发展计划和规划影响；

④ 公路建设对影响区域内民众生活质量、健康质量、文化教育和社会服务等影响；

⑤ 对沿线基础设施（交通、水利、通讯、管线和电力设施等）的影响；

⑥ 公路建设对资源开发利用的影响；

⑦ 公路项目的环境美学质量评述，公路建设对影响区域内旅游、文物、名胜景点和景观影响；

⑧ 公路建设产生的征地拆迁和再安置的问题，以及分割沿线村庄和单位，阻碍民众生产和生活往来的影响；

⑨ 环境保护措施的经济分析；

⑩ 对公众意见的分析。

8.2.2 评价方法

① 评价分区域进行　应根据行政区划、自然和社会环境特征以及项目影响情况划分区域，在不同区域内选择代表性点或代表性社区进行分析评价。

② 应根据已建项目的社会环境影响的调查资料或项目后评价资料，进行类比分析和评价。

8.2.3 社会环境现状评价

8.2.3.1 现状评价内容

通过收集和分析社会、经济、文化统计资料，对社会与经济环境进行评价，一般应包括以下内容：

① 居民生活质量及生活方式；

② 基础设施总体水平；

③ 主要工业门类及发展规划；

④ 土地利用现状及发展规划；

⑤ 农、林、牧、副、渔业发展状况；

⑥ 矿产资源及其开发情况；

⑦ 重要旅游资源及旅游业发展状况；

⑧ 重要文物资源保护及开发状况；

⑨ 交通运输业发展状况。

8.2.3.2 调查方法

① 对社会环境评价宜采用实地调查。实地调查可针对代表性点或代表性社区进行详细调查，然后予以推广。

② 对区域社会环境评价，应采用收集、查询当地资料、文献的方法，辅以代表性点的调查对比。调查数据应以统计部门确认的总量为准。

8.2.3.3 现状评价

根据调查结果，宜列表统计项目影响区的社会经济发展水平，对社会环境现状进行分析、评价。现状评价应重点分析社会环境评价范围内居民的生活、生产条件和承受能力，并指出项目应重视的社会环境敏感因素。

8.2.4 社会环境影响分析评价

(1) 社区发展影响分析

项目建设对社区发展的影响分析可以从社区建设、人口结构、文化结构、社区经济发展、民族因素等方面进行。

(2) 农村生活质量影响分析

项目建设对农村生活质量影响可以从农村生计方式、居民生活收入及结构、健康保健、文化教育等方面进行分析。

(3) 征迁、安置分析与评价

项目建设的征迁、安置分析与评价征地要考察拆迁对受影响人口生活条件、生产条件等的影响，同时根据地区的自然和社会经济条件，对项目再安置提出指导性意见。有条件时应简要描述拆迁再安置计划并做宏观评述。

(4) 基础设施的影响

对基础设施的影响分析主要包括分析评价建设项目对现有交通设施、电力设施及通信设施等的影响，以及建设项目对水利排灌设施的影响，必要时还应该进行防洪分析。

(5) 资源利用的影响

项目建设对资源利用的影响的分析可以从土地资源、矿产资源、旅游资源和文物古迹资源的保护、开发与利用等方面进行。

(6) 发展规划影响

主要分析项目建设与直接影响区内县级以上城市规划、交通规划、经济发展规划的协调性，并分析其影响。

(7) 针对社会环境影响评价中叙述的不利环境影响，应提出相应的减缓或消除不利影响的措施、对策与建议。

建设项目所产生的社会环境影响，其表现形式多种多样，如有利影响和不利影响、直接影响和间接影响、现实影响和潜在影响、长期影响和短期影响、可逆影响和不可逆影响等。在实际开展的评价中应根据实际需要来确定拟建项目社会环境影响的一些典型特征，并由此明确该项目所产生的社会、经济问题。

综上所述，对建设项目进行社会环境影响评价，其目的是全面地评价社会效益、经济效益和环境效益，预测其对该地区社会发展的近期及长期影响，从而进一步提出防止或减少在获取效益时出现的各种不利于社会、经济的环境影响的途径和补偿措施，使开发项目可行性的论证更为充分可靠。对建设项目进行社会环境影响评价，有助于实现社会目标、环境目标之间的整体优化，实现社会环境的可持续发展。

第9章　建设项目环境风险评价

9.1 概述

为了规范环境风险评价技术工作，2004年12月原国家环境保护总局颁布了《建设项目环境风险评价技术导则》（HJ/T 169—2004）。针对2005年发生的吉林化工厂爆炸导致松花江水污染特大风险事故，原国家环境保护总局接连下达了《关于加强环境影响评价管理防范环境风险的通知》（环办［2005］152号）、《关于检查化工石化等新建项目环境风险的通知》（环办［2006］4号）、《关于在石化企业集中区域开展环境风险后评价试点工作的通知》（环函［2006］386号）。环境风险评价在我国受到了空前的重视和关注，环境风险评价技术得到了长足的发展。

《建设项目环境风险评价技术导则》（HJ/T 169—2004）自颁布以来，极大地促进了建设项目环境风险评价工作的开展，但是仍然不尽完善。2009年11月18日国家环境保护部在广泛征求意见的基础上，补充、修订、编制完成了《建设项目环境风险评价技术导则》（征求意见稿）（环办函［2009］1207号）。本节关于建设项目环境风险评价的有关内容将以征求意见稿为主，介绍环境风险评价的基本内容。目前，开展环境风险评价的建设项目有矿山项目和涉及环境风险的所有建设项目。

9.1.1　环境风险

环境风险是指突发性事故对环境或健康的危害程度，通常用风险值（R）表征，定义为事故发生概率P与事故造成的环境（或健康）后果C的乘积。

环境风险具有不确定性和危害性两个特点。不确定性是指人们对事件发生的时间、地点、强度等事先很难预计；危害性是指具有风险的事件对风险的承受者会造成损失或危害，包括对人身健康、经济财产、社会福利乃至生态系统等带来不同程度的危害。

环境风险主要有化学风险、物理风险。化学风险是指对人类、动物和植物能产生毒害或其它不利作用的化学物品的排放、泄漏，或是易燃易爆材料的泄漏所引发的风险；物理风险是指因机械设备或机械结构的故障所引发的风险。

建设项目环境风险主要包括两个方面：一是建设项目本身，含设备管理、误操作，水、电、汽供应等引起的风险；二是外界因素，如自然灾害、战争等使项目受到破坏而引发的各种事故。国内环境风险分析主要是对第一种情况进行分析。

按承受风险的对象分为人群风险、设施风险和生态风险。人群风险是指因危害性事件而导致人病、伤、残、死等损失的概率；设施风险是指危害性事件对人类社会的经济活动的依托设施（如水库大坝、房屋、桥梁等）造成破坏的概率；生态风险是指危害性事件对生态系统中的某些要素或生态系统本身造成破坏的可能性，对生态系统的破坏作用可以是使某种群数量减少，乃至灭绝，导致生态系统的结构、功能发生异变。

9.1.2　环境风险评价

建设项目环境风险评价是对建设项目建设和运行期间发生的可预测突发性事件或事故（一

般不包括人为破坏及自然灾害）引起有毒有害、易燃易爆等物质泄漏，或突发事件产生的新的有毒有害物质，所造成的对人身安全与环境的影响和损害，进行评估，提出防范、应急与减缓措施。

发生风险事故的频次尽管很低，但一旦发生，引发的环境问题将十分严重，必须予以高度重视。在环境影响评价中做好环境风险评价，对维护环境安全具有十分重要的意义。

9.1.2.1 环境风险评价与环境影响评价的区别

环境风险评价是环境影响评价中的重要组成部分，但是环境风险评价与环境影响评价研究的重点、方法等却存在着一定的差异。环境影响评价是指对拟建的建设项目和规划实施后可能对环境产生的影响进行分析、预测和评估的过程，而环境风险评价是对有毒有害物质危害人体健康和生态系统的影响程度进行概率估计，并提出减小环境风险的方案和对策的过程。

环境风险评价与环境影响评价的主要区别见表 9-1。由此可以看出：环境影响评价偏重于对项目运行过程中，污染物的排放对环境产生长期、持续性影响的评价，它通过提出污染控制措施等手段降低项目对环境产生的不良影响。环境风险评价则偏重于项目运行中，由于突发性的事故导致在短期内对周围环境产生的危害，这种事故的发生具有一定的随机性，且造成的后果往往是灾难性的，通常采用事故预防和应急预案等风险管理措施来降低危害发生的概率，减少危害发生后的损失。因此，从完整的环境影响评价角度来说，环境风险评价应是特定条件下、特殊类型的环境影响评价，是涉及风险问题的环境影响评价。

表 9-1 环境风险评价与环境影响评价的主要区别

序号	项目	环境风险评价	环境影响评价
1	分析重点	突发事故	正常运行工况
2	持续时间	很短	很长
3	应计算的物理效应	泄漏、火灾、爆炸，向空气和水环境释放污染物	向空气、地面水、地下水释放污染物、噪声及热污染等
4	释放类型	瞬时或短时间连续释放	长时间的连续释放
5	应考虑的影响类型	突发性的激烈的效应及事故后期的长远效应	连续的、累积的效应
6	主要危害受体	人、建筑物、生态等	人和生态
7	危害性质	急性中毒，灾难性的	慢性中毒
8	大气扩散模式	烟团模式、分段烟羽模式	连续烟羽模式
9	影响时间	较短	较长
10	源项确定	较大的不确定性	不确定性很小
11	评价方法	概率方法	确定论方法
12	防范措施与应急计划	需要	不需要

9.1.2.2 环境风险评价与安全评价区别

环境风险评价在条件允许的情况下，可利用安全评价数据开展环境风险评价。由于环境风险评价与安全评价两者联系紧密，实际工作中最容易混淆，但事实上，两者的侧重点不同，在研究内容上也存在着区别。

安全评价以实现工程和系统安全为目的，应用安全系统工程原理和方法，对工程、系统中存在的危险、有害因素进行辨识与分析，判断工程、系统发生事故和职业危害的可能性及其严重程度，从而为制定预防措施和管理决策提供科学依据。环境风险评价关注点是事故对厂（场）界外环境的影响。环境风险评价应把事故引起厂（场）界外人群的伤害、环境质量的恶化及对生态系统影响的预测和防护作为评价工作重点。

表 9-2 列出了常见事故类型下环境风险评价与安全评价的内容。从中可以看出，环境风险评价侧重于通过自然环境如空气、水体和土壤等传递的突发性环境危害，而安全评价则主要针对人为因素和设备因素等引起的火灾、爆炸、中毒等重大安全危害。

表 9-2 常见事故类型下环境风险评价与安全评价的内容对比

序号	事故类型	环境风险评价	安全评价
1	石油化工厂输管线油品泄漏	土壤污染和生态破坏	火灾、爆炸
2	大型码头油品泄漏	海洋污染	火灾、爆炸
3	储罐、工艺设备有毒物质泄漏	空气污染、人员毒害	火灾、爆炸；人员急性中毒
4	油井井喷	土壤污染和生态破坏	火灾、爆炸
5	高硫化氢井井喷	空气污染、人员毒害	火灾、爆炸
6	石化工艺设备易燃烃类泄漏	空气污染、人员毒害	火灾、爆炸；人员急性中毒
7	炼化厂 SO_2 等事故排放	空气污染、人员毒害	人员急性中毒

概括而言，环境风险评价与安全评价的主要区别是：

① 环境风险评价主要关注事故对厂（场）界外环境和人群的影响，而安全评价主要关注事故对厂（场）界内环境和职工的影响。

② 环境风险评价不仅关注由火灾产生的热辐射、爆炸产生的冲击波带来的破坏影响，而且更关注于由发生火灾、爆炸产生、伴生或诱发的有毒有害物质泄漏于环境造成的危害或环境污染影响；安全评价主要关注火灾产生的热辐射、爆炸产生的冲击波带来的破坏影响。

③ 我国目前环境风险评价导则关注的是概率很小或极小但环境危害最严重的最大可信事故，而安全评价主要关注的是概率相对较大的各类事故。

9.1.3 建设项目环境风险评价程序与内容

环境风险评价工作流程见图 9-1。

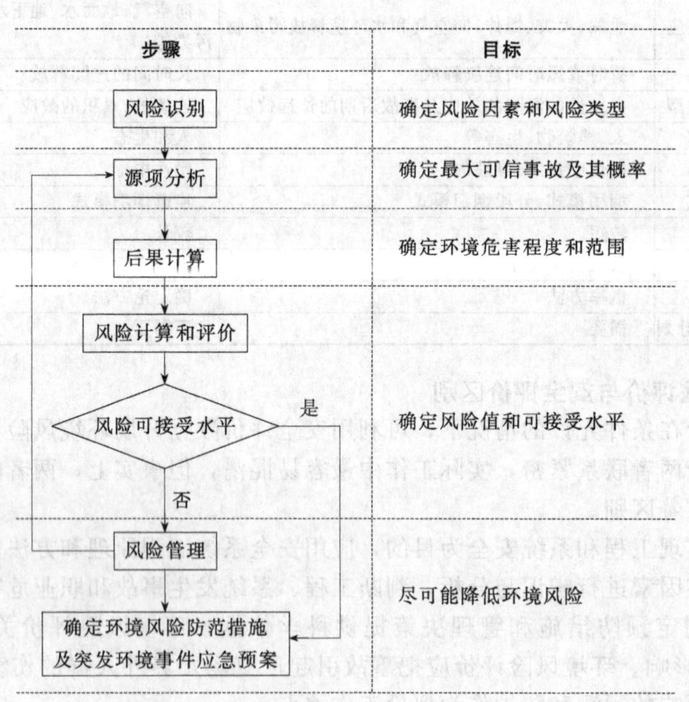

图 9-1 环境风险评价工作流程图

建设项目环境风险评价的基本内容包括风险识别、源项分析、后果计算、风险计算和评价、风险管理等 5 个方面内容。

① 风险识别　通过风险识别辨识出风险因素，确定出风险的类型。风险识别的方法主要是利用建设项目工程分析、环境现状调查与评价、相似建设项目所属行业事故统计的结果等资料，通过定性分析、经验判断进行的。风险识别的对象包括生产设施、所涉及物质、受影响的环境要素和环境保护目标。而根据有毒有害物质排放起因，将风险类型分为泄漏、火灾、爆炸等3种。

② 源项分析　评测是环境风险评价中的基础工作，也是环境风险评价中最为重要的内容。在风险识别的基础上，通过源项分析，识别评价系统的危险源、危险类型和可能的危险程度，确定主要危险源。根据潜在事故分析列出的事故树，筛选确定最大可信事故，对最大可信事故给出源强发生概率、危险物泄漏量（泄漏速率）等源项参数，为计算、评价事故的环境影响提供依据。源项分析准确与否直接关系到环境风险评价的质量和结论，其中最大可信事故是指在所有预测概率不为零的事故中，对环境（或健康）风险最大的事故。

③ 后果计算　其主要任务是确定最大可信事故发生后对环境质量、人群健康、生态系统等造成的影响范围和危害程度。可以根据危险物相态、危险类型（火灾、爆炸、有毒有害物扩散等）分别采用不同的模式、方法进行计算，得到影响评价所需的数据和信息。

④ 风险计算和评价　根据最大可信事故的发生概率、危害程度，计算项目风险的大小，并确定是否可以接受。风险大小多采用风险值作为表征量。

$$R = PC \tag{9-1}$$

式中，R 为风险值（危害/单位时间）；P 为最大可信事故概率（事故次数/单位时间）；C 为最大可信事故造成的危害（危害/事故次数）。

风险评价需要从各功能单元的最大可信事故风险 R_j 中，选出风险最大的事故，作为本项目的最大可信灾害事故，并将其风险值 R_{max} 与同行业可接受水平 R_L 比较，若 $R_{max} \leqslant R_L$，认为项目风险水平可以接受；若 $R_{max} > R_L$，认为本项目需要采取措施降低风险，否则不具备环境可行性。

⑤ 风险管理　主要是结合成本效益分析等工作，制定和执行合理的风险防范措施和应急预案，以防范、降低和应对可能存在的风险。由于事故的不确定性和现有资料、评价方法的局限性，在进行建设项目环境风险评价时，制定严格、可行的环境风险管理方案极为重要。

风险防范措施主要包括调整选址、优化总图布置、改进工艺技术、加强危险化学品贮运管理和电器电讯安全防范、增加自动报警和在线分析系统等。

应急预案包括应急组织机构、人员，报警和通信方式，抢险、救援设备，应急培训计划，公众教育和信息发布等内容。应特别注意，必须根据具体情况制定防止二次污染的应急措施。

9.2 风险识别和源项分析

对建设项目进行风险识别，首先要搞清楚项目中哪些活动会导致环境风险，哪些功能单元可能是事故风险发生的潜在位置，这就需要对潜在风险进行识别，然后对事故源项作出分析，计算可能发生事故的概率，从中筛选出最大可信事故，估算危险品的泄漏量，在此基础上进行后果评估分析。因此风险识别是源项分析的基础。

9.2.1 风险识别

风险识别的目的是确定风险因素和风险类型。风险识别的类型，根据有毒有害物质的发散起因，分为火灾、爆炸和泄漏三种类型

风险识别的内容包括生产设施风险识别和生产过程中所涉及的物质风险识别等。

9.2.1.1 物质危险性识别

对项目所涉及的原材料及辅助材料、燃料、中间产品、最终产品以及“三废”污染物、火

灾和爆炸等伴生/次生的危险物质，凡属于有毒有害、易燃易爆物质均需要进行危险性识别。按照《职业性接触毒物危害程度分级》（GBZ 230—2010）将毒物危害程度分为极度危害、高度危害、中度危害和轻度危害 4 级。按表 9-3 和表 9-4 对项目所涉及的对于中度危害以上的危险物质和恶臭物质均应予以识别，列表说明其物理、化学和毒理学性质、危险类别、加工量、贮存及运输量等，并按物质风险性，结合受影响的环境因素，筛选环境风险评价因子。

表 9-3 职业性接触毒物危害程度分级表

指标		极度危害	高度危害	中度危害	轻度危害
急性吸入 LC_{50}	气体/(cm^3/m^3)	<100	100～500	500～2500	2500～20000
	蒸气/(mg/m^3)	<500	500～2000	2000～10000	10000～20000
	粉尘和烟雾/(mg/m^3)	<50	50～500	500～1000	1000～5000
急性经口 LD_{50}/(mg/kg)		<5	5～50	50～300	300～2000
		<50	50～200	200～1000	1000～2000
刺激与腐蚀性		pH≤2 或 pH≥11.5；腐蚀作用或不可逆损伤作用	强刺激作用	中等刺激作用	轻刺激作用
致敏性		有证据表明该物质能引起人类特定的呼吸系统致敏或重要脏器的变态反应性损伤	有证据表明该物质能导致人类皮肤过敏	动物试验证据充分，但无人类相关证据	现有动物试验证据不能对该物质的致敏性作出结论
生殖毒性		明确的人类生殖毒性：已确定对人类的生殖能力、生育或发育造成有害效应的毒物，人类母体接触后可引起子代先天性缺陷	推定的人类生殖毒性：动物试验生殖毒性明确，但对人类生殖毒性作用尚未确定因果关系，推定对人类的生殖能力或发育产生有害影响	可疑的人类生殖毒性：动物试验生殖毒性明确，但无人类生殖毒性资料	人类生殖毒性未定论；现有证据或资料不能足以对毒物的生殖毒性作出结论
致癌性		Ⅰ组，人类致癌物	ⅡA 组，近似人类致癌物	ⅡB 组，可能人类致癌物	Ⅲ组，未归入人类致癌物
实际危害后果		职业中毒病死率≥10%	职业中毒病死率<10%；或致残（不可逆损害）	器质性损害（可逆性重要脏器损害），脱离接触后可治愈	仅有接触反应
扩散性（常温或工业使用时状态）		气态	液态，挥发性高（沸点<50℃）；固态，扩散性极高（使用时形成烟或粉尘）	液态，挥发性中（沸点 50～150℃）；固态，扩散性高（细微而轻的粉末，使用时可见尘雾形成，并在空气中停留数分钟以上）	液态，挥发性低（沸点≥150℃）；固态，晶体、粉状固体、扩散性中，使用时能见到粉尘但很快落下，使用后粉尘留在表面
蓄积性（或生物半衰期）		蓄积系数（动物实验，下同），<1；生物半衰期≥4000h	蓄积系数 1～3；生物半衰期 400～4000h	蓄积系数 3～5；生物半衰期 40～400h	蓄积系数>5；生物半衰期 4～40h

表 9-4　易燃物质、爆炸性物质、恶臭物质标准

易燃物质	1	易燃气体——在20℃和101.3kPa标准压力下，与空气有易燃范围的气体(GB 13690)
	2	极易燃液体——沸点≤35℃的且闪点<0℃液体，或保存温度一直在沸点以上的易燃液体
	3	高度易燃液体——闪点<23℃的液体(不包括极易燃液体)；液态退敏爆炸品
	4	易燃液体——23℃≤闪点<61℃的液体
	5	易燃固体——容易燃烧或通过摩擦引燃或助燃的固体
爆炸性物质		在火焰影响下可以爆炸，或者对冲击、摩擦比硝基苯更为敏感的物质
恶臭物质		GB 14554中规定的恶臭物质等，包括氨、三甲胺、硫化氢、甲硫醇、甲硫醚、二甲二硫、二硫化碳、苯乙烯等

9.2.1.2　重大危险源识别

在环境风险评价中将一个系统中具有潜在能量和物质释放危险的、在一定的触发因素作用下可转化为事故的单元称为危险源。重大危险源则是指长期或临时生产、加工、运输、使用或贮存危险物质，且危险物质的数量等于或超过临界量的单元。对于单种危险物质，应根据《危险化学品重大风险源辨识》(GB 18218—2009) 的规定辨识风险物质是否为重大风险源，表9-5列出了其中部分危险化学品名称及临界量。

表 9-5　部分危险化学品名称及临界量

类别	危险化学品名称和说明	临界量/t
爆炸品	硝化甘油	1
易燃气体	甲烷、天然气	50
	氢	5
毒性气体	氨	10
	氯	5
易燃液体	苯	50
	甲苯	500
易于自燃的物质	黄磷	50
遇水放出易燃气体的物质	钾	1
氧化性物质	发烟硫酸	100
有机过氧化物	过氧乙酸(含量≥60%)	10
毒性物质	氰化氢	1

对于多种 (n 种) 物质同时存放或使用的场所，若满足式(9-2)，则应定为重大风险源。

$$\sum(q_i/Q_i)\geqslant 1 \qquad (9-2)$$

式中　q_i——i 危险物质的实际储存量；

Q_i——i 危险物质对应的生产场所或储存区的临界量，$i=1\sim n$。

9.2.1.3　生产过程潜在危险性识别

根据建设项目的生产特征，结合物质危险性识别，以图表给出单元划分结果，给出单元内存在危险物质的数量。

首先划分项目功能系统。根据工艺特点，功能系统一般可划分为生产运输系统、储运系统、公用工程系统、生产辅助系统、环境保护系统、安全消防系统等。然后将每一功能系统划分为若干子系统，每一个子系统首先包括一种危险物的主要储存容器或管道，其次要有边界，在泄漏事故中要有单一信号遥控的自动关闭阀隔开。最后在此基础上划分单元，功能单元至少应包括一个(套)危险物质的主要生产装置、设施(贮存容器、管道等)及环保处理设施，或同属一个工厂且边缘距离小于500m的几个(套)生产装置、设施。每一个功能单元要有边界和特定的功能，在泄漏事故中能有与其他单元分割开的地方。

在此基础上，按生产、贮存、运输、管道系统，确定危险源点的范围和危险源区域的分布。按危险源潜在危险性、存在条件和触发因素进行危险性分析。

9.2.1.4　事故分析

根据物质的风险性识别、生产过程风险性识别结果，分析各功能单元潜在事故类型、发生事故的单元、危险物质向环境转移的可能途经和影响方式，列出一系列事故的设定。

火灾、爆炸事故引发的伴生/次生危险识别：对燃烧、分解等产生的危险性物质应进行风险识别、筛选。泄漏事故引发的伴生/次生危险识别：对事故处理过程中产生的事故消防水、事故物料等造成的二次污染应进行风险识别和筛选。

9.2.1.5 受影响的环境因素识别

按不同方位、距离列出受影响的周边社会关注区（如人口集中居住区、学校、医院等）、需要特殊保护地区等的分布、人口密度；受影响的重要水环境和生态环境。

9.2.2 源项分析

源项分析的任务是通过对建设项目的潜在风险识别及事故概率计算。筛选出最大可信事故的发生概率，并估算危险化学品的泄漏量。对最大可信事故进行源项分析，包括源强和发生概率。

9.2.2.1 最大可信事故及其分析方法

最大可信事故：在所有预测的概率不为零的事故中，对环境（或健康）危害最严重的重大事故。即筛选出具有一定发生概率且危害最大的事故作为评估对象。如果这一分析值在可以接受的水平内，则该系统的风险认为是可以接受的。如果这一风险值超过可以接受水平，则需要采取进一步降低风险的措施，使之达到可接受水平。

确定最大可信事故的原则是：设定的最大可信事故应当存在污染物向环境转移的途径；“最大”是指对环境的影响最大，应当分别对不同环境要素的影响进行分析，“可信”应为合理的假定，一般不包括极端情况；同类污染物存在于不同功能单元，对同一环境要素的影响。可只分析其中一个功能单元发生的最大可信事故。

最大可信事故概率的确定可采用故障树和事件树、归纳统计法确定。

(1) 事故（故障）树分析法

事故树是一种演绎分析工具，用以系统地描述能导致工厂到达某一特定危险状态（通常称为顶事件）的所有可能的故障。顶事件可以是一事故序列，也可以是风险定量分析中认为重要的任一状态。通过事故树的分析，能估算出某一特定事故（顶事件）的发生概率。

事故树分析法是通过建立顶事件发生的逻辑树图，自上而下地分析导致顶事件发生的原因及其相互逻辑关系，直至可直接求解的基本事件为止。事故树分析的关键是需知每个基本事件发生的概率。运用事故树方法，通常依照以下的分析程序：

① 划分事故系统，确定事故树的顶事件；

② 分析导致顶事件发生的原因事件及其逻辑关系，作事故树图；

③ 求解事故树的最小割集，进行事故树定性分析。这里的最小割集是指导致顶事件发生所必需的最小限度的基本事件的集合。通过求解最小割集，可以获得顶事件发生的所有可能途径的信息；

④ 求解顶事件概率，进行事故树定量分析。计算时可将事故树经布尔代数化简后，求得事故树的最小割集后再进行计算，并通过结构重要度、概率重要度以及临界重要度的分析来确定出基本事件的重要度，以便分出基本事件对顶事件的发生所起的作用大小，分出轻重缓急，有的放矢地采取措施，控制事故的发生。

(2) 事件树分析法

以污染系统向环境的事故排放为顶事件的事故树分析，给出了导致事故排放的故障原因事件及其发生概率，而事故排放的源强或事故后果的各种可能性需要结合事件树的分析做进一步的分析。

事件树分析是从初因事件出发，按照事件发展的时序，分成阶段，对后继事件一步一步地进行分析；每一步都从成功和失败（可能和不可能）两种或多种的状态进行考虑（分支），最后直到用水平树枝图表示其可能后果的一种分析方法，以定性、定量了解整个事故的动态变化过程及其各种状态的发生概率。例如图 9-2 给出某化工厂冷却系统失效初因事件的事件树，由此可知，这一失冷事故可能导致气体从阀门泄入环境，也可导致爆炸。

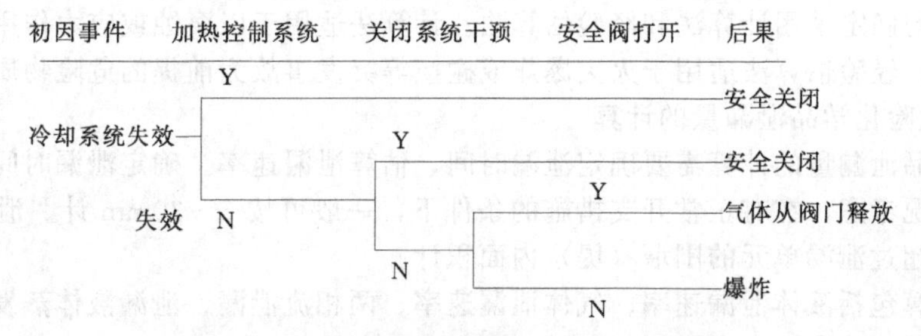

图 9-2 冷却系统失效初因事件的事件树

需要注意的是，事件树分析中后继事件的出现是以前一事件发生为条件而与再前面的事件无关的，是许多事件按时间顺序相继出现、发展的结果。针对所选择的不同故障事件作为初因事件，事件树分析可能得出不同的相应事件链。事故排放事故树分析所确定的能导致向环境排放污染物的各种事件，由于其故障原因和所导致的污染物排放形态各异，使得事故排放的强度有所差别，因此都应作为源强事件树分析的初因事件。简单的污染源源强分析，可取其事故排放顶事件为事件树的初因事件。

(3) 归纳统计法

通过行业发生事故频次的统计，归纳出事件发生概率的大小的方法。《建设项目环境风险评价技术导则》(征求意见稿) 推荐的部分典型事件的发生概率见表 9-6。

表 9-6 几种部件类型事故概率的推荐值

部件类型	泄漏模式	泄漏概率
容器	泄漏孔径 1mm	5.00×10^{-4}/年
	泄漏孔径 10mm	1.00×10^{-5}/年
	泄漏孔径 50mm	5.00×10^{-6}/年
	整体破裂	1.00×10^{-6}/年
	整体破裂(压力容器)	6.50×10^{-5}/年
内径≤50 mm 的管道	泄漏孔径 1mm	5.70×10^{-5} m/年
	全管径泄漏	8.80×10^{-7} m/年
50mm<内径≤150mm 的管道	泄漏孔径 1mm	2.00×10^{-5} m/年
	全管径泄漏	2.60×10^{-7} m/年
内径>150 mm 的管道	泄漏孔径 1 mm	1.10×10^{-5} m/年
	全管径泄漏	8.80×10^{-8} m/年
离心式泵体	泄漏孔径 1mm	1.80×10^{-3}/年
	整体破裂	1.00×10^{-5}/年
往复式泵体	泄漏孔径 1 mm	3.70×10^{-3}/年
	整体破裂	1.00×10^{-5}/年
离心式压缩机	泄漏孔径 1 mm	2.00×10^{-3}/年
	整体破裂	1.10×10^{-5}/年
往复式压缩机	泄漏孔径 1 mm	2.70×10^{-3}/年
	整体破裂	1.10×10^{-5}/年
内径≤150 mm 手动阀门	泄漏孔径 1 mm	5.50×10^{-2}/年
	泄漏孔径 50 mm	7.70×10^{-8}/年
内径>150 mm 手动阀门	泄漏孔径 1mm	5.50×10^{-2}/年
	泄漏孔径 1mm	4.20×10^{-8}/年
内径≥150 mm 驱动阀门	泄漏孔径 1 mm	2.60×10^{-4}/年
	泄漏孔径 1 mm	1.90×10^{-6}/年

9.2.2.2 事故源强的估算

根据风险识别结果，对火灾、爆炸和泄漏三种类型进行事故源项的确定。事故源项参数包括有毒有害物质名称、排放方式、排放速率、排放时间、排放量、排放源几何参数等。

事故源强的确定采用计算法和经验估算法。计算法适用于以腐蚀或应力作用等引起的泄漏型为主的事故；经验估算法适用于火灾爆炸或碰撞等突发事故为前提的危险物质的释放。

9.2.2.2.1　危险化学品泄漏量的计算

危险化学品泄漏量的计算需要确定泄漏时间，估算泄漏速率。确定泄漏时间应结合建设项目生产实际情况考虑，在有正常开支措施的条件下，一般可按 5～30min 计。泄漏物质形成的夜池面积以不超过泄漏单元的围堰（堤）内面积计。

泄漏量计算包括液体泄漏速率、气体泄漏速率、两相流泄漏、泄漏液体蒸发量计算。

(1) 液体泄漏速率 Q_L

液体泄漏速率 Q_L用伯努利方程计算（限制条件为液体在喷口内不应有急骤蒸发）：

$$Q_L = C_d A \rho \sqrt{\frac{2(P - P_0)}{\rho} + 2gh} \tag{9-3}$$

式中，Q_L为液体泄漏速率，kg/s；P 为容器内介质压力，Pa；P_0 为环境压力，Pa；ρ 为泄漏液体密度，kg/m^3；g 为重力加速度，9.81m/s^2；h 为裂口之上液位高度，m；C_d 为液体泄漏系数按表 9-7 选取；A 为裂口面积，m^2，按事故实际裂口情况或按表 9-8 选取。

表 9-7　液体泄漏系数

雷诺数 Re	裂口形状		
	圆形(多边形)	三角形	长方形
＞100	0.65	0.60	0.55
≤100	0.50	0.45	0.40

表 9-8　事故裂口情况

序号	设备名称	设备类型	典型泄漏	损坏尺寸
1	管道	管道、法兰、接头、弯头	(1)法兰泄漏	20%管径
			(2)管道泄漏	20%或 100%管径
			(3)接头损坏	20%或 100%管径
2	绕行连接器	软管、波纹管、铰接管	(1)破裂泄漏	20%或 100%管径
			(2)接头泄漏	20%管径
			(3)连接机构损坏	100%管径
3	过滤器	滤器、滤网	(1)滤体泄漏	20%或 100%管径
			(2)管道泄漏	20%管径
4	阀	球、阀门、栓、阻气门、保险等	(1)壳泄露	20%或 100%管径
			(2)盖子泄露	20%管径
			(3)杆损坏	20%管径
5	压力容器、反应槽	分离器、气体洗涤器、反应器、热交换器、火焰加热器	(1)容器破裂	全部破裂
			(2)容器泄露	100%管径
			(3)进入孔盖泄露	20%管径
			(4)喷嘴断裂	100%管径
			(5)仪表路破裂	20%或 100%管径
			(6)内部爆炸	全部破裂
6	泵	离心泵、往复泵	(1)机壳损坏	20%或 100%管径
			(2)密封压盖泄露	20%管径
7	压缩机	离心式、轴流式、往复式	(1)机壳损坏	20%或 100%管径
			(2)密封套泄露	20%管径
8	贮藏	露天贮藏	(1)容器损坏	全部破裂
			(2)接头泄露	20%或 100%管径
9	贮藏容器(用于加压或冷却)	压力、运输、冷却、填埋、露天等容器	(1)气爆(不埋设情况下)	全部破裂(点燃)
			(2)破裂	全部破裂
			(3)焊接断裂	20%或 100%管径

(2) 气体泄漏速率

当气体流速在音速范围（临界流）：

$$\frac{P_0}{P} \leqslant \left(\frac{2}{\kappa+1}\right)^{\frac{\kappa}{\kappa+1}} \tag{9-4}$$

当气体流速在亚音速范围（次临界流）：

$$\frac{P_0}{P} > \left(\frac{2}{\kappa+1}\right)^{\frac{\kappa}{\kappa-1}} \tag{9-5}$$

式中，P 为容器内介质压力，Pa；P_0为环境压力，Pa；其他符号意义同前。

假定气体的特性是理想气体，气体泄漏速度 Q_G 按下式计算：

$$Q_G = YC_dAP \sqrt{\frac{M\kappa}{RT_G}\left(\frac{2}{\kappa+1}\right)^{\frac{\kappa+1}{\kappa-1}}} \tag{9-6}$$

式中，P 为容器压力，Pa；C_d为气体泄漏系数，当裂口形状为圆形时取 1.00，三角形时取 0.95，长方形时取 0.90；A 为裂口面积，m^2；M 为分子量；R 为气体常数，J/（mol·K）；T_G为气体温度，K；κ 为气体的绝热指数（热容比），即定压热容 C_p与定容热容 C_V之比；Y 为流出系数，对于临界流 $Y=1.0$，对于次临界流按下式计算：

$$Y = \left(\frac{P_0}{P}\right)^{\frac{1}{\kappa}} \times \left[1-\left(\frac{P_0}{P}\right)^{\frac{(\kappa-1)}{\kappa}}\right]^{\frac{1}{2}} \times \left[\left(\frac{2}{\kappa-1}\right)\times\left(\frac{\kappa+1}{2}\right)^{\frac{(\kappa+1)}{(\kappa-1)}}\right]^{\frac{1}{2}} \tag{9-7}$$

(3) 两相流泄漏

假定液相和气相是均匀的，且互相平衡，两相流泄漏速率按下式计算：

$$Q_{LG} = C_dA \sqrt{2\rho_m(P-P_C)} \tag{9-8}$$

$$\rho_m = \frac{1}{\dfrac{F_v}{\rho_1}+\dfrac{1-F_v}{\rho_2}} \tag{9-9}$$

$$F_v = \frac{C_p(T_{LG}-T_C)}{H} \tag{9-10}$$

式中，Q_{LG}为两相流泄漏速率，kg/s；C_d为两相流泄漏系数，可取 0.8；P_C为临界压力，Pa，可取 0.55Pa；P 为操作压力或容器压力，Pa；A 为裂口面积，m^2；ρ_m为两相混合物的平均密度，kg/m^3；ρ_1为液体蒸发的蒸汽密度，kg/m^3；ρ_2为液体密度，kg/m^3；F_v为蒸发的液体占液体总量的比例，无量纲；C_p为两相混合物的定压比热，J/（kg·K）；T_{LG}为两相混合物的温度，K；T_C为液体在临界压力下的沸点，K；H 为液体的汽化热，J/kg。

当 $F_v>1$ 时，表明液体将全部蒸发成气体，此时应按气体泄漏计算；如果 F_v很小，则可近似地按液体泄漏公式计算。

(4) 泄漏液体蒸发量

泄漏液体的蒸发分为闪蒸蒸发、热量蒸发和质量蒸发三种，其蒸发总量为这三种蒸发之和。

① 闪蒸量的估算　过热液体闪蒸量按下式估算

$$Q_1 = FW_T/t_1 \tag{9-11}$$

式中　Q_1——闪蒸量，kg/s；

W_T——液体泄漏总量，kg；

t_1——闪蒸蒸发时间，s；

F——蒸发的液体占液体总量的比例，按下式计算，

$$F = C_p\frac{T_l-T_b}{H} \tag{9-12}$$

式中　C_p——液体的定压比热，J/（kg·K）；

T_l——泄漏前液体的温度，K；

T_b——液体在常压下的沸点，K；

H——液体的汽化热，J/kg。

② 热量蒸发估算　当液体闪蒸不完全，有一部分液体在地面形成液池，并吸收地面热量而汽化称为热量蒸发。其蒸发速率按下式计算，并应考虑对流传热系数。

$$Q_2 = \frac{\lambda S \times (T_0 - T_b)}{H\sqrt{\pi \alpha t}} \tag{9-13}$$

式中　Q_2——热量蒸发速率，kg/s；

T_0——环境温度，K；

T_b——沸点温度；K；

S——夜池面积，m^2

H——液体气化热，J/kg；

t——蒸发时间，s；

λ——表面热导系数（取值见表 9-9），W/（m·K）；

α——表面热扩散系数（取值见表 9-9），m^2/s。

表 9-9　某些地面的热传递性质

地面情况	λ/[W/(m·K)]	α/(m^2/s)
水泥	1.1	1.29×10^{-7}
土地(含水 8%)	0.9	4.3×10^{-7}
干阔土地	0.3	2.3×10^{-7}
湿地	0.6	3.3×10^{-7}
砂砾地	2.5	11.0×10^{-7}

③ 质量蒸发估算　当热量蒸发结束后，转由液池表面气流运动使液体蒸发，称之为质量蒸发。其蒸发速率按下式计算：

$$Q_3 = \alpha PM/(R \times T_0) \times u^{(2-n)/(2+n)} \times r^{(4+n)/(2+n)} \tag{9-14}$$

式中　Q_3——质量蒸发速率，kg/s；

P——液体表面蒸气压，Pa；

R——气体常数，J/（mol·K）；

T_0——环境温度，K；

M——物质的相对分子质量，g/mol 或 kg/kmol；

u——风速，m/s；

r——液池半径，m；

α，n——大气稳定度系数，无量纲，取值见表 9-10。

表 9-10　液池蒸发模式参数

大气稳定度	n	α
不稳定(A,B)	0.2	3.846×10^{-3}
中性(D)	0.25	4.685×10^{-3}
稳定(E,F)	0.3	5.285×10^{-3}

液池最大直径取决于泄漏点附近的地域构型、泄漏的连续性或瞬时性。有围堰时，以围堰最大等效半径为液池半径；无围堰时，设定液体瞬间扩散到最小厚度时，推算液池等效半径。

④ 液体蒸发总量的计算　液体蒸发总量按下式计算：

$$W_p = Q_1 t_1 + Q_2 t_2 + Q_3 t_3 \tag{9-15}$$

式中　W_p——液体蒸发总量，kg；

Q_1——闪蒸液体蒸发速率，kg/s；

Q_2——热量蒸发速率，kg/s；

Q_3——质量蒸发速率，kg/s；

t_1——闪蒸蒸发时间，s；

t_2——热量蒸发时间，s；

t_3——从液体泄漏到全部清理完毕的时间，s。

9.2.2.2.2　经验法估算物质泄漏量

① 火灾爆炸　火灾爆炸事故危害除热辐射、冲击波和抛射物等直接危害外，未完全燃烧的危险物在高温下迅速挥发释放至大气，同时产生伴生和次生物质。后两部分为环境风险分析对象。未完全燃烧的危险物质释放至大气，按事故单元的危险物在线量及其半致死浓度（LC_{50}）设定相应释放比例（表 9-11）。

表 9-11　火灾爆炸事故有毒有害物质释放比例（%）

Q (t)	LC_{50}/(mg/m³)					
	<200	200	1000	2000	10000	>20000
100	5	10				
500	1.5	3	6			
1000	1	2	4	5	8	
5000		0.5	1	1.5	2	3
10000			0.5	1	1	2
20000				0.5	1	1
50000					0.5	0.5
100000						0.5

注：LC_{50}——物质半致死浓度，Q——重大危险源在线量。

② 碰撞　船舶运输碰撞、触礁等事故，物质泄漏量按所在航道和港口区域事故统计最大泄漏量计算。车载运输碰撞等事故，物质泄漏量按所在道路和地区事故统计最大泄漏量计算。装载事故泄漏量按装卸物质流速和管径及失控时间（5～15min）计算。管道运输事故按管道截面积 100%断裂估算泄漏量。应考虑截断阀启动前、后的泄漏量，截断阀启动前，泄漏量按实际工况确定；截断阀启动后，泄漏量以管道泄压至与环境压力平衡所需要时间计。

船舶运输碰撞触礁、车载运输碰撞，危险物质释放比例见表 9-12。

表 9-12　以碰撞等突发事故为前提的危险物质释放比例

船舶运输		车载运输	
单舱载量/m³	释放/%	单车载量/t	释放/%
400	30	3	50
1000	20	5	40
1600	15	8	30
2000	15	10	25
3000	10	15	20
8000	5	20	20
15000	5	30	15
20000	4	50	10
25000	4	80	10
30000	4	100	10
40000	3	120	10

③ 泄漏液体蒸发量估算值　泄漏液体蒸发量估算值见表 9-13。

表 9-13　泄漏液体蒸发量估算值

物质	蒸发量(泄漏量的百分比)/%
极易挥发物质(饱和蒸气压>50kPa)	90～100
易挥发物质(10kPa<饱和蒸气压<50kPa)	70～90
较易挥发物质(1kPa<饱和蒸气压<10kPa)	40～60
难挥发物质(饱和蒸气压<1kPa)	忽略不计

9.3 后果计算

火灾、爆炸和泄漏三种风险发生后，其直接、次生和伴生的污染物均会以不同的形式进入大气环境和水环境，因此后果计算的基本内容应包括大气环境风险影响后果计算和水环境风险影响后果计算。

9.3.1 大气环境风险影响后果计算

大气环境风险评价，按照有毒有害物质的伤害阈（GB 18664，IDLH）（Immediately Dangerous to Life or Health concentration，IDLH，指有害环境中空气污染物浓度达到某种危险水平，如可致命、可永久损害健康或可使人立即丧失逃生能力）和半致死浓度，给出有毒有害物质在最不利气象条件下的网络点最大浓度、时间和浓度分布图；给出网络点最大浓度及分布图中大于 LC_{50} 浓度和大于 IDLH 浓度包络线范围；给出该范围内的环境保护目标情况（社会关注区、人口分布等）；给出有毒有害物质在最不利气象条件下主要关心方向轴线最大浓度及位置。

有毒有害物质在大气中的扩散可采用烟团模式。对于重质气体污染物的扩散、复杂地形条件下污染物的扩散，应对模式进行相应的修正。

(1) 在事故后果评价中采用下列烟团公式：

$$C(x,y,0)=\frac{2Q}{(2\pi)^{3/2}\sigma_x\sigma_y\sigma_z}\exp\left[-\frac{(x-x_0)^2}{2\sigma_x^2}\right]\exp\left[-\frac{(y-y_0)^2}{2\sigma_y^2}\right]\exp\left(-\frac{z_0^2}{2\sigma_z^2}\right) \tag{9-16}$$

式中，$C(x, y, 0)$ 为下风向地面 (x, y) 坐标处的空气中污染物浓度，mg/m^3；x_0，y_0、z_0 为烟团中心坐标；Q 为事故期间烟团的排放量；σ_x、σ_y、σ_z 为 x、y、z 方向的扩散参数，m，常取 $\sigma_x=\sigma_y$

设事故释放持续时间为 T_0（s），可假设等间距释放 N 个烟团，通常 $N\geqslant 10$。每个烟团的释放量 Q_i 可近似认为相同并由式(9-17) 计算：

$$Q_i=Q_0/N \tag{9-17}$$

式中，Q_i 为单个烟团的释放量，mg；Q_0 为释放总量，mg。

每两个烟团的释放时间间隔为 Δt，可由式(9-18) 计算：

$$\Delta t=T_0/N \tag{9-18}$$

式中，Δt 为每两个烟团的释放时间间隔，s；T_0 为事故释放持续时间，s。

(2) 计算参数选取

① 选取最不利气象条件　选取方法是利用最近 3 年中任一年的整年气象资料，对 i 危险物设定某一泄漏源强，分别逐时计算网格点和主要关心方向关心点的浓度，分别对计算结果排序并选出最大浓度。该浓度出现时间所对应的天气条件（风速、风向、稳定度等）即为 i 危险物对计算网格点和主要关心方向关心点的最不利气象条件。

② 混合层参数、地形参数、污染物衰减沉降等参数根据具体情况选取。

③ 扩散计算参数选取　事故泄漏释放时间≤30min；预测烟团扩散时间不低于6h；时间步长与网格距分辨率，随风速和离事故源距离不同，选取方法见表9-14。

表9-14　时间步长（s）和网格距（m）选取

V/(m/s)	R /m			
	≤0.5	≤1.0	≤1.5	≤3.0
≥1000	60s,100m	20s,100m	10s,100m	5s,100m
≥2000	60s,200m	20s,200m	10s,200m	5s,200m
≥3000	60s,300m	20s,300m	10s,300m	5s,300m
≥5000	60s,500m	20s,500m	10s,500m	5s,500m

注：R 为距源点轴向距离，m；V 为风速，m/s

（3）预测结果

给出有毒有害物质在最不利气象条件下的网格点最大浓度、时间和浓度分布图；网格点最大浓度及分布图中，给出≥LC_{50}浓度和≥IDLH浓度包络线范围内的环境保护目标情况；有毒有害物质在最不利气象条件下主要关心方向轴线最大浓度及位置。

9.3.2　水环境影响后果计算

有毒有害物质进入水环境的途径，包括事故直接导致的和事故处理处置过程间接导致的。有毒有害物质进入水体的方式一般包括“瞬时源”和“有限时段源”。对于纯有毒有害物质($\rho\leqslant1$)直接泄漏的情形，需要分析其在水体中的溶解、吸附、挥发特性；对于纯有毒有害($\rho>1$)直接泄漏的情形，需要分析其在底泥层的吸附、溶解特性。

预测有毒有害在水体中的分布，给出伤害阈值范围内的环境保护目标情况，相应的影响时段。对于相对密度$\rho>1$的有毒有害物质，还应分析有毒有害物质吸附在底泥中的有毒有害物质数量。对于敞开区域，应分析有毒有害物质在该水域的输移路径。

有毒有害物质在水环境中的迁移转化预测如下。

① 瞬时排放河流一维水质影响预测模式（有毒有害物质的相对密度$\rho\leqslant1$）

在河流水体足以使泄漏的有毒有害物质迅速得到稀释（初始稀释浓度达到溶解度以下），泄漏点与环境保护目标的距离大于混合过程段长度时，水体中溶解态有毒有害物质的预测计算可采用式(9-19)：

$$c(x,t)=\frac{M_D}{2A_c\ (\pi D_L t)^{\frac{1}{2}}}\exp\left[-\frac{(x-ut)^2}{4D_L t}-K_e t\right]+\frac{K'_v}{K'_v+\sum K_i}\times\frac{P}{K_H}[1-\exp(-K_e t)] \tag{9-19}$$

$$K'_v=\frac{K_v}{H},\qquad K_e=\frac{K_v+\sum K_i}{1+K_p S}$$

式中，$c(x,t)$为泄漏点下游距离x、时间t时的溶解态浓度，mg/L；u为河流流速，m/s；D_L为河流纵向离散系数，m^2/s；A_c为河流横断面面积，m^2；M_D为溶解的污染物总量（小于或等于泄漏量），g；K_i为一级动力学转化速率（除挥发以外），1/d；P为水面上大气中有害污染物的分压，Pa；K_H为亨利常数，$Pa\cdot m^3/mol$；K_v为挥发速率常数，1/d；K_e为综合转化速率，1/d；K_p为分配系数；S为悬浮颗粒物含量，μg/L。

泄漏点下游x处，有毒有害物质的峰值浓度（最大影响浓度，假设$P=0$）可按式(9-20)计算：

$$c_{max}(x)=\frac{M_D}{2A_c\ (\pi D_L t)^{\frac{1}{2}}}\exp(-K_e t) \tag{9-20}$$

式中，$c_{max}(x)$为泄漏点下游x处有毒有害物质的峰值浓度，mg/L；其他符号意义同前。

② 瞬时点源河流二维水质影响预测（有毒有害物质的相对密度$\rho\leqslant1$）

a. 河流二维水质预测数值模式

瞬时点源河流二维水质一般基本方程为：

$$\frac{\partial c}{\partial t}+u\frac{\partial c}{\partial x}=M_x\frac{\partial^2 c}{\partial x^2}+M_y\frac{\partial^2 c}{\partial y^2}-\sum S_k \tag{9-21}$$

式中，M_x为纵向离散系数，m^2/s；M_y为横向混合系数，m^2/s；$\sum S_k$为挥发、吸附、降解的总和，$m^2/(L\cdot s)$。

初始条件和边界条件：

$$\begin{cases}c(x,y,0)=0\\c(x_0,y_0,t)=(M_D/Q)\delta(t)\\c(\infty,\infty,t)=0\end{cases}\qquad \delta(t)=\begin{cases}1(t=0)\\0(t\neq 0)\end{cases}$$

可以采用有限差分法和有限元法进行数值求解。

b. 河流二维水质预测解析模式

设定条件：河流宽度为 B，m；瞬时点源源强为 M_D，g；点源离河岸一侧的距离为 y_0，假设 $P=0$，则解析模式为：

$$c(x,y,t)=\frac{M_D}{4\pi ht\,(M_xM_y)^{\frac{1}{2}}}\exp(-K_et)\exp\left[\frac{-(x-ut)^2}{4M_xt}\right]\sum_{-\infty}^{+\infty}\exp\left[\frac{-(y-2nB\pm y_0)^2}{4M_yt}\right] \tag{9-22}$$

式中，$c(x,y,t)$为泄漏点下游距离 x、时间 t 时的溶解态浓度，mg/L；m；$n=0,\pm1,\pm2,\cdots$，若忽略河岸的反射作用，则取 $n=0$；其他符号意义同前。

③ 有毒有害物质（相对密度 $\rho>1$）泄漏到河流中的影响预测模式

a. 在有毒有害物质较为集中地泄漏到河床，且其溶解直接受到沉积薄层控制的情形下，采用式 Mills 公式（9-23）计算扩散层的厚度：

$$\delta_d=239\frac{\nu R_h^{\frac{1}{6}}}{un\sqrt{g}} \tag{9-23}$$

式中，δ_d为扩散底层的厚度，cm；ν为水的动力黏性，m^2/s；R_h为河流的水力半径，m；u为河流流速，m/s；n为满宁系数；g为重力加速度，9.81 m/s^2。

b. 在泄漏区域下游侧，且与河流完全混合前，有毒有害物质在水体中浓度可由式(9-24)计算：

$$C_l=(C_0-C_s)\exp(-\frac{D_{cw}L_s}{\delta_dHu})+C_s \tag{9-24}$$

式中，C_l为泄漏区域下游侧有毒有害物质在水体中的浓度，mg/L；C_0为有毒有害物质的背景浓度，mg/L；C_s为有毒有害物质在水中的溶解度，mg/L；D_{cw}为有毒有害物质在水中的扩散系数 m^2/s；H 为水深，m；u 为河流流速，m/s；L_s为泄漏区的长度，m；δ_d为扩散底层的厚度，m。

c. 在完全混合处的浓度，可按式（9-25）计算：

$$C_{um}=C_l\frac{W_s}{B}+C_0(1-\frac{W_s}{B}) \tag{9-25}$$

式中，C_{um}为泄漏区完全混合处的浓度，mg/L；C_l为泄漏区域下游侧有毒有害物质在水体中的浓度，mg/L；C_0为有毒有害物质的背景浓度，mg/L；W_s为泄漏的宽度，m；B 为河流宽度，m。

d. 溶解有毒有害物质所需要的时间，可按式(9-26）计算：

$$T_d=\frac{M_D}{C_luHW_s} \tag{9-26}$$

式中，T_d为溶解有毒有害物质所需要的时间，s；M_D为溶解的污染物总量（小于或等于泄漏量)，g；C_l为泄漏区域下游侧有毒有害物质在水体中的浓度，mg/L；u 为河流流速，m/s；H 为水深，m；W_s为泄漏的宽度，m。

注：经过初始溶解后，剩余部分将留在河床泥沙中，它们自然地释放和扩散返回到水体所需要的时间可能大大超过初始溶解所需要的时间。

9.4 风险计算和评价

9.4.1 风险计算

风险值按式(9-27) 计算

$$R = PC \tag{9-27}$$

式中 R——风险值；

P——最大可信事故概率（事件数/单位时间）；

C——最大可信事故造成的危害（损害/事件）。

C 与下列因素有关

$$C \propto f[C_L(x,y,t), \Delta t, n(x,y,t), P_E] \tag{9-28}$$

式中 $C_L(x, y, t)$ ——在 x、y 范围和 t 时刻，$\geqslant LC_{50}$的浓度；

$n(x, y, t)$ ——t 时刻相应于该浓度包络范围内的人数；

P_E——人员吸入有毒物质而导致急性死亡的频率。

对同一最大可信事故，n 种有毒有害物质泄漏所致环境危害，为各种危害 C_i 总和

$$C = \sum_{i=1}^{n} C_i \tag{9-29}$$

9.4.2 风险评价

风险评价需要从各功能单元的最大可信事故风险 R 中，选出危害最大的作为本项目的最大可信事故，并依此作为风险可接受水平的分析基础。即

$$R_{\max} = f(R_j) \tag{9-30}$$

环境风险评价的目的是确定什么样的风险是社会可以接受的，因此可以说环境风险评价是判断环境风险的概率及其后果可接受的过程。判断一种环境风险是否能被接受，通常采用比较的方法。风险可接受分析采用最大可信事故风险值 $R_{\max}$与同行业可接受风险水平 R_L比较：

$R_{\max} \leqslant R_L$则认为风险水平是可以接受的。$R_{\max} \geqslant R_L$则需要采取降低风险的措施，以达到可接受水平，否则项目的建设是不可接受的。

9.5 风险管理

环境风险管理的目的是根据环境风险评价的结果，按照相关的法规和条例，选用有效的控制技术，进行减缓风险的费用与效益分析，确定可接受的风险度和损害水平，提出减缓或控制环境风险的措施或决策。达到既要满足人类活动的基本需要，又不超出当前社会对环境风险的接受水平，以降低或消除风险，保护人群健康与生态系统安全。

在制定人类活动方案时要充分考虑各种可能产生的环境风险是可以预测的，也是可以控制的，环境风险控制措施的方式主要有：

① 减轻环境风险　通过优化生产工艺或提高生产设备安全性使环境风险降低。

② 转移环境风险　如利用迁移厂址、迁出居民等措施使环境风险转移。

③ 替代环境风险　通过改变生产原料、能源结构或改变产品品种等，达到用另一种较小的环境风险来替代原有的环境风险。

9.6 风险评价结论与建议

9.6.1 项目选址及重大危险源区域布置的合理性和可行性

根据重大危险源辨识及其区域分布分析和事故后果预测，从环境风险角度评价项目选址及总图布置的合理性和可行性，并给出优化调整的建议及方案。

9.6.2 重大危险源的类别及其危险性主要分析结果

给出项目涉及的重大危险源类别，主要单元危险性及其潜在的主要环境风险事故类型，事故时危险物质进入环境的途径，给出优化调整重大危险源在线量及危险性控制的建议。

9.6.3 环境敏感区及与环境风险的制约性

项目所在地评价范围内的环境敏感区及其特点；给出危害后果预测结果，大气中 LC_{50}、IDLH 和水体中生态伤害阈所涉及范围内环境敏感目标分布情况及风险分析；从地理位置、气象、水文、人口分布和生态环境等要素分析项目建设存在的环境风险制约因素，提出优化、调整、缓解环境风险制约的建议。

9.6.4 环境风险防范措施和应急预案

明确环境风险三级（单元、项目和园区）应急防范体系，分析主要措施的可行性，重点给出防止事故危险物质进入环境及进入环境后的控制、消解、监测等措施；给出风险应急响应程序、环境风险防范区在事故时对人员撤离要求等。提出优化调整环境风险防范措施和应急预案的建议。

9.6.5 环境风险评价结论

综合进行评价，明确给出建设项目环境风险可否接受的结论。

第10章　环保措施及其技术经济论证

环保措施及其技术经济论证是环境影响评价的重要内容与基本任务之一，是在环境影响评价结果中提出相应污染防治和环境保护对策与建议及对环境保护措施的技术经济论证，并提出各项措施的投资估算。具体要求包括明确项目拟采取的具体环境保护措施；分析论证拟采取措施的技术可行性、经济合理性、长期稳定运行和达标排放的可靠性，满足环境质量与污染物排放总量控制要求的可行性，如不能满足要求应提出必要的补充环境保护措施要求；生态保护措施须落实到具体时段和具体位置上，并特别注意施工期的环境保护措施。结合国家对不同区域的相关要求，从保护、恢复、补偿、建设等方面提出和论证实施生态保护措施的基本框架；按工程实施不同时段，分别列出相应的环境保护工程内容，并分析合理性。在环评报告中给出各项环境保护措施及投资估算一览表和环境保护设施分阶段验收一览表。

10.1 大气污染防治措施及其论证

10.1.1　大气污染物的分类

大气污染来源可分为天然来源和人为来源两大类。前者是由于自然界的自身原因所引起的，例如火山爆发、森林火灾引起的空气污染。后者是由于人们从事生产和生活活动而产生的污染。其中生产和生活活动是造成大气污染的主要原因，主要有以下几种。

(1) 生产性污染

包括：①燃料的燃烧；②生产过程排出的烟尘和废气等污染物。污染物的种类与生产性质和工艺过程有关；③农业生产过程中喷洒农药而产生的粉尘和雾滴。

(2) 由生活炉灶和采暖锅炉耗用煤炭产生的烟尘、二氧化硫等有害气体。

(3) 交通运输性污染，汽车、火车、轮船和飞机等排出的尾气，其污染物主要是氮氧化物、碳氢化合物、一氧化碳等。

根据污染物在大气中的存在状态，可分为气溶胶状态污染物和气体状态污染物两种。

(1) 气溶胶状态污染物（又称颗粒污染物）

气溶胶是指沉降速度可以忽略的小固体粒子、液体粒子或它们在气体介质中的悬浮体系。按照气溶胶的来源和物理性质，可分为粉尘、烟、飞灰、黑烟、雾。

在大气污染控制中，还根据大气中的粉层（或烟层）颗粒的大小，将其分为可吸入颗粒、降尘和总悬浮微粒。

(2) 气体状态污染物

气体状态污染物是在常态、常压下以分子状态存在的污染物。气体状态污染物的种类很多，大部分为无机气体。常见的有五类：以 SO_2 为主的含硫化合物、以 NO 和 NO_2 为主的含氮化合物、碳的氧化物、碳氢化合物及卤素化合物。

10.1.2　颗粒物污染防治措施及技术方法

颗粒污染物净化过程是气溶胶两相分离，由于污染物颗粒与载气分子大小悬殊，作用在二者上的外力（质量力、势差力等）差异很大，利用这些外力差异，可实现气—固或气—液分离。常见的颗粒物净化技术为除尘技术，它是将颗粒物从废气中分离出来并加以回收的操作过程。除尘器按照作用原理分为机械式除尘器、湿式除尘器、袋式除尘器和静电除尘器。

选择除尘器应主要考虑如下因素：烟气及粉尘的物理、化学性质；烟气流量、粉尘浓度和粉尘允许排放浓度；除尘器的压力损失以及除尘效率；粉尘回收、利用的价值及形式；除尘器的投资以及运行费用；除尘器占地面积以及设计使用寿命；除尘器的运行维护要求。

①机械除尘器　是采用机械力（重力、离心力等）将气体中所含颗粒污染物沉降的除尘器，包括重力沉降室、惯性除尘器和旋风除尘器等。机械除尘器用于处理密度较大、颗粒较粗的粉尘，在多级除尘工艺中作为高效除尘器的预除尘。重力沉降室适用于捕集粒径大于 75μm 的尘粒，惯性除尘器适用于捕集粒径 20～30μm 以上的尘粒，旋风除尘器适用于捕集粒径 5μmm 以上的尘粒。

② 湿式除尘器　是利用喷淋液体，通过液滴、液膜或鼓泡通过液层等方式来洗涤含尘气体，将颗粒污染物从气体中洗出去的除尘器。包括喷淋塔、填料塔、筛板塔（又称泡沫洗涤器）、湿式水膜除尘器、喷射式除尘器和文丘里式除尘器等。这种除尘器适于处理高温、高湿、易燃、易爆的含尘气体，对雾滴也有很好的去除效果，此外在除尘的同时还能去除部分气态污染物，通常只能除去粒径大于 10μm 的尘粒。

③ 袋式除尘器　是让含尘气体通过用棉、毛或人造纤维等制成的过滤袋来滤去粉尘的除尘器。具有除尘效率高（一般高达 99%以上），可处理不同类型的颗粒污染物，操作弹性大，入口气体含尘量有较大变化时对除尘效率影响也很小，但袋式除尘器应用受到滤布的耐高温、耐腐蚀性能的限制。对于黏结性强和吸湿性强的尘粒，有可能在滤袋上黏结，堵塞滤袋的孔隙。

④ 静电除尘器　是利用尘粒通过高压直流电晕吸收电荷后在静电力的作用下从气流中分离的除尘器。包括板式静电除尘器和管式静电除尘器。静电除尘器适用于处理大风量的高温烟气，对粒径很小的尘粒具有较高的去除效率，几乎可以捕集一切细微粉尘及雾状液滴，其捕集粒径范围在 0.01～100μm 之间。

10.1.3　气体状态污染物防治措施及技术方法

气体状态污染物与载气呈均相分散状态，作用在两类分子上的外力差异很小，只能通过污染物与载气系统物理、化学或生物性质的差异（沸点、溶解度、吸附性、反应性、氧化性等），实现分离或转化。常用的方法有吸收法、吸附法、催化法、燃烧法、冷凝法、膜分离法和生物净化法等。

10.1.3.1　吸收法

吸收法净化气态污染物就是利用混合气体中各成分在吸收剂中的溶解度不同，或与吸收剂中的组分发生选择性化学反应，分离气体混合物的方法，是治理气态污染物的常用方法。主要用于吸收效率和速率较高的有毒有害气体的净化，尤其是对于大气量、低浓度的气体多使用吸收法。

（1）吸收剂的选择及种类

吸收剂一般选择的原则是：吸收剂对混合气体中被吸收组分具有良好的选择性和较大的吸收能力；同时吸收剂的蒸气压要低，热化学稳定性好，黏度低，腐蚀性小，且廉价易得；使用中有利于有害组分的回收利用。

常见的吸收剂主要有：水、碱性吸收剂（如氢氧化钠、氢氧化钙等）、酸性吸收剂（如稀硝酸）、有机吸收剂（如冷甲醇、二乙醇胺等）。

吸收剂应循环使用或经进一步处理后循环使用，不能循环使用的应按照相关标准和规范处理处置，避免二次污染。使用过的吸收剂可采用沉淀分离再生、化学置换再生、蒸发结晶回收和蒸馏分离。吸收剂再生过程中产生的副产物应回收利用，产生的有毒有害产物应按照相关规定处理处置。

（2）吸收装置

吸收装置应具有处理能力大，操作稳定可靠，有较大的有效接触面积和处理效率，较高的界面更新强度，良好的传质条件，较小的阻力和较高的推动力。常用的吸收装置有填料塔、喷淋塔、板式塔、鼓泡塔、湍球塔和文丘里等。

选择吸收装置时应遵循以下原则：①填料塔用于小直径塔及不易吸收的气体，不宜用于气液相中含有较多固体悬浮物的场合；②板式用于大直径塔及容易吸收的气体；③喷淋塔用于反应吸收快、含有少量固体悬浮物、气体量大的吸收工艺；④鼓泡塔用于吸收反应较慢的气体。

10.1.3.2 吸附法

吸附法是利用多孔性固体吸附剂来处理气态（或液态）混合物，使其中的一种或几种组分在固体表面未平衡的分子引力或化学键力的作用下被吸附在固体表面，从而达到分离的目的。主要依靠固体吸附剂对气体混合物中各组分吸附选择性的不同来分离气体混合物，主要适用于低浓度有毒有害气体的净化。

（1）吸附剂的选择及种类

吸附剂一般选择的原则是：比表面积大，孔隙率高，吸附容量大；吸附选择性强；有足够的机械强度、热稳定性和化学稳定性；易于再生和活化；原料来源广泛，价廉易得。

常用的吸附剂主要有：活性炭（主要用于吸附乙烯、其它烯烃、H_2S、HF、SO_2）、分子筛（主要用于吸附氮氧化物、CO、CS_2、NH_3、C_nH_m）、活性氧化铝（主要用于吸附 H_2S、SO_2、HF、C_nH_m）和硅胶（主要用于吸附氮氧化物、SO_2、C_2H_2）等。

吸附剂的容量有限，当吸附剂达到饱和或接近饱和时，必须对其进行再生操作。常用的再生方法有升温、降压、吹扫、置换脱附和化学转化等方式或几种方式的组合。

（2）吸附装置

根据吸附剂在吸附器内的运动状态可分为固定床吸附器、移动床吸附器和流化床吸附器。

10.1.3.3 催化燃烧法

催化燃烧法净化气态污染物是利用固体催化剂在较低温度下将废气中的污染物通过氧化作用转化为二氧化碳和水等化合物的方法。适用于由连续、稳定的生产工艺产生的固定源气态及气溶胶态有机化合物的净化，净化效率不应低于97%。根据废气加热方式的不同，分为常规催化燃烧工艺和蓄热催化燃烧工艺。用于催化燃烧的催化剂主要有以 Al_2O_3 为载体的催化剂（蜂窝陶瓷钯催化剂、蜂窝陶瓷铂催化剂、稀土催化剂等）和以金属为载体的催化剂（镍铬丝蓬体球钯催化剂、铂钯镍铬带状催化剂、不锈钢丝网钯催化剂等）。

10.1.3.4 热力燃烧法

热力燃烧法（包括蓄热燃烧法）净化气态污染物是利用辅助燃料燃烧产生的热能、废气本身的燃烧热能、或者利用蓄热装置所贮存的反应热能，将废气加热到着火温度，进行氧化（燃烧）反应，有害组分经过充分的燃烧，氧化成为 CO_2 和 H_2O。适用于处理连续、稳定生产工艺产生的有机废气。目前的热力燃烧系统通常使用气体或者液体燃料进行辅助燃烧加热。

各类燃烧法的特点详见表10-1。

表 10-1　各类燃烧法的特点

燃烧种类	热力燃烧	催化燃烧
燃烧温度	预热至600～800℃进行氧化反应	预热至200～400℃进行催化氧化反应
燃烧状态	在高温下停留一定时间，不生成火焰	与催化剂接触，不生成火焰
特点	预热耗能较多，燃烧不完全时，产生恶臭，可用于各种气体燃烧	预热耗能较少，催化剂成本高，不能用于催化剂中毒的气体

10.1.3.5 其它处理方法

（1）催化转化法

催化转化法是利用催化剂的催化作用，使废气中的有害组分发生化学反应（氧化、还原、分解），并转化为无害物质或易于去除物质的一种方法。包括：催化燃烧（氧化）、催化还原、催化分解。选择合适的催化剂是催化转化法的关键，催化转化时使待处理气体通过催化剂床层，在催化剂的作用下，有毒、有害组分发生化学反应。

（2）冷凝法

冷凝法是采用降低系统温度或提高系统压力的方法使气态污染物冷凝并从废气中分离出来的过程。它尤其适用于处理含浓度较高且有回收价值的有机气态污染物。单纯的冷凝法往往达不到规定的分离要求，故此方法常作为净化高浓度废气的预处理过程。

（3）生物净化法

生物净化法是利用微生物的生化反应，使气态中的污染物降解，从而达到气体净化的目的。生物净化法主要用于有机污染物和部分无机污染物的去除。生物净化法的原理是利用微生物的生化作用使外界物质转化为代谢产物、二氧化碳和水，并使部分外界物质转化为自身的细胞物质。

生物净化法是让废气与含有微生物、营养物和水组成的悬浮液接触，或与表面上长有微生物膜的固体物料接触，吸收和降解废气中的有毒、有害组分。

（4）等离子体净化法

利用等离子体净化气态污染物是20世纪70年代开始研究的。等离子体被称为是物质的第四种状态，由电子、离子、自由基和中性粒子组成，是导电性流体。等离子体中存在许多具有极高化学活性的粒子，使得很多需要更高化学能的化学反应能够发生。等离子体中的大量活性粒子能使难降解的污染物转化，是一种效能高、能耗低、适用范围广的气态污染物净化手段。

10.1.4 主要气态污染物的治理工艺

10.1.4.1 二氧化硫

SO_2是大气污染物中数量最大、影响面广的主要气态污染物。大气中的SO_2主要来自大型燃烧过程，以及硫化物矿石的焙烧、冶炼等加工过程，其中较突出的是火力发电厂烟气，虽然含硫浓度较低，但总量很大，造成严重大气污染。烟气脱硫根据使用脱硫剂的形态可分为干法脱硫和湿法脱硫。干法脱硫采用粉状和粒状吸收剂、吸附剂或催化剂等脱除烟气中的SO_2，湿法脱硫是采用液体吸收剂洗涤烟气，以去除SO_2。干法脱硫净化后的烟气温度降低较少，从烟囱排出时易于扩散，无废水产生二次污染问题。湿法脱硫效率高，易于操作控制，但存在废水的后处理问题，且由于洗涤过程中烟气温度降低较多，不利于烟囱排放扩散稀释，易造成污染。常用工艺包括石灰石/石灰-石膏法、烟气循环流化床法、氨法、镁法、海水法、吸附法、炉内喷钙法、旋转喷雾法、氧化锌法和亚硫酸钠法等。其中石灰石/石灰-石膏法、海水法、循环流化床法、回流式循环流化床法比较成熟，是常用的主流技术。

（1）石灰石/石灰-石膏法。

采用石灰石、生石灰或消石灰［$Ca(OH)_2$］的乳浊液为吸收剂吸收烟气中的SO_2吸收生成的$CaSO_3$经空气氧化后可得到石膏。脱硫效率达到80%以上，因石灰石来源广、价格低，是应用最为广泛的脱硫技术。

典型石灰石/石灰-石膏法脱硫工艺流程见图10-1。

在资源落实的条件下，优先选用石灰石作为吸收剂。为保证脱硫石膏的综合利用及减少废水排放量，用于脱硫的石灰石中$CaCO_3$的含量宜高于90%。脱硫副产物为脱硫石膏应进行脱

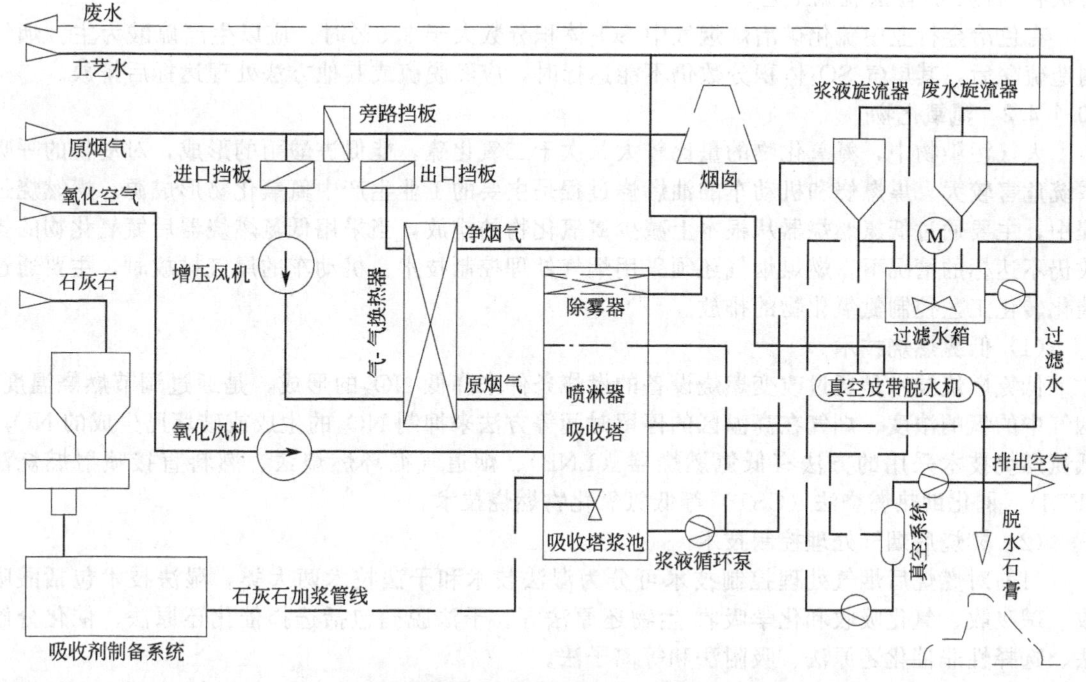

图 10-1　典型石灰石/石灰-石膏法脱硫工艺流程

水处理，鼓励综合利用。石灰/石灰石法主要缺点是装置容易结垢堵塞。解决的办法是在吸收液中加入添加剂，目前采用的添加剂有已二酸、镁离子、氯化钙等。添加剂不仅能抑制结垢和堵塞现象，而且还能提高吸收效率。

（2）氨吸收法

氨吸收法是用氨基物质作为吸收剂，脱除烟气（或废气）中的SO_2并回收副产物（硫酸铵等）的湿式烟气脱硫工艺。氨吸收法吸收剂的再生方法有热解法、氧化法和酸化法。氨-酸法具有工艺成熟、方法可靠、所用设备简单、吸收剂价廉、操作方便等优点，其副产物为氮肥，实用价值高。但该法需耗用大量的氨和硫酸等，对缺乏这些原料来源的冶金、电力等生产部门来说，应用有一定限制。

（3）海水法

海水法利用天然海水的酸碱缓冲能力及吸收酸性气体的能力来吸收SO_2的工艺。在吸收塔中，烟气中的SO_2与喷淋海水相接触，SO_2溶于水中并转化成亚硫酸，亚硫酸水解成大量H^+使得海水的pH值下降。海水脱硫法利用天然纯海水作为吸收剂，工艺简单，无结垢、无堵塞现象，但产生的废弃物会对海洋生态产生影响。海水法烟气脱硫工艺系统主要由海水输送系统、烟气系统、吸收系统、海水水质恢复系统和监控调节系统等组成。

（4）烟气循环流化床法

在循环流化床反应器内，以钙基物质或其它碱性物质作为吸收剂和循环床料脱除二氧化硫的方法。典型的CFB-FGD系统由预电除尘器、吸收剂制备、吸收塔、脱硫灰再循环、注水系统、脱硫除尘器以及仪表控制系统等组成。循环流化床烟气脱硫的主要优点是脱硫剂反应停留时间长及对锅炉负荷变化的适应性强，脱硫效率高、不产生废水、不受烟气负荷限制。

工业锅炉/炉窑应因地制宜、因物制宜、因炉制宜选择适宜的脱硫工艺，采用湿法脱硫工艺应符合相关环境保护产品技术要求的规定。

钢铁行业根据烟气流量和SO_2体积分数，结合吸收剂的供应情况，应选用半干法、氨法、石灰石/石灰-石膏法脱硫工艺。

有色冶金行业中硫化矿冶炼烟气中SO_2体积分数大于3.5%时，应以生产硫酸为主。烟气制造硫酸后，其尾气SO_2体积分数仍不能达标时，应经脱硫或其他方法处理达标后排放。

10.1.4.2 氮氧化物

大气污染物中，氮氧化物的量比较大，次于二氧化硫，能促进酸雨的形成，对动物的呼吸系统危害较大。煤燃烧和机动车的油燃烧过程是主要的工业生产中氮氧化物形成源。煤燃烧过程中，主要通过低氮燃烧器从根本上减少氮氧化物的排放，当采用低氮燃烧器后氮氧化物的排放仍不达标的情况下，燃煤烟气还须采用烟气处理控制技术；机动车的尾气排放时，主要通过催化转化工艺控制氮氧化物的排放。

(1) 低氮燃烧技术。

低氮燃烧技术是通过改变燃烧设备的燃烧条件来降低NO_x的形成，是通过调节燃烧温度、烟气中的氧的浓度、烟气在高温区的停留时间等方法来抑制NO_x的生成或破坏已生成的NO_x。低氮燃烧技术采用的方法有低氮燃烧器（LNB）、烟道气循环燃烧法、燃料直接喷射燃烧法（FDI)、催化助热燃烧法（CST）等低氮氧化物燃烧技术。

(2) 燃烧后烟气处理控制技术

目前对燃烧后烟气处理控制技术可分为湿法技术和干法技术两大类。湿法技术包括酸吸收、碱吸收、氧化吸收和化学吸收-生物还原法等。干法脱硝包括选择催化还原法、催化分解法、选择性非催化还原法、吸附法和等离子法。

① 湿法技术　湿法脱除NO_x技术是利用液相化学试剂将烟气中的NO_x吸收并将之转化为较稳定的其它物质。通常应用于烟气中含有较少NO_x的脱除，它的优点在于易实现SO_2和NO_x的同时脱除，而且脱除NO_x效率较高（90%）。湿法吸收NO_x的方法较多，应用也较广。NO_x可以用水、碱溶液、稀硝酸、浓硫酸吸收。由于NO极难溶于水或碱溶液，必须采用氧化、还原或络合吸收的办法将NO转化为NO_2以提高NO的净化效果。

② 干法技术　干法脱除NO_x技术国际上应用最广泛的脱硝技术。干法脱除技术根据脱除NO_x机理一般可以分为分解法、辐射法以及还原法。

分解法是使NO直接分解为N_2和O_2。这个分解反应在低温下按热力学理论分析是可行的，但在动力学上该反应的反应速率非常低，所以必须要有合适的催化剂提高NO分解速率才能实现分解。

辐射法是利用电子束来辐射烟气，使烟气中的水蒸气、氧等分子激发产生高能自由基，并与NO和SO_2发生反应，同时脱除烟气中NO_x和SO_x的方法。

还原法是采用添加还原剂将烟气中的NO_x还原为无害的N_2的方法，是目前研究最多、技术最成熟、应用最广泛的一种干法烟气脱硝技术。按照反应机理还原法又可分为选择性非催化还原技术（SNCR）和选择性催化还原技术（SCR），二者的主要还原产物是无污染的N_2和H_2O。

选择性非催化还原（SNCR）技术是将NH_3（或尿素）注入燃烧器的上部，在此区域内不存在催化剂的条件下NH_3选择性地与NO_x反应生成N_2和H_2O。以NH_3为还原剂的SNCR技术主要包括以下反应：

$$6NO + 4NH_3 = 5N_2 + 6H_2O \quad (10\text{-}1)$$

$$6NO_2 + 8NH_3 = 7N_2 + 12H_2O \quad (10\text{-}2)$$

SNCR技术可以获得稳定的NO_x脱除率，但在采用SNCR技术时反应过程中NO_x转化率和反应操作条件（温度、NH_3/NO_x、停留时间、O_2）有很大关系。SNCR技术在工业上是一种经济有效的脱除NO_x方法，很容易和现有工业锅炉匹配，设备费用低，常应用于电站锅炉、工业锅炉、市政垃圾焚烧炉和其它燃烧装置。

选择性催化还原（SCR）技术是目前国际上应用最广的烟气脱除 NO_x 技术。是在有氧气存在时，在催化剂作用下还原剂优先与烟气中的NO反应的催化方法，作为还原剂的气体主要有 NH_3、CO以及碳氢化合物。以 NH_3 为还原剂的 NO_x 脱除技术是目前研究最多、应用最广的烟气 NO_x 脱除技术。

SCR反应过程是在催化剂参与作用下，通过加入还原剂（NH_3）把 NO_x 还原为氮气（N_2）和水（H_2O）。影响SCR反应的操作条件有：反应温度、NH_3/NO_x、O_2 浓度、反应气氛等。

SCR技术的主要反应机理是：

$$4NO + 4NH_3 + O_2 = 4N_2 + 6H_2O \tag{10-3}$$

该方法存在催化剂的时效和烟气中残留氨的问题。为了增加催化剂的活性，应在SCR前加高效除尘器。

10.1.4.3 挥发性有机物（VOCs）

挥发性有机物（VOCs）是一类重要的空气污染物，包括烃类、卤代烃、芳香烃、多环芳香烃、醇类、酮类、醛类、醚类、酸类和胺类等。VOCs来源广泛，主要污染源包括工业源、生活源。国内外，挥发性有机化合物的基本处理技术主要有两类：一是回收类方法，主要有吸附法、吸收法、冷凝法和膜分离法等；二是消除类方法，主要有燃烧法、生物法、低温等离子体法和催化氧化法等。

（1）吸附法

吸附法是目前使用最为广泛的VOCs回收法，该法已经在制鞋、喷漆、印刷、电子行业得到广泛应用。适用于低浓度挥发性有机化合物废气的有效分离与去除。颗粒活性炭和活性炭纤维在工业上应用最广泛。由于每单元吸附量有限，宜与其它方法联合使用。

（2）吸收法

吸收法适用于废气流量较大、浓度较高、温度较低和压力较高的挥发性有机化合物废气的处理。工艺流程简单，可用于喷漆、绝缘材料、黏接、金属清洗和化工等行业应用。目前主要用吸收法来处理苯类有机废气。

（3）冷凝法

冷凝法适用于高浓度的挥发性有机化合物废气回收和处理，属高效处理工艺，常作为降低废气有机负荷的前处理方法，与吸收法、吸附法、燃烧法等其它方法联合使用，回收有价值的产品。

（4）膜分离法

膜分离法是指采用半透性的聚合膜从废气中分离有机废气，一般要求挥发性有机化合物废气体积分数在0.1%以上。适用于较高浓度挥发性有机化合物废气的分离与回收。具有流程简单、能耗小、无二次污染等特点。

（5）燃烧法

目前常用的燃烧法有直接燃烧法、催化燃烧法和浓缩燃烧法。适用于处理小风量、高浓度、连续排放的场合，可以处理可燃、在高温下可分解和在目前技术条件下还不能回收的挥发性有机化合物废气，燃烧法应回收燃烧反应热量，提高经济效益。采用燃烧法处理挥发性有机化合物废气时有燃烧爆炸危险，不能回收溶剂，同时要避免二次污染。

（6）生物法

生物法是利用微生物的新陈代谢过程对挥发性有机废气进行生物降解的方法。适用于在常温、处理低浓度、生物降解性好的各类挥发性有机化合物废气，对其它方法难处理的含硫、氮、苯酚和氰等的废气可采用特定微生物氧化分解的生物法。

① 生物过滤法　适用于处理气量大、浓度低和浓度波动较大的挥发性有机化合物废气，可实现对各类挥发性有机化合物的同步去除，工业应用较为广泛；

② 生物洗涤法　适用于处理气量小、浓度高、水溶性较好和生物代谢速率较低的挥发性有机化合物废气；

③ 生物滴滤法　适用于处理气量大、浓度低，降解过程中产酸的挥发性有机化合物废气，不宜处理入口浓度高和气量波动大的废气。

10.1.4.4　恶臭

恶臭气体的种类主要有五类：含硫的化合物，如硫化氢、二氧化硫、硫醇、硫醚类等；含氮的化合物，如胺、氨、酸胺等；卤素及衍生物，如卤代烃等；氧的有机物，如醇、酚、醛、酮、酸、酯等；烃类，如烷、烯、炔烃以及芳香烃等。

目前，恶臭气体的处理技术主要有三类：一是物理学法，主要有水洗法、物理吸附法、稀释法和掩蔽法；二是化学法，主要有药液吸收法（如氧化吸收、酸碱液吸收）、化学吸附法（如离子交换树脂、碱性气体吸附剂和酸性气体吸附剂）和燃烧法（如直接燃烧和催化氧化燃烧）；三是生物学方法，主要有生物过滤法、生物吸收法和生物滴滤法。

10.1.4.5　卤化物

在大气污染治理方面，卤化物主要包括无机卤化物气体和有机卤化物气体。机卤化物（卤代烃类）气体属挥发性有机化合物，为重点关注的气态污染物质。有机卤化物气体治理技术参照挥发性有机化合物（VOCs）和恶臭的要求。重点控制的无机卤化物废气包括：氟化氢、四氟化硅、氯气、溴气、溴化氢和氯化氢（盐酸酸雾）等。重点控制在化工、橡胶、制药、水泥、化肥、印刷、造纸、玻璃和纺织等行业排放废气中的无机卤化物。

卤化物气体的基本处理技术主要有物理化学类方法和生物学方法两类。物理化学类方法有：固相（干法）吸附法、液相（湿法）吸收法和化学氧化脱卤法。生物学方法有：生物过滤法，生物吸收法和生物滴滤法。对卤化物的治理，多年来一直采用传统的塔器吸收，它随着吸收塔技术的进步而改进。

10.1.4.6　重金属

大气中应重点控制的重金属污染物有：汞、铅、砷、镉、铬及其化合物。重金属废气的基本处理方法包括：过滤法、吸收法、吸附法、冷凝法和燃烧法。一般而言，汞及其化合物废气常采用吸收法、吸附法、冷凝法和燃烧法；铅及其化合物废气常采用吸收法；砷、镉、铬及其化合物废气常采用过滤法和吸收法。

考虑重金属不能被降解的特性，大气污染物中重金属的治理应重点关注：

① 物理形态　应从气态转化为液态或固态，达到重金属污染物从气相中脱离的目的；

② 化学形态　应控制重金属元素价态朝利于稳定化、固定化和降低生物毒性的方向进行；

③ 二次污染　应按照相关标准要求处理重金属废气治理中使用过的洗脱剂、吸附剂和吸收剂，避免二次污染。

10.2　地表水污染防治措施及其论证

10.2.1　地表水污染的分类及污水处理工艺

10.2.1.1　地表水污染的分类及主要污染物

由于人类排放的各种外源性物质（包括自然界中原先没有的）进入水体后，超出水体本身自净作用所能承受的范围，就会导致水体出现污染。水污染主要是由人类活动产生的污染物造成，它包括工业污染源、农业污染源和生活污染源三大部分。

根据污染物的特性，将水污染分为物理性污染、化学性污染和生物学污染三大类。其中物理性污染主要包括悬浮物质污染、热污染和放射性污染；化学性污染主要包括无机无毒物污染

（如无机酸、无机碱、一般无机盐、氮、磷等）、无机有毒物污染（如非金属的氰化物、砷化物及重金属中的汞、镉、六价铬、铅等）、有机无毒物污染（如污水中所含的碳水化合物、蛋白质、脂肪等）、有机有毒物污染（如有机农药、多环芳烃、芳香胺等）和油类物质污染（包括石油类和动植物油类）；生物性污染主要指污水中含有的一些致病性微生物（如病原细菌、病毒和某些寄生虫病等）。

10.2.1.2 废水处理方法及分级

（1）废水处理方法

现代废水处理技术的基本任务是将污染物从废水中分离出来或是将其转化为无害物质。按作用原理可分为物理法、化学法、物理化学法和生物法四大类。

物理法是利用物理作用来分离废水中的悬浮物或乳浊物。常见的有隔滤、调节、沉淀、离心、澄清、隔油等方法。

化学法是利用化学反应的作用来去除废水中的溶解物质或胶体物质。常见的有中和、沉淀、氧化还原、催化氧化、光催化氧化、微电解、电解絮凝等方法。

物理化学法是利用物理化学作用来去除废水中溶解物质或胶体物质。常见的有混凝、气浮、离子交换、膜分离、萃取、气提、吹脱、蒸发、结晶等方法。

生物处理法是利用微生物代谢作用，使废水中的有机污染物和无机微生物营养物转化为稳定、无害的物质。常见的有活性污泥法、生物膜法、厌氧生物消化法、稳定塘与湿地处理等。生物处理法也可按是否供氧而分为好氧处理和厌氧处理两类，前者主要有活性污泥法和生物膜法两种，后者包括各种厌氧消化法。

（2）废水处理的分级

按污水处理程度，废水处理技术可分为一级、二级和三级处理。

一级处理通常被认为是一个沉淀过程，主要是通过物理处理法中的各种处理单元如沉降或气浮来去除废水中悬浮状态的固体、呈分层或乳化状态的油类污染物，多采用物理处理法中的各种处理单元。出水进入二级处理单元进一步处理或排放。

二级处理的任务是大幅度地去除废水中呈胶体和溶解状态的有机污染物。主要目的是去除一级处理出水中的溶解性 BOD，并进一步去除悬浮固体物质。二级处理过程可以去除大于85%的 BOD_5 及悬浮固体物质，但无法显著地去除氮、磷或重金属，也难以完全去除病原菌和病毒。一般工业废水经二级处理后，已能达到排放标准。

三级处理的任务是进一步去除前两级未能去除的污染物。三级处理所使用的处理方法是多种多样的，化学处理和生物处理的许多单元处理方法都可应用。还有以废水回收污染物资源化和净化回用为目的的深度处理。三级处理过程除常用于进一步处理二级处理出水外，还可用于替代传统的二级处理过程。

工业废水中的污染物质是多种多样的，不能设想只用一种处理方法，就能把所有污染物质去除殆尽。一种废水往往要采用多种方法组合的处理工艺系统，才能达到预期的处理效果。

10.2.2 废水的物理处理措施及技术方法

10.2.2.1 隔滤

（1）格栅和筛网

格栅是一种最简单的过滤设备，用于去除污水中那些较大的悬浮物的一种装置。格栅用于截留废水中粗大的悬浮物或漂浮物，防止其后续处理构筑物的管道阀门或水泵堵塞以及减少后续处理工艺产生浮渣。格栅通常由互相平行的格栅条、栅框和清除栅渣机械组成。根据格栅上截留物的清除方法不同，可分成：人工清理格栅和机械格栅。按栅条间隙，可分为粗格栅（栅条间隙＞40mm）、细格栅（栅条间隙 10～30mm）和密格栅（栅条间隙＜10mm）。格栅通常用在污水处理系统的预处理过程，另外在水泵前也须设置格栅。

筛网主要用于纺织、印染、造纸、皮革等多种工业废水的处理，用以截留废水中含有的大量细小纤维状悬浮物（无法用格栅加以去除，也难用沉淀法处理）。筛网的滤层由穿孔金属板或金属网组成，按其孔眼大小，分为粗筛网（≥1mm）、中筛网（0.05～1mm）和微筛网（≤0.05mm），其型式则有固定筛和旋转筛。

（2）过滤

废水处理中过滤的目的是去除废水中的微细悬浮物质，常用于活性炭吸附或离子交换设备之前。废水处理工程中的过滤是由滤池实现的。滤池的类型按滤速大小，可分为慢滤池（<0.4m/h）、快滤池（4～10m/h）和高速滤池（10～60m/h）；按水流过滤层的方向，可分为上向流、下向流、双向流、径向流等；按滤料种类，可分为砂滤池、煤滤池、煤-砂滤池等；按滤料层数，可分为单层滤池，双层滤池、多层滤池；按水流性质，可分为压力滤池（水头为15～35 m）和重力滤池（水头为4～5 m）等。

10.2.2.2 调节

在一些废水处理系统，废水量的不均匀性会使废水的流量或浓度变化较大。为使处理系统稳定工作，在废水处理系统之前，设调节池调节进入处理系统的水量和水质。根据调节池的功能，调节池分为均量池、均质池、均化池和事故池。

① 均量池　主要作用是均化水量，常用的均量池有线内调节式、线外调节式。

② 均质池（又称水质调节池）　主要作用是使不同时间或不同来源的废水进行混合，使出流水质比较均匀。常用的均质池形式有：泵回流式、机械搅拌式、空气搅拌式、水力混合式。前三种形式利用外加的动力，其设备较简单、效果较好，但运行费用高；水力混合式无需搅拌设备，但结构较复杂，容易造成沉淀堵塞等问题。常见的均质池见图 10-2。

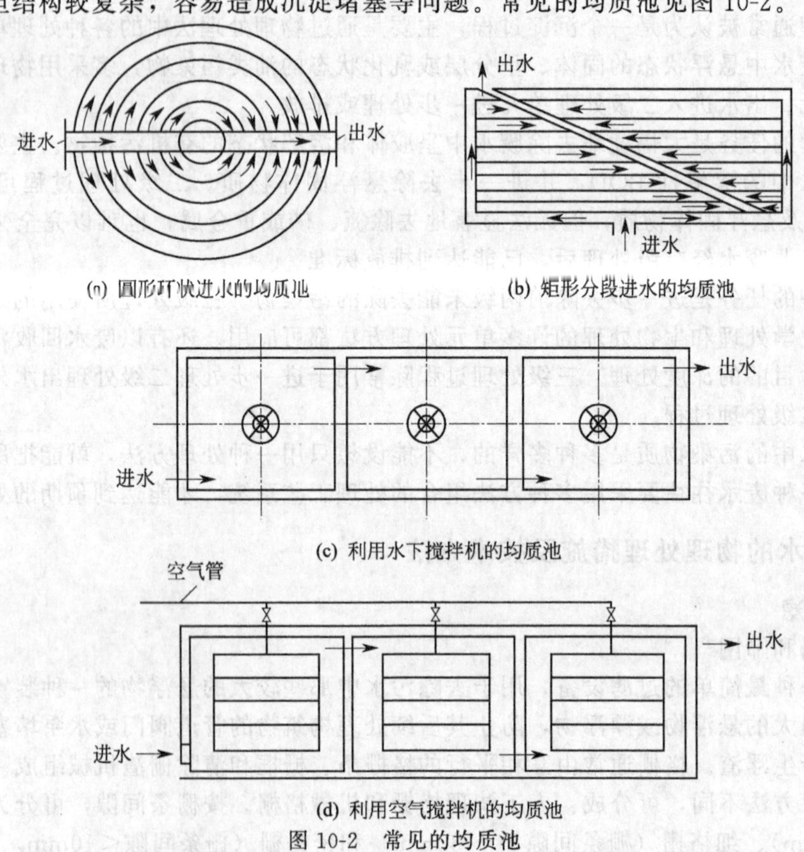

图 10-2　常见的均质池

③ 均化池　均化池兼有均量池和均质池的功能，既能调节废水水量，又能调节废水水质。

④ 事故池　事故池的作用是容纳生产事故废水或可能严重影响污水处理厂运行的事故废水。

10.2.2.3 沉砂与沉淀

沉砂与沉淀都是利用废水中悬浮物比重比水大，在重力的作用下下沉，从而与水分离的处理方法。

（1）沉砂池

除砂是为了减轻设备的磨损，防止砂粒在沉淀池和污泥处理构筑物内沉淀而影响排泥。沉砂池一般设置在泵站和沉淀池之前，用以分离废水中密度较大的砂粒、灰渣等无机固体颗粒。按原理或结构不同，沉砂池分为：平流沉砂池、竖流沉砂池、曝气沉砂池、旋流沉砂池等。

① 平流沉砂池　截留效果好、工作稳定、构造较简。污水进入后，沿水平方向流至末端后经堰板流出沉砂池。

② 曝气沉砂池　曝气沉砂池集曝气和除砂为一体，进水与水流垂直，在沉砂池侧墙上设置空气扩散器，使污水横向流动，形成螺旋形的旋转流态，密度大的砂粒通过离心作用被旋至外圈。由于池中设有曝气设备，具有预曝气、脱臭、防止污水厌氧分解、除油和除泡等功能，可使沉砂中的有机物降低至5%以下，为后续的沉淀、曝气及污泥消化池的正常运行以及污泥的脱水提供有利条件。

（2）沉淀池

沉淀是指利用水中的固体物质和水的密度差，利用重力沉降作用去除水中悬浮颗粒的过程。在生物处理法中用作预处理的称为初次沉淀池。设置在生物处理构筑物后的称为二次沉淀池，可分离生物污泥，使处理水得到澄清。根据池内水流方向，沉淀池可分为平流式沉淀池、辐流式沉淀池和竖流式沉淀池。

① 平流式沉淀池　池形呈长方形，水从池一端进入，从另一端流出，水在池内沿水平方向流动，通过沉降区并完成沉降过程。

② 辐流式沉淀池　辐流沉淀池是一种直径较大的、有效水深相应较浅的圆形池。进、出水的布置方式有：中心进周边出、周边进中心出、周边进周边出、中心进中心出。

③ 竖流式沉淀池　池面多呈圆形或正方形，原水由设在池中心的中心管进入，在沉淀区流动方向是由池的下部向上作竖向流动，从池的顶部流出，池底锥体为贮泥斗。

10.2.2.4 离心

废水中的悬浮物在离心力作用下与水分离的过程称离心分离法。由于在离心力场中悬浮物所受的离心力远大于其所受的重力，所以能获得很好的分离效果。离心分离设备按离心力产生的方式不同，可分为两种类型：水利旋流器和器旋旋流器。水利旋流器是容器固定不动，由沿器壁切向高速进入旋流器的废水本身的旋转产生离心力。器旋旋流器是高速旋转的容器带动分离器内的废水旋转产生离心力。

10.2.2.5 隔油

隔油主要用于对废水中浮油的处理，它是利用水中油品与水密度的差异与水分离并加以清除的过程。采用自然上浮法去除可浮油的设施，称为隔油池。常用的隔油池有平流式隔油池和斜板式隔油池两类。

10.2.3 废水的化学处理措施及技术方法

10.2.3.1 中和处理

中和主要是指对酸、碱废水的处理，废酸碱水的互相中和。中和首先考虑的是废酸碱水的相互中和，应遵循以废治废的原则，并考虑资源回收和综合利用。只有在中和后不平衡时，才考虑采用药剂中和。

① 酸碱废水相互中和　酸碱废水相互中和一般是在混合反应池内进行，池内设有搅拌装置。一般在混合反应池前设均质池，以确保两种废水相互中和时，水量和浓度保持稳定。

② 酸性废水的投药中和　酸性废水的中和药剂有石灰（CaO）、石灰石（$CaCO_3$）和氢氧化钠（NaOH）等。

③ 碱性废水的中和　碱性废水的投药中和主要是采用工业硫酸，使用盐酸的优点是反应产物的溶解度大，泥渣量小，但出水溶解固体浓度高。中和过程和设备与酸性废水投药中和基本相同。

10.2.3.2 化学沉淀处理

化学沉淀法是向废水中投加某些化学药剂（沉淀剂），使其与废水中溶解态的污染物直接发生化学反应，形成难溶的固体生成物，然后进行固废分离，除去水中污染物。

化学沉淀法的工艺过程：①投加化学沉淀剂，与水中污染物反应，生成难溶的沉淀物析出；②通过凝聚、沉降、浮上、过滤、离心等方法进行固液分离；③泥渣的处理和回收利用。

10.2.3.3 氧化还原处理

利用有毒有害污染物在化学反应过程中能被氧化或还原的性质，改变污染物的形态，将它们变成无毒或微毒的新物质、或者转化成容易与水分离的形态，从而达到处理的目的。按照污染物的净化原理，氧化还原处理方法包括药剂法、电化学法（电解）和光化学法三大类。

废水处理中最常采用的氧化剂是空气、臭氧、氯气、次氯酸钠及漂白粉；常用的还原剂有硫酸亚铁、亚硫酸氢钠、硼氢化钠、铁屑等。

与生物氧化法相比，化学氧化还原法需较高的运行费用。因此，目前化学氧化还原法仅用于饮用水处理、特种事业用水处理、有毒工业废水处理和以回用为目的的废水深度处理等有限的场合。

10.2.4 废水的物理化学处理措施及技术方法

10.2.4.1 混凝澄清法

混凝是在混凝剂的离解和水解产物作用下，使水中的胶体污染物和细微悬浮物脱稳，并凝聚为具有可分离的絮凝体的过程。混凝沉淀的处理过程包括投药、混合、反应及沉淀分离。

澄清池是用于混凝处理的一种设备。在澄清池内，可以同时完成混合、反应、沉淀分离过程。

10.2.4.2 浮选法

浮选法：通过投加混凝剂或絮凝剂使废水中的悬浮颗粒、乳化油脱稳、絮凝，以微小气泡作载体，黏附水中的悬浮颗粒，随气泡夹带浮升至水面，通过收集泡沫或浮渣以分离污染物。

浮选法主要用于处理废水中靠自然沉降或上浮难以去除的浮油或相对密度接近于1的悬浮颗粒。

10.2.4.3 吸附

吸附就是使液相中的污染物转移到吸附剂表面的过程。废水的吸附处理一般用来去除生化处理和物化处理单元难以去除的微量污染物质，不仅可以除臭、脱色、去除微量的元素及放射性污染物质，而且还能吸附诸多类型的有机物质。可作为离子交换、膜分离等方法的预处理和二级处理后的深度处理。吸附剂可选用活性炭、活化煤、白土、硅藻土、膨润土、蒙脱石黏土、沸石、活性氧化铝、树脂吸附剂、木屑、粉煤灰、腐殖酸等。

活性炭是最常用的吸附剂。在污水处理中，活性炭吸附主要用于处理难以生化降解的有机物或用于深度处理。活性炭吸附装置一般采用固定床、移动床及流动床。移动床的运行操作方式：原水从下而上流过吸附层，吸附剂由上而下间歇或连续移动。流动床是一种较为先进的床型，吸附剂在塔中处于膨胀状态，塔中吸附剂与废水逆向连续流动。

10.2.4.4 离子交换

对于工业废水，离子交换主要用来去除废水中的阳离子（如重金属），但也能去除阴离子，如氯化物、砷酸盐、铬酸盐等。离子交换操作是在装有离子交换剂的交换柱中以过滤方式进行的。整个工艺过程包括交换、反冲洗、再生和清洗等四个阶段。这四个阶段依次进行，形成循环。离子交换适用于原水脱盐净化，回收工业废水中有价金属离子、阴离子化工原料等。

离子交换树脂可以由沸石等无机材料制成，晶格中有数量不足的阳离子，也可以由合成的有机聚合材料制成，聚合材料有可离子化的官能团，如磺酸基、酚羟基、羧基、氨基等。在废水处理中，最常用的是钠离子树脂。

10.2.4.5 气浮

向水中通入空气，产生微小气泡，气泡与细小悬浮物之间互相黏附，利用气泡的浮力，上升到水面，形成泡沫或浮渣，从而使水中的悬浮物得以分离的一种水处理方法。气浮适用于去除水中密度小于1 kg/L的悬浮物、油类和脂肪，可用于污（废）水处理，也可用于污泥浓缩。浮选过程包括气泡产生、气泡与颗粒附着以及上浮分离等连续过程。

10.2.4.6 电渗析

电渗析适用于去除废水中的溶质离子，可用于海水或苦咸水（小于10g/L）淡化、自来水脱盐制取初级纯水、与离子交换组合制取高纯水、废液的处理回收等。

10.2.5 废水的生物处理措施及技术方法

生物处理法是利用自然环境中的微生物体内的生物化学作用来氧化分解废水中的有机物和某些无机毒物的水处理方法。

废水生物处理可根据微生物生长对氧环境的要求不同，分为好氧生物处理和厌氧生物处理两大类。好氧生物处理宜用于进水$BOD_5/COD \geqslant 0.3$的可生化性较好的废水。厌氧生物处理宜用于高浓度、难生物降解有机废水和污泥等的处理。

10.2.5.1 好氧生物处理

好氧生物处理可分为活性污泥法（包括传统活性污泥、氧化沟、序批式活性污泥法）和生物膜法（包括生物接触氧化、生物滤池、曝气生物滤池等）。活性污泥法是依靠曝气池中悬浮流动着的活性污泥来分解有机物，而生物膜法则主要依靠固着于载体表面的微生物膜来净化有机物。

（1）传统活性污泥法

适用于以去除污水中碳源有机物为主要目标，无氮、磷去除要求的情况。按反应器类型划分，有推流式活性污泥法、阶段曝气法、完全混合法、吸附再生法，以及带有微生物选择池的活性污泥法。按供氧方式以及氧气在曝气池中分布特点，处理工艺分为传统曝气工艺、渐减曝气工艺和纯氧曝气工艺。按负荷类型分为传统负荷法、改进曝气法、高负荷法、延时曝气法。

传统活性污泥处理法：传统（推流式）活性污泥法的曝气池为长方形，经过初沉的废水与回流污泥从曝气池的前端，并借助空气扩散管或机械搅拌设备进行混合。活性污泥中微生物不断利用废水中的有机物进行新陈代谢，活性污泥数量不断增多，当超过一定浓度时应排放一部分，被排放的这部分称为剩余污泥。普通活性污泥法悬浮物和BOD的去除率都很高，可达90％～95％。但对水质变化的适应能力不强，曝气池的前端供氧不足，后端供氧过剩，所供的氧不能充分利用。传统（推流式）活性污泥法工艺流程见图10-3。

① 阶段曝气法　阶段曝气法（又称多点进水活性污泥法）通过阶段分配进水的方式避免曝气池中局部浓度过高的问题，以克服普通活性污泥法的供氧与需氧不平衡的矛盾。采用阶段曝气后，曝气池沿程污染物浓度分布和溶解氧消耗明显改善。多点进水活性污泥法工艺流程见图10-4。

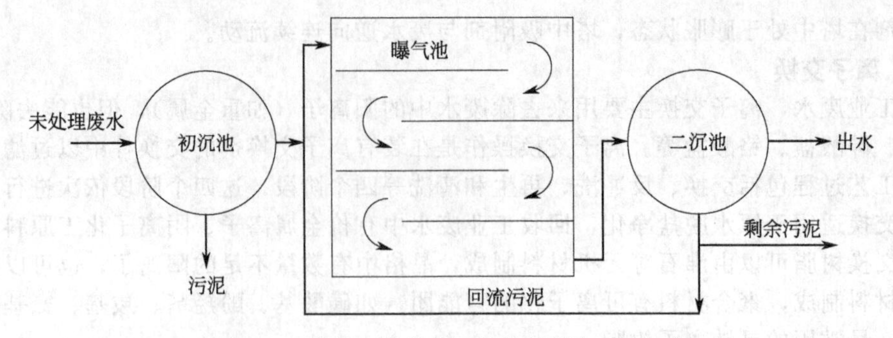

图 10-3　传统（推流式）活性污泥法工艺流程

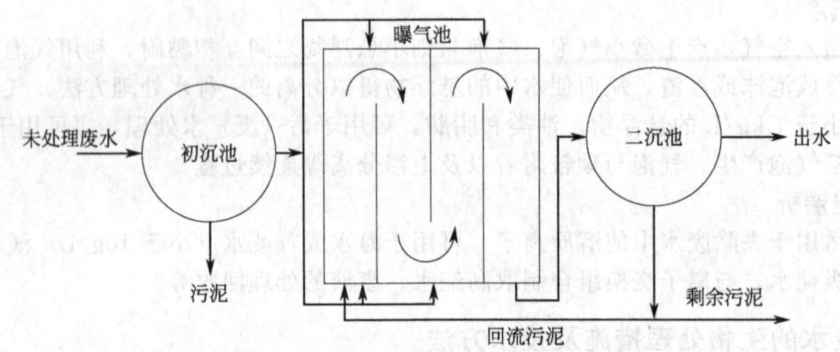

图 10-4　多点进水活性污泥法工艺流程

② 完全混合法　又称为带沉淀和回流的完全混合反应器工艺，在完全混合系统中废水的浓度是一致的，污染物的浓度和氧气需求沿反应器长度没有发生变化。因此，该工艺适合于含可生物降解污染物及浓度适中的有毒物质的废水。与运行良好的推流式活性污泥法工艺相比，它的污染物去除率较低。

③ 吸附再生法　又称为接触稳定工艺，由接触池、稳定池和二沉池组成。来自初沉池的废水在接触反应器中与回流污泥进行短暂的接触，使可生物降解的有机物被氧化或被细胞吸收，颗粒物则被活性污泥絮体吸附，随后混合液流入二沉池进行泥水分离。分离后的废水被排放，沉淀后浓度较高的污泥则进入稳定池继续曝气，进行氧化过程。浓度较高的污泥回流到接触池中继续用于废水处理。吸附再生法适用于运行管理条件较好并无冲击负荷的情况。

(2) 氧化沟

氧化沟（图 10-5）属延时曝气活性污泥法，氧化沟的池型，既是推流式，又具备完全混合的功能。

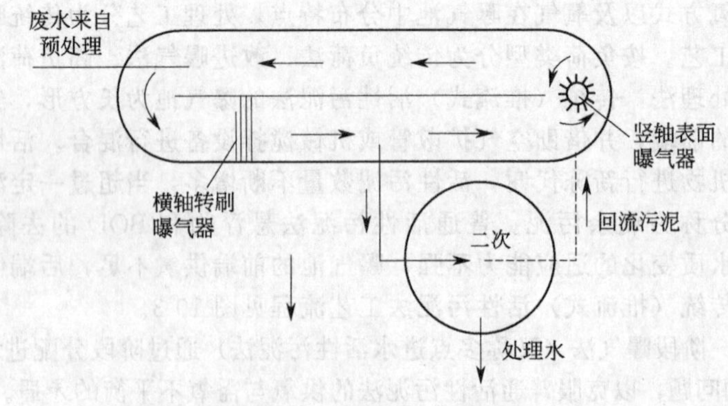

图 10-5　氧化沟工艺流程

(3) 序批式活性污泥法（SBR）

序批式活性污泥法，简称 SBR，是将曝气池与沉淀池合二为一，生化反应呈分批进行，工作周期由进水、反应、沉降、排水和闲置五个阶段组成。进水期是反应器从开始进水到达到最大反应体积的时间，同时进行着生物降解反应。在反应期中，反应器不再进水，废水被逐渐处理达到预期效果。进入沉降期时，活性污泥沉降，上清液即为处理后的水，于排放期排放。这以后的一段时间直至下一批废水进入之前即为闲置期。

(4) 生物接触氧化

适用于低浓度的生活污水和具有可生化性的工业废水处理，生物接触氧化池应根据进水水质和处理程度确定采用一段式或多段式。

(5) 生物滤池

生物滤池也称滴滤池，主要是由一个用碎石铺成的滤床组成。废水通过布水系统，从滤池顶部布洒下来。废水通过滤池时，滤料截留了废水中的悬浮物，使微生物很快繁殖起来，微生物又进一步吸附了废水中的胶体和溶解性有机物并逐渐生长形成了生物膜。生物滤池就是依靠滤料表面的生物膜对废水中的有机物的吸附氧化作用而使废水得以净化。

(6) 生物转盘

又称浸没式生物滤池，它由许多平行排列的浸没在一个水槽（氧化槽）中的塑料圆盘组成。圆盘的盘面近一半浸没在废水之下，盘片上生长着生物膜。它的工作原理和生物滤池基本相同，盘片在与之垂直的水平轴的带动下缓慢地转动，浸入废水中的盘片上的生物膜便吸附废水中的有机物，当转出水面时，生物膜又从大气中吸收所需的氧气，使吸附于膜上的有机物被微生物所分解。随着盘片的不断转动，使槽内的废水得到净化。

(7) 生物流化床

生物流化床是以粒径小于 1mm 的砂、焦炭、活性炭等的颗粒材料为载体，当污水以一定的压力和流量由下向上流过载体时，使载体呈流动状态或称之为“流化”状态，依靠载体表面生长着的生物膜，使污水得到净化。好氧生物流化床主要有两种类型。a. 两相生物流化床：是在流化床体外设置充氧设备和脱膜装置。污水与回流水在充氧设备中与氧混合，使水中的溶解氧提高，充氧后的污水进入生物流化床，进行生物反应。b. 三相生物流化床：在三相生物流化床中，空气（或纯氧）、液体（污水）、固体（带生物膜的载体）在流化床中进行生物反应，载体表面的生物膜靠气体的搅动作用，使颗粒之间激烈摩擦而脱落。

10.2.5.2 厌氧生物处理

废水厌氧生物处理是指在缺氧条件下通过厌氧微生物（包括兼氧微生物）的作用，将废水中的各种复杂有机物分解转化成甲烷和二氧化碳等物质的过程，也称厌氧消化。厌氧处理工艺主要包括升流式厌氧污泥床（UASB）、厌氧滤池（AF）、厌氧流化床（AFB）。

① 厌氧生物滤池　厌氧生物滤池的构造与一般的好氧生物滤池相似，池内设置填料，但池顶密封。废水由池底部进入，在池顶部排出。填料浸没于水中，微生物附着生长在填料上，滤池中微生物浓度很高。

② 升流式厌氧污泥床反应器（UASB）　在升流式厌氧污泥床反应器中，废水自下而上地通过厌氧污泥床，床体底部是一层颗粒状的絮凝和沉淀性能良好的污泥层，中部是悬浮区，上部是澄清区。澄清区设有三相分离器，用以完成气、液、固三相分离。被分离的消化气由上部导出，被分离的污泥则自动落到下部反应区。厌氧消化过程所产生的微小气泡对污泥床进行缓和的搅拌作用。

③ 厌氧流化床　适用于各种浓度有机废水的处理。典型工艺参数以 COD 去除 80%～90% 计，污泥负荷为 0.26～4.3kgCOD/(kgMLVSS·d)。

10.2.5.3　生物脱氮除磷

当采用生物法去除废水中的氮、磷等污染物时，原水水质应满足《室外排水设计规范》(GB 50014) 的相关规定，即脱氮时，污水中的 BOD_5 与总凯氏氮比大于 4；除磷时，污水中 BOD_5 与总磷之比大于 17。仅需脱氮时，应采用缺氧/好氧法；仅需除磷时，应采用厌氧/好氧法；当需要同时脱氮除磷时，应采用厌氧/缺氧/好氧法。

10.2.6　污泥的处理处置

工业废水和城市污水在处理过程中，将产生各种污泥。有的是直接从废水中分离出来的，如初次沉淀池排出的沉渣、气浮池排出的油渣等；有的是在处理过程中产生的，如化学沉淀法产生的沉淀污泥和生物化学法产生的活性污泥以及脱落的生物膜等。污泥量及其特性与原污水的性质、采用的处理方法、污泥的含水率等有关。

在污泥排入环境前，必须对其进行处理和处置，使有毒、有害物质转化为无毒和无害的物质，使有用物质得到回收和利用。应根据工程规模、地区环境条件和经济条件进行污泥的减量化、稳定化、无害化和资源化处理与处置。污水污泥的减量化处理包括使污泥的体积减少和污泥的质量减少，前者如采用污泥浓缩、脱水、干化等技术，后者如采用污泥消化、污泥焚烧等技术。污水污泥的稳定化处理是使污泥得到稳定（不易腐败），以利于对污泥作进一步处理和利用，可以减少有机组分含量、改善污泥脱水性能便于污泥的贮存和利用，抑制细菌代谢，降低污泥臭味，产生沼气、回收资源等目的，实现污泥稳定可采用厌氧消化、好氧消化、污泥堆肥、加碱稳定等技术。污水污泥的无害化处理是减少污泥中的致病菌、寄生虫卵数量及多种重金属离子和有毒有害的有机污染物，降低污泥臭味。

10.2.6.1　污泥的处理方法

(1) 污泥浓缩处理。

污泥浓缩应根据污水处理工艺、污泥性质、污泥量和污泥含水率要求进行选择，其目的是降低污泥含水率、减少污泥体积，主要减缩污泥的间隙水。可采用重力浓缩、气浮浓缩、离心浓缩、带式浓缩机浓缩和转鼓机械浓缩等。

(2) 污泥消化处理。

为避免污泥进入环境后，其有机部分发生腐败，常在脱水之前对其进行降解，称为污泥的稳定。污泥可采用厌氧消化或好氧消化工艺处理。厌氧消化是在没有游离氧的条件下对污泥进行生物降解，大部分有机物转化为甲烷、二氧化碳和水。污泥的厌氧消化也包括水解、酸化、产乙酸、产甲烷等过程。

好氧消化类似于活性污泥法，好氧细菌稳定污泥过程比厌氧细菌快，操作简单。

(3) 污泥脱水处理。

污泥经浓缩后含水率仍约为 95%～97%，污泥脱水的作用是去除污泥中的毛细水和表面附着水，缩小体积、减小重量。经过脱水处理，污泥含水率能从 96%左右降到 60%～80%，其体积降为原来的 1/10～1/5，有利于运输和后续处理。污泥脱水设备可采用压滤脱水机（包括带式压滤机和板框式压滤机）和离心脱水机。

(4) 污泥干燥处理和焚烧

脱水后的污泥含水率仍然很高，一般在 60%～80%，如需进一步降低它的含水率，可进行干燥处理或焚烧。

干燥的脱水对象是毛细管水、吸附水和颗粒内部水。经过干燥处理后，污泥含水率可降至 10%～20%，便于运输，还可作为农田和园林的肥料使用。这种方法同时也是污泥最终处置的一种有效方法。污泥干燥处理宜采用直接式干燥器，主要有带式干燥器、转筒式干燥器、急骤干燥器和流化床干燥器。

污泥焚烧工艺适用于：①当污泥不符合卫生要求，有毒物质含量高，不能为农副业所利用；②污泥自身的燃烧热值高，可以自燃并利用燃烧热量发电；③可与城镇垃圾混合焚烧并利用燃烧热量发电。采用污泥焚烧工艺时，所需的热量靠污泥所含的有机物燃烧产生，所以前处理不需要经过稳定处理，以免所含的有机物量减少。污泥焚烧的烟气和飞灰必须进行相应的处理。

10.2.6.2 污泥的最终处置

污泥的最终处置应优先从资源化考虑，包括综合利用和卫生填埋等措施。

① 农业应用　污泥中含有植物所需的营养成分和有机物，而且污泥中含有硼、锰、锌等微量元素，但污泥的肥效主要取决于污泥的组成和性质。在利用前应进行堆肥等稳定处理，使污泥中的有机物好氧分解，达到腐化稳定有机物、杀死病原体、破坏污泥中恶臭成分和脱水的目的。

② 建筑材料应用　污泥可用于制砖或制纤维板材，还可用于铺路。可采用干化污泥直接制砖，也可采用污泥焚烧灰制转。

③ 污泥气利用　污泥发酵产生的气体主要是甲烷和二氧化碳，可用作燃料，又可作为化工原料。

④ 卫生填埋　污泥卫生填埋时，要严格控制污泥中的金属和其它有毒物质的含量，并且要做好环境保护措施，防止污染地下水。

10.3 地下水污染防治措施及其论证

10.3.1 地下水污染原因、来源和类型

在天然状态下，地下水具有一定的自净能力。人为的活动使这种平衡遭到破坏，使地下水的污染物的浓度超过规定的指标，就是地下水污染。地下水污染是由于人为因素造成地下水质恶化的现象。

地下水污染的原因主要有：工业废水向地下直接排放、受污染的地表水侵入到地下含水层中、人畜粪便或因过量使用农药而受污染的水渗入地下等。

地下水污染的来源有：天然污染源（如地表污水体、地下高矿化度水或其它劣质水体、含水层或包气带所含的某些矿物等）和工业污染源、农业污染源、生活污染源、矿业污染源等。

我国地下水污染划分为以下四个类型；一是地下淡水的过量开采导致沿海地区的海（咸）水入侵；二是地表污（废）水排放和农耕污染造成的硝酸盐污染；三是石油和石油化工产品的污染；四是垃圾填埋场渗漏污染。

10.3.2 地下水污染修复措施及技术方法

目前，较典型的地下水污染修复技术主要有以下几种。

（1）物理屏蔽法

物理屏蔽法是在地下建立各种物理屏障，将受污染水体圈闭起来，以防止污染物进一步扩散蔓延。常用的有灰浆帷幕法、泥浆阻水墙、振动桩阻水墙、板桩阻水墙、块状置换、膜和合成材料帷幕圈闭法等。物理屏蔽法只有在处理小范围的剧毒、难降解污染物时才可考虑作为一种永久性的封闭方法，多数情况下，它只是在地下水污染治理的初期，被用作一种临时性的控制方法。

（2）被动收集法

被动收集流是在地下水流的下游挖一条足够深的沟道，在沟内布置收集系统，将水面漂浮

的污染物质如油类污染物等收集起来，或将所有受污染地下水收集起来以便处理的一种方法。

(3) 水动力控制法

水动力控制法是利用井群系统，通过抽水或向含水层注水，人为地改变地下水的水力梯度，从而将受污染水体与清洁水体分隔开来。根据井群系统布置方式的不同，水力控制法又可分为上游分水岭法和下游分水岭法。上游分水岭法是在受污染水体的上游布置一排注水井，通过注水井向含水层注入清水，使得在该注水井处形成一地下分水岭，从而阻止上游清洁水体向下补给已被污染水体；同时，在下游布置一排抽水井将受污染水体抽出处理。而下游分水岭法则是在受污染水体下游布置一排注水井注水，在下游形成一分水岭以阻止污染羽流向下游扩散，同时在上游布置一排抽水井，抽出清洁水并送到下游注入。同样，水动力控制法一般也用作一种临时性的控制方法，在地下水污染治理的初期用于防止污染物的扩散蔓延。

(4) 抽出处理技术

传统的抽出处理是把污染的地下水抽出来，然后在地面上进行处理。抽出处理的修复过程一般可分为两大部分：地下水动力控制过程和地上污染物处理过程。根据地下水污染范围，在污染场地布设一定数量的抽水井，通过水泵和水井将污染了的地下水抽取上来，然后利用地面净化设备进行治理。处理过的地下水可以选择排放、回灌或用于当地供水等。

(5) 原位修复技术

较典型的原位修复技术有：渗透性反应墙、土壤气相抽提、空气注入修复技术、植物修复以及原位稳定-固化。

① 渗透性反应墙修复技术　沿地下水流方向，在污染场地下游安置连续或非连续的渗透性反应墙，使含有污染物质的地下水流经渗透墙的反应区，通过地下水与反应墙中添加剂的化学反应达到去除污染物质的目的，并利用渗透性反应墙物理屏障阻止污染物向下游扩散。一般根据不同污染场地特点，在反应墙中添加相应的化学试剂。

② 土壤气相抽提技术　土壤气相抽提技术是对土壤挥发性有机污染进行原地恢复、处理的方法，它用来处理包气带中岩石介质的污染问题，使包气带土（或土-水）中的污染物进入气相排出。

③ 空气注入修复技术　空气注入修复技术通常用来治理地下饱和带（饱水带及毛细饱和带）的有机污染，其修复原理为：通过向地下注入空气，在污染物下方形成气流屏障，防止污染物进一步向下扩散和迁移，在气压梯度作用下，收集地下可挥发性污染物，并以供氧作为主要手段，促进地下污染物的生物降解。

④ 植物处理技术　植物处理方法使用植物来净化污染了土壤和地下水，是利用植物天然能力去吸收、聚积和降解土壤和水环境中的污染物。植物处理方法包括：植物根部吸收、植物吸取、植物转化、植物激化或植物辅助下的微生物降解、植物稳定。

⑤ 原位稳定-固化方法　在已污染的包气带或含水层中注入可使污染物不继续迁移的介质，使有机或无机污染物达到稳定状态。污染物可以被介质凝固、黏合（固化），或者由于化学反应使其活动性降低。常用于重金属离子和放射性物质的稳定化和固化处理。

10.4 噪声污染防治措施及其论证

声音是人们传递信息、相互交流的重要媒介。但是，某些时候的声音会影响人们的日常生活和工作，甚至危及人类的身心健康。噪声指的就是在工业生产、建筑施工、交通运输和社会生活中所产生的干扰周围生活环境的声音。当噪声的"强度"超过人们日常的生产活动和生活活动所能允许的程度时，就会产生噪声污染。

噪声污染大致分为交通噪声、工业噪声、建筑施工噪声和社会噪声。

10.4.1 环境噪声污染防治的基本方法及确定原则

10.4.1.1 防治环境噪声污染的基本方法

噪声由声源发生，经过一定的传播途径到达接受者，发生危害作用。因此对噪声的控制治理必须从分析声源、传声途径和接受者这三个环节进行考虑。

① 源强控制　应根据各种设备噪声、振动的产生机理，合理采用各种针对性的降噪减振技术，尽可能选用低噪声设备和减振材料，以减少或抑制噪声与振动的产生。

② 传播途径控制　若高噪声和强振动产生在设备已安装运行后，声源降噪受到很大局限甚至无法实施的情况下，应在传播途径上采取隔声、吸声、消声、隔振、阻尼处理等有效技术手段及综合治理措施，以抑制噪声与振动的扩散。

科学合理安排建筑物平面布局；采用合理的声学控制措施或技术，包括吸声、隔声、隔振、减振，消声等。

③ 敏感点防护　对噪声源或传播途径均难以采用有效噪声与振动控制措施的情况下，在噪声接受点进行个人防护，利用隔声原理来阻挡噪声进入人耳，从而保护人的听力和身心健康。常用的防护用具有耳塞、防声棉、耳罩、头盔等。

10.4.1.2 确定环境噪声污染防治对策的原则

① 基本原则是优先源强控制　其次应尽可能靠近污染源采取传输途径的控制技术措施；必要时再考虑敏感点防护措施。

② 以城市规划为先，避免产生环境噪声污染影响。

③ 管理手段和技术手段相结合控制环境噪声污染。

④ 关注敏感人群的保护，体现“以人为本”。

⑤ 针对性、具体性、经济合理、技术可行。

10.4.2 环境噪声污染防治措施及技术方法

由于噪声源类型多样、安装使用形式差异，周边环境状况不同，噪声防治很少有成套或者说成型的供直接选择的设备或设施。针对具体情况，采用合理的声学控制措施或技术，包括吸声、隔声、隔振、减振，消声等，来具体分析采用哪种措施。

(1) 吸声降噪

吸声降噪是利用一定的吸声材料或吸声结构来吸收声能，从而达到降低噪声强度的目的。主要适用于降低因室内表面反射而产生的混响噪声，其降噪量一般不超过 10dB，在声源附近、以降低直达声为主的情况不宜单纯采用吸声处理。

吸声材料包括阻性吸声材料和构成抗性吸声结构的材料。前者指从表面至内部有许多细小、敞开孔道的多孔材料和有密集纤维状组织的各种有机或无机纤维制品；后者通常包括膜状材料和板状材料等。吸声材料选择具有适当孔径和孔隙率且孔洞开放、相互连通以达到适当流阻的多孔性和纤维类吸声材料，主要有无机纤维材料、泡沫塑料、有机纤维材料和建筑吸声材料等几大类。无机纤维材料主要有超细玻璃棉、玻璃丝、矿渣棉、岩棉及其制品等。泡沫塑料制品包括软性聚氨醋泡沫塑料、脲醛塑料、酚醛泡沫塑料等。有机纤维材料主要是植物性纤维材料（如棉麻、甘蔗、木丝、稻草）及其制品，现在多为化学纤维所代替。吸声建筑材料主要有微孔吸声砖、膨胀珍珠岩、加气混凝土等。

共振吸声结构是利用共振原理做成的各种吸声结构，常用的有薄板共振吸声结构、薄膜共振吸声结构、穿孔板、微穿孔板和空间吸声体等。

(2) 隔声降噪

隔声是利用墙体、各种板材及构件作为屏蔽物或是利用围护结构把噪声控制在一定范围之内，使噪声在空气中的传播受阻而不能顺利通过，从而达到降低噪声的目的。包括单层密实均匀构件和双层结构的隔声构件（双层结构是指两个单层结构中间夹有一定厚度的空气或多孔材料的复合结构）。

对固定声源进行隔声处理宜尽可能靠近噪声源设置隔声措施；对敏感点采取隔声防护措施时，宜采用隔声间（室）的结构形式；对噪声传播途径进行隔声处理时，可采用具有一定高度的隔声墙或隔声屏障；必要时应同时采用上述几种结构相结合的形式。

(3) 消声降噪

消声降噪时利用消声器来降低空气动力性噪声的主要技术措施。消声器是既能允许气流通过，又能阻止或减弱声波传播的装置。

消声器根据其消声原理的不同，大致可分为以下两类。

① 阻性消声器　是利用装置在管道（或气流通道）的内壁或中部的阻性材料（吸声材料）的吸声作用使噪声衰减。常见的阻性消声器形式有管式、片式、蜂窝式、列管式、折板式、声流式、小室式、圆盘式、弯头式等。

② 抗性消声器　是通过流道截面的突变或旁接共振腔的方法，利用声波的反射、干扰来达到消声的目的。常见的抗性消声器有扩张室式和共振腔式两种。

(4) 隔振

隔振设计既适用于防护机器设备振动或冲击对操作者、其他设备或周围环境的有害影响，也适用于防止外界振动对敏感目标的干扰。控制振动的方法可归纳为三类：减小扰动、采取隔振措施、阻尼减振。

① 减小扰动　通过改造振动源的结构或工艺过程等措施来减小和消除振动源的振动。改造振源，降低乃至消除振动的产生，这是控制振动的根本途径，但实施中涉及的问题比较复杂。

② 隔振　隔振就是利用波动在物体间的传播规律，在振源和需要防振的设备之间安置隔振装置，使振源产生的大部分振动为隔振装置所吸收，减少了振源对设备的干扰，从而达到了减少振动的目的。根据振源的不同，隔振可分为两类，即主动隔振和被动隔振。

隔振装置可分为隔振器和隔振垫。前者包括金属弹簧隔振器和橡胶隔振器，后者主要有软木、毛毡、玻璃纤维隔振垫等。

③ 阻尼减振　阻尼减振是通过减弱金属板弯曲振动的强度来实现的。当金属薄板发生弯曲振动时，振动能量就迅速传给贴在薄板上的阻尼材料，由于阻尼材料内摩擦大，使得相当一部分的金属振动能量被损耗而变成热能，减弱了薄板的弯曲振动，并缩短薄板的振动时间，从而达到减振降噪的目的。阻尼层是由沥青、软橡胶和各种高分子徐料等阻尼材料所构成。

10.5 生态保护措施及其论证

10.5.1 生态保护措施的基本要求及应遵守的原则

10.5.1.1 生态保护措施的基本要求

建设项目生态环境影响减缓措施和生态环境保护措施是生态环评工作成果的重要内容。开发建设项目生态环境保护措施应遵循一些基本要求。

生态保护措施的基本要求：

① 体现法规的严肃性；

② 体现可持续发展思想与战略；

③ 体现产业政策方向与要求；

④ 满足多方面的目的要求；

⑤ 遵循生态环境保护科学原理；

⑥ 全过程评价与管理；

⑦ 突出针对性与可行性。

10.5.1.2　生态影响的防护与恢复应遵守的原则

生态影响的防护与恢复必须遵守以下原则：

① 凡涉及珍稀濒危物种和敏感地区等类生态因子发生不可逆影响时，必须提出可靠的保护措施和方案；

② 凡涉及尽可能需要保护的生物物种和敏感地区，必须制定补偿措施加以保护；

③ 对于再生周期较长、恢复速度较慢的自然资源损失，要制定恢复和补偿措施；

④ 对于普遍存在的再生周期短的资源损失，当其恢复的基本条件没有发生逆转时，不必制定补偿措施；

⑤ 需要制定区域的绿化规划；

⑥ 要明确生态影响防护与恢复费用的数量及使用方向，同时论述其必要性。

10.5.2　生态保护措施及技术方法

从工程项目的合理选址选线、合理的工程设计方案、合理的施工建设方式和有效的管理等角度来减少生态环境影响，最具可行性。这些措施也是项目建设者不可推卸的责任。

10.5.2.1　合理选址选线

从环境保护出发，合理的选址和选线主要是指：

① 选址选线避绕敏感的环境保护目标，不对敏感保护目标造成直接危害。这是“预防为主“的主要措施。

② 选址选线符合地方环境保护规划和环境功能（含生态功能）区划的要求，或者能够与规划相协调，不使规划区的主要功能受到影响。

③ 选址选线地区的环境特征和环境问题清楚，不存在“说不清”的科学问题和环境问题，即选址选线不存在潜在的环境风险。

④ 从区域角度或大空间长时间范围看，建设项目的选址选线不影响区域具有重要科学价值、美学价值或社会文化价值和潜在价值的地区或目标，保障区域可持续发展的能力不受到损害或威胁。

10.5.2.2 工程方案分析与优化

环境影响评价中，必须从可持续发展出发进行工程方案环境合理性分析，并在环保措施中提出方案优化建议。工程方案的优化措施主要是：

① 选择减少资源消耗的方案；

② 采用环境友好的方案　“环境友好”是指建设项目设计方案对环境的破坏和影响较少，或者虽有影响也容易恢复，这包括从选址选线、工艺方案到施工建设方案的各个时期；

③ 采用循环经济理念，优化建设方案；

④ 发展环境保护工程设计方案。

10.5.2.3　施工方案分析与合理化建议

施工建设期是许多建设项目对生态环境影响最显著的阶段，因而施工方案、施工方式、施工期环境保护管理都是非常重要的。在建设项目环境影响评价时需要根据具体情况作具体分析，提出有针对性的施工期环境保护工作建议，包括：

① 建立规范化操作程序和制度；

② 合理安排施工次序、季节、时间；

③ 改变落后的施工组织方式，采用科学的施工组织方法。

10.5.2.4 加强工程的环境保护管理

加强工程的环境保护管理，包括认真做好选址选线论证，做好环境影响评价工作，做好建设项目竣工环境保护验收工作，做好“三同时”管理工作等，尤其是：

① 施工期环境工程监理与施工队伍管理；

② 营运期生态环境监测与动态管理。

10.5.3 生态监理与监测

10.5.3.1 生态监理

生态监理是整个工程监理的一部分，是对工程质量为主监理的补充，主要是依据环境影响评价报告书执行，对报告书批准的要求进行监理的项目实施监理。施工期环境保护监理范围应包括施工区和施工影响区。

生态监理是环境监理中的重点，不同的建设项目确定不同的重点监理内容和重点监理区域。一般而言，水源和河流保护、土壤保护、植被保护、野生生物保护、景观保护都是必然要纳入监理的。遇有生态敏感保护目标时，需编制更具针对性的监理工作方案。

10.5.3.2 生态监测

生态监测是重要的生态环境保护措施，因为生态环境的变化，生态影响的程度、都需要通过生态监测来了解。生态监测有施工期生态监测，亦有长期跟踪的生态监测。

长期的生态监测方案，应具备如下主要内容：

① 明确监测目的，或确定要认识或解决的主要问题。监测只针对环境影响报告书中确定的问题，而不是做全面的生态环境监测；

② 确定监测项目或监测对象，选取最具代表性的或最能反映环境状况变化的生态系统或生态因子作为监测对象；

③ 确定监测点位、频次或时间等，明确方案的具体内容；

④ 规定监测方法和数据统计规范，使监测的数据可进行积累与比较；

⑤ 确立保障措施。

10.5.4 水土流失

国家对水土保持工作实行预防为主、保护优先、全面规划、综合治理、因地制宜、突出重点、科学管理、注重效益的方针。预防为主主要包括全民植树造林、种草、扩大森林覆盖面积和增加植被，包括有计划地封山育林草、轮封轮牧、防风固沙、保护植被。禁止毁林开荒、烧山开荒和在陡坡地、干旱地区铲草皮、挖树兜。尤其禁止在25°以上陡坡开垦种植农作物。在5°以上坡地整地造林、抚育幼林、垦复油茶与油桐等经济林木，都必须采取水土保持措施。

建设项目水土流失治理措施主要有：

① 工程治理措施　有：拦渣工程，如拦渣坝、拦渣墙、拦渣堤等；护坡工程，如植物护坡、砌石护坡、抛石护坡、喷浆护坡、综合措施护坡等；土地整治工程，如回填整平、覆土和植被等；防洪排水工程，如排洪渠、排洪涵洞、防洪坝、防洪堤、护岸护滩等；防风固沙工程，如沙障、化学固沙等；泥石流防治工程等。

② 生物治理措施　有：人工再植被过程、土地整治和表层土壤的覆盖等。

10.5.5 绿化

建设项目的绿化内容包括：一是补偿建设项目造成的植被破坏，即重建植被工程，其补偿量一般不应少于其破坏量；二是建设项目为自身形象建设或根据所在地区环境保护要求进行的生态建设工程。

① 绿化方案一般原则　绿化方案编制中，一般应主张如下基本原则：采用乡土物种、生态绿化、因土种植、因地制宜。

② 方案的实施　绿化实施法包括立地条件分析、植物类型推荐、绿化结构建议以及实施时间要求等。

③ 绿化实施的保障措施　a. 投资有保障：环评应匡算投资额度，明确投资责任人；b. 技术培训：根据绿化实施方式与技术要求，进行人员培训，环评应提出培训建议。

④ 绿化管理　绿化管理措施包括：a. 绿化质量控制的检查，建设单位应检查委托绿化的执行情况；b. 建立绿化管理制度；c. 建立绿化管理机构或确定专门责任人。

上述绿化管理措施是否落实，由建设项目竣工环境保护验收调查和当地环保部门执行检查监督执行。

10.5.6　生态影响的补偿

补偿是一种重建生态系统，以补偿因开发建设活动而损失的环境功能的措施。补偿有就地补偿和异地补偿两种形式。就地补偿类似于恢复，但建立的新生态系统与原生态系统没有一致性；异地补偿则是在开发建设项目发生地无法补偿损失的生态功能时，在项目发生地以外实施补偿措施。

补偿措施的确定应考虑流域或区域生态功能保护的要求和优先次序，考虑建设项目对区域生态功能的最大依赖和需求。

10.6　固体废物处理处置措施及其论证

在生产、生活和其他活动中产生的丧失原有利用价值或者虽未丧失利用价值但被抛弃或者放弃的固态、半固态和置于容器中的气态的物品、物质以及法律、行政法规规定纳入固体废物管理的物品、物质，统称为固体废物。所有被称为“废物”的物质，都是具有价值的自然资源，只是由于受到技术或经济等条件的制约，暂时无法加以充分利用。

固体废物分类方法很多。按其化学组成可分为有机固体废物和无机固体废物；按其危害可分为有害固体废物和一般固体废物；按其来源可分为工业固体废物、矿业固体废物、农业固体废物、有害固体废物和城市垃圾等五类。《固体废物污染环境防治法》中将固体废物分为工业固体废物（废渣）与城市生活垃圾两类，危险废物单独列为一章。

固体废物污染防治的原则为减量化、资源化、无害化。

10.6.1　固体废物处理与处置技术方法

10.6.1.1　预处理技术

固体废物的成分组成、性质、结构不同，对它们的处理处置的方法就会有差异，为了便于对它们进行合适的处理和处置，需要对废物进行处理。固体废物预处理是指采用物理、化学或生物方法，将固体废物转变成便于运输、储存利用和处置的形态。预处理技术主要有压实、破碎、分选、脱水和干燥等。

① 压实　压实是利用机械来减小固体废物的空隙率，增加固废的容重（容重即为单位体积固体废物的质量），目的是增大容重和减小体积、便于装卸和运输、便于后续处理。压实设备主要是各种压实机。压实机通常由一个压实单元和一个容器单元组成，容器单元接受废物原料并把它们送入压实单元，然后在压实单元中利用液压或气压操作的高压，把废物压成更致密

的形式。压实设备主要有水平式压实机、三向联合压实机、回转式压实机等。

②破碎　破碎是通过外力的作用，破坏物体内部的凝聚力和分子间作用力而使物体破裂变碎的过程。破碎的目的是为了便于运输和贮存；为分选和进一步加工提供合适的粒度，以利于综合利用；增大固体废物的比表面积，提高焚烧、热分解的效果。破碎固体废物常用的机械设备主要有颚式破碎机、锤式破碎机、冲击式破碎机、剪切式破碎机、辊式破碎机等。

③ 分选　分选是根据固体废物不同的物质性质，在进行最终处理之前，分离出可回收利用的和有害的成分。根据物料的物理性质或化学性质，采用不同的分选方法，包括人工手选、筛选、风选、跳汰机、浮选、磁选、电选等分选技术。

④ 脱水　固体废物的脱水主要用于污水处理厂排出的污泥及某些工业企业所排出的泥浆状废物和其它含水固体的处理。脱水可以达到减容、便于进一步处理的目的。脱水可分为机械脱水和自然干化脱水两类。脱水机械设备可选用真空脱水设备、板框压滤机、滚压带式过滤机、离心沉降脱水机等。

⑤ 干燥　机械脱水后，固体废物的含水率仍很高，不利于能源回收或焚烧处理，必须进行干燥。干燥所用的设备主要有回转圆筒式干燥器和带式流化床干燥器。

10.6.1.2 化学处理法

化学处理法是通过化学反应改变固体废物的有害组分或将它们转变成适合于下一步处理或处置的形态。由于化学反应涉及特定条件或特定过程，因此化学处理法一般只适用于含有单一成分或几种化学成分性质类似的废物。

① 中和法　中和法主要用于处理工业企业排出的酸性或碱性废渣。对酸性废渣的处理，中和剂多采用石灰，以降低处理费用。而对碱性废渣的处理，中和剂可采用硫酸或盐酸。

② 氧化还原法　氧化还原法是通过氧化或还原反应，使固体废物中的有毒有害成分转化为无毒无害或低毒且化学稳定性的成分，以便进一步处理和处置。

③ 化学浸出法　化学浸出法是选用合适的化学溶剂，与固体废物发生作用，使其中有用组分发生选择性溶解，然后进一步回收处理的方法。

10.6.1.3 生物处理法

固体废物的生物处理是通过生物转化将固体废物中易于生物降解的有机组分转化为腐殖质肥料、沼气等，达到固体废物无害化、资源化的处理方法。固体废物生物转化方式及工艺主要包括好氧堆肥技术和厌氧发酵技术。

好氧堆肥是在氧气充足的条件下利用好氧微生物的新陈代谢活动将有机物氧化降解为简单无机物的过程。

厌氧发酵法也称厌氧消化法，它是在完全隔绝氧气的条件下，利用厌氧微生物使废物中的可生物降解的有机物分解为稳定的无毒或低毒物质，并同时获得沼气的方法。其基本操作流程由预处理、配料、厌氧消化和沼气回收组成。

10.6.1.4 焚烧

焚烧法是一种高温热处理技术，被处理的有机废物在焚烧炉内进行氧化燃烧反应，废物中的有害有毒物质在高温下氧化、热解而被破坏，是一种可同时实现废物无害化、减量化、资源化的处理技术。

焚烧的主要目的是尽可能焚毁废物，使被焚烧的物质变成无害或最大限度的减容，并尽量减少新的污染物质的产生，避免造成二次污染。焚烧能同时实现使废物减量、彻底焚毁废物中的毒性物质以及利用焚烧产生的废热三个目的。适宜处理有机成分多、热值高的废物。

焚烧处置后的尾气控制，是焚烧法的关键。

10.6.1.5 热解法

热解技术是在氧分压较低的条件下，利用热能将固废中所含的大分子量的有机物裂解为分子量相对较小的燃料气体、油和碳黑等有机物质，经简单加工后可作为燃料利用。按热解的温度不同，分为高温热解、中温热解和低温热解；按供热方式可分为直接加热和间接加热；按热解炉的结构可分为固定床、移动床、流化床和旋转炉等。

10.6.1.6 填埋

填埋处置是固体废物最终处置技术之一，它是一种按照工程理论和土工标准，利用天然地形或人工构造，形成一定空间，将固体废物填充、压实、覆盖达到贮存的目的。根据要处理的固体废物性质的不同，土地填埋处置又可分为卫生土地填埋和安全土地填埋两种。土地填埋处置最主要的问题就是浸出液的收集和控制问题，处理不当就会造成严重的环境污染。

卫生土地填埋用于处置一般固体废物，如城市垃圾和无害的工农业生产废渣等。需要采用严格的污染控制措施，将整个填埋过程的污染和危害减少到最低限度。安全填埋是一种把危险废物放置或贮存在环境中，使其与环境隔绝的处置方法，目的是割断废物和环境的联系，使其不再对环境和人体健康造成危害。

10.6.2 固体废物的收集和运输

固体废物应分类收集、贮存及运输，以利于后续的处理处置。对于工业固体废物与生活垃圾应分别收集，可回收利用物质和不可回收利用物质应分别收集。固体废物的收集、贮存和运输过程中，应遵守国家有关环境保护和环境卫生管理的规定，采取防遗洒、防渗漏等防止环境污染的措施，不应擅自倾倒、堆放、丢弃、遗洒固体废物。

（1）城市生活垃圾的收集、贮存及运输

城市生活垃圾收集设施应与垃圾分类相适应。分类收集的垃圾应分类运输，城市生活垃圾转运站的设置数量及规模应根据城市区域特征、社会经济发展和服务区域等因素确定。另外要科学性和经济性的设计合理的垃圾收运路线和中转站位置。

（2）一般工业固体废物的收集和贮存

应根据经济、技术条件对产生的一般工业固体废物加以回收利用；对暂时不利用或者不能利用的工业固体废物，按照国务院环境保护行政主管部门的规定建设贮存设施、场所，安全分类存放，或者采取无害化处置措施。贮存、处置场周边设导流渠，防止雨水径流进入贮存、处置场内，避免渗滤液量增加和发生滑坡。构筑堤、坝、挡土墙等设施，防止一般工业固体废物和渗滤液的流失。设计渗滤液集排水设施，必要时设计渗滤液处理设施，对渗滤液进行处理。

（3）危险废物的收集、贮存和运输

由于危险废物固有的化学反应性、毒性、腐蚀性、传染性或其他特性，使其对人类健康及环境会产生危害。因此，在其收、存及转运期间应特别注意。

① 收集与贮存　由产出者将危险废物直接运往场外的收集中心或回收站，也可通过地方主管部门配备的专用运输车辆按规定路线运往指定的地点贮存或做进一步处理。

② 危险废物的运输　通常多采用公路运输作为危废的主要运输途径，因而载重汽车的装卸作业时造成废物污染环境的重要环节，应特别注意。

10.7 环境风险措施及其论证

对建设项目建设和运行期间发生的可预测突发性事件或事故（一般不包括人为破坏及自然灾害）引起有毒有害、易燃易爆等物质泄漏，或突发事件产生新的有毒有害物质，所造成的对人身安全与环境影响和损害，进行评估，提出防范、应急与减缓措施。

发生风险事故的频次尽管很低，但一旦发生，引发的环境问题将十分严重，必须予以高度重视。在环境影响评价中认真做好环境风险评价，对维护环境安全具有十分重要的意义。

10.7.1 环境风险的防范与减缓措施

环境风险的防范与减缓措施应从两个方面考虑：开发建设活动特点、强度与过程，所处环境的特点与敏感性。

建设项目环境风险评价中，关心的主要风险是生产和贮运中的有毒有害、易燃、易爆物的泄漏与着火、爆炸环境风险，如产品加工过程中产生的有毒、易燃、易爆物的风险。主要环境风险防范措施如下。

① 选址、总图布置和建筑安全防范措施　厂址及周围居民区、环境保护目标设置卫生防护距离，厂区周围工矿企业、车站、码头、交通干道等设置安全防护距离和防火间距。厂区总平面布置符合防范事故要求，有应急救援设施及救援通道、应急疏散及避难所。

② 危险化学品贮运安全防范及避难所　对贮存危险化学品数量构成危险源的贮存地点、设施和贮存量提出要求，与环境保护目标和生态敏感目标的距离符合国家有关规定。

③ 工艺技术设计安全防范措施　设自动监测、报警、紧急切断及紧急停车系统；防火、防爆、防中毒等事故处理系统；应急救援设施及救援通道；应急疏散通道及避难所。

④ 自动控制设计安全防范措施　有可燃气体、有毒气体检测报警系统和在线分析系统。

⑤ 电气、电讯安全防范措施　爆炸危险区域、腐蚀区域划分及防爆、防腐方案。

⑥ 消防及火灾报警系统。

⑦ 紧急救援站或有毒气体防护站设计。

10.7.2 风险事故应急预案

事故应急预案应根据全厂（或工程）布局、系统关联、岗位工序、毒害物性质和特点等要素，结合周边环境及特定条件以及环境风险评价结果制定。

应急预案的主要内容为：

① 危险源情况　详细说明危险源类型、数量、分布及其对环境的风险。

② 应急计划区　危险目标为装置区、贮罐区、环境保护目标。

③ 应急组织机构、人员　建立企业、地区应急组织机构、人员。企业：成立企业应急指挥小组，由公司最高领导层担任小组长，负责现场全面指挥，专业救援队伍负责事故控制、救援和善后处理。地区：地区指挥部负责地区全面指挥、救援、管制和疏散。

④ 预案分级响应条件　规定预案的级别及分级响应程序。

⑤ 应急救援保障　配备应急设施、设备与器材等。

⑥ 报警、通讯联络方式　规定应急状态下的报警通讯方式，通知方式和交通保障、管制。

⑦ 应急环境监测、抢险、救援及控制措施　由专业队伍负责对事故现场进行侦察监测，对事故性质、参数与后果进行评估，为指挥部门提供决策依据。

⑧ 应急检测、防护措施、清除泄漏措施和器材　事故现场、邻近区域，控制防火区域设控制和清除污染措施及相应设备。

⑨ 人员紧急撤离、疏散、应急剂量控制、撤离组织计划　事故现场、工厂邻近区、受事故影响的区域人员及公众对毒物应急剂量控制规定，撤离组织计划及救护，医疗救护与公众健康。

⑩ 事故应急救援关闭程序与恢复措施　规定应急状态终止程序，事故现场善后处理，恢复措施，邻近区域解除事故警戒及善后恢复措施。

⑪ 应急培训计划　应急计划制定后，平时安排人员培训与演练。

⑫ 公众教育和信息　对工厂邻近地区开展公众教育、培训和发布有关信息。

⑬ 记录和报告　设应急事故专门记录并建立档案和报告制度。

10.8　环保投资和竣工环保验收

10.8.1　环保投资

10.8.1.1　投资与环保投资的差别

投资指的是用某种有价值的资产，其中包括资金、人力、知识产权等投入到某个企业、项目或经济活动，以获取经济回报的商业行为或过程，是一种购买支付性活动，一种风险活动。

环保投资是为保护资源和环境污染所支出的资金总额，属于政策性投资。它反映了环境保护在整个国民经济中占有的地位和作用，它是环境保护与国民经济其他各部门在分配环节上进行综合平衡后的定量结果。一般来说，环境污染和资源破坏对经济、社会的危害越大，人体健康及国民投入所受到的损益也越大，环保投资也相应越多。因此，环保投资与投资主要是从其目的性和效果性来区分。

10.8.1.2　环保投资的特点

我国的环保投资范围主要包括新建项目防治污染的投资、老企业治理污染的投资、城市环境基础设施建设的投资以及环保部门自身建设投资和自然保护区建设投资等其他投资。

建设项目环保投资的特点有：

① 投资以企业为主；

② 投资主体与利益获取者往往不一致；

③ 投资效益主要表现为环境效益和社会效益；

④ 投资效益的价值难以用货币进行计量；

⑤ 微量效益与宏观效益的不一致性；

⑥ 近期效益与远期效益的不一致性。

10.8.2　竣工环保验收

建设项目竣工环保验收是指建设项目竣工后，环境保护主管部门根据《建设项目环境保护管理条例》（国务院令第 253 号）和《建设项目环境保护验收管理办法》（原国家环境保护总局第 13 号令）的规定，依据环境保护验收监测和调查结果，并通过现场检查等手段，考核建设项目是否达到环境保护要求的管理方式。

根据建设项目对环境的影响程度，对编制环境影响报告书的建设项目，编制建设项目竣工环境保护验收监测报告或调查报告；对编制环境影响报告表的建设项目，编制建设项目竣工环境保护验收监测报告表或调查表；对填报环境影响登记表的建设项目，填报建设项目竣工环境保护验收登记卡。

建设项目竣工环保验收的重点主要为：

① 核查验收范围　对照原环评批复文件及设计文件检查核实建设项目工程组成；核实建设项目环境保护设施建成及环保措施落实情况，确定环境保护验收的主要对象；核查建设项目周围是否存在环境敏感区，确定必须进行的环境质量调查与监测。

② 确定验收标准　污染物达标排放、环境质量达标和总量控制满足要求是建设项目竣工环保验收达标的主要依据。建设项目竣工环保验收原则上采用项目环评阶段经环保主管部门确认的环保标准与环境保护设施工艺指标作为验收标准，对已修订、新颁布的环保标准应提出验收后按新标准进行达标考核的建议。

③ 检查验收工况　按项目产品产量、原料消耗情况，主体工程运行负荷情况等，核查建设项目竣工环保验收监测期间的工况条件。

④ 核查验收监测结果　核查建设项目环境保护设施的设计指标，判定建设项目环境保护设施运转效率和企业内部污染控制水平如何。重点核查建设项目外排污染物的达标排放情况，主要污染治理设施运行及设计指标的达标情况，污染物排放总量控制情况，敏感点环境质量达标情况，清洁生产考核指标达标情况，有关生态保护的环境指标（植被覆盖率、水土流失率）的对比评价结果等。

⑤ 核查验收环境管理　环境管理检查涵盖了验收监测（调查）非测试性的全部内容，包括：建设单位在设计期、施工期执行相关的各项环保制度情况；落实环评及环评批复有关水土流失防治、噪声防治、生态保护等环保措施的情况；建成相应的环保设施的情况。建成投产后是否建立健全了环保组织机构及环境管理制度，污染治理设施是否正常稳定运行，污染物是否稳定达标排放；建设单位是否规范排污口、安装污染源在线监测仪、实施环境污染日常监测等。

⑥ 现场验收检查　按照建设项目布局特点或工艺特点，安排现场检查。内容主要包括水、声（振动）、气、固体废物污染源及其配套的处理设施、排污口的规范化、环境敏感目标及相应的监测点位，在线监测设备监测结果，水土保持、生态保护、自然景观恢复措施等的实施效果。

核查建设项目环境管理档案资料，内容包括：环保组织机构、各项环境管理规章制度、施工期环境监理资料、日常监测计划（监测手段、监测人员及实验室配备、检测项目及频次）等。

⑦ 风险事故环境保护应急措施检查　建设项目影响过程中，出现生产或安全事故，也可能造成严重环境污染或损害的，验收工作中应对其风险防范预案和应急措施进行检查，检查内容应包括应急体系、预警、防范措施、组织机构、人员配置和应急物资准备等。

⑧ 验收结论　依据建设项目竣工环境保护验收监测（调查）结论，结合现场检查情况，对主要监测（调查）结果符合环保要求的，提出给予通过验收的建议；对主要监测结果不符合要求或重大生态保护措施未落实的，提出限期整改的建议。限期改正完成后，另行监测或检查满足环境保护要求后给予通过；限期仍达不到要求的，则按法律程序由环保主管部门下达停产通知书。

第11章　清洁生产与循环经济

11.1　清洁生产概述

11.1.1　清洁生产的定义

清洁生产的概念是在1989年由联合国环境规划署正式提出的，清洁生产所包含的内容和思想在某些发达国家和地区早已被采用，叫法也各式各样，如无废工艺、污染预防、废物最小化、清洁技术等，但其基本内涵是一致的，即对产品和产品的生产过程采用预防污染的策略来减少污染。

联合国环境规划署1996年对清洁生产进一步完善后的定义是："清洁生产是一种新的创造性的思想，该思想将整体预防的环境战略持续应用于生产过程、产品和服务中，以增加生态效率和减少人类及环境的风险。对生产过程，要求节约原材料和能源，淘汰有毒原材料，减降所有废物的数量和毒性；对产品，要求减少从原材料提炼到产品最终处置的全生命期的不利影响；对服务，要求将环境因素纳入设计和所提供的服务中。"

2002年6月颁布的《中华人民共和国清洁生产促进法》第二条关于清洁生产的定义是："本法所称清洁生产，是指不断采用改进设计、使用清洁的能源和原料、采用先进的工艺技术与设备、改善管理、综合利用，从源头削减污染，提高资源利用效率，减少或者避免生产、服务和产品使用过程中污染物的产生和排放，以减轻或者消除对人类健康和环境的危害。"

清洁生产促进法规定，国务院和县级以上地方人民政府应当将清洁生产纳入国民经济和社会发展计划以及环境保护、资源利用、产业发展、区域开发等规划。同时清洁生产促进法第十八条还规定："新建、改建和扩建项目应当进行环境影响评价，对原料使用、资源消耗、资源综合利用以及污染物产生与处置等进行分析论证，优先采用资源利用率高以及污染物产生量少的清洁生产技术、工艺和设备。"企业在进行技术改造过程中，应当采取清洁生产措施。

11.1.2　清洁生产的内容

清洁生产的主要内容，可归纳为"三清一控制"，即清洁的原料与能源、清洁的生产过程、清洁的产品以及贯穿于清洁生产的全过程控制。

(1) 清洁的原料与能源

清洁的原料与能源，是指产品生产中能被充分利用而极少产生废物和污染的原材料和能源。清洁的原料与能源的第一个要求，是能在生产中被充分利用。这就要求选用较纯的原材料（即所含杂质少）、较清洁的能源（即转换比率高，废物排放少）。清洁的原料与能源的第二个要求，是不含有毒性物质。要求通过技术分析，淘汰有毒的原材料和能源，采用无毒或低毒的原料与能源。

目前，在清洁生产原料方面的措施主要有：清洁利用矿物燃料；加速以节能为重点的技术进步和技术改进，提高能源利用率；加速开发水能资源，优先发展水力发电；积极发展核能发电；开发利用太阳能、风能、地热能、海洋能、生物质能等可再生的新能源；选用高纯、无毒原材料。

(2) 清洁的生产过程

指尽量少用、不用有毒、有害的原料；选择无毒、无害的中间产品；减少生产过程的各种危险性因素；采用少废、无废的工艺和高效的设备；做到物料的再循环；简便、可靠的操作和控制；完善的管理等。

清洁的生产过程，要求选用一定的技术工艺，将废物减量化、资源化、无害化，直至将废物消灭在生产过程之中。

(3) 清洁的产品

清洁的产品，就是有利于资源的有效利用，在生产、使用和处置的全过程中不产生有害影响的产品。清洁产品又叫绿色产品、环境友好产品、可持续产品等。清洁产品在进行工艺设计时应使产品功能性强，既满足人们需要又省料耐用（为此应遵循三个原则：精简零件，容易拆卸；稍经整修可重复使用；经过改进能够实现创新）。清洁的产品还要避免危害人和环境。因此在设计清洁的产品时，还应遵循下列三个原则：产品生产周期的环境影响最小，争取实现零排放；产品对生产人员和消费者无害；最终废弃物易于分解成无害物。

(4) 贯穿于清洁生产中的全过程控制

它包括两方面的内容，即生产原料或物料转化的全过程控制和生产组织的全过程控制。

生产原料或物料转化的全过程控制，也常称为产品的生命周期的全过程控制。它是指从原材料的加工、提炼到产出产品、产品的使用直到报废处置的各个环节所采取的必要的污染预防控制措施。

生产组织的全过程控制，也就是工业生产的全过程控制。它是指从产品的开发、规划、设计、建设到运营管理，所采取的防止污染发生的必要措施。

需要指出的是，清洁生产是一个相对的、动态的概念，所谓清洁生产的工艺和产品是和现有的工艺相比较而言的。清洁生产的英文名称 Cleaner Production 中的清洁 Cleaner 一词为比较级，也表明清洁是一个相对的概念。推行清洁生产，本身是一个不断完善的过程，随着社会经济的发展和科学技术的进步，需要适时地提出更新的目标，不断采取新的方法和手段，争取达到更高的水平。

11.1.3 清洁生产与环境影响评价

清洁生产是我国工业可持续发展的重要战略，也是实现我国污染控制重点由末端控制向生产全过程控制转变的重要措施。清洁生产和环境影响评价是环境保护的重要组成部分，环境影响评价和清洁生产均追求对环境污染的预防。环境影响评价的目的主要是帮助业主使他们的建设项目的污染物排放能达到浓度排放标准和总量控制要求，通常借助的工具是末端治理。清洁生产则完全不同，它预防污染物的产生，即从源头和生产过程防止污染物的产生。

(1) 建设项目环境影响评价中存在的问题

环境影响评价制度对小规模工业污染源的管理和末端控制方面还存在一些问题，主要表现在：

① 环境影响评价制度主要针对大中型综合建设项目，忽视了对技术低下、高消耗和污染严重的小型工业企业产生污染的管理；

② 环境影响评价制度主要评价污染物产生以后对环境的影响，污染控制措施一旦未能有效执行，则环境影响评价就失去了其有效性；

③ 在建设项目环境影响评价时，对企业是否负担得起高昂的末端处理费用往往考虑较少，从而导致只有三分之一企业的末端处理设备运行良好。

总之，建设项目环境影响评价虽然是一种预防性措施，但它关注的重点是污染产生以后对环境的影响，而不是预防污染的产生。

(2) 清洁生产评价和环境影响评价的结合

尽管环境影响评价是预防污染物排放对环境的污染，清洁生产则是预防污染物的产生，但两者的最终目标是一致的，均追求预防生产过程对环境的污染。此外，两种方法均要求对建设项目的原材料、工艺路线以及生产过程等有一个比较深入的了解和分析，许多数据和材料是可以通用的，其结合可以通过以下两方面。

① 环境影响评价中的工程分析可以进一步拓展和深化，进行清洁生产分析。环境影响评价中的工程分析是对生产工艺过程的各环节、资源、能源的储运、开车、停车、检修、事故排放等情况找出污染物排放和环境影响的来源，即列出污染源清单。在此基础上进一步探究这些污染物产生的原因，是否存在改进机会，或有无清洁生产替代方案，恰恰是清洁生产分析的主要内容。

② 环境影响评价中对环保措施的分析可按清洁生产要求进一步延伸，因为从广义上说，清洁生产措施也是一种环保措施。

可见，两者在上述两方面存在着很好的结合界面。因此，应将清洁生产引入到环境影响评价之中，从而使其更好的发挥环境保护的重要作用。

(3) 清洁生产概念引入环评中的益处

清洁生产（污染预防）已被证明是优于污染末端控制且需优先考虑的一种环境战略，现在正在将清洁生产的概念引入环评中，并以此强化工程分析，这将大大提高环评的质量。清洁生产引入环评可有以下几方面的好处。

① 减轻建设项目的末端处理负担　清洁生产体现了预防为主的思想。传统的末端治理与生产过程相脱节，即“先污染，后治理”，重在“治”。清洁生产则要求从产品设计开始，到选择原料、工艺路线和设备，废物利用，运行管理等各个环节，通过不断加强管理和技术进步，提高资源利用率，减少乃至消除污染物的产生，重在“防”。

传统的末端治理不仅治理难度大，而且投入多，运行成本高。只有环境效益，没有经济效益。清洁生产则从源头抓起，实行生产全过程控制，使污染物最大限度消除在生产过程之中，这样既可以节约末端治理设施的建设费用，也可以节约运行费用，从而实现经济与环境的“双赢”。

② 提高建设项目的环境可靠性　末端处理设施的“三同时”一直是我国环境管理的一个重点和难点，如果环评提出的末端处理方案不能实施或实施不完全，则直接导致环境负担的增加，这实际上是环评制度在某种程度上的间接失效，而这种情况在全国各地大量存在：如果通过清洁生产分析，将污染物降低到最低程度或有效地进行回用，甚至消除，就可以减少末端处理设施的建设费用以及建成后的运行费用，提高建设项目的环境可靠性。

③ 提高建设项目的市场竞争力　清洁生产体现的是集约型的增长方式。传统的末端治理以牺牲环境为代价，建立在以大量消耗资源能源、粗放型的增长方式的基础上；清洁生产则是走内涵发展道路，最大限度地提高资源利用率，促进资源的循环利用，实现节能、降耗、减污、增效，因而在许多情况下将直接降低生产成本、提高产品质量，提高市场竞争力。

④ 降低建设项目的环境责任风险　在环境法律、法规日趋严格的今天，企业很难预料其将来所面临的环境风险，因为每出台一项新的环境法律、法规和标准，都有可能成为一种新的环境责任，而最好的规避方法就是通过清洁生产减少污染产生。

11.2 清洁生产水平分析

清洁生产的核心是从源头抓起，预防为主，生产全过程控制，实现经济效益和环境效益的统一。清洁生产涉及的范围很广，从改善日常管理的简单措施到原材料的变更，从工艺设计的选择到新设备的更换，都是清洁生产所包括的内容。清洁生产旨在既要尽可能取得资源利用的最优化，又要降低或消除环境影响。

通过采用清洁生产技术和正确的过程控制方法，可明显减少企业对环境造成的影响，提高原材料及能源的使用效率，减少资源的消耗，降低生产成本，减少污染物的产生量和排放量，减少污染处理费用，保护环境；促进企业的技术进步，提高职工的整体素质；改善管理环境，提高企业的经济效益及管理水平。清洁生产水平分析就是从原辅材料和能源、技术工艺、设备、过程控制、产品、管理、人员、废物八个方面，调查国内外行业清洁生产水平指标，从清洁生产八大要素逐一对比分析，给出建设项目清洁生产水平。

清洁生产水平分析有两种方法：一种是标准评价法，二是权重分值法。

① 标准评价法　顾名思义就是对照国家行业清洁生产标准，将建设项目各项清洁生产要素指标与标准值相比较，给出建设项目清洁生产水平。清洁生产标准一般分为一级、二级、三级水平，一级代表国际清洁生产先进水平，二级代表国内清洁生产先进水平，三级代表国内清洁生产基本水平。我国新建建设项目清洁生产水平原则需要达到国内先进水平。

目前我国清洁生产标准体系已逐步完善，国家已连续发布 30 个重点行业清洁生产标准，形成了一系列完善的清洁生产指标体系，对企业清洁生产审核、建设项目环境影响评价和排污许可证管理等环境管理制度提供了技术支撑依据。表 11-1 为酒精工业清洁生产标准指标要求。

表 11-1　酒精制造业清洁生产标准指标要求

清洁生产指标		一级	二级	三级
一、生产工艺与装备要求				
1. 发酵成熟醪酒精分(体积分数)/%	谷类	≥13	≥12	≥11
	薯类	≥12	≥11	≥10
	糖蜜	≥11	≥10	≥9
2. 清洗系统		自动清洗系统(CIP)		人工清洗
3. 蒸馏设备		差压蒸馏		常压蒸馏
二、资源能源利用指标				
1. 单位产品综合能耗（折合 标准煤计算）/(kg/kL)	谷类	≤550	≤600	≤800
	薯类	≤500	≤550	≤650
	糖蜜	≤350	≤450	≤550
2. 单位产品耗电量/(kW·h/kL)	谷类	≤140	≤260	≤380
	薯类	≤120	≤150	≤170
	糖蜜	≤20	≤40	≤50
3. 单位产品取水量/(m^3/kL)	谷类	≤10	≤20	≤30
	薯类	≤10	≤20	≤30
	糖蜜	≤10	≤40	≤50
4. 糖分出酒率/%		≥53	≥50	≥48
5. 淀粉出酒率/%	谷类	≥55	≥53	≥52
	薯类	≥56	≥55	≥53
6. 清洁生产指标		一级	二级	三级
三、污染物产生指标(末端处理前)				
1. 单位产品废水产生量(m^3/kL)	谷类	≤10	≤15	≤20
	薯类	≤10	≤15	≤20
	糖蜜	≤10	≤20	≤30
2. 单位产品化学需氧量(COD)产生量/(kg/kL)	谷类	≤250	≤300	≤350
	薯类	≤250	≤300	≤350
	糖蜜	≤800	≤1000	≤1200

续表

清洁生产指标		一级	二级	三级
3. 单位产品酒精糟液产生量/(m^3/kL)(综合利用前)	谷类	≤8	≤10	≤11
	薯类	≤8	≤10	≤11
	糖蜜	≤9	≤11	≤14
四、废物回收利用指标				
1. 酒精糟液综合利用率/%		100	100	100
2. 冷却水循环利用率/%		≥95	≥90	≥80
五、环境管理要求				
1. 环境法律法规标准		符合国家和地方有关法律、法规,污染物排放达到国家和地方排放标准、总量控制和排污许可证管理要求		
2. 组织机构		建立健全专门环境管理机构,配备专职管理人员		
3. 环境审核		按照 GB/T 24001 建立并有效运行环境管理体系,环境管理手册、程序文件及作业文件齐备,通过环境管理体系认证;按照《清洁生产审核暂行办法》的要求完成了清洁生产审核,并经省级环境保护行政主管部门评估验收,持续实施清洁生产	环境管理制度健全、原始记录及统计数据齐全有效;按照《清洁生产审核暂行办法》的要求完成了清洁生产审核,并经省级环境保护行政主管部门评估验收,持续实施清洁生产	
4. 生产过程环境管理		有原材料质检制度和原材料消耗定额管理制度,对能耗水耗有考核,对产品合格率有考核,各种人流、物流包括人的活动区域、物品堆存区域等有明显标识;管道、设备无跑、冒、滴、漏,有可靠的防范措施		
5. 固体废物处理处置		采用符合国家规定的废物处置方法处置废物;一般固体废物按照 GB 18599 相关规定执行		
6. 相关方环境管理		购买有资质的原材料供应商产品,对原材料供应商的产品质量、包装和运输环节提出环境管理要求		

注:单位产品指折算 95%(体积分数)的酒精。

② 权重分值法　根据国家发布的清洁生产评价指标体系,按照权重分值对项目进行打分评价,根据分值确定清洁生产水平。评价指标体系一般分为定量评价指标和定性评价指标。定量评价指标体系主要包括:资源和能源消耗指标、资源综合利用指标、污染物产生指标和产品特征指标;定性评价指标包括:原辅材料的使用要求、执行国家要求淘汰的落后生产能力和工艺设备的符合性、环境管理体系建设及清洁生产审核、贯彻执行环境保护法规的符合性和生产工艺及设备要求。评价指标体系在定性评价指标、定量评价指标二级指标列有详细权重分值,结合二级指标分值计算确定项目综合评价指数。

综合评价指数是描述和评价被考核企业在考核年度内清洁生产总体水平的一项综合指标。企业之间清洁生产综合评价指数之差可以反映企业之间清洁生产水平的总体差距。综合评价指数的计算公式为:

$$P=0.6\ P_1+0.4\ P_2 \tag{11-1}$$

式中　P——企业清洁生产的综合评价指数;

P_1,P_2——分别为定量评价指标中各二级指标考核总分值和定性评价指标中各二级指标考核总分值。

根据综合评价指标对照行业不同等级清洁生产企业综合评价指数(表 11-2)。

表 11-2 行业不同等级清洁生产企业综合评价指数

清洁生产企业等级	清洁生产综合评价指数
清洁生产先进企业	$P \geq 90$
清洁生产企业	$75 \leq P < 90$

11.3 清洁生产指标分析

在环境影响评价中进行清洁生产的分析是对计划进行的生产和服务实行预防污染的分析和评估。因此，在进行清洁生产分析时应判明废物产生的部位，分析废物产生的原因，提出和实施减少或消除废物的方案。各种生产过程虽然千差万别，概括其共性，可以得到如图 11-1 所示的生产过程框图。

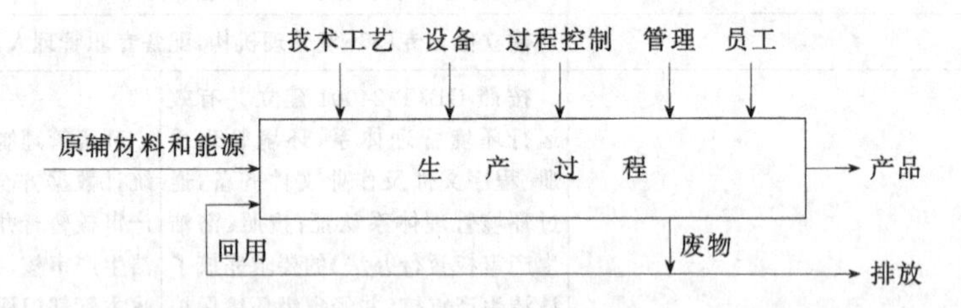

图 11-1 生产过程框图

从图中可以看出，一个生产和服务过程可以抽象成八个方面，即原辅材料和能源、技术工艺、设备、管理、员工等六方面的输入，得出产品和废物的输出。对于不得不产生的废物，要优先采用回收和循环使用措施，剩余部分才向外界环境排放。从清洁生产的角度看，废物产生的原因和产生的方案与这八个方面密切相关，这八个方面中的某几个方面直接导致废物的产生：这八个方面构成生产过程，同时也据此分析废物的产生原因和清洁生产方案。

① 原辅材料和能源 原辅材料本身的特性，例如，纯度、毒性、难降解性等，在一定程度上决定了产品及其生产过程对环境的危害，因而选择对环境无害的原辅材料是清洁生产评价所要考虑的重要方面。

企业是能源消耗的主体，我国的冶金、电力、石化、建材、印染等行业为重点能耗行业，节能降耗是我国经济发展过程中的长期任务。同时，在有些能源使用过程中（例如煤、油的燃烧过程）直接产生污染物，而有些则间接产生废物（例如电的使用，本身不产生废物，但火电、水电、核电的生产过程会产生一定的废物），节约能源、使用清洁能源有利于减少污染的产生。

原辅材料的储运和在生产过程的投入方式、投入量等都可能影响废物产生的种类和数量。

② 技术工艺 生产过程的技术工艺水平决定了废物产生数量和种类，先进技术可以提高原材料的利用效率，减少废物的产生。

③ 设备 作为技术工艺的具体体现，设备在生产过程中具有重要的作用。设备的配置(生产设备之间、生产设备和公用设施之间)、自身功能、设备的维护保养均会影响到废物的产生。

④ 过程控制 过程控制对生产过程十分重要，反应参数是否处于受控状态并达到优化水平（或工艺要求），对产品的得率和废物产生数量有直接的影响。

⑤ 产品 产品本身决定了生产过程，同时产品性能、种类的变化往往要求调整生产过程和原辅材料种类和用量，因而也会影响到废物的种类和数量。此外，产品的包装、报废后的处置以及储运等都可能产生相关的环境问题。

⑥ 管理　企业管理水平的高低也是清洁生产需要考虑的问题，管理上的松懈和遗漏是导致物料、能源的浪费和废物增加的一个主要原因。

⑦ 员工　任何生产过程，无论其自动化程度多高，均需要人的参与，员工的素质和积极性的提高也是有效控制生产过程废物产生的重要因素。

⑧ 废物　废物本身的特性和状态直接关系到它是否可以再利用和循环使用，只有当它离开生产过程才成为废物，否则仍为生产过程中的有用物质，应尽可能回收，减少废物排放的数量。

以上八个方面，是一个产品从原料到产品及产品报废的生命周期。因此，清洁生产评价指标的选取应从以下几个方面考虑。

11.3.1 清洁生产评价指标的选取原则

(1) 从产品生命周期全过程考虑

制定清洁生产指标是依据生命周期分析理论，围绕产品生命周期展开清洁生产分析。

生命周期分析方法也叫生命周期评价，是清洁生产指标选取的一个最重要原则，它是从一个产品的整个寿命周期全过程地考察其对环境的影响，如从原材料的采掘，到产品的生产过程，再到产品的销售，直至产品报废后的处理、处置。

生命周期评价方法的关键和与其他环境评价方法的主要区别，是它要从产品的整个生命周期来评估它对环境的总影响，这对于进行同类产品的环境影响比较尤为有用。例如，棉制衬衫和化纤衬衫哪个对环境更好？详细的生命周期评价结果表明，衬衫对环境的最大影响是在衬衫的使用阶段，而不是棉花的种植（化肥、杀虫剂的使用会有环境影响）或化纤的生产过程（化纤厂的废水也会有环境影响）；而衬衫在使用过程中对环境影响最大的问题是洗涤和熨烫过程的能耗。由于化纤衬衫比棉衬衫更易于熨烫成型而节省能源，所以综合比较来看，使用化纤衬衫对环境影响较小。

生命周期评价方法的主要缺点是非常烦琐，且需数据量很大，而结果一般是相对的，尤其当系统边界或假设条件不同时，不同产品的比较便无意义。1997 年国际标准化组织正式出台了“ISO14040 环境管理生命周期评价原则与框架”，以国际标准形式提出对生命周期评价方法的基本原则与框架，这将有利于生命周期评价方法在全世界的推广与应用。

并非对建设项目要求进行严格意义上的生命周期评价，而是要借助这种分析方法来确定环境影响评价中清洁生产评价指标的范围。

(2) 体现污染预防为主的原则

清洁生产指标必须体现预防为主，要求完全不考虑末端治理，因此污染物产生指标是指污染物离开生产线时的数量和浓度，而不是经过处理后的数量和浓度。清洁生产指标主要反映出建设项目实施过程中所使用的资源量及产生的废物量，包括使用能源、水或其他资源的情况，通过对这些指标的评价能够反映出建设项目通过节约和更有效的资源利用来达到保护自然资源的目的。

(3) 容易量化

清洁生产指标要力求定量化，对于难于量化的指标也应给出文字说明。为了使所确定的清洁生产指标既能够反映建设项目的主要情况，又简便易行，在设计时要充分考虑到指标体系的可操作性，因此，应尽量选择容易量化的指标项，这样可以给清洁生产指标的评价提供有力的依据。

(4) 满足政策法规要求和符合行业发展趋势

清洁生产指标应符合产业政策和行业发展趋势要求，并应根据行业特点，考虑各种产品和生产过程选取指标。

11.3.2 清洁生产评价指标

依据生命周期分析的原则，清洁生产评价指标应覆盖原材料、生产过程和产品的各个主要环节，尤其是对生产过程，既要考虑对资源的使用，又要考虑污染物的产生。

环评中的清洁生产评价指标可分为六大类：生产工艺与装备要求、资源能源利用指标、产品指标、污染物产生指标、废物回收利用指标和环境管理要求。六类指标既有定性指标也有定量指标，资源能源利用指标和污染物产生指标在清洁生产审核中是非常重要的两类指标，因此，必须有定量指标，其余四类指标属于定性指标或者半定量指标。

(1) 生产工艺与装备要求

选用清洁工艺、淘汰有毒、有害原辅材料和落后的设备，是推行清洁生产的前提，因此在清洁生产分析专题中，首先要对工艺技术来源和技术特点进行分析，说明其在同类技术中所占地位以及选用设备的先进性。对于一般性建设项目的环评工作，生产工艺与装备选取直接影响到该项目投入生产后，资源能源利用效率和废弃物产生。可从装置规模、工艺技术、设备等方面体现出来，分析其节能、减污、降耗等方面达到的清洁生产水平。

(2) 资源能源利用指标

从清洁生产的角度看，资源、能源指标的高低反映一个建设项目的生产过程在宏观上对生态系统的影响程度，因为在同等条件下，资源能源消耗量越高，对环境的影响越大。清洁生产评价资源能源利用指标包括新水用量指标、能耗指标、物耗指标和原辅材料的选取四类。

① 新水用量指标　包括单位产品新鲜水用量；单位产品循环用水量；工业用水重复利用率；间接冷却水循环利用率；工艺水回用率和万元产值取水量六个指标。

$$单位产品新鲜水用量=\frac{年新鲜水总用量}{产品产量}$$

$$单位产品循环用水量=\frac{年循环水量}{产品产量}$$

$$工业用水重复利用率=\frac{重复利用水量}{取用新水量+重复利用水量}\times 100\%$$

$$间接冷却水循环利用率=\frac{间接冷却水循环量}{补充新水量+间接冷却水循环量}\times 100\%$$

$$工艺水回用率=\frac{工艺水回用量}{工艺水回用量+工艺取水量}\times 100\%$$

$$万元产值取水量=\frac{年取水总量}{年产总值}$$

② 单位产品的能耗　即生产单位产品消耗的电、煤、石油、天然气和蒸汽等能源量。为便于比较，通常用单位产品综合能耗指标。

③ 单位产品的物耗　生产单位产品消耗的主要原料和辅料的量，也就是原辅材料消耗定额，也可用产品收率、转化率等工艺指标反映物耗水平。

④ 原辅材料的选取　是资源能源利用指标的重要的内容之一，它反映了在资源选取的过程中和构成其产品的材料报废后对环境和人类的影响。因而可从毒性、生态影响、可再生性、能源强度以及可回收利用性这五方面建立定性分析指标。

a. 毒性：原材料所含毒性成分对环境造成的影响程度。

b. 生态影响：原材料取得过程中的生态影响程度。例如，露天采矿就比矿井采矿的生态影响大。

c. 可再生性：原材料可再生或可能再生的程度。例如，矿物燃料的可再生性就很差，而麦草浆的原料麦草的可再生性就很好。

d. 能源强度：原材料在采掘和生产过程中消耗能源的程度。例如，铝的能源强度就比铁高，因为在铝的炼制过程中消耗了更多的能源。

e. 可回收利用性：原材料的可回收利用程度。例如，金属材料的可回收利用性比较好，而许多有机原料（例如酿酒的大米）则几乎不能回收利用。

（3）产品指标

对产品的要求是清洁生产的一项重要内容，因为产品的质量、包装、销售、使用过程以及报废后的处理处置均会对环境产生影响，有些影响是长期的，甚至是难以恢复的。对产品的寿命优化问题也应加以考虑，因为这也影响到产品利用效率。

① 质量　产品的质量影响到资源的利用效率，主要表现在产品的合格率或者残次品率等方面。

② 包装　产品的过分包装和包装材料的选择都将对环境产生影响。

③ 销售　主要考虑运输过程和销售环节对环境的影响。

④ 使用　产品在使用期内使用的消耗品和其他产品可能对环境造成的影响程度。

⑤ 寿命优化　在多数情况下产品的寿命是越长越好，因为可以减少对生产该种产品的物料的需求。但有时并不尽然，例如某一高耗能产品的寿命越长，则总能耗越大，随着技术进步可能产生同样功能的低耗能产品，而这种节能产生的环境效益有时会超过节省物料的环境效益，在这种情况下，产品寿命越长对环境的危害越大。寿命优化就是要使产品的技术寿命（指产品的功能保持良好的时间）、美学寿命（指产品对用户具有吸引力的时间）和初设寿命处于优化状态。

⑥ 报废　产品使用后退出报废，再进入环境后对环境的影响程度。在环境中的可降解性、同化性、可接受性或者资源化、无害化、减量化、可再生利用和循环利用的程度。

（4）污染物产生指标

除资源能源利用指标外，另一类能反映生产过程状况的指标便是污染物产生指标，污染物产生指标较高，说明工艺相对比较落后，管理水平较低。考虑到一般的污染问题，污染物产生指标设三类，即废水产生指标、废气产生指标和固体废物产生指标。

① 废水产生指标　废水产生指标首先要考虑的是单位产品废水产生量，因为该项指标最能反映废水产生的总体情况。但是，许多情况下单纯的废水量并不能完全代表产污状况，因为废水中所含的污染物量的差异也是生产过程状况的一种直接反映。因而对废水产生指标又可细分为两类，即单位产品废水产生量指标和单位产品主要污染物产生量指标。

② 废气产生指标　废气产生指标和废水产生指标类似，也可细分为单位产品废气产生量指标和单位产品主要大气污染物产生量指标。

③ 固体废物产生指标　对于固体废物产生指标，情况则简单一些，因为目前国内还没有像废水、废气那样具体的排放标准，因而指标可简单地定为单位产品主要固体废物产生量和单位固体废弃物综合利用量。

（5）废物回收利用指标

废物回收利用是清洁生产的重要组成部分，在现阶段，生产过程不可能完全避免产生废水、废料、废渣、废气（汽）、废热等，然而，这些“废物”只是相对的概念，在某一条件下是造成环境污染的废物，在另一条件下就可能转化为宝贵的资源。对于生产企业应尽可能的回收和利用废物，而且应该是高等级的利用，逐步降级使用，然后再考虑末端治理。

（6）环境管理要求

从五个方面提出要求，分别是环境法律法规标准、环境审核、废物处理处置、生产过程环境管理、相关方环境管理。

① 环境法律法规标准　要求生产企业符合国家和地方有关环境法律、法规，污染物排放

达到国家和地方排放标准、总量控制和排污许可证管理要求，这一要求与环评工作内容相一致。

② 环境审核　对项目的业主提出两点要求，第一按照行业清洁生产审核指南的要求进行审核；第二按照 ISO 14001 建立并运行环境管理体系，环境管理手册、程序文件及作业文件齐备。

③ 废物处理处置　要求对建设项目的一般废物进行妥善处理处置；对危险废物进行无害化处理，这一要求与环评工作内容相一致。

④ 生产过程环境管理　对建设项目投产后可能在生产过程产生废物的环节提出要求，例如要求企业有原材料质检制度和原材料消耗定额，对能耗、水耗有考核、对产品合格率有考核，各种人流、物料包括人的活动区域、物品堆存区域、危险品等有明显标识，对跑冒滴漏现象能够控制等。

⑤ 相关方环境管理　为了环境保护的目的，对建设项目施工期间和投产使用后，对于相关方（例如：原料供应方、生产协作方、相关服务方）的行为提出环境要求。

总之，相对于传统的末端治理，清洁生产从理念到行动上都有质的变化，清洁生产的终极目的是实现污染物的零排放，实现人和自然的充分和谐、永续发展。

11.4 循环经济

循环经济的定义：循环经济就是在物质的循环、再生、利用的基础上发展经济，是一种建立在资源回收和循环再利用基础上，把传统的依赖资源消耗的线形增长的经济，转变为依靠生态型资源循环来发展的经济发展模式。其原则是资源使用的减量化、资源化、再利用。其生产的基本特征是低消耗、低排放和高效率。

11.4.1 循环经济起源

在 20 世纪 70 年代，循环经济的思想只是一种理念，当时人们关心的主要是对污染物的无害化处理。20 世纪 80 年代，人们认识到应采用资源化的方式处理废弃物。20 世纪 90 年代，特别是可持续发展战略成为世界潮流的近些年，环境保护、清洁生产、绿色消费和废弃物的再生利用等才整合为一套系统，该系统遵循以资源循环利用、避免废物产生为特征的循环经济战略。循环经济是与线性经济相对的，是以物质资源的循环使用为特征的。循环经济理论的起源及发展大致分为以下三个阶段。

① 循环经济的思想萌芽可以追溯到环境保护兴起的 60 年代　1962 年美国生态学家卡尔逊发表了《寂静的春天》，指出生物界以及人类所面临的危险。“循环经济”一词，首先由美国经济学家 K·波尔丁提出，主要指在人、自然资源和科学技术的大系统内，在资源投入、企业生产、产品消费及其废弃的全过程中，把传统的依赖资源消耗的线形增长经济，转变为依靠生态型资源循环来发展的经济。其“宇宙飞船理论”可以作为循环经济的早期代表。

② 20 世纪 90 年代之后　发展知识经济和循环经济成为国际社会的两大趋势。中国从 20 世纪 90 年代起引入了关于循环经济的思想。此后对于循环经济的理论研究和实践不断深入。

③ 近期循环经济理论的发展　1998 年引入德国循环经济概念，确立“3R”原理的中心地位；1999 年从可持续生产的角度对循环经济发展模式进行整合；2002 年从新兴工业化的角度认识循环经济的发展意义；2003 年将循环经济纳入科学发展观，确立物质减量化的发展战略；2004 年，提出从不同的空间规模即城市、区域、国家层面大力发展循环经济。

11.4.2 循环经济理论

循环经济的理论基础应当是生态经济理论。生态经济学是以生态学原理为基础，经济学原理为主导，以人类经济活动为中心，运用系统工程方法，从最广泛的范围研究生态和经济的结合，从整体上去研究生态系统和生产力系统的相互影响、相互制约和相互作用，揭示自然和社会之间的本质联系和规律，改变生产和消费方式，高效合理利用一切可用资源。简言之，生态经济就是一种尊重生态原理和经济规律的经济。它要求把人类经济社会发展与其依托的生态环境作为一个统一体，经济社会发展一定要遵循生态学理论。生态经济所强调的就是要把经济系统与生态系统的多种组成要素联系起来进行综合考察与实施，要求经济社会与生态发展全面协调，达到生态经济的最优目标。

生态经济与循环经济的主要区别在于：生态经济强调的核心是经济与生态的协调，注重经济系统与生态系统的有机结合，强调宏观经济发展模式的转变；循环经济侧重于整个社会物质循环应用，强调的是循环和生态效率，资源被多次重复利用，并注重生产、流通、消费全过程的资源节约。生态经济与循环经济本质上是相一致的，都是要使经济活动生态化，都是要坚持可持续发展。物质循环不仅是自然作用过程，而且是经济社会过程，实质是人类通过社会生产与自然界进行物质交换。也就是自然过程和经济过程相互作用的生态经济发展过程。确切地说，生态经济原理体现着循环经济的要求，正是构建循环经济的理论基础。

生态经济、循环经济理念的产生和发展，是人类对人与自然关系深刻认识和反思的结果，也是人类在社会经济高速发展中陷入资源危机、环境危机、生存危机深刻反省自身发展模式的产物。由传统的经济向生态经济、循环经济转变，是在全球人口剧增、资源短缺和生态蜕变的严峻形势下的必然选择。客观的物质世界，是处在周而复始的循环运动之中，物质循环是推行一种与自然和谐发展、与新型工业化道路要求相适应的一种新的生产方式和生态经济的基本功能。物质循环和能量流动是自然生态系统和经济社会系统的两大基本功能，处于不断的转换中。循环经济则要求遵循生态规律和经济规律，合理利用自然资源与优化环境，在物质不断循环利用的基础上发展经济，使生态经济原则体现在不同层次的循环经济形式上。

循环经济在发展理念上就是要改变重开发、轻节约，片面追求 GDP 增长；重速度、轻效益；重外延扩张、轻内涵提高的传统的经济发展模式。既是一种新的经济增长方式，也是一种新的污染治理模式，同时又是经济发展、资源节约与环境保护的一体化战略。

循环经济本质上是一种生态经济，它要求运用生态学规律而不是机械论规律来指导人类社会的经济活动。与传统经济相比，循环经济的不同之处在于：传统经济是一种由“资源—产品—污染排放”单向流动的线性经济，其特征是高开采、低利用、高排放。在这种经济中，人们高强度地把地球上的物质和能源提取出来，然后又把污染和废物大量地排放到水系、空气和土壤中，对资源的利用是粗放的和一次性的，通过把资源持续不断地变为废物来实现经济的数量型增长。与此不同，循环经济倡导的是一种与环境和谐的经济发展模式。它要求把经济活动组织成一个“资源—产品—再生资源”的反馈式流程，其特征是低开采、高利用、低排放。所有的物质和能源要能在这个不断进行的经济循环中得到合理和持久的利用，以把经济活动对自然环境的影响降低到尽可能小的程度。

11.4.3 循环经济主要理念

(1) 新的系统观

循环经济与生态经济都是由人、自然资源和科学技术等要素构成的大系统。要求人类在考虑生产和消费时不能把自身置于这个大系统之外，而是将自己作为这个大系统中的一部分来研究符合客观规律的经济原则。要从自然—经济大系统出发，对物质转化的全过程采取战略性、综合性、预防性措施，降低经济活动对资源环境的过度使用及对人类所造成的负面影响，使人类经济社会的循环与自然循环更好地融合起来，实现区域物质流、能量流、资金流的系统优化配置。

(2) 新的经济观

就是用生态学和生态经济学规律来指导生产活动。经济活动要在生态可承受范围内进行，超过资源承载能力的循环是恶性循环，会造成生态系统退化。只有在资源承载能力之内的良性循环，才能使生态系统平衡地发展。循环经济是用先进生产技术、替代技术、减量技术和共生链接技术以及废旧资源利用技术、“零排放”技术等支撑的经济，不是传统的低水平物质循环利用方式下的经济。要求在建立循环经济的支撑技术体系上下工夫。

(3) 新的价值观

在考虑自然资源时，不仅要视为可利用的资源，而且是需要维持良性循环的生态系统；在考虑科学技术时，不仅考虑其对自然的开发能力，而且要充分考虑到它对生态系统的维系和修复能力，使之成为有益于环境的技术；在考虑人自身发展时，不仅考虑人对自然的改造能力，而且更重视人与自然和谐相处的能力，促进人的全面发展。

(4) 新的生产观

就是要从循环意义上发展经济，用清洁生产、环保要求规范生产。它的生产观念是要充分考虑自然生态系统的承载能力，尽可能地节约自然资源，不断提高自然资源的利用效率。并且是从生产的源头和全过程充分利用资源，使每个企业在生产过程中少投入、少排放、高利用，达到废物最小化、资源化、无害化。上游企业的废物成为下游企业的原料，实现区域或企业群的资源最有效利用，并且用生态链条把工业与农业、生产与消费、城区与郊区、行业与行业有机结合起来，实现可持续生产和消费，逐步建成循环型社会。

发展循环经济的关键，在于加速经济转型。

11.4.4 循环经济的原则

“减量化、再利用、再循环”是循环经济最重要的实际操作原则（3R 原则）。减量化原则属于输入端方法，旨在减少进入生产和消费过程的物质量，从源头节约资源使用和减少污染物的排放；再利用原则属于过程性方法，目的是提高产品和服务的利用效率，要求产品和包装容器以初始形式多次使用，减少一次用品的污染；再循环原则属于输出端方法，要求物品完成使用功能后重新变成再生资源。

(1) 减量化原则（Reduce）

要求用较少的原料和能源投入来达到既定的生产目的或消费目的，进而到从经济活动的源头就注意节约资源和减少污染。减量化有几种不同的表现。在生产中，减量化原则常常表现为要求产品小型化和轻型化。此外，减量化原则要求产品的包装应该追求简单朴实而不是豪华浪费，从而达到减少废物排放的目的。

(2) 再利用原则（Reuse）

要求制造产品和包装容器能够以初始的形式被反复使用。再使用原则要求抵制当今世界一次性用品的泛滥，生产者应该将制品及其包装当作一种日常生活器具来设计，使其像餐具和背包一样可以被再三使用。再利用原则还要求制造商应该尽量延长产品的使用期，而不是非常快地更新换代。

(3) 再循环原则（Recycle）

要求生产出来的物品在完成其使用功能后能重新变成可以利用的资源，而不是不可恢复的垃圾。按照循环经济的思想，再循环有两种情况，一种是原级再循环，即废品被循环用来产生同种类型的新产品，例如报纸再生报纸、易拉罐再生易拉罐等等；另一种是次级再循环，即将废物资源转化成其它产品的原料。原级再循环在减少原材料消耗上面达到的效率要比次级再循环高得多，是循环经济追求的理想境界。

11.4.5 我国循环经济发展状况

《中华人民共和国循环经济促进法》已由中华人民共和国第十一届全国人民代表大会常务

委员会第四次会议于2008年8月29日通过，自2009年1月1日起施行，标志着我国将循环经济列入法律范畴。目的是为了促进循环经济发展，提高资源利用效率，保护和改善我国环境，实现中国可持续发展。发展循环经济是国家经济社会发展的一项重大战略，应当遵循统筹规划、合理布局，因地制宜、注重实效，政府推动、市场引导，企业实施、公众参与的方针。

（1）发展现状

循环经济理念逐步树立。国家把发展循环经济作为一项重大任务纳入国民经济和社会发展规划，要求按照减量化、再利用、资源化，减量化优先的原则，推进生产、流通、消费各环节循环经济发展。一些地方将发展循环经济作为实现转型发展的基本路径。

① 循环经济试点取得明显成效　经国务院批准，在重点行业、重点领域、产业园区和省市开展了两批国家循环经济试点，各地区结合实际开展了本地循环经济试点。通过试点，总结凝练出60个发展循环经济的模式案例，涌现出一大批循环经济先进典型，探索了符合我国国情的循环经济发展道路。

② 法规标准体系初步建立　循环经济促进法于2009年1月1日起施行，标志着我国循环经济进入法制化管理轨道。国家还公布实施了《废弃电器电子产品回收处理管理条例》、《再生资源回收管理办法》等法规规章，发布了200多项循环经济相关国家标准。一些地区制定了地方循环经济促进条例。

③ 政策机制逐渐完善　深化资源性产品价格改革，实行了差别电价、惩罚性电价、阶梯水价和燃煤发电脱硫加价政策。实施成品油价格和税费改革，提高了成品油消费税单位税额，逐步理顺成品油价格。中央财政设立了专项资金支持实施循环经济重点项目和开展示范试点。开展资源税改革试点，制定了鼓励生产和购买使用节能节水专用设备、小排量汽车、资源综合利用产品和劳务等的税收优惠政策。完善了环保收费政策。出台了支持循环经济发展的投融资政策。

④ 技术支撑不断增强　将循环经济技术列入国家中长期科技发展规划，支持了一批关键共性技术研发。实施了一批循环经济技术产业化示范项目，推广应用了一大批先进适用的循环经济技术。汽车零部件再制造技术已达到国际领先水平，废旧家电和报废汽车回收拆解、废电池资源化利用、共伴生矿和尾矿资源回收利用等一大批技术和装备取得突破。

⑤ 产业体系日趋完善　产业废物综合利用已形成较大规模，产业循环链接不断深化，再生资源回收体系逐步完善，垃圾分类回收制度逐步建立，“城市矿产”资源利用水平得到提升，再制造产业化稳步推进，餐厨废弃物资源化利用开始起步。

“十一五”以来，通过发展循环经济，我国单位国内生产总值能耗、物耗、水耗大幅度降低，资源循环利用产业规模不断扩大，资源产出率有所提高，初步扭转了工业化、城镇化加快发展阶段资源消耗强度大幅上升的势头，促进了结构优化升级和发展方式转变，为保持经济平稳快速发展提供了有力支撑，为改变“大量生产、大量消费、大量废弃”的传统增长方式和消费模式探索出了可行路径（表11-3）。

表11-3　我国“十一五”时期循环经济发展情况

指标名称	单位	2005年	2010年	2010年比2005年提高(%)
能源产出率	万元/吨标准煤	1	1.24	24
水资源产出率	元/立方米	41.9	66.7	59
矿产资源总回收率	%	30	35	[5]
共伴生矿综合利用率	%	35	40	[5]
工业固体废物综合利用量	亿吨	7.70	16.18	110.1
工业固体废物综合利用率	%	55.8	69	[13.2]
主要再生资源回收利用总量	亿吨	0.84	1.49	77.4

续表

指标名称	单位	2005年	2010年	2010年比2005年提高(%)
主要再生有色金属产量占有色金属总产量比重	%	19.3	26.7	[7.4]
农业灌溉用水有效利用系数	—	0.45	0.5	11.1
工业用水重复利用率	%	75.1	85.7	[10.6]
秸秆综合利用率	%		70.6	

注：1. 能源产出率、水资源产出率按2010年可比价计算。

2. 主要再生资源包括废金属、废纸、废塑料、报废汽车、废轮胎、废弃电器电子产品、废玻璃、废铅酸电池等。

3. 主要再生有色金属包括再生铜、再生铝、再生铅三种。

4. [] 内为提高的百分点。

同时必须清醒地看到，我国循环经济发展规模还有待扩大、发展水平有待提高，主要表现在：循环经济理念尚未在全社会得到普及，一些地方和企业对发展循环经济的认识还不到位；循环经济促进法配套法规规章尚不健全，生产者责任延伸等制度尚未全面建立；部分资源性产品价格形成机制尚未理顺，有利于循环经济发展的产业、投资、财税、金融等政策有待完善；循环经济技术创新体系和先进适用技术推广机制不健全，技术创新能力亟需加强；统计基础工作比较薄弱，评价制度不健全，循环经济能力建设、服务体系、宣传教育等有待加强。这些矛盾和问题已严重制约循环经济的发展，必须尽快加以研究解决。

（2）循环经济发展面临的形势

① 资源约束强化　我国主要资源人均占有量远低于世界平均水平，加上增长方式仍较粗放，国内资源供给难以保障经济社会发展需要，能源、重要矿产、水、土地等资源短缺矛盾将进一步加剧，重要资源对外依存度将进一步攀升，可持续发展面临能源资源瓶颈约束的严峻挑战。

② 环境污染严重　我国环境状况总体恶化的趋势尚未得到根本遏制，重点流域水污染严重，一些地区大气污染问题突出，“垃圾围城”现象较为普遍，农业面源污染、重金属和土壤污染问题严重，重大环境事件时有发生，给人民群众身体健康带来危害。

③ 应对气候变化压力加大　我国是最易受气候变化影响的国家之一，气候变化导致农业生产不稳定性增加，局部地区干旱高温危害严重，生物多样性减少，生态系统脆弱性增加。近年来，我国温室气体排放快速增长，人均排放量不断攀升，减排压力不断加大。

④ 绿色发展成为国际潮流　近年来，为应对国际金融危机和全球气候变化的挑战，发达国家纷纷加快发展绿色产业，将其作为推进经济增长和转型的重要途径，一些国家利用技术优势，在国际贸易中制造绿色壁垒。在新一轮经济科技的竞争中，走绿色低碳循环的发展道路是必然的选择。

无论是从国内能源资源供给和生态环境承载能力看，还是从全球发展趋势和温室气体排放空间看，我国都无法继续靠粗放型的增长方式推进现代化进程。当前我国已进入全面建成小康社会的关键时期，也是发展循环经济的重要机遇期，必须积极创造有利条件，着力解决突出矛盾和问题，加快推进循环经济发展，从源头减少能源资源消耗和废弃物排放，实现资源高效利用和循环利用，改变“先污染、后治理”的传统模式，推动产业升级提升和发展方式转变，促进经济社会持续健康发展。

（3）我国循环经济发展战略及发展目标

国务院于2013年1月23日国发［2013］5号《国务院关于印发循环经济发展战略及近期行动计划的通知》发布了《循环经济发展战略及近期行动计划》。

我国循环经济发展的中长期目标是：循环型生产方式广泛推行，绿色消费模式普及推广，覆盖全社会的资源循环利用体系初步建立，资源产出率大幅提高，可持续发展能力显著增强。

到“十二五”末的目标（近期目标）是：主要资源产出率比“十一五”末提高15%，资源循环利用产业总产值达到1.8万亿元（表11-4）。

表11-4　我国“十二五”时期循环经济发展主要指标

指标名称	单位	2010年	2015年	2015年比2010年提高(%)
主要资源产出率提高	%			15
能源产出率	万元/吨标准煤	1.24	1.47	18.5
水资源产出率	元/立方米	66.7	95.2	43
建设用地土地产出率提高	%			43
资源循环利用产业总产值	万亿元	1.0	1.8	80
矿产资源总回收率	%	35	40	[5]
共伴生矿综合利用率	%	40	45	[5]
工业固体废物综合利用量	亿吨	16.18	31.26	93.2
工业固体废物综合利用率	%	69	72	[3]
主要再生资源回收利用总量	亿吨	1.49	2.14	43.6
主要再生资源回收率	%	65	70	[5]
主要再生有色金属产量占有色金属总产量比重	%	26.7	30	[3.3]
农业灌溉水有效利用系数	-	0.5	0.53	6
工业用水重复利用率	%	85.7	>90	[>4.3]
城镇污水处理设施再生水利用率	%	<10	>15	[>5]
城市生活垃圾资源化利用比例	%		30	
秸秆综合利用率	%	70.6	80	[9.4]
综合利用发电装机容量	万千瓦	2600	7600	192.3

注：1. 主要资源产出率的资源核算品种包括：3种能源资源（煤炭、石油、天然气），9种矿产资源（铁矿、铜矿、铝土矿、铅矿、锌矿、镍矿，石灰石、磷矿、硫铁矿），木材和工业用粮。

2. 主要资源产出率、能源产出率、水资源产出率、资源循环利用产业总产值按2010年可比价计算。

3. 综合利用发电指煤矸石、煤泥、油母页岩等低热值燃料发电。

11.4.6　循环型工业体系构建

在工业领域全面推行循环型生产方式，实施清洁生产，促进源头减量；推进企业间、行业间、产业间共生耦合，形成循环链接的产业体系；鼓励产业集聚发展，实施园区循环化改造，实现能源梯级利用、水资源循环利用、废物交换利用、土地节约集约利用，促进企业循环式生产、园区循环式发展、产业循环式组合，构建循环型工业体系。到2015年，单位工业增加值能耗、用水量分别比2010年降低21%、30%，工业固体废物综合利用率达到72%，50%以上的国家级园区和30%以上的省级园区实施循环化改造。

下面以煤炭工业为例说明循环型工业体系模式（图11-2）。

煤炭工业循环经济模式就是构建煤基循环经济产业链。推进煤矸石、洗中煤、煤泥发电以及煤矸石制砖和生产水泥，构建煤—电—建材产业链。推进煤制烯烃、煤制乙二醇、煤制合成氨等已纳入国家相关规划的示范项目建设，构建煤—焦—化等煤基多联产产业链。到2015年，原煤入洗率达到60%以上，煤矸石综合利用率达到75%，煤层气（瓦斯）抽采利用率达到60%，煤层气发电装机容量超过285万千瓦，低热值煤炭资源综合利用发电装机容量达到7600万千瓦，矿井水综合利用率达到75%，土地复垦率达到60%。

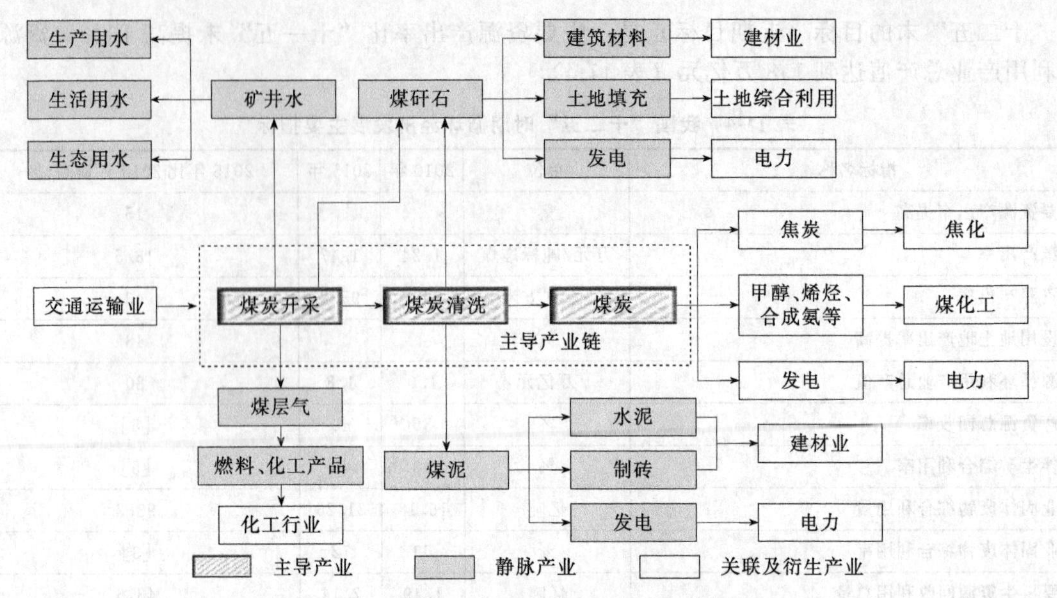

图 11-2 煤炭工业发展循环经济基本模式图

第 12 章 污染物排放总量控制

12.1 污染物排放总量控制的内容

12.1.1 总量控制的概念

浓度控制是一种原始的、传统的控制方法，它在工业污染防治过程中发挥了巨大作用。特别是对于环境污染负荷较小、通过浓度控制可以有效地改善区域环境质量以达到环境目标的国家和地区，浓度控制仍然是一种首选和易于操作的污染控制对策。

但是，随着环境问题的不断发展，对于那些环境污染严重，运用浓度控制已不能有效改善区域环境质量的区域，浓度控制暴露出了不足和局限性。20 世纪 80 年代由发达国家首先提出了总量控制的思想和方法，这个方法一经提出便受到了世界各国的关注。事实证明，总量控制是对传统的污染控制在思维方式和控制方法上的重大变革。

所谓的总量视为保证某一区域在一定时段内，环境质量达到或保持特定的环境目标，对区内污染源排放污染物的数量给以整体上的限制。

12.1.1.1 总量控制的指导思想

总量控制是指为满足改善环境质量和环境保护管理要求，在一定范围和一定时间内给定控制区（控制水系、控制区域或控制单元）总量控制目标，并优化分配至污染源，对其限定污染物允许排放指标及削减量，确保环境质量目标的实现。

实行总量控制的基本指导思想是：为达到有效地控制环境的污染，通过总量控制建立起污染源与环境目标之间的响应关系，建立起最优的污染物削减与最低治理投资费用之间的响应关系，对环境综合整治进行总体优化，提出合理的治理污染工程措施和最优治理投资方案，推动整体工业合理优化布局，结束盲目治理污染源的被动局面，最终实现和保持良好的环境质量目标。

环境是一种资源，国家拥有环境资源的专有权。国家也允许排污者拥有对环境资源的使用权，即排污权。但这种排污必须在国家许可的前提下进行，并受一定条件的制约和履行一定的义务。环境保护行政主管部门代表国家对环境资源的使用行使管理权，有义务保护环境不受污染和破坏。因此，环境保护行政主管部门对环境资源的使用，即排污者的污染物排放量或排污指标拥有分配权，并通过发放排污许可证的形式使其法律化，同时依法实施监督管理。

所谓“总量控制”就是对区域或流域允许纳入污染物总量的控制和对排污者允许排放污染物总量的控制。

因而，排污许可证制度就成为了污染物总量控制的一个有效手段，它由排污者对自身的排污情况向所在地环保部门进行如实申报登记，对自身所必需的排污总量指标向所在地环保部门进行申请，环保部门依据区域或流域的环境质量现状和拟定的污染物总量控制目标，对区域或流域的污染物总量进行规划分配，按照一定的方法和原则对排污者申请的污染物总量依法审批，发放排污许可证，并对排污者执行的情况进行监督和检查，同时依照相关法律法规，对排污许可证进行管理，对排污者排放的污染物总量实行控制，以保证污染物总量控制的目标得以实现，进而改善环境质量。

12.1.1.2 总量控制的现实意义

总量控制是相对于传统的浓度控制而言的，其现实意义如下。

① 浓度控制仅规定单位体积或单位质量排放污染物的量。不论浓度标准多么严格，只要通过稀释排放都可以达标。因此，浓度控制方法并不能从根本上遏制环境中污染趋势的增长。总量控制则可以从总体上将环境中的污染物控制在一定的限度之内。

② 浓度控制方法是即便按规定浓度标准进行污染物排放，也不清楚环境状况距离环境目标还有多少差距。总量控制则可以较清楚地反映出满足环境特定功能需要而允许的污染物排放量与环境保护质量目标的因果关系或输入响应关系。

③ 浓度控制方法不能解决新增污染源对环境增加的额外污染负荷，不论这种新增污染物浓度标准规定得有多么严格。总量控制则可以规定整个控制区域、流域或控制单元的污染物排放限值，而不论该区域、流域或控制单元是否增加了新的污染源。

④ 总量控制方法是将整个被保护的区域、流域或控制单元作为一个系统加以保护，能够调控整个系统，使环境在满足功能要求的前提下，使其对污染物的容纳量最大，或使环境在满足允许纳污总量的前提下，总体的治理费用最小。

⑤ 总量控制方法能够做到高保护目标高要求，低保护目标低要求，因地制宜，可以实施总量控制系统内的排污交易政策，以较少的投入换取污染物最大的削减。

12.1.2 总量控制的目的及分类

12.1.2.1 总量控制的目的

污染物总量控制是以环境质量目标为基本依据，对区域内各污染源的污染物的排放总量实施控制的管理制度。在实施总量控制时，污染物的排放总量应小于或等于允许排放总量。区域的允许排污量应当等于该区域环境允许的容纳量。

12.1.2.2 总量控制的类型

对某一区域污染物的排放实施总量控制可以采用多种方法，但归纳起来主要有以下几种。

12.1.2.2.1 容量总量控制

容量是指环境所能容纳污染物的最大数量，环境内污染物的数量只要不超出该容量，环境就可保持原有的功能，生态或人类就不至于受到危害，如果环境内污染物超出了环境容量，环境就会受到污染或破坏，生态或人类的生存就会受到威胁。容量总量控制就是把某一区域内污染物排放的总量限制在环境容量之内，从而达到污染控制的目的。容量总量控制的特点是把污染物控制管理目标与环境质量目标紧密联系在一起，用环境容量计算方法直接推算受纳水体、受纳大气的纳污总量，并将其分配到陆上污染控制区及相关污染源。容量总量控制技术路线见图12-1。

环境容量是指区域自然环境或要素（水体、空气、土壤和生物等）对某污染物的允许承受量或负荷量。一般所指的环境容量是在保证不超出环境目标值的前提下，区域环境能够容许的污染物最大允许排放量。环境容量是确定污染物排放总量指标的依据，排放总量小于环境容量才能确保环境目标的实现。

12.1.2.2.1.1 大气环境容量及总量控制

（1）大气污染物总量控制的主要内容

① 选择总量控制指标：烟尘、粉尘、SO_2。

② 对所涉及的区域进行环境功能区划，确定各功能区环境空气质量目标。

③ 根据环境质量现状，分析不同功能区环境质量达标情况。

④ 结合当地地形和气象条件，选择适当方法，确定区域大气环境容量（即在满足环境质量目标的前提下污染物的允许排放总量）。

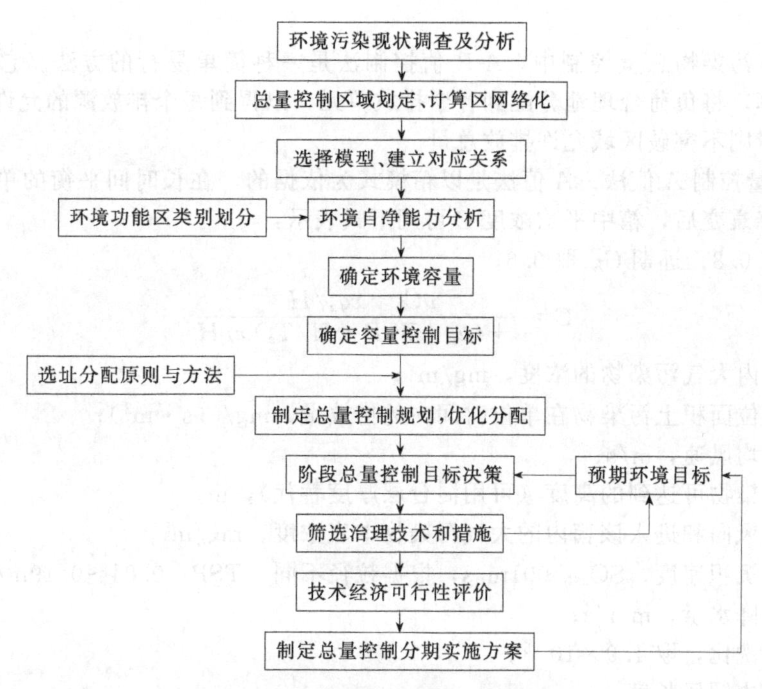

图 12-1 容量总量控制技术路线图

⑤ 结合区域规划分析和污染控制措施，提出区域环境容量利用方案和近期（按五年计划）污染物排放总量控制指标。

（2）大气污染物总量控制的工作步骤

① 准备工作　按通常调查城市空气质量的方法准备下述资料：确定所控制的污染物，环境标准（或环境目标值）以及基准年；将城市控制区网格化；按排放高度、排放源的密集程度等项将基准年内污染源划分为点、面等类源，并按网络添入；调查基准年的气象条件，给出污染严重季节的风向速度稳定度联合频率或典型日的相应资料，确定湍流扩散参数，本项内容视当地地形复杂程度和所选用的扩散模式而定；选择扩散模式；给出有关控制点的监测资料；调查当地污染防治的可行措施以及有关的规划、政策、制度等。

② 模式校验和预测　根据所选模式和有关数据，计算各控制点的浓度。利用监测数据对模式进行校验和调整，最后预测控制区浓度分布并分析超标情况。

③ 初步削减　主要是按排放标准对点源、以及可以执行排放标准的其他类源进行初步削减。然后，按削减后的排放量进行下一步的有关计算。

④ 模式计算　这一步视所采用的具体削减方法而定：平权削减法需预测各个污染源在各控制点的污染贡献分担率；反演法可以越过上述第③步，直接利用模式给出各个污染源的允许排放量和超标量；逐级削减法需计算环境容量。

⑤ 削减　按所采用的削减方法对超标污染源进行削减。

⑥ 给出最佳方案　以最小削减量方案为基础，进一步结合经济技术因素给出最佳削减方案和总量控制优化方案。必要时，这一步骤需通过重复上述削减过程，计算并分析比较后得到。最后给出各类源及全地区的排放量。

⑦ 制定常规监控制度　利用削减模式控制超标污染源的排放。

（3）大气污染物总量控制措施

为保证达到一定大气环境质量目标，必须对区域大气污染物进行排放总量的控制，区域总量控制应具体落实到各大气污染源，给各大气污染源合理分配排放量，使其排放量限制在某一允许范围内。

在区域大气污染物总量控制中，A-P 值控制法是一种简单易行的方法。它通过区域允许排放总量的计算，将负荷合理地分配到各个排放单元，以得到每个排放源的允许排放量、削减量，而总排放量则不突破区域允许排放总量。

① 区域总量控制 A 值法　A 值法是以箱模式为依据的，在长时间平衡的单箱模型中，考虑到干、湿沉降衰变后，箱中平均浓度 C 可用下式表示：

近期 C_K 取 0.8；远期 C_K 取 0.6；

$$C=\frac{uC_b+xq_a/H}{u+(u_d+W_rR+H/T_c)x/H} \tag{12-1}$$

式中　C——箱内大气污染物的浓度，mg/m^3；

q_a——单位面积上污染物在单位时间内的排放量，mg/（s・m^2）；

u——平均风速，m/s；

H——污染物可达到的高度（可用混合层厚度替代），m；

C_b——上风向和进入该箱内的大气污染物本底浓度，mg/m^3；

u_d——干沉积速度，SO_2：001m/s，根据粒径不同，TSP：0.04～0.19m/s；

R——年降水量，mm/a；

W_r——清洗比，取 1.9×10^{-5}；

x——箱内顺风长度，m；

T_c——污染物化学半衰周期，SO_2 取 12h，TSP 取∞。

若给定平均浓度 C 为大气污染物浓度标准限值 C_s，且设 C_b 近于零，而污染物的半衰期足够长，由上式可得到：

$$q_s=\frac{C_suH}{x}+(u_dW_rR)C_s \tag{12-2}$$

若规划区面积为 S，其等效直径为：

$$x=2\sqrt{\frac{S}{\pi}} \tag{12-3}$$

在控制周期 T 时间内，整个区域内允许排放的污染物总量为：

$$Q=q_aST \tag{12-4}$$

若考虑控制周期 T 为一年，则规划区年允许排放量为：

$$Q=3.1536\times10^{-3}C_s\left[\frac{\sqrt{\pi}V_E\sqrt{S}}{2}+S(u_d+W_rR)\times10^3\right] \tag{12-5}$$

式中　V_E——通风量，m^2/s，V_E＝uH；

Q——允许排放量，10^4 t/a；

S——规划区面积，km^2；

R——年降水量，mm/a；

C_s——污染物年平均浓度标准限值，mg/m^3；

u_d——水平风速，m/s；

W_r——为无量纲量，取 1.9×10^{-5}。

考虑到一般尺度单位内的污染物，干沉积速度较小，降水产生的沉积作用远小于通风稀释作用。因此，在区域总量计算时略去 u_d、W_r 项，Q 的计算公式可简化为：

$$Q=AC_s\sqrt{S} \tag{12-6}$$

$$A=\frac{3.1536\times10^{-3}\sqrt{\pi}V_E}{2} \tag{12-7}$$

A 值相对一个地区而言是一个常数，其取决于通风量。《制定地方大气污染物排放标准的技术方法》(GB/T 13201—1991) 中给出了各地区的总量控制系数 A 值（表 12-1)。因此，规划区允许排放总量实际上取决于规划区面积及其所执行的环境质量标准。

表 12-1 我国各地区总量控制系数 A、低源分担率 a、点源控制系数 P 值表

地区序号	省(市)名	A	a	P	
				总量控制区	非总量控制区
1	新疆、西藏、青海	7.0～8.4	0.15	100～150	100～200
2	黑龙江、吉林、辽宁、内蒙古(阴山以东)	5.6～7.0	0.25	120～180	120～240
3	北京、天津、河北、河南、山东	4.2～5.6	0.15	100～180	120～240
4	内蒙古(阴山以西)、山西、陕西(秦岭以北)、宁夏、甘肃(渭河以北)	3.5～4.9	0.20	100～150	100～200
5	上海、广东、广西、湖南、湖北、江苏、浙江、安徽、海南、台湾、福建、江西	3.5～4.9	0.25	50～100	50～100
6	云南、贵州、四川、甘肃(渭河以南)、陕西(秦岭以南)	2.8～4.2	0.15	50～75	50～100
7	静风区(年平均风速小于 1m/s)	1.4～2.8	0.25	40～80	40～90

若规划区分为 n 个分区，m 个环境功能区，各个分区，功能区面积为 S_{ij}，则各分区允许排放总量为：

$$Q_i=A\sum_{j=1}^{m}C_{ij}\frac{S_{ij}}{\sqrt{S}} \tag{12-8}$$

式中 C_{ij}——各分区、功能区所执行的环境质量标准，mg/m^3；

Q_i——各分区允许排放总量，$10^4 t/a$；

A——总量控制系数，见表 12-1。

此时规划区的允许排放总量则为：

$$Q=A\sum_{i=1}^{n}\sum_{j=1}^{m}C_{ij}\frac{S_{ij}}{\sqrt{S}} \tag{12-9}$$

② 排放源排放总量控制 P 值法　区域总量控制 A 值法中只规定了规划区允许排放总量，而无法确定每个排放源的允许排放量。《制定地方大气污染物排放标准的技术方法》(GB/T 13201-1991) 中点源排放 P 值法规定了烟囱有效高度为 h 的点源允许排放率为：

$$q_{pi}=PC_s\times10^{-6}h^2 \tag{12-10}$$

式中 P——《制定地方大气污染物排放标准的技术方法》(GB/T 13201—1991) 中（表 12-1）相应的数值；

C_s——污染物环境标准限值，mg/m^3；

q_{pi}——点源允许排放率，t/h；

h——烟囱有效高度，m。

P 值法是从烟囱排放高度来控制排放速率的，对于单个排放源可控制其排放总量，但无法限制规划区排放总量。

③ A-P 结合的总量控制法　表 12-1 中给出了区域总量控制的各地区低架源分担率 a，各控制分区低架源允许排放总量为：

$$Q_{bi}=aQ_i \tag{12-11}$$

式中 Q_{bi}——各控制分区低架源允许排放总量，$10^4 t/a$；

a——低架源分担率，见表 12-1。

中架源（几何高度100m以下及30m以上）与低源主要影响本区和邻近区域的大气环境质量。因此在各分区内要求：

$$Q_i \geqslant T \sum_{j=1(h<100\text{m})}^{m} (\beta_i PC_{si} \times 10^{-6} h_j^2) + Q_{bi} \tag{12-12}$$

式中　T——控制周期（可取为一年）；

h——架源的几何高度，m；

β_i——调整系数，上式表达了各分区中架源和低架源的排放总量不能超过规划区允许排放总量。调整系数 β_i 为：

$$\beta_i = \frac{(Q_i - Q_{bi})}{Q_{mi}} \tag{12-13}$$

$$Q_{mi} = T \sum_{j=1(h<100\text{m})}^{m} PC_{si} \times 10^{-6} h_j^2 \tag{12-14}$$

若 $\beta_i > 1$ 时，β_i 取1。

对于整个规划区的总调整系数的计算，因为有：

$$Q \geqslant Q_b + \beta \sum_{i=1}^{n} \left[\beta_i Q_{mi} + T \sum_{j=1(h\geqslant 100\text{m})}^{m} \beta_i PC_{si} \times 10^{-6} h_j^2 \right] \tag{12-15}$$

$$Q_m = \sum_{i=1}^{n} \beta_i Q_{mi} \tag{12-16}$$

$$Q_H = T \sum_{i=1}^{n} \sum_{j=1(h\geqslant 100\text{m})}^{m} \beta_i PC_{si} \times 10^{-6} h_{ij}^2 \tag{12-17}$$

式中　Q_m——规划区中架源允许排放总量（在各分区作了调整），10^4t/a；

Q_H——规划区高架源排放总量，10^4t/a。

总调整系数为：

$$\beta = (Q - Q_b)/(Q_m + Q_H) \tag{12-18}$$

若 $\beta > 1$ 时，β 取1。

当 β、β_i 值确定后，各分区的 P 值调整为：

$$P_i = \beta_i \beta P \tag{12-19}$$

从而可计算出各点源新的允许排放限值。同时可保证各功能区排放总量之和不超过规划区总限制值。

12.1.2.2.1.2　水环境容量及总量控制

水环境容量是指水体在环境功能不受损害的前提下所能接纳的污染物的最大允许排放量。水体一般可分为河流、湖泊和海洋，受纳水体不同，其消纳污染物的能力也不同。

(1) 水环境容量的估算方法

① 对于拟接纳区域污水的水体，如常年径流的河流、湖泊、近海水域应估算其环境容量。

② 污染因子应包括国家和地方规定的重点污染物、开发区可能产生的特征污染物和受纳水体敏感的污染物。

③ 根据水环境功能区划明确受纳水体不同断（界）面的水质标准要求；通过现有资料或现场监测分析清楚受纳水体的环境质量状况；分析受纳水体水质达标程度。

④ 在对受纳水体动力特性进行深入研究的基础上，利用水质模型建立污染物排放和受纳水体水质之间的输入响应关系。

⑤ 确定合理的混合区，根据受纳水体水质达标程度，考虑相关区域排污的叠加影响；应用输入响应关系，以受纳水体水质按功能达标为前提，估算相关污染物的环境容量（最大允许

排放量或排放强度)。

(2) 水污染物排放总量控制的主要内容

① 选择总量控制指标因子：COD、氨氮、总氰化物、石油类等因子以及受纳水体最为敏感的特征因子。

② 分析基于环境容量约束允许排放总量和基于技术经济条件约束的允许排放总量。

③ 对于拟接纳区域污水的水体，如常年径流的河流、湖泊、近海水域，应根据环境功能区划规定的水质标准要求，选用适当的水质模型分析确定水环境容量［河流/湖泊：水环境容量，河口/海湾：水环境容量/最小初始稀释度，(开敞的) 近海水域：最小初始稀释度］；对季节性河流，原则上不要求确定水环境容量。

④ 对于现状水污染物排放实现达标排放、水体无足够的环境容量可资利用的情形，应在制定基于水环境功能的区域水污染控制计划的基础上确定区域水污染物排放总量。

⑤ 如预测的各项总量值均低于上述基于技术水平约束下的总量控制和基于水环境容量的总量控制指标，可选择最小的指标提出总量控制方案；如预测总量大于上述二类指标中的某一类指标，则需调整规划，降低污染物总量。

(3) 水污染物总量控制措施

① 河流各功能水域总量预测　水污染物允许排放量预测量等于预测年污染物产生总量减去预测年污染物削减量：

$$W_{允}=W_{总}-W_{削} \tag{12-20}$$

式中　$W_{允}$——预测年向某水体允许排放某污染物总量；

$W_{总}$——预测年某污染物产生总量；

$W_{削}$——预测年某污染物削减总量。

根据污染物在水体中降解的情况不同，向水体的允许排放量也可采用下式计算：

易降解污染物公式为式 (12-21)

$$W_{允}=86.4\times[C_t(Q_p+q)-C_0Q_pe^{-K}] \tag{12-21}$$

难降解污染物公式为式 (12-22)

$$W_{允}=86.4\times[C_t(Q_p+q)-C_0Q_p] \tag{12-22}$$

式中　$W_{允}$——预测年向某水体允许排放某污染物总量；

C_t——水质标准；

Q_p——90%保证率月平均最枯流量；

q——旁侧污水流量；

C_0——上游断面污染物浓度。

K 值可根据上、下游水质监测资料进行反推计算得到。根据物质平衡原理，一个河流或水体污染物沿河流放心的平衡方程为：

$$Q_1C_1+\sum_{i=1}^{n}q_iC_i-Q_2C_2=K\left(Q_1C_1+\sum_{i=1}^{n}q_iC_i\right) \tag{12-23}$$

式中　Q_1，C_1——上游断面流入的水量及污染物浓度，m^3/s，mg/L；

q_i，C_i——排污口或支流流入的水量及污染物浓度，m^3/s，mg/L；

Q_2，C_2——下游断面流出河段的水量及污染物浓度，m^3/s，mg/L。

由平衡方程和实际监测资料，可以得到污染物削减综合系数 K 的计算公式：

$$K=1-\frac{Q_2C_2}{Q_1C_1+\sum_{i=1}^{n}q_iC_i} \tag{12-24}$$

② 污染物削减量预测　水污染物削减量等于预测年污染物产生总量减去允许排放量预测量：

$$W_{削}=W_{总}-W_{允} \tag{12-25}$$

式中 $W_{允}$——预测年向某水体允许排放某污染物总量；

$W_{总}$——预测年某污染物产生总量；

$W_{削}$——预测年某污染物削减总量。

③ 湖泊（水库）允许排放量预测　允许排放总量计算公式为式（12-26）

$$W=\frac{1}{\Delta t}(C_s-C_0)V+KC_sV+C_sq \tag{12-26}$$

式中 W——湖泊水体环境容量，kg/d；

Δt——枯水时段，d；水位年变化大，Δt 取 60～90d；水位常年稳定，Δt 取 90～150d；

C_s——水环境质量标准，mg/L；

C_0——起始时刻实测污染物浓度，mg/L；

V——设计水量（湖泊安全容积），m^3；

q——在安全容积期间，从湖泊排出去的水量，m^3/d；

K——污染物的自净系数，d^{-1}。

K 值可采用实测资料反推计算：

$$K=\frac{P\Delta t+Q_0-Q_t}{\Delta tQ_0} \tag{12-27}$$

式中 P——每日进入湖泊的污染物量，$P\Delta t$ 值为 Δt 时段进入的污染物总量，kg；

Q_0——起始段污染物总量，kg；

Q_t——时段末污染物总量，kg。

点源允许排放量：排放的某污染物对于某计算点的允许排放量的计算公式：

$$\Omega=C_iq_i=C_se^{-\frac{K\varphi H}{2q_i}\times r^2}\times q_i \tag{12-28}$$

式中 Ω——点源允许排放量，kg/d；

C_i——点源废水排放浓度，mg/L；

q_i——点源排放废水量，m^3/d；

C_s——水环境质量标准，mg/L；

H——废水扩散深度，m；

φ——废水在湖水中的扩散角度，岸边排放时 $\varphi=180°$，在湖心排放时 $\varphi=360°$；

r——某计算点距离排污口的距离，m；

K——污染物的自净系数，d^{-1}。

总磷允许排放量 L_0 的计算公式：

$$L_0=PZ(P_n+aP) \tag{12-29}$$

式中 P——湖泊总磷浓度标准限值，mg/L；

Z——湖水平均深度，m；

P_n——湖水稀释率；

aP——湖泊沉降率，a^{-1}。可由实测资料反推计算，或用经验系数 $10/Z$。

$$P_n=\frac{1}{t_n}=\frac{q}{V} \tag{12-30}$$

式中 t_n——湖水停留时间，a；

q——湖水量，m^3/a；

V——湖泊容积，m^3；

12.1.2.2.2　目标总量控制

鉴于容量总量控制的难以操作性，把某一区域内污染物排放总量控制在环境目标所规定的范围之内，即目标总量控制。

环境目标是指能基本满足区域社会经济活动和人群健康要求的环境质量目标，是各级政府为改善辖区（或流域）内环境质量而规定的，在一定时期内必须达到的各种环境质量的总称。每个环境质量指标就是一个具体的目标值。

为达到目标值而对污染物排放总量进行的控制叫目标总量控制。管理目标总量控制的值是基于污染源排放的污染物不超过人为规定的管理上能达到的允许限值。也就是国家和地方按照一定原则在一定时期内所下达的主要污染物排放总量控制指标，所做的分析工作主要是如何在总量控制的总指标范围内确定各小区域的合理分担率，一般要根据区域社会、经济、资源、面积和污染源状况等代表性指标比例关系，采用对比分析和比例分配法进行综合分析来确定。该方法的特点是可达性清晰，用行政干预的方法，通过对控制区域内污染源治理水平所投入的代价及所产生的效率进行技术经济分析，可以确定污染负荷的适宜削减率，并将其分配至各个污染点源。这种方法简便易行，可操作性强，见效快。目前多数城市运用这种方法，取得了明显效果。目标总量控制技术路线见图 12-2。

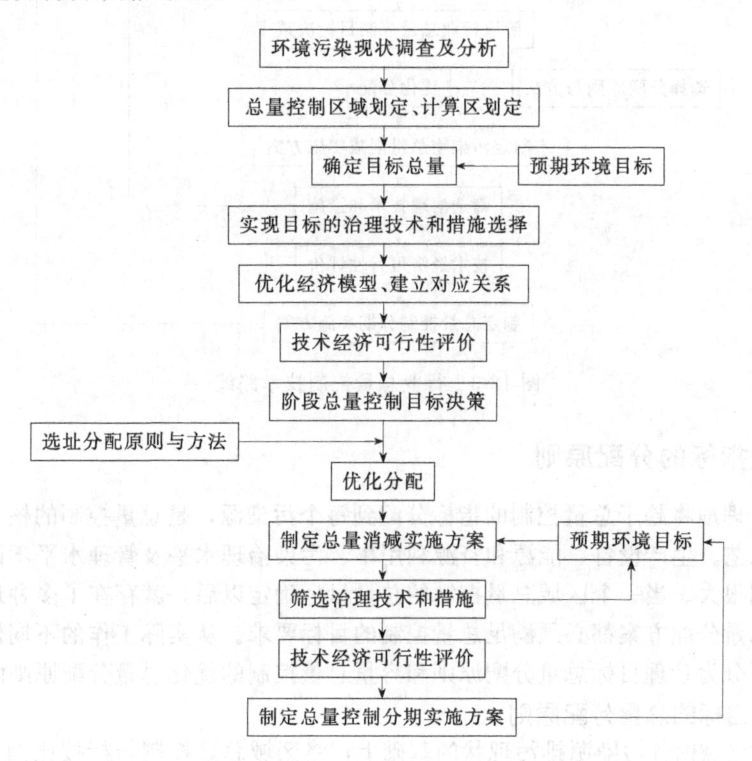

图 12-2　目标总量控制技术路线图

目标总量控制方法简便易行、可操作性强、见效快，在我国的许多城市得到了广泛的应用，取得了明显效果。

12.1.2.2.3　行业总量控制

从行业生产工艺入手，通过控制生产过程中的资源和能源的投入以及控制污染物的产生，使排放的污染物限制在管理目标所规定的限值之内。这种总量控制的方法称之为行业总量控制法，这主要是分析排污企业是否在其经济承受能力的范围内或是合理的经济负担下，采用最先进的工艺技术和最佳污染控制措施所能达到的最小排污总量，但要以其上限达到国家和地方相应的污染物排放标准为原则。它可以把污染物排放最少量化的原则应用于生产工艺过程中，体现出全过程污染物控制原则。行业总量控制的总量指标要根据排污单位资源、能源的利用水平以及“少废”、

"无废"的生产工艺的发展水平而定。该方法的特点是把污染物控制与生产工艺改革及资源、能源的利用紧密联系起来。通过行业总量控制逐步将污染物控制或封闭在生产过程中，并将允许排放的污染物总量分配至行业内各个污染源。其总量控制技术路线见图 12-3。

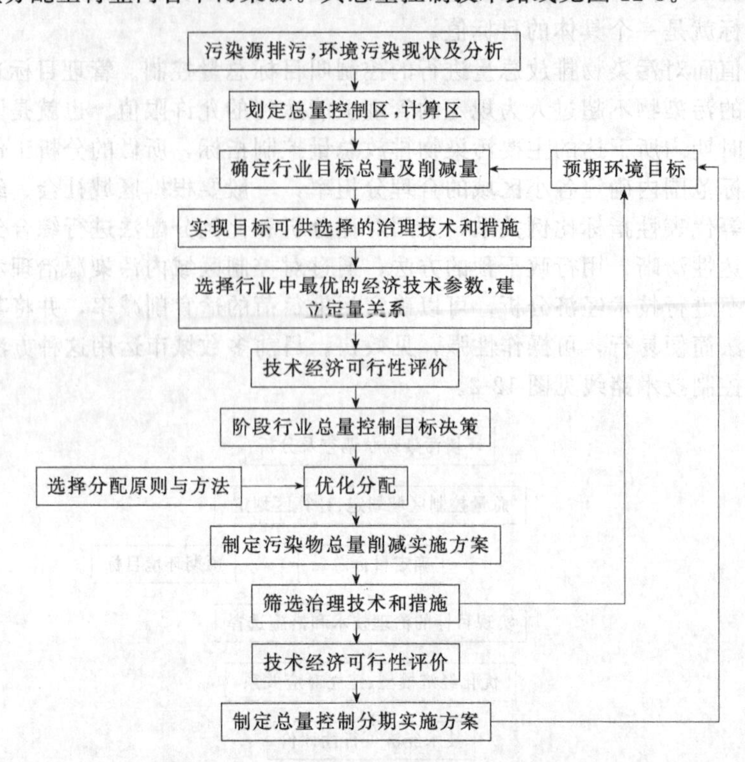

图 12-3 行业总量控制技术路线

12.1.3 总量指标的分配原则

如何科学合理地将趋于总量控制的指标分配到每个污染源，是总量控制的核心问题。由于各污染源的生产工艺、生产设备、能源和资源利用率、污染治理水平及管理水平不同，污染源之间的排污现状差别很大。当一个区域总量控制的总量目标确定以后，就存在了多种形式的总量分配方案，所有的总量分配方案都必须满足总量控制的目标要求。从实际工作的不同侧面出发，总量分配原则大致可分为管理目标总量分配原则和容量总量控制的优化总量分配原则两种。

12.1.3.1 管理目标的总量分配原则

在承认控制区域内各污染源排污现状的基础上，将区域总量控制指标按比例分配到各个污染源，或个各污染源在一定的区域环境目标的基础上按比例分担削减污染物排放总量的责任。这是一种在承认排污现状的基础上比较简易可行的分配方法。这种按比例分配各污染源所应分担的排污总量削减率的方法，从表现上看对各个污染源的分配是平等的，实际上各点源之间是不够平等的，因为，一个生产工艺先进，革新挖潜，排污量较小的企业与一个生产工艺落后，浪费现象严重，污染物排污量较大的企业，承担相同的污染物削减任务，实际上是"鞭打快牛"，鼓励落后的分配原则，但是，从承认历史和现状，操作简单方便等方面来看，比例分配的原则仍可供参考。

12.1.3.2 容量总量控制的优化总量分配原则

容量控制的优化总量分配是以区域环境质量目标为基础，在区域或流域污染源现状条件下，充分利用区域或流域的环境容量，制定出对污染源切实可行的控制对策，将污染物排放总量合理地分配到各污染源，进行资源的合理利用和优化配置，以求得区域或流域总排放量最大、总削减率最小和污染治理的总投资费用最小的总量优化分配。

在进行总量控制指标分配时，往往要进行总体系统分析，综合运用各种原则，并采用行政协调的手段，达到总体合理经济，又能使每个污染源尽量公平地承担削减污染物排放总量的责任。

12.1.4 环评文件中总量控制要点分析

12.1.4.1 主要污染物达标排放分析

我国现行的环境管理中采用的是污染物排放浓度控制和总量控制的双轨制。浓度控制的方法是通过控制污染源的排放口排出的污染物的浓度，使其达到国家或地方制定的排放标准。污染物达标排放是实施污染物总量控制的前提和基础，因此，在环境影响评价中，进行总量控制分析时，必须首先分析建设项目中的各个主要污染物（主要应针对总量控制因子）的产生情况，削减控制情况，以及最后排放环境的主要污染物的排放情况。

12.1.4.2 环境质量达标分析

总量控制的目标就是通过确定区域范围内各污染源允许的污染物排放量，达到预定的环境目标，也就是说使环境质量达到预定功能区的质量标准。对于建设项目而言，就应当以环境质量达标为前提，分析其污染物的排放对环境的影响，预测污染物的排放是否能够满足环境质量的要求，得出某区域污染物允许排放的目标总量。

对于水污染物而言，单点源排放情况下，排污口与控制断面间水域允许纳污量可按下式计算：

$$W_c = C_s(Q_p + Q_c) - Q_p C_p \tag{12-31}$$

式中 W_c——某水域允许纳污量，g/s；

Q_p——上游来水设计水量，m^3/s；

Q_c——污水设计排放流量，m^3/s；

C_p——上游来水设计水质浓度，mg/L；

C_s——控制断面水质标准，mg/L。

另外对于比较复杂的受纳水体和湖泊、海洋、大的河流等，也可选择其它相应模式来计算其允许的纳污量。

对于大气污染物而言，区域排放总量限值可依据《制定地方大气污染物排放标准的技术方法》(GB/T 13201—1991) 来计算：

$$Q_{ak} = \sum_{i=1}^{n}\left[AC_{ki}S_i\left(\sum_{i=1}^{n}S_i\right)^{0.5}\right] \tag{12-32}$$

式中 Q_{ak}——总量控制区域某种污染物年允许排放总量限值，10^4 t；

S_i——第 i 功能区面积，km^2；

n——总量控制区中功能区总数；

C_{ki}——大气环境指标标准所规定的与第 i 功能区类别相应的年日平均浓度限值，mg/m^3；

A——地理区域性总量控制系数，10^4 km^2。

此外，对于区域集中排放的污染源，还可采用 P 值控制法，它将烟囱排放高度和允许排放量用一个 P 值联系起来，通过地面大气质量浓度的限定，给出 P 值，就可以调整污染源的高度和排放量，由此来达到控制大气污染的目的，其计算方法可以参见《制定地方大气污染物排放标准的技术方法》(GB/T 13201—1991)。

12.1.4.3 满足总量控制指标的分析

在进行区域污染物排放总量分析时，如果当地环保部门已经给建设项目分配了污染物允许排放的总量，则必须执行所分配的指令总量。如果建设项目尚未确定分配的总量，而建设项目所在区域已有污染物总量控制限值，则可按一定的分担率来确定建设项目的总量限值。

12.1.4.4 经济技术可行性分析

在环境影响评价中，为了说明对拟建项目污染物排放总量控制的可行性，应对该项目的污染防治措施和生产工艺流程进行经济技术可行性分析。经济技术可行性分析时可按以下两个步骤进行。

第一，估算产排污情况。产排污的情况可用产污、排污系数来说明。产污系数是指在正常技术经济和管理等条件下，生产单位产品所产生的原始污染物量，排污系数是指在上述条件下经过污染控制措施削减后或未经削减直接排放到外环境中的污染物量。它们又分过程系数和终端系数。过程产污系数是指在生产线上独立生产工序（或工段）生产单位中间产品或最终产品产生的污染物量，不包括其前工序（或工段）产生的污染物量。过程排污系数之差即为该污染防治设施的单位产品污染物削减量。终端产污系数是指包括整个工艺生产线上生产单位最终产品产生污染物量。终端排污系数是指整个生产工艺线相应过程排污系数之和。终端排污系数与终端产污系数差，就是整个生产线的整套污染防治设施的单位产品污染物削减量。以上这些系数是以单位产品所排放的污染量来表示的，具有可比性。

第二，评估排污水平的标准可以参照本行业的历史最好水平，或国内外同行业，类似规模、工艺和技术装备的厂家的生产水平。

以上几方面的总量控制内容的分析，从不同侧面说清了拟建项目污染物可允许的排放水平，如何实现该总量目标等，为环境保护行政主管部门的决策提供了依据。

12.2 污染物总量控制建议指标的确定

按国家对污染物排放总量控制指标的要求，在核算污染物排放量的基础上提出工程污染物总量控制建议指标，是建设项目环境影响评价的任务之一，污染物总量控制建议指标应包括国家规定的指标和项目的特征污染物。

国家规定的“十二五”期间污染物排放总量控制指标有：

① 大气环境污染物：二氧化硫、氮氧化物。

② 水环境污染物：化学需氧量、氨氮。

项目的特征污染物，是指国家规定的污染物排放总量控制指标未包括，但又是项目排放的主要污染物，如电解铝、磷化工排放的氟化物，氯碱化工排放的氯气、氯化氢等。这些污染物虽然不属于国家规定的污染物排放总量控制指标，但由于其对环境影响较大，又是项目排放的特有污染物，所以必须作为项目的污染物排放总量控制指标。

评价中提出的项目污染物排放总量控制指标其单位均为每年排放多少吨（即 t/a）。

国家对主要指标（如二氧化硫、化学需氧量）实行全国总量控制，根据各省市的具体情况，将指标分解到各省市，再由各省市分解到地（市）州，最终控制指标下达到各县。为了更可科学地实行污染物总量控制，全国组织对主要河流和水环境容量和主要城市的大气环境容量进行测算，使全国的污染物总量控制指标更加科学合理。

在环境影响评价中提出的项目污染物总量控制建议指标必须满足以下要求：

① 符合达标排放的要求，排放不达标的污染物不能作为总量控制建议指标。

② 符合相关环保要求，比总量控制更严的环境保护要求（如特殊控制区域与河段）。

③ 技术上科学，通过技术改造可以实现达标排放。

第13章　环境影响经济损益分析

13.1　环境影响的经济评价概述

环境影响的经济损益分析，也称为环境影响的经济评价，就是要估算某一项目、规划或政策所引起环境影响的经济价值，并将环境影响的价值纳入项目、规划或政策的经济分析（即费用效益分析）中去，以判断这些环境影响对该项目、规划或政策的可行性会产生多大的影响。这里，对负面的环境影响，估算出的是环境成本；对正面的环境影响，估算出的是环境效益。

环境影响的经济损益分析是环境影响评价的一项重要工作内容，其主要任务是衡量因建设项目的建设和运营带来的环境成本和环境效益，是对建设项目进行环境可行性判定的重要依据。

13.1.1　环境影响经济评价的必要性

对环境影响的经济评价进行研究具有重要的理论意义和实践意义，这主要体现在以下几个方面。

13.1.1.1　可持续发展战略的要求

1987年世界环境与发展委员会的报告《我们共同的未来》中首次提出了“可持续发展”概念以来，“可持续发展”逐渐在世界范围内得到普遍认可。20世纪80年代中后期至今，“可持续发展”逐步完善为系统观念和系统理论，并上升到人类21世纪的共同发展战略。

我国政府早在20世纪90年代就制定了明确的可持续发展战略，并在《21世纪议程》中特别指出“要将环境成本纳入各项经济分析和决策过程，改变过去无偿使用并将环境成本转嫁给社会的作法”。但是，要使我国可持续发展战略付诸实施，还必须使可持续发展战略具体化，将其纳入各种开发活动的管理体系中考虑。具体而言，就是在项目投资、区域开发或政策制定中对其所造成的环境影响进行环境影响经济损益分析，以此进行综合的评估和判断，从而确定这些活动能否达到可持续发展的要求，并提出相应的对策和建议等。

13.1.1.2　国民经济核算体系发展的要求

早在60多年前，K. William（1950）就指出，人们对发展进程的认识及国民收入的核算方式限制了发展计划的制订。无论在理论上还是设计经济发展指标上，我们都没有考虑资源与环境的作用。到19世纪60年代末，随着发达国家对污染及环境管理问题重视程度的日益增强，国民生产总值（GNP）核算方式的缺陷就已暴露出来，人们逐渐意识到，长期以来一直使用的GNP值实际上是以牺牲后人利益为代价的，用耗竭有限资源的方法来加快其增长的。

要想真实地反映国民财富的状况，就必须对现有的国民经济核算体系进行改造，将环境资源的变动状况综合地反映到国民经济核算体系中去，而只有通过对环境资源进行货币化估值，才有可能用货币价值这一共同的量度将环境资源与其它经济财富统一起来。对环境影响进行经济损益分析，将会有利于推进把环境核算纳入我国国民经济核算体系之中的进程。

13.1.1.3　为生态补偿提供明确的依据

生态补偿是由生态建设的特殊性、环境保护的迫切性决定的，也是企业布局调整、产业结构升级过程中协调利益关系的需要。环境保护需要补偿机制，需要以补充为纽带，以利益为中心，建立利益驱动机制、激励机制和协调机制。生态补偿制度的建立和完善，已经成为重大的现实课题。

要实行生态补偿，首先面临的一个难题就是如何确定生态补偿的数额。生态补偿金的最终确定必须要有明确的科学依据，其基础就是对生态环境影响进行经济评价，确定生态环境影响的货币化价值。但目前的环境影响评价主要是定性评估、定性判断，未运用环境损益的数量化技术进行定量评价环境影响，便无法确定生态补偿的数量、划定生态补偿金的上限和下限，生态补偿也就难以展开。因此，我们必须进行环境影响评价的经济评价研究。

13.1.1.4 进一步提高环境影响评价有效性的要求

环境影响评价的有效性研究最早是由环境影响评价国际联合会（IAIA）和加拿大环境回顾评估局（FEARO）与1993年6月共同发起组织的，其目的是研究环境影响评价理论和实践的效果。美国斯坦福大学教授奥拓兰诺在1995年7月的“中国环境影响评价国际研讨会”上，提出了环境影响评价有效性的具体内容，其中之一就是环境影响的经济评价。

目前，我国建设项目或区域开发，一般是企业从自身的角度先进行财务分析和国民经济评价，然后由环评单位进行环境影响评价。这种以经济效益为主要目标，没有具体考虑环境影响所产生的费用和效益的评价模式，不可避免地存在诸多弊端，诸如未对环境价值进行系统分析，过分集中于建设项目而忽视了环境外部不经济性等。为了进一步提高目前环境影响评价的有效性，我们就必须将有关的经济学理论融入传统的环境影响评价之中，使环境影响评价和国民经济评价有机结合起来，其结合点就是环境影响经济损益分析。

13.1.1.5 有利于促进环境保护的公众参与

1992年联合国环境与发展大会的《里约宣言》第十条指出：“环境问题必须在公众的参与下才能得到最有效地处理”。我国已经明确规定公众参与是建设项目环境影响评价中的重要内容。环境影响评价单位在实际的工作中也进行了这方面的工作，但大多数只局限于到建设项目所在地访问或召开座谈会或问卷听取和征求所在地单位的意见，形成意见证明作为公众参与环境影响评价的内容。虽然这种调查形式简单，但存在项目情况介绍不详、公众没有真正了解拟建项目所产生的对环境影响范围、程度及危害和对经济社会的影响，被征询公众评价方法简单、主观性强，不能进行定量分析，公众参与意见的结果难作为决策的应用等问题。

为了真正赋予公众参与环境与发展战略实施过程的监督管理权利，逐步建立起公众参与社会经济发展决策的机制，我们就必须加强环境影响的经济评价研究，使公众能够真正了解环境影响的经济损益。

13.1.2 环境影响经济评价的分类

环境影响经济评价的目的是分析项目对社会经济产生的各种影响，提出防止或减少负面影响和损失的方法、措施与途径，以实现减少或免除风险与损失的目的。其最根本的原则是要实现污染者承担，使环境成本内部化，使外部不经济性减至为零，并因势利导，化险为夷，化害为利，修复生态，促进经济，安定社会。

在社会经济评价中要善于判别和筛选项目对社会经济可能造成的正负两面影响，并适度分类。

Ⅰ类：项目对社会经济环境无影响或影响很小（如技术改造项目以及项目远离社区或项目外界无敏感区等情况），环境影响评价中可省略评估；

Ⅱ类：项目对社会经济环境可能有负面影响，对敏感区可能影响大，环境影响评价中要进行环境影响经济评价；

Ⅲ类：项目对社会经济环境可能有正面影响，如脱贫、农村与农业发展、公共卫生、教育、市政公共工程、社会福利、基础设施等，这类项目旨在提高与改善社会福利总水平，有些是属于公共资产和公共经济学范围。对这类项目要认真做好社会经济影响评价，充分论证评估其内容，并要分析由于“市场失灵”和信息不完全可能导致的“逆向选择”以及“政府失灵”可能带来的风险。

Ⅳ类：大型建设项目可能对生态环境造成不可逆的影响（如水利工程），也可能对社会经济带来各种不同方面的敏感问题。如移民是社会经济评价中的重大课题，也是环境影响评价中最棘手的难题，诸如水电站、机场、高速公路等项目均有移民之类问题，一般要求设立环境影响经济评价专题。

13.1.3 环境影响经济评价内容

根据社会经济环境影响现状调查分析，给出拟建项目的社会经济环境影响评价因子，并分析一下程度和类别，进而给出各类影响可能产生的主要环境问题及效果。

13.1.3.1 社会经济环境影响及主要环境问题

一些开发建设项目或政策建议对社会经济环境的影响包括：有利影响和不利影响、直接影响和间接影响、现实影响和潜在影响、长期影响和短期影响、可逆影响和不可逆影响等。

建设项目对社区的影响包括：人口迁移，信息的公开和透明，信息及时传播动员公众参与，就业结构调整，改变社会结构，扰乱社区的稳定性，同时也可能增加社区的经济发展潜力以及提高或降低社区人口的收入水平等。在实际开展评价中应根据需要来确定拟建项目社会经济影响的一些典型特征，并由此明确该项目所带来的主要社会经济问题。

13.1.3.2 社会经济效果

开发建设项目所产生上述各类影响的程度和后果可以通过社会经济效果来加以评价和度量。因此，我们根据影响方式的不同以及社会经济效果的性质对其分类，由项目所产生的社会经济效果是社会经济环境评价的主要内容。

① 正效果与负效果　这是与项目有利影响和不利影响相对应的。一般来说有利影响产生的社会经济效果，这是项目受益人所期望的。例如，项目投产后生产的产品满足了社会的需求而且生产者能够从中获利，因此产生了正的社会经济效果。相反不利影响则产生负的社会经济效果，这也是项目建设者与受益人所不期望或要避免的。特别是潜在性的不确定性因素可能导致危机与灾害，评价应有忧患意识，以理性的战略思维认真分析未来面对的挑战与隐患。

② 内部效果和外部效果　内部效果是通过项目自身的财务核算反映出来的。例如，项目的效益、获利及投资回收等都属于内部效果。而外部效果并不能在项目的效益或支出中直接反映出来，且不是项目本意要达到的效果。例如，投产后排出的废水污染了附近水域，使鱼类产量下降，这并不是项目建设者的目的。也就是说产生了负的社会经济效果。许多评价内部效果，特别是注意项目的内部回报率（EIRR），而忽视了外部的宏观效果，忽视了国民经济外报率（FIRR），忽视外部不经济性可能导致 EIRR 为负值的严重问题。评价中应坚持只要 EIRR 和 FIRR 为正值时坚决支持；当 FIRR 为正，EIRR 为负是应坚持抵制，并认真揭示其风险，否则遗患未来，丧失评价的责任与使命。

③ 有形效果与无形效果　作为有形的社会经济效果一般都是可以用货币加以度量的。例如，项目建成后生产的产品以及生产过程排放污染物带来的直接经济损失都可以通过货币来计算效益的多少。难以用货币计量的社会经济效果统称为无形效果。例如，空气污染造成的人体健康和经济损失、城市绿化对净化空气所带来的效果、犯罪率的变化等。这些事物不会在市场上出现，因而没有市场价格，但事实上这类社会经济效果又是客观存在的，并表现为一定的支付愿望。

13.2 环境经济评价方法

13.2.1 环境价值

环境的总价值包括环境的使用价值（use value）和非使用价值（nonuse value）。

所谓使用价值是指当某一物品被使用或消费的时候，满足人们某种需要或偏好的能力。环境的使用价值包括直接使用价值、间接使用价值和选择使用价值。

直接使用价值是由环境对目前的生产和消费的直接贡献来决定的，即环境直接满足人们生产和消费需要的价值。

间接使用价值包括从环境所提供的用来支持目前的生产和消费活动的各种功能中间接获得利益。例如，营养循环、水域保护、减少空气污染、小气候调节等都属于间接使用价值的范畴。它们虽不直接进入生产和消费过程，但却为生产和消费的正常进行创造了必要条件。

选择价值又称为期权价值，它具体包括三部分：自己将来的使用价值、自己后代的使用价值以及其他人将来的使用价值。选择价值同人们愿意为保护环境以备未来之需的支付愿望的数值有关。选择价值的出现取决于环境资源供应和需求的不确定性的存在，并且依赖于消费者对于风险的态度。选择价值包括未来的直接使用价值和未来的间接使用价值，任何一种环境服务功能都会具有选择价值。

所谓非使用价值是指某些物品所具有的独立于人们对它进行使用的价值，它是相对于使用价值而言的。即人们虽然不使用某一环境物品，但该环境物品仍具有的价值。根据不同动机，环境的非使用价值包括遗赠价值和存在价值。

遗赠价值源于人们的遗赠动机，通常是指我们为自己子孙的利益而对环境进行保护的支付意愿。

存在价值是从环境的内在价值即其生存权角度来定义。例如濒危物种的存在，有人认为，其本身就是有价值的，这种价值与人们是否利用该物种谋取经济利益无关。

13.2.2 环境经济评价方法

环境影响损益分析和经济评价中，可以根据环境商品的消费效用原理来确定环境价值。在具体的评价工作中，环境效益（或费用）也有不同的表现形式，有些直接具有市场价值，有些需要利用替代物品来间接表示，同时市场价值也包含环境污染对人体健康进而对人力工资和社会成本影响的因素。据此，环境影响评价中环境影响经济评价方法分为四类，即直接市场评价法、替代市场评价法、权变评价法和成果参照法。环境影响经济评价的简明流程见图 13-1。

13.2.2.1 直接市场评价法

直接市场评价法就是把环境质量看作是一个生产要素，并根据生产率的变动情况来评价环境质量的变动所产生的影响的一种方法。它直接运用货币价格，对可以观察和度量的环境质量变化进行评价，是应用最广、最容易理解的价值评估技术。

直接市场评价法是建立在充分的信息和确定因果关系基础之上的，所以用直接市场评价法进行的评估比较客观、争议较小。但是，采用直接市场评价法不仅需要足够的物理量数据，而且需要足够的市场价格或影子价格数据（如果市场价格不能准确反映产品或服务的稀缺特征，则要通过影子价格）

直接市场评价法主要包括生产效应法、人力资本法、重置成本法和机会成本法。

（1）生产效应法

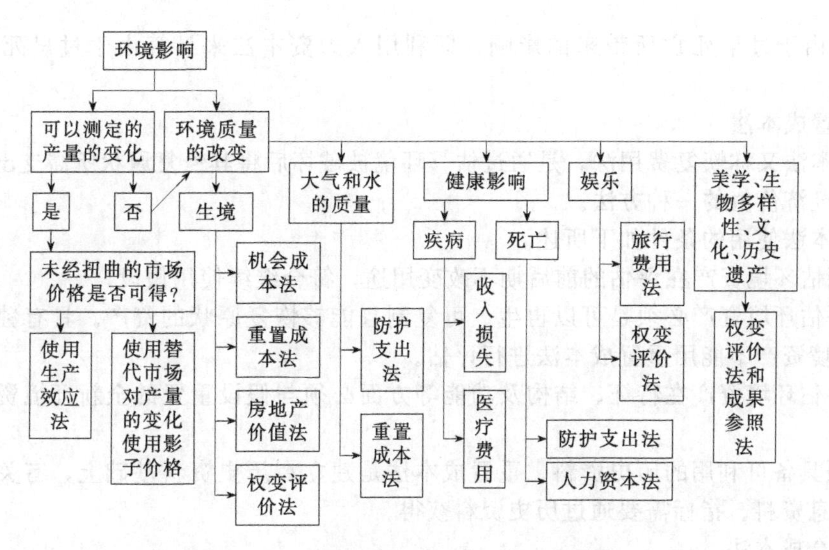

图 13-1 环境影响经济评价的简明流程图

生产效应法（又称生产力变化法）认为，环境变化可以通过生产过程影响生产者的产量、成本和利润，或是通过消费品的供给与价格变动影响消费者福利。例如，水污染导致水产品产量或价格下降，给渔民带来经济损失；而兴建水库则可以带来新的捕鱼机会，对渔民产生有利影响。

生产效应法的基本步骤如下所述：

① 估计环境变化对受者（财产、机器设备或人等）造成影响的物理后果和范围；

② 估计该影响对成本或产出造成的影响；

③ 估计产出或者成本变化的市场价值。

(2) 人力资本法

环境作为人类社会发展的最重要资源之一，其质量变化对人类健康有很大影响。这些影响不仅表现为因劳动者发病率与死亡率增加而给生产造成直接损失，而且还表现为因环境质量变化而导致医疗费开支增加，以及因为得病或过早死亡而造成收入损失等。人力资本法就是估算环境变化造成的健康损失成本，或者说是通过人体健康评估环境价值。

人体早得病或死亡的社会效益损失是由个人对社会劳动的部分或全部损失带来的，等于一个人丧失工作时间内的劳动价值或预期收入，可按下式表达：

$$L=\sum_{i=T}^{\infty} ytP_T^t(1+r)^{-(t-T)} \tag{13-1}$$

式中 L——个人的预期收入限值或效益损失限值；

y——预期个人在第 t 年所得的收入（扣除非人力资本收入）；

r——贴现率；

P_T^t——个人从第 T 年活到第 t 年的概率。

人力资本法的基本步骤如下所述：

① 识别环境中可致病的特征因素（致病动因），即识别出环境中包含哪些可导致疾病或死亡的物质；

② 确定其与疾病发生率和过早死亡率之间的关系；

③ 评价处于风险之中的人口规模，即定义致病动因的影响区域，它涉及建立扩散模式（在空气与水污染情况下），或将总暴露人口缩小到那些对风险特别敏感的人群；

④ 估算由于疾病所造成的缺勤所引起的收入损失和医疗费用；

⑤ 估算由于过早死亡所带来的影响，即利用人力资本法来计算由于过早死亡所带来的损失。

(3) 重置成本法

重置成本法又称恢复费用法，是通过估算环境被破坏后将其恢复原状所需支出的费用来评估环境影响经济价值的一种方法。

重置成本法使用的条件如下所述。

① 被评估环境资产在评估的前后期不改变用途，符合继续使用假设。

② 被评估环境资产必须是可以再生、可复制且能够恢复原状的资产。具有独特的、不可逆特性的环境资产不能用重置成本法进行评估。

③ 被评估环境资产在特征、结构及功能等方面必须与假设重置的全新环境资产具有相同性或可比性。

④ 必须具备可利用的历史资料。重置成本法是建立在历史资料基础上，有关重置环境资产的许多信息资料、指标需要通过历史资料获得。

(4) 机会成本法

机会成本是经济学范畴，是由资源的稀缺性以及由此而限定的人类选择引出的概念。所谓机会成本，就是做出某一决策而不做出另一决策时所放弃的收益。机会成本法中机会成本是一种非货币成本，通常用机会成本来衡量决策的后果。

在评估无价格的环境资源时，机会成本法的理论基础是：保护无价格的环境资源的机会成本（如保护自然保护区），可以用该资源用于其他用途（如林业开发）可能获得的收益来表示。

13.2.2.2 替代市场评价法

所谓替代市场评价法，就是使用替代物的市场价格来衡量无市场价格的环境物品的价值的一种方法。

替代市场法的适用范围是：①大范围的空气污染、水污染；②噪声污染，特别是飞机和交通噪声；③自然保护区、国家公园、用于娱乐的森林等舒适性资源；④工厂选址（如污水处理厂、电站等）、铁路以及高速公路的选线规划；⑤土壤侵蚀、土壤肥力降低、土地退化等。

替代市场评价法主要包括房地产价值法、工资差额法、旅行费用法和防护支出法。

(1) 房地产价值法

所谓房地产价值法，就是通过人们购买具有环境属性的房地产商品的价格来推断出人们赋予环境价值量大小的一种价值评估方法。

房地产的价格既反映了房产本身的特性（如面积、房间数量、布局等），也反映了房产所在地区的生活条件（如交通、商业网点、当地学校质量等），还反映了房产周围的环境质量（如空气质量、噪声高低、绿化等）。在其他条件一致的条件下，环境质量的差异将影响消费者的支付意愿，进而影响到这些房产的价格，所以，当其他条件相同时，可用因周围环境质量的不同而导致的同类房产的价格差异，来衡量环境质量变动的货币价值。

房地产价值法的适用范围是：①局部空气和水质量的变化；②噪声骚扰，特别是飞机和交通噪声；③舒适性对于社区福利的影响；④工厂选址（如垃圾填埋场、污水处理厂等）、铁路及高速公路的选线规划；⑤评价城市中比较贫困的地区改善项目的影响。

当周围环境质量发生变化，人们的购买意向就会发生变动，附近的房地产价格相应随之变化，这些不具有明显市场价格的因素就通过房地产的效益和销售价格体现出来。

$$\Delta B = \sum_{i=1}^{n} a_i (Q_{i2} - Q_{i1}) \tag{13-2}$$

式中　ΔB——效益的变化，可以是由于建设项目引起房地产效益的减少，也可以是空气的防治引起房地产效益的增加；

a_i——边际支付意愿，若第 i 个替代产品的价格为 P_i，其相应的环境质量水平为 Q_i，则 $a_i = \partial P_i / \partial Q_i$；

Q_{i1}，Q_{i2}——分别为变化前和变化后的环境质量水平。

（2）工资差额法

利用不同的环境质量条件下工人工资的差异来估计环境质量变化造成的经济损失或带来的经济效益。通常来说，在其他条件相同时，劳动者会选择工资环境比较好的职业或工作地点。为了吸引劳动者从事工作环境比较差的职业并弥补环境污染给他们造成的损失，企业在工资、工时、休假等方面给劳动者以补偿。这种用工资水平的差异来衡量环境质量的货币价值的方法，就是工资差额法。

工资水平与生产条件相关的职业属性之间的关系就是环境质量的隐价值/价格。

如果隐价值/价格是常数，它反映的就是具有职业属性的特征工作环境，是企业对该工作职业属性水平和效益的认知：从事较低水平特征属性的职业（即工作环境风险较大），对工资的边际支付意愿具有较高水平；反之，从事较高水平特征属性的职业（即工作环境风险较小），对工资的边际支付意愿水平较低。

（3）旅行费用法

旅行费用法，是通过交通费、门票费和花费的时间成本等旅行费用来确定旅游者对环境商品或服务的支付意愿，并以此来估算环境物品或服务价值的一种方法。

旅行费用法的适用范围是：①休闲娱乐场地；②自然保护区、国家公园、用于娱乐的森林和湿地；③水库、大坝、森林等具有休闲娱乐附带作用的地方等。

旅行费用法的适用条件是：①这些地点是可以达到的，至少在一定的时间范围内是这样；②所涉及的物品（场所）没有直接的门票或其它费用，或这些收费很低；③人们到达这样的地点要花费大量的时间或者其它开销。

（4）防护支出法

当某种经济活动有可能导致环境污染时，人们可采用相应的措施来预防或治理环境污染。用采取上述措施所需费用来评估环境价值的方法就是防护支出法。防护费用的承担可以有不同的形式，它可以采取“谁污染、谁治理”，由污染者购买或安装环保设备自行消除污染的方式；也可以采取“谁污染、谁付费”，建立专门的污染物处理企业集中处理污染物的方式。

面对环境变化，人们采取的防护行为主要包括：①采取防护措施，尽量避免居住地环境质量的下降以保护自己不受影响，如采取防护土壤侵蚀的措施；②购买环境替代品，为了防止环境质量变化所带来的影响，人们可能会通过购买环境服务功能的替代品来避免可能的损害；③搬迁，对环境变化反应较强烈的人会迁出受污染区域。

防护支出法的适用范围：①空气污染、水污染、噪声污染；②土壤侵蚀、滑坡以及洪水风险；③土壤肥力降低，土壤退化；④海洋和沿海海岸的污染和侵蚀。

13.2.2.3 权变评价法

权变评价法也称意愿调查评估法，它是以调查问卷为工具来评价被调查者对缺乏市场的物品或服务所赋予的价值的方法，它通过人民对于环境质量改善的支付意愿或忍受环境损失的受偿意愿来推导出环境物品的价值。

权变评价法的适用范围：①空气和水的质量；②休闲娱乐（包括钓鱼、公园、野生生物）；③无市场价格的自然资源（如森林和荒野地）的保护；④生物多样性的选择价值；⑤交通条件改善；⑥供水、卫生设施和污水处理。

权变评价法所采用的评估方法大致可分为三类：①直接询问调查对象的支付或接受赔偿的意愿；②询问调查对象对表示上述意愿的商品或服务的需求量，并从询问结果推断出支付意愿或接受赔偿意愿；③通过对有关专家进行调查的方式来评定环境资产的价值。

权变评价法的具体步骤：①确定研究课题，明确研究任务；②进行理论准备和研究假设；③设计调研方案；④收集资料、调查；⑤整理和分析资料；⑥撰写研究报告。

13.2.2.4 成果参照法

所谓成果参照法，就是把一定范围内可信的货币价值赋予受项目影响的非市场销售的物品和服务。成果参照法是一种最简单、直观的方法，也是环境影响评价实践中最常用的方法。

成果参照法的适用条件：①参照的是基本方法的科学样品；②评价的是相似的资源；③对资源的影响在类型和程度上是相似的；④当地人口的社会经济状况是类似的或可说明的；⑤对于受影响资源的产权的文化理解是类似的。

另外，在实际操作中，还需要使用可能得到的当地数据和通过快速分析获得的数据，以补充成果参照法的不足。

成果参照法的具体步骤主要包括：①文献筛选，从现有的大量文献中，可以得到和被评估对象相类似的环境影响的经济价值；②价值调整，通过基本的经济评价方法所得出的研究结果—环境影响的货币价值，一般都必须做些调整，使之能够用于所分析的项目区域；③计算单位时间的单位价值，即将价值乘以受影响人数便得到单位时间影响的总价格；④计算总贴现值，一方面确定预期有影响出现的时间区段，要注意到项目的成本和收益出现于不同时间；另一方面采用所建议的贴现率（以及其它适当的贴现率进行敏感性分析），计算贴现后的总年度损失值和收益。成果参照法的具体步骤见图 13-2。

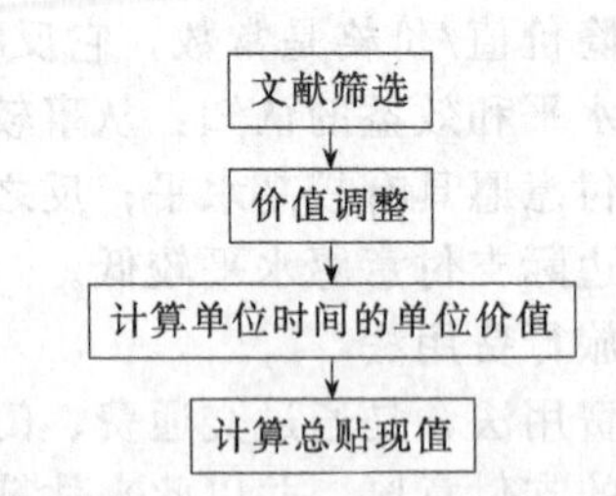

图 13-2 成果参照法的具体步骤

13.2.3 环境经济评价方法选择的依据

我们不可能针对一个问题采用所有的环境影响经济评价方法，环境经济评价方法的选取主要依据如下几点。

13.2.3.1 影响的相对重要性

以砍伐森林为例，假设农业开发、木材加工、出口等导致了对热带原始森林的砍伐。同时假设根据对问题的分析，了解到所产生的环境影响主要有：①非木材类的森林价值的损失（药材、果实、纤维等）；②从长期看来，木材可持续产出的损失（用立木价值估计）；③土地暴露引起的土壤侵蚀给下游造成的泥沙沉积和洪水风险；④生物多样性和野生生物的丧失，影响存在价值和生态旅游。

对于影响①和②而言，可用直接市场评价法和成果参照法评估；对于影响③则可以通过防护支出法和重置成本法解决。当影响到生态旅游和存在价值时，可采用直接市场评价法和权变评价法进行评估。

13.2.3.2 可获得的信息

考虑信息种类和可获得的信息的量，以及获得信息的可行性和费用。对于可交易的物品和服务来说，数据相对容易获得，可采用直接市场评价法和成果参照法评估。对于缺乏市场和市场发育不完善的商品和服务（如非木材的森林产品等），尽管也可采用直接市场评价法评估，但需进行必要的调查以获得评估所必需的数据。

13.2.3.3 研究经费和时间

通常，选择何种环境影响经济评价方法需要考虑研究经费和时间的长短。当资金和时间有限时，可借用来自于其他项目的数据、具有可比性的其它国家或地区的数据、当地专家的意见、历史记录、对有关人群进行有限的调查等方面获得比较粗略的数据，并运用一些较简单或随意的方法进行评估。

当项目的资金和时间较宽裕时，可采用一些复杂的方法，如权变评价法、旅行费用法和房地产价值法等。

13.3 费用效益分析

费用效益分析，又称国民经济分析、经济分析，是环境影响的经济评价中使用的另一个重要的经济评价方法。它是从全社会的角度，评价项目、规划或政策对整个社会的净贡献。它是对项目（可行性研究报告中的）财务分析的扩展和补充，是在财务分析的基础上，考虑项目等的外部费用（环境成本等），并对项目中涉及的税收、补贴、利息和价格等的性质重新界定和处理后，评价项目、规划或政策的可行性。

13.3.1 费用效益分析的基本原理及理论基础

费用效益分析是鉴别和量度一个项目或规划的经济效益和费用的方法。衡量一个建设项目对环境影响经济效果，除了计算其费用外，还需计算它的收益。费用效益分析的目的，就是全面衡量一个建设项目在经济上的优劣。费用效益分析中应重视外部不经济性可能造成的“公地悲剧”，经济内部收益率（EIRR）与国民经济外报率（FIRR）的比较分析与判别公正，微观/宏观的最小费用比较与判别，微观/宏观的最佳效果比较判别，微观/宏观的直观效果比较判别。表示对其中的潜在性、简洁性、长远性、负面性、不可逆性、无形性、外部性的影响更要认真分析和综合评估。

13.3.1.1 费用效益分析的基本原理

费用效益分析的一个基本假定是，可以按照人们为消费商品和劳务准备支付的价格来计量消费者的满意程度。因此，环境影响的费用效益评价是以人们对改善环境质量的支付愿望，或由于破坏接受补偿的愿望为基础的。

13.3.1.2 费用效益分析的理论基础

外部不经济性：是经济外部的一种表现形式。当一个人或企业的经济活动依赖或影响着其他人或企业的经济活动时，就产生外部性，外部性可以有正效益或负效益。外部性的负效益也称外部不经济性。企业生产活动造成的环境污染是外部不经济性的典型例子。费用-效益分析研究的对象是全社会，因此，外部不经济性造成的危害是它的研究重点。外部不经济性是污染环境、破坏生态、危害公众的隐蔽性有害因素，是造成各种环境问题的根由，是环境影响经济评价的核心内容。

经济效益与环境效益的统一：环境与经济存在着相互依赖、相互制约的双向联系，发展经济、改善环境都是为了满足人们日益增长的物质和文化需求。环境的变化一方面要以外部不经济性的形式在生产活动中反映出来，另一方面在消费活动中，直接影响满足人们对环境需求的有效供给。所以，在计量生产活动对环境的影响；对生产活动的评价不仅要评价其经济效益，而且要评价其环境效益，以经济、社会和环境效益的统一为评价的准则。为了便于统一考虑和权衡这三种效益，将它们用货币化的形式来描述，这时环境费用-效益分析的重要任务。

环境保护措施的效益和费用：人们为改善和恢复环境的功能或防止环境恶化采取了各种措施，减少了环境破坏和污染引起的经济损失，给人们带来了效益。这个效益称为环境保护措施的效益。这是环境投资费用效益分析的主要对象。

13.3.2 费用效益分析与财务分析的差别

费用效益分析和财务分析的主要不同如下。

① 分析的角度不同　财务分析是从厂商（即以盈利为目的的生产商品或劳务的经济单位）的角度出发，分析某一项目的盈利能力。费用效益分析是从全社会的角度出发，分析某一项目对整个国民经济的净贡献的大小。

② 使用的价格不同　财务分析中所使用的价格是预期的现实中要发生的价格。而费用效益分析中所使用的价格则是反映整个社会资源供给与需求状况的均衡价格。

③ 对项目的外部影响的处理不同　财务分析仅考虑厂商自身对某一项目方案的直接支出和收入。而费用效益分析除了考虑这些直接收支外，还要考虑该项目引起的间接的、未发生实际支付的效益和费用，如环境成本和环境效益。

④ 对税收、补贴等项目的处理不同　在费用效益分析中，税收和补贴不再被列入企业的收支项目中。

13.3.3　费用效益分析的步骤

费用效益分析分为两个步骤。

第一步，基于财务分析中现金流量表，编制用于费用效益分析的现金流量表。依据财务分析与费用效益分析中的差别，来调整财务现金流量表，使之成为经济现金流量表。把估算出的环境成本计入现金流出项，把估算出的环境效益计入现金流入项。经济现金流量表的一般结构见表13-1。

第二步，计算项目的可行性指标。在费用效益分析中，判断项目的可行性，有两个最重要的判定指标，即经济净现值和经济内部收益率。

(1) 经济净现值（ENPV）

$$\mathrm{ENPV}=\sum_{t=1}^{n}(\mathrm{CI}-\mathrm{CO})_t(1+r)^{-t} \tag{13-3}$$

式中　CI——现金流入量；

CO——现金流出量；

$(\mathrm{CI}-\mathrm{CO})_t$——第 t 年的净现金流量；

n——项目计算期（寿命期）；

r——贴现率。

(2) 经济内部收益率（EIRR）

$$\sum_{t=1}^{n}(\mathrm{CI}-\mathrm{CO})_t\,(1+\mathrm{EIRR})^{-t}=0 \tag{13-4}$$

经济内部收益率是反映项目对国民经济贡献的相对量指标，它是使项目计算期内的经济净现值等于零时的贴现率。当项目的经济内部收益率大于行业基准内部收益率时，表明该项目可行。

表 13-1　经济现金流量表一般结构

编号	名称	建设期			投产期		生产期					合计
	年序号	1	2	3	4	5	6	7/8	9...23	24	25	
一	现金流入											
	1. 销售收入				50	60	80	...	80...	80	80	
	2. 回收固定资产残值										20	
	3. 回收流动资金										20	
	4. 项目外部收益				8	8	8	...	8...	8	8	
	流入合计				58	68	88	...	88...	88	128	

续表

编号	名称 / 年序号	建设期			投产期		生产期					合计
		1	2	3	4	5	6	7/8	9...23	24	25	
二	现金流出											
	1. 固定资产投资	7	20	5								
	2. 流动资金				10	10						
	3. 经营成本				20	20	20	...	20...	20	20	
	4. 土地费用	1	1	1	1	1	1	...	1...	1	1	
	5. 项目外部费用	10	10	10	10	10	10	...	10...	10	10	
	流出合计	18	31	16	41	41	31	...	31...	31	31	
三	净现金流量	－18	－31	－16	17	27	57	...	57...	57	97	

贴现率是将发生不同时间的费用或效益折算成同一时间点上可以比较的费用或效益的折算比率，又称折现率。项目的费用发生在近期，效益发生在若干年后的将来，为使费用与效益能够比较，必须把费用和效益贴现到基准年。

$$PV=FV/(1+r)^t \tag{13-5}$$

式中 PV——现值；

FV——未来值；

r——贴现率；

t——项目期第 t 年。

若取贴现率 $r=10\%$，则 10 年后的 100 元钱，只相当于现在的 38.5 元；60 年后的 100 元钱，只相当于现在的 0.33 元。

选择一个高的贴现率时，由式（13-5）可见，未来的环境效益对现在来说就变小了；同样，未来的环境成本的重要性也下降了。这样，一个对未来环境造成长期破坏的项目就容易通过可行性分析；对一个未来环境起到长期保护作用的项目就不容易通过可行性分析。高贴现率不利于环境保护。

但是，一个高的贴现率对环境保护的作用是两面的，因为高贴现率的另一个影响是限制了投资总量。任何投资项目都要消耗资源，在一定程度上破坏环境。降低投资总量会在这一方面有利于资源环境的保护。从这方面来看，恰当的贴现率并非越小越好。理论上，合理的贴现率取决于人们的时间偏好率和资本的机会收益率。

进行项目费用效益分析时，只能使用一个贴现率。为考察环境影响对贴现率的敏感性，可在敏感性分析中选取不同的贴现率加以分析。

13.3.4 敏感性分析

敏感性分析是研究建设项目的主要因素：产品售价、产量、经营成本、投资、建设期、汇率、物价上涨指数等发生变化时，所导致的项目经济效益评价指标、内部收益率、净现值等可行性指标的预期值发生变化的程度。通过敏感性分析，可以找出项目的敏感因素，并确定这些因素变化后，对评价指标的影响程度，使决策者能了解项目建设中可能遇到的风险，从而提高投资决策的准确性，也可以预示对项目经济效益的影响最重要的因素，为提高投资决策的可靠性，对他们进行重新调查、分析、计算。

财务分析中进行敏感性分析的指标或参数有：生产成本、产品价格、税费豁免数等。

在费用效益分析中，考察项目对环境的敏感性时，可以考虑分析的指标或参数有：①贴现率（10%、8%、5%）；②环境影响的价值（上限、下限）；③市场边界（受影响人群的规模大小）；④环境影响持续的时间（超出项目计算期时）；⑤环境计划执行情况（好、坏）。

例如，在进行费用效益分析时使用 10% 的贴现率，计算出项目的一组可行性指标；再分别使用8%、5%的贴现率，重新计算一下项目的可行性指标，看看在使用不同的贴现率时，项目的经济净现值和经济内部收益率是否有很大的变化，也就是判断一下项目的可行性对贴现率的选择是否很敏感。

分析项目可行性对环境计划执行情况的敏感性。当环境计划执行得好时，计算出项目的可行性指标很高（因为环境影响小，环境成本低）；当环境计划执行得不好时，项目的可行性指标很低（因为环境影响大，环境成本高），甚至经济净现值小于零，使项目变得不可行了。这是帮助项目决策和管理的很重要的评价信息。

13.4 环境影响经济损益分析步骤

环境影响经济损益分析分四个步骤进行，主要有：确定和筛选环境影响；量化环境影响；评估环境影响的货币化；将评估结果纳入项目经济分析。具体程序见图 13-3。

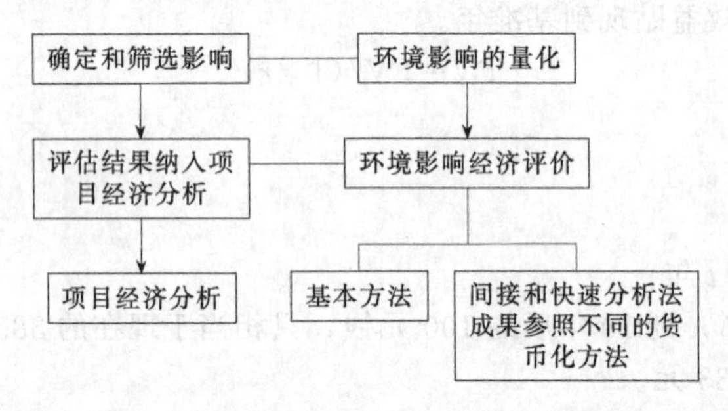

图 13-3 环境影响经济损益分析的具体程序

13.4.1 环境影响的确定

13.4.1.1 环境影响因子和影响因子的确定

影响因子是指由于人类活动改变环境介质（即空气、水体或土壤），而使人体健康、人类福利、环境资源或全球系统发生改变的物理、化学或生物因素。影响因子所产生的影响可能发生在项目的建设、运行或终止或全过程。确定环境影响因子，其目的是确定一个项目所有实际的和潜在的环境影响因子，并建立影响因子名录。

13.4.1.2 建立影响因子名录

这个步骤的目标是单个影响因子与其他影响联系起来，建立各影响因子的影响名录。影响分为人体健康、人类福利、环境资源或全球系统四类。有关环境影响因子潜在影响的分类表见表 13-2～表 13-4。

表 13-2 评价环境影响因子潜在影响分类表

影响分类	人体健康		人类福利				环境资源					
影响因子	死亡率	发病率	材料	审美	资源利用	社会/文化	海洋生态系统	地下水	淡水生态系统	生物多样性/濒危物种	陆地生态系统	全球系统
潜在排放/对大气的影响												
有害化学品												
1. 无机物												
2. 金属												
3. 有机物												
4. 农药												

续表

影响分类	人体健康		人类福利				环境资源					
影响因子	死亡率	发病率	材料	审美	资源利用	社会/文化	海洋生态系统	地下水	淡水生态系统	生物多样性/濒危物种	陆地生态系统	全球系统
气体												
5. 一氧化碳												
6. 二氧化硫												
7. 氮氧化物												
8. 氧化剂												
9. 温室气体												
10. 气溶胶/颗粒物												
11. 颗粒												
12. 电磁辐射												
13. 噪声												
14. 臭味												
潜在排放/对水的影响												
有害化学品												
15. 无机物												
16. 金属												
17. 有机物												
18. 农药												
19. 疾病/病原体												
20. BOD/COD												
21. 外来物												
22. 酸/碱												
23. 肥料												
24. 废物												
25. 酸沉降												
26. 盐渍化												
27. 颗粒物/沉积												
28. 水源改变/采水												
29. 水渠/蓄水												
30. 温度变化												
31. 过度利用												
32. 臭味												
潜在排放/对土壤的影响												
有害化学品												
33. 无机物												
34. 金属												
35. 有机物												
36. 农药												
37. 酸/碱												
38. 肥料												
39. 废物												
40. 酸沉降												
41. 盐渍化												
42. 土壤侵蚀												
43. 外来物												
44. 过度利用												
45. 土地利用												

表 13-3　影响因子的定义①

无机物(非金属):有害无机化学品(如氟、氯、氨)	疾病/病原体:细菌、病毒和其他致病因素
金属:有害金属(如铅、汞)	BOD/COD:生物需氧量/化学需氧量
有机物:有机化学品(如碳氢化合物、VOCs)	外来物:偶然或故意引入的非本地生物物种
农药:植物农药、昆虫农药、真菌农药	酸/碱:水酸碱值改变,存在腐蚀或易燃物
一氧化碳:CO	肥料:植物营养(如氮、磷、钾)
二氧化硫:SO_2	废物:动物或人的排泄物,其它生物废物
氮氧化物:NO_x	酸沉降:干或湿的酸沉降
氧化剂:光化学烟雾和臭氧	盐渍化:水和/或土壤中盐分增加
温室气体:CO_2、甲烷和其它可能影响全球气候的化学物质	颗粒物/沉积:增加扬尘和降尘
气溶胶/颗粒物:直径小于或等于 10μm 的颗粒物	水源改变/采水:改变水的自然来源
颗粒:直径大于 10μm 的粉尘	水渠/蓄水:引水或贮水
电磁辐射:传输电力产生的电磁场	温度变化:通常是温度增加
噪声:讨厌或过量的噪声	过度利用:收获超过可持续发展
臭味:腐败的气味	土壤侵蚀:土壤损失
土地利用②:植被、工业或人类活动占用的土地;土地利用可能包括火烧、取土、造地,以及有机碳储存变化	

① 影响因子是影响人和/或环境的物理、化学或生物因素。

② 土地利用将影响人的福利，如农作物产量的增减会改变食物营养结构。

表 13-4　影响的定义

人体健康	环境资源
死亡率:死亡或死亡增加的概率	海洋生态系统:包括礁石、鱼类和其他海洋生物资源
发病率:癌症、呼吸系统疾病、头痛等	地下水:地表下面的水
人类福利	淡水生态系统:包括湿地、流域或其他淡水生物资源
材料:对建筑材料等的损坏或污染	生物多样性/濒危物种:对动植物多样性、特有的或唯一的物种、物种栖息地和廊道的影响
审美:视觉、噪声、交通拥挤和其他审美影响	陆地生态系统:动植物、矿物、土壤、森林或草原栖息地
资源利用:森林(如木材)、农田(农作物)、渔业、野生生物(如生态旅游)等自然资源的生产率、商业　价值、存在或娱乐利用发生改变①	全球系统:气象模式或全球气候变化、臭氧层破坏
社会/文化:选址不当、家园丧失、被迫移民、对基层人群的影响、对宗教信仰或文化传统的影响	—

① 当一个项目对商业或娱乐价值产生影响时，资源利用可以视为一种人类福利影响。当一个项目影响一个生态系统质量时，这种影响可以视为环境资源影响。

13.4.2　环境影响的筛选

筛选环境影响的目的在于决定在经济评价中是否提出或应该怎样提出这些影响。因为并不是所有环境影响都需要或可能进行经济评价，一般从四个方面来筛选环境影响。

筛选 1：影响是否内部化或被控抑？

首先，要决定该影响是否代表一个内部成本或效益。如果一个影响是内部的，那么它就应该已经包括在项目的经济分析中；其次，要决定该影响是全部被控抑。如果影响被控抑，那么所发生的控抑成本（如污染控制）就应该已经包括在项目的估算成本中。

筛选 2：影响是否相对重要？

项目造成的环境影响通常是众多的、方方面面的，其中小的、轻微的环境影响将不再被量化和货币化。损益分析部分只关注大的、重要的环境影响。环境影响的大小轻重，需要评价者作出判断。

筛选 3：该影响对客观评价是否太不确定或太敏感？

有些影响可能是比较大的，但也许这些环境影响本身是否发生存在很大的不确定性，或人们对该影响的认识存在较大的分歧，或环境影响的评估可能涉及政治、军事禁区等敏感问题，这样的影响将被排除，不再进一步做经济评价。

筛选 4：能否完成定量评价？

这个筛选步骤考虑有没有足够的数据或其它信息支持对潜在影响进行定量评价。例如，一片森林破坏引起当地社区在文化、心理或精神上的损失很可能是巨大的，但因难以量化，所以不再对此进行经济评价。如果环境影响有足够的数据及其信息支持，那么就要进行定量评价。

经过筛选过程后，全部环境影响可分为三大类，一类环境影响是被剔除、不再做任何评价分析的影响，如那些内部的、小的环境影响以及能被控抑的影响等。另一类环境影响是需要定性说明的影响，如那些大的但可能很不确定的影响、显著但难以量化的影响等。第三类是那些需要并且能够量化和货币化的影响。

环境影响的筛选过程具体见图 13-4。

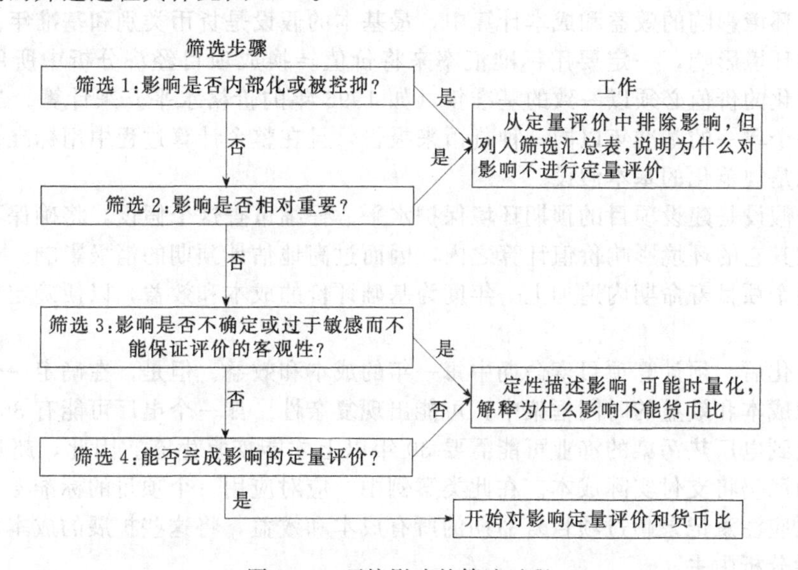

图 13-4　环境影响的筛选过程

13.4.3　环境影响的量化

量化影响，即用一个合理的物理量化单位来表述每种影响的大小。根据影响的定义，影响分为四类：人体健康、人类福利、环境资源和全球系统。这四类影响量化的方法有共同的部分，但又各有其特殊性，他们之间共同原则性步骤分为以下几方面。

① 查找出需要全面或部分经济评估的影响，然后确定与这些影响相对应的环境影响因子。

② 确定这些环境影响因子的量纲和数量。确定量纲可参考相关领域的文献或听取专家意见，以此量纲来衡量影响因子的数量。

③ 确定受体和影响因子对受体的传播途径，尤其是易感受体。

④ 确定受体所受影响的指标及其量纲。描述受体所受影响的指标也许会随着对影响因子产生影响的机制的认识而发生变化，量纲也就随之变化。

⑤ 量化影响。一个影响因子所产生的影响可能是四类影响中的一种，也可能是多种。在许多情况下，不可能将受体的所有影响予以量化。为尽可能的扩大量化范围，可以将定性信息与定量信息结合，直到获得更多的信息。

13.4.4 环境影响的货币化

环境影响的货币化就是将每种环境影响的量级从物理单位转换为货币单位。为了获得环境影响的货币化价值，我们通常需要用一种或多种“基本”的环境影响经济评价方法来对其进行估算。具体的环境价值评估方法，详见前述的“环境价值及其评价方法”。

13.4.5 将环境影响经济评价结果纳入项目经济分析

在对项目进行环境影响经济评价后，我们需将其评价结果——即货币化的环境影响成本和效益纳入常规的项目成本和效益。只有这样，我们才能更为精确地描述一个项目的真实价值，并将环境影响经济评价结果纳入到项目经济分析中，从而为项目最终的经济决策提供服务，这也是项目环境影响经济评价的最终目的。一般来说，将环境影响经济评价与项目的经济分析进行结合的过程主要分为五个步骤。

(1) 审查所有项目的成本和效益，以保证基于相似的假设

环境和非环境影响的效益和成本计算中，最基本的假设是货币类别和基准年。假如用成果参照法来评价环境影响，一定要用标准汇率来将价值转换成项目经济分析中所用的货币。同样，所有货币化的价值必须以一致的基准年（如 1996 年的价格水平）来计算。当所有货币化的价值是从一个单一的基准年以同一种货币来报告，且在整个计算过程中用标准化的汇率来进行分析，这就是规范化的基本假设。

另外一个假设是建设项目的预期环境保护水平。仔细审查这个假设，将确保不会误将控抑的影响包括在其它的环境影响价值计算之内，因而过高地估计预期的消极影响。

(2) 在整个项目寿命期内追加上一年度为基础评价的成本和效益，以便确定年成本流和效益流

假设规范化后，须计算项目寿命期中每一年的成本和效益。但是，在确定一个足以包揽所有预期的环境成本和效益的时间框架中，可能出现复杂性。如一个电厂可能有 30 年的寿命期，而临近严重受到电厂热污染的渔业可能需要 30 年以上才能恢复生态。因此，超过电厂运行寿命后，当地渔民仍将支付实际成本。在此类案例中，应对应用一个项目的标准寿命期来做经济分析，同时也应注意记录超过项目寿命期的所有成本和效益，将这些扩展的成本应结合到风险分析和敏感性分析中去。

(3) 运用规范的投资标准，即净现值和经济内部收益率，比较成本流和效益流

净现值和经济内部收益率是项目经济分析的基本指标。如果经济内部收益率超过项目的资本机会成本，就可认为项目在经济上是可行的。当效益总净现值超过成本总净现值，则净现值大于 0，这意味着项目将获得净的社会福利，因而值得投资。

当把环境影响经济评价纳入项目经济分析中去时，无论是运用内部收益率还是净现值，都应考虑和报告所有潜在的重大环境成本和效益，避免被遗漏，以至于得出错误的投资结果。

(4) 对关键的环境影响和财务项目变量，必须进行敏感性分析，对于那些根据敏感性分析确定的、对投资标准产生重大影响的变量，应进行概率分析

在可行性研究阶段，应考虑对主要环境和社会风险采取令人满意的控抑措施，对主要的环境及社会经济变量进行敏感性分析。

敏感性分析可应用于下面的情况，以找到不同假设条件下可能结果的范围。它包括：运用几个对环境影响及其货币价值上下限的假定方案，来计算项目的净现值或经济内部收益率；比较计算的净收益和经济内部收益率范围，从而确定不同方案和假设是否严重改变净现值和经济内部收益率的结果。

（5）风险和敏感性分析应该扩展到包括那些不能评估的环境成本和效益，即非货币化的环境成本和效益

在对非货币化影响的敏感性分析中，可采用近似的上下限价值。如看看包括一个非货币化成本是否会将一个正净现值降至0，或相反地，看看遗漏的效益影响是否会是一个负的净现值上升为一个正的净现值。另外，“反向分析”或“转折点”法用来计算被遗漏的效益或成本超过什么样的货币化价值，才能改变净现值结果的符号，使经济内部收益率从投资临界值的一边转向另一边，再用常识、文献中的价值，针对这个非货币化影响是否真有可能达到这样一个转折点价值做出判断。

第14章 环境管理与环境监测

环境影响评价制度作为我国建设项目环境管理的一项重要法律制度和体现“预防为主”的战略防御手段，在建设项目选址、合理布局、污染防治和生态破坏的控制等方面发挥着积极的作用。因此，环境影响评价文件有必要提出建设项目施工期和运营期的环境管理措施与建议，为预防、降低、避免环境影响提供依据。

14.1 环境管理

14.1.1 环境管理计划

环境管理是运用经济、法律、技术、行政、教育等手段使经济和环境保护得到协调发展。环境监督是环境管理的最基本职能和最大权力。环境监督包括环境立法、制定环境标准、环境监测以及环境保护工作的监督。

对于建设项目而言，应按照建设项目施工期和运营期的不同阶段，有针对性地制定出具有可操作性的环境管理措施、监测计划以及建设项目不同阶段的竣工环境保护验收目标。

对于非正常排放和事故排放，特别是事故排放时可能出现的环境风险问题，应提出预防与应急处理预案；施工周期长、影响范围广的建设项目还应提出施工期环境监理的具体要求。

14.1.2 机构设置与监控系统的建立

对于特定的区域，如经济技术开发区，区内应设置专门的环境管理及监测机构，以执行区内环境监测、污染源监督和环境管理工作。

14.1.2.1 环境管理机构与环境监测站的主要职责

（1）环境管理机构的主要职责

① 环保管理机构除执行主管领导有关环保工作的指令外，还应接受上级环境管理部门下达的各项环境管理工作，如统计报表、检查监督，定期与不定期地上报各项管理工作执行情况以及各项有关环境参数，为整体环境污染控制服务。

② 贯彻执行环境保护法规和标准。

③ 领导和组织环境监测工作。

④ 根据有关法规，负责建设项目“三同时”的审批和验收。

⑤ 检查环保设施运行情况，做好考核和统计工作。

⑥ 及时推广、应用环境保护的先进技术和经验。

⑦ 组织开展环保专业的法规、技术培训，提高各级环保人员的素质和水平。

⑧ 开展其他有关的环保工作。

（2）环境监测站的主要职责

① 制定环境监测的年度计划及发展规划，建立健全本站各项规章制度。

② 根据国家和地方标准，对重点污染源和环境质量开展日常监测工作。

③ 参加新改扩建项目的验收和测定工作，提供监测数据。

④ 参加污染治理工作，为污染治理服务。

⑤ 开展环境监测科学研究，不断提高监测水平。

⑥ 承担其他各级委托的监测任务。

14.1.2.2 环境监测计划

在编制环境影响报告书中，要制定出环境监测计划，明确监测计划的技术、管理要求，以便于环境管理部门能够贯彻执行，切实保护环境资源，保证经济社会的可持续发展。

环境监测计划和环境监测有关内容主要用于项目施工期和运营期。在施工期内，环境监测通常在指定的时间内进行。可以对大气、水等环境要素进行监测，还可以对小规模人类活动进行监测。环境监测计划的内容主要根据项目或区域对环境产生的主要环境影响和经济条件而定，一般包括几个方面：

① 选择合适的监测对象和环境因子。

② 确定监测范围。

③ 选择监测方法。

④ 估算、筹集及分担监测经费。

⑤ 建立定期审核制度。

⑥ 明确监测实施机构。

14.1.3 环境管理指标体系的建立

环境管理指标体系的建立必须在考虑环境、经济、生活质量等几方面关系的基础上，权衡轻重，加以选择。

14.1.3.1 规定环境管理指标选取的原则

① 科学性原则　指标或指标体系能全面、准确地表征管理对象的特征和内涵，能反映管理对象的动态变化，具有完整性特点，并且可分解、可操作、方向性明确。

② 规范化原则　指标的含义、范围、量纲、计算方法具有统一性或通用性。而且在较长时间内不会有大的改变，或者可以通过规范化处理，使其与其它类型的指标表达法进行比较。

③ 适应性原则　体现环境管理的运行机制，与环境统计指标、环境监测项目和数据相适应，以便于规划和管理。此外，所选指标还应与经济社会发展规划的指标相联系或相呼应。

④ 针对性原则　指标能够反映环境保护的战略目标、战略重点、战略方针和政策；反映区域经济社会和环境保护的发展特点和发展需求。

14.1.3.2 环境管理指标的类型

环境管理指标在结构上分为直接指标和间接指标两大类。直接指标主要包括环境质量指标和污染物总量控制指标，间接指标重点是与环境相关的经济、社会发展指标，区域生态指标等。

① 环境质量指标　环境质量指标主要标准自然环境要素（大气、水）和生活环境的质量状况，一般以环境质量标准为基本衡量尺度。环境质量指标是环境规划管理的出发点和归宿，所以其它指标的确定都是围绕完成质量指标进行的。

② 污染物总量控制指标　污染物总量控制指标将污染源与环境质量联系起来考虑，其技术关键是寻求源与汇（受纳环境）的输入响应关系，这是与目前盛行的浓度标准指标的根本区别。

③ 环境规划措施与管理指标　环境规划措施与管理指标是达到污染物总量控制指标进而达到环境质量指标的支持和保证性指标。这里指标有的由环保部门规划与管理，有的则属于城市总体规划，这类指标的完成与否与环境质量的优劣密切相关。

④ 相关性指标　相关指标主要包括经济指标、社会指标和生态指标三类。相关性指标大都包含在国民经济和社会发展规划中，都与环境指标有密切的联系，对环境质量有深刻影响，

但又是环境规划所包容不了的。因此，环境规划将其作为相关性指标列入，以便于全面地衡量环境规划指标的科学性和可行性。

14.1.4 环境目标可达性分析

环境目标是一定条件下，决策者对环境质量所要达到（或希望达到）的境地（结果）或标准。确定环境目标时应考虑如下问题：

① 选择恰当的环境保护目标要考虑区域内环境特征、性质和功能。

② 选择环境目标要考虑经济、社会和环境效益的统一。

③ 有利于环境质量的改善。

④ 考虑人们生存发展的基本要求。

⑤ 环境目标和经济发展目标要同步协调。

初步确定环境目标之后，就要论述环境目标是否可达。只有从整体上认为目标可达后，才能进行目标的分解，落实到具体污染源、具体区域、具体环境工程项目和措施。因此，从整体性上定性或半定量论述目标可达性是非常重要的。环境目标的可达性从以下几方面进行分析。

① 从投资的角度分析环境目标的可达性。环境目标确定以后，污染物的总量削减指标以及环境污染控制和环境建设等指标也就确定了。根据完成这些指标的总投资，可以计算出总的环境投资，然后与同时期的国民生产总值进行比较。虽然经济发展速度加快有可能增加对环境的压力，但高速增长的经济实力也将为环境保护提供更强有力的支持。因此，尽可能地利用经济发展产生的效益来实现环境目标。

② 从提高环境管理技术和污染防治技术的角度论证目标的可达性。我国五项新制度的实施，标志着我国环境管理发展到了一个新的水平，也标志着我国环境管理发展到了由定性转向定量，由点源治理转向区域综合防治的新阶段。环境管理技术的提高必将进一步促进强化环境管理，为环境目标的实施提供保证。

科学技术的发展，许多污染治理技术也在发展，生产的工艺技术在不断更新，逐渐淘汰一大批高消耗、低效益的生产设备。一些新技术的普及必将为环境目标的实施提供技术保证。

③ 从污染负荷削减可行性的角度论述环境目标的可达性。在分析总量削减的可行性时，要分析目前削减的潜力及挖掘潜力的可能性，然后粗略地分析今后的一定时期内可能增加的污染负荷的削减能力。也就是比较污染物总量负荷削减能力和目标要求的削减能力。如总量削减能力大于目标削减量，一方面说明目标可能定得太低，另一方面说明目标可达；如果总量削减能力小于目标削减量，一方面说明目标可能定得太高，另一方面说明在不重新增加是污染负荷削减能力的条件下，目标难以实现。

14.2 环境监测

环境监测是为了特定目的，按照预先设计的时间和空间，用可以比较的环境信息和资料收集的方法，对一种或多种环境要素或指标进行间断或连续地观察、测定、分析其变化及对环境影响的过程。

14.2.1 环境监测概述

14.2.1.1 环境监测的内容

环境监测是以研究监测影响环境质量的各种污染物及其变化为对象的一门科学分支，具体监测内容为：

① 大气污染监测　大气污染监测分为大气环境质量监测和污染源监测，其中污染源包括

固定污染源和流动污染源。我国目前对大气污染物的最高允许浓度和排放量作了规定，这些污染物常常是监测的主要项目。

② 水质污染监测　水污染监测分为水环境质量监测和废水监测，其中水环境质量监测包括地表水和地下水。主要监测项目包括物理性质、化学污染指标和有关生物指标，此外还包括流速、水量等水文参数。

③ 土壤污染监测　土壤污染主要由工业废弃物，污灌和不适当的使用化肥、农药、除草剂所致。重点监测项目是影响土壤生态平衡的重金属元素、有害非金属元素和难于降解的有机物。

④ 生物污染监测　生物污染监测是对生物体内的污染物质进行监测。因为生物通过大气、水、土壤或食物吸取营养的同时，某些污染物也会进入生物体，并在生物体内富集而受到危害，破坏生态平衡，直接或间接影响着人体健康。监测项目主要为重金属元素、有害非金属元素、农药及某些有毒化合物等。

⑤ 固体废物监测　固体废物是指丢弃的固体或泥状物质，来源于人类的生产和消费活动。主要监测固体废物的毒性、易燃易爆性、腐蚀性和反应性。其中也包括有毒有害物质的组成含量测定和毒性试验。

⑥ 噪声污染监测　噪声污染监测主要是环境噪声和噪声源监测，其中环境噪声包括城市环境噪声、交通噪声等。

⑦ 放射性污染监测及其他能量污染监测　如热污染、振动污染、光污染、电磁波污染等监测。

14.2.1.2　环境监测分类

环境监测是环境保护工作的基础，是环境立法、环境规划和环境决策的依据。环境监测是环境管理的重要手段之一。环境监测可按照监测目的、监测对象以及污染物的性质进行分类。

环境监测按照监测目的可分为：

① 研究性监测　研究性监测主要是以科学研究和调查为目的，研究确定污染物从污染源到受体的运动过程，鉴定环境中十分关注的污染物，掌握某一区域环境污染或某一污染事件对人体的影响和危害。此类监测需要化学分析、物理测定、生物和生理生化检验技术。

② 监视性监测　监视性监测又称为例行监测或常规监测，包括环境质量监测和污染源监督监测。目的是掌握环境质量状况和污染物来源，判断环境标准实施情况和改善环境所取得的进展，以确定某一个城市、一个地区、国家或全球的污染现状及发展趋势。此类监测投入人力、设备多，涉及面广、工作量大。

③ 特殊目的监测　特殊目的监测包括范围较广，大体可分为事故性监测、仲裁监测和服务性监测。其中事故性监测是指污染事故对环境影响的应急监测，多采用监测车、监测船、空中监测、遥感监测等，以确定污染范围及严重程度，为控制污染提供数据。仲裁监测是针对污染纠纷而进行的具有法律责任的监测，应由国家指定的权威部门执行。服务性监测包括人员考核、方法验证、治理项目的验收、评价或为单位及部门进行监测咨询服务（如环评要求进行的监测和建设项目竣工环保验收监测等）等。

按监测对象，环境监测可分为：大气污染监测、水质污染监测、土壤污染监测、生物污染监测、固体废物监测等。

按污染物的性质不同，环境监测可分为：化学毒物监测、卫生监测、热污染监测、电磁波污染监测、放射性污染监测、水富营养化监测等。

按监测方法，环境监测可分为：间歇式、连续式、手工式、自动式、生物法、仪器法等监测。

14.2.1.3 环境监测的特点

① 污染物质种类繁多、组成复杂、性质各异，其中大多数物质在环境中的含量（浓度）极低，属于微量级甚至痕量级、超痕量级，而且污染物之间还有相互作用，分析测定时会有相互干扰。这就要求环境监测方法具有“三高”，即高灵敏度、高准确度和高分辨率。

② 环境监测包括了对环境污染的追踪和预报，对环境质量的监督和鉴定，应此就需要有必要数量的有代表性和可比性的数据，需要有高效、准确的自动在线监测手段。这就要求环境监测具有“三化”，即自动化、标准化和计算机化。

③ 环境监测涉及的知识面、专业面宽。它不仅需要有坚实的分析化学基础，而且还需要有足够的物理学、生物学、生态学、水文学、气象学、地学和工程学等多方面的知识。在做环境质量调查或鉴定时，环境监测也不能回避社会性问题，必须考虑一定的社会评价因素。因此，环境监测具有多学科性、边缘性、综合性和社会性等特征。

14.2.1.4 污染物优先监测的确定原则

环境监测的内容、项目和污染物种类繁多，而且情况复杂。如已知的700万种化学物质中，有10多万种可进入环境，各污染物之间又相互作用或转化。对于环境质量来说，监测项目越多，掌握的污染状况越确切。但实际受人力、物力和技术条件所限，不可能把涉及的项目全部列入。应确定一个筛选原则，根据监测目的及污染物的特性，对危害大、出现频率高、具有代表性的项目优先监测。优先选择的监测污染物成为环境优先污染物。一般可根据以下原则确定优先监测项目：

① 对环境影响大，持续时间长或能在生物体内产生积累的污染物；

② 已有可靠的监测方法，并能获得准确的数据；

③ 已有确定的环境标准或其他规定和要求；

④ 在环境中的含量已接近或超过规定的标准值，其污染趋势还在上升；

⑤ 样品有广泛的代表性，能反映环境综合质量。如采集河流底泥作为监测水体在一段时间内的重金属含量样品，比经常监测个别水样更为经济有效。

14.2.2 环境监测方案

14.2.2.1 环境监测方案的基本原则

监测方案是完成监测任务的具体安排。监测方案必须具有可行性和经济性。最佳的监测方案应该是以科学的方法，简便的方式取得最高效率的工作结果。

① 必须依据环境保护法规和环境质量标准、污染物排放标准中国家、行业和地方的相关规定。

② 必须遵循可行性、实用性的原则。监测不是目的，是了解环境状况、保护环境的手段，所以要求监测数据的实效性，监测手段的准确性、可靠性和实用性。在制定监测方案时，要依据统一的监测方法，要做费用效益分析，做到切合实际。

③ 优先污染物优先监测的原则。

④ 全面规划、合理布局。环境问题的复杂性决定了环境监测的多样性，要对监测布点、采样、分析监测及数据处理做出合理安排。现如今环境监测技术发展的特点是监测布点设计最优化、自动监测技术普及化、遥感遥测技术实用化、实验室分析和数据管理计算机化，以及综合观测体系网络化。应视不同情况，采取不同的技术路线，发挥各自技术路线的长处。

2006年3月，国家公布了《环境监测的技术路线》（表14-1）。具体的监测项目、监测频次及监测方法详见《环境监测的技术路线》全文。

表 14-1 环境监测技术路线

项目	技 术 路 线
空气监测	以连续自动监测技术为主导，以自动采样和被动式吸收采样—实验室分析技术为基础，以可移动自动监测技术为辅助
地表水监测	以流域为单元，优化断面为基础，连续自动监测分析技术为先导；以手工采样、实验室分析技术为主体；以移动现场快速应急监测技术为辅助手段，自动监测、常规监测与应急监测相结合
噪声监测	运用具有自动采样功能的环境噪声自动监测仪器、积分声级计、噪声数据采集器等设备，按网格布点法进行区域环境噪声监测，按路段布点法进行道路交通噪声监测，按分期定点连续监测法进行功能区噪声监测
固定源监测	重点污染源采用以自动在线监测技术为主导，其它污染源采用以自动采样和流量监测同步-实验室分析为基础，并以手工混合采样-实验室分析为辅助手段的浓度监测与总量监测相结合的技术路线
生态监测	以空中遥感监测为主要技术手段，地面对应监测为辅助措施，结合 GIS 和 GPS 技术，完善生态监测网络，建立完善的生态监测指标体系和评价方法，达到科学评价生态环境状况及预测其变化趋势的目的
固体废物监测	采用现代毒性鉴别试验与分析测试技术，以危险废物和城市生活垃圾填埋厂、焚烧厂等重点处理处置设施的在线自动监测为主导，以重点污染源排放的固体废物的人工采样—实验室常规监测分析为基础，逐步建立并形成我国完善的固体废物毒性试验与监测分析的技术体系
土壤监测	以农田土壤监测为主，以污灌农田和有机食品基地为监测重点，开展农田土壤例行监测工作。对全国大型的有害固体废弃物堆放场周围土壤、污水土地处理区域和对环境产生潜在污染的工厂遗弃地开展污染调查，并对典型区域开展跟踪监测性监测，逐步完善我国土壤环境监测技术和网络体系
生物监测	以生物群落监测技术为主，以生物毒理学监测技术为辅，优先开展水环境生物监测，逐步拓展大气污染植物监测；巩固现有水生生物监测网，逐步健全全国流域生物监测网站，以达到通过生物监测手段说清环境质量变化规律的目的
辐射环境监测	以手动定期采样分析和测量为基本手段，在重点区域采取自动连续监测环境 γ 辐射空气吸收剂量率的现代化方式，说清全国辐射环境质量状况，说清重点辐射污染源的排泄情况，说清核事故对场外环境的污染情况

14.2.2.2 环境监测程序

环境监测程序主要包括以下几方面：

① 现场调查与资料收集 主要调查收集区域内各种污染源及其排放规律和自然与社会环境特征。自然和社会特征包括：地理位置、地形地貌、气象气候、土壤利用情况以及社会经济发展状况。现场调查和资料收集是划定监测范围、确定监测因子、设置监测点位的基础。

② 确定监测项目 监测项目主要是依据国家、行业及地方的污染物排放标准和环境质量标准，本地主要污染源及其主要污染物的特点来选择，同时还需要测定一些气象及水文参数。当环境监测的项目很多不可能同时进行时，必须坚持优先监测的原则。

③ 监测范围、点位布设 充分考虑评价项目所在区域的自然环境状况和污染物扩散分布特征，按照相应的环境影响评价技术导则和监测技术规范确定监测范围。优化点位布设是在充分考虑环境污染物扩散和空间分布的基础上，取得有代表性监测数据的重要程序。如：评价项目的拟建厂界外有学校或医院等敏感点，噪声监测范围应适当扩大。

④ 监测时间和频次 环境监测应选择在有代表性的时期进行。大气环境监测分采暖期和非采暖期；水环境监测分丰水期、平水期和枯水期；噪声监测分昼间和夜间，不同时期获得的监测数据可能有较大的差别。因此，环境监测应充分考虑污染物时间分布的特点，确定监测时间和监测频次，同时监测时间还必须满足所用评价标准值的取值时间要求。

⑤ 环境样品的采集和分析测定 环境监测过程必须按照规范的操作规程加以实施，才能获得科学可靠的监测信息。在进行环境监测工作时，必须按照相关的环境监测技术规范执行，如《地表水和污水监测技术规范》（HJ/T 91—2002）、《地下水环境监测技术规范》（HJ/T 164—2004）等。

根据样品特征及所测组分特点，选择适宜的分析测试方法。目前用于环境监测的分析方法有化学分析和仪器分析两大类。化学分析法包括容量法和重量法。

⑥ 数据处理与结果上报　监测数据是环境监测的产品，监测结果应满足代表性、准确性、精密性、可比性和完整性的质量要求。由于监测误差存在于环境监测的全过程，只有在可靠的采样和分析测试的基础上，运用数理统计的方法处理数据，才可得到符合客观要求的数据。

14.2.2.3　环境监测方案

(1) 环境空气质量监测

① 监测技术要点　环境影响评价的大气环境质量现状监测应根据《环境影响评价技术导则——大气环境》（HJ2.2-2008），按照评价等级进行监测。环境空气质量监测技术要点见表14-2。

表 14-2　环境空气质量监测技术要点

项目	内容	一级评价	二级评价	三级评价
监测布点原则	监测点数	≥10 个	≥6 个	2~4 个
	布点方法	采用极坐标布点法在评价范围内布点		
	布点方位	至少在约 0°、45°、90°、135°、180°、225°、270°、315°等方向上布点，并且在下风向加密，可根据局地地形条件、风频分布特征以及环境功能区、环境空气保护目标所在方位做适当调整	至少在约 0°、90°、180°、270°等方向上布点，并且在下风向加密，可根据局地地形条件、风频分布特征以及环境功能区、环境空气保护目标所在方位做适当调整	至少在约 0°、180°等方向上布点，并且在下风向加密，可根据局地地形条件、风频分布特征以及环境功能区、环境空气保护目标所在方位做适当调整
	布点要求	各个监测点要有代表性，环境监测值应能反映各环境空气敏感区、各环境功能区的环境质量，以及预计受项目影响的高浓度区的环境质量		
监测时间和频次	监测季节	二期(冬季、夏季)	一期不利季节	近 3 年监测资料或补充监测
	监测时段	7 天有效数据		
		符合《环境空气质量标准》(GB 3095—1996)对数据有效性的规定		
	采样时间	当地时间 02、05、08、11、14、17、20、23 时 8 小时浓度值	当地时间 02、08、14、20 时 4 小时浓度值	
		在不具备连续自动监测条件下，进行小时浓度监测要求		

② 样品采集和分析方法　样品的采集按《环境空气质量自动监测技术规范》（HJ/T 193—2005）和《环境空气质量手工监测技术规范》（HJ/T 194—2005）执行。

涉及《环境空气质量标准》（GB 3095—1996）中各项污染物的监测方法，应符合该标准对监测方法的规定。其它污染物首先选择国家或环保部发布的标准监测方法。

③ 气象观测　在进行环境空气质量监测的同时，应测量风向、风速、气温、气压等气象参数，并同步收集项目位置附近有代表性，且与环境空气质量现状监测时间相对应的常规地面气象观测资料。

④ 监测结果统计分析　以列表的方式给出各监测点大气污染物的不同取值时间的浓度变化范围，计算并列表给出各取值时间最大浓度值占相应标准浓度限值的百分比和超标率，并评价达标情况。

$$超标率=（超标数据个数 \div 总监测数据个数）\times 100\%$$

分析大气污染物浓度的日变化规律以及大气污染物浓度与地面风向、风速等气象因素及污染源排放的关系。分析重污染时间分布情况及影响因素。

(2) 地表水环境监测

① 监测技术要点　环境影响评价的地表水环境质量现状监测应根据《环境影响评价技术导则——地面水环境》（HJ/T 2.3—1993），按照评价等级进行监测。地表水环境监测技术要点见表 14-3。

② 监测频次　在所规定的不同规模河流、湖泊、水库的不同评价等级的调查时期中，每期调查一次，每次调查 3～4 天；至少有一天对所有已选取定的水质参数取样分析，其它天数

根据预测需要，配合水文测量对拟预测的水质参数取样。表层溶解氧和水温每隔 6 小时测一次，并在调查期内适当检测藻类。

表 14-3　地表水环境监测技术要点

<table>
<tr><th>项目</th><th>内容</th><th>一级评价</th><th>二级评价</th><th>三级评价</th></tr>
<tr><td rowspan="5">河流</td><td>调查时期</td><td>一般情况，为一个水文年的丰水期、平水期和枯水期；若评价时间不够，至少应调查平水期和枯水期</td><td>条件许可，可调查一个水文年的丰水期、平水期和枯水期；一般情况，可只调查平水期和枯水期；若评价时间不够，可只调查枯水期</td><td>一般情况，可只调查枯水期</td></tr>
<tr><td>布点方法</td><td colspan="3">在取样断面的主流线上设置一条取样垂线，河流越宽，应适当增加取样垂线，而且主流线两侧的垂线数目不必相等，拟设置排污口一侧可以多一些</td></tr>
<tr><td>取样断面</td><td colspan="3">一般布设背景断面(在排污口上游包括上游所有污染源入河位置)、对照断面(在排污口下游、污水和地表径流刚好混匀处)和削减断面</td></tr>
<tr><td>取样位置</td><td colspan="2">在一条垂线上，水深大于 5m 时，在水面下 0.5m 水深处及距河底 0.5m 处，各取样一个；水深为 1～5m 时，只在水面下 0.5m 处取一个样；在水深不足 1m 时，取样点应在水面下小于 0.3m，距河底也不应小于 0.3m</td><td>不论河水深浅，仅在一条垂线上取一个样。一般取样点应在水面下 0.5m 处，距河底不应小于 0.3m</td></tr>
<tr><td>取样方式</td><td>每个取样点的水样均应分析，不取混合样</td><td colspan="2">需预测混合过程段水质的场合，每次应将该段内各取样断面每条垂线上的水样混合成一个水样(不包括 pH、水文和 DO)。其它情况每个取样断面每次只取一个混合水样，即在该断面上，各处所取水样混匀成一个水样</td></tr>
<tr><td rowspan="8">湖泊/水库</td><td rowspan="6">布点方法</td><td colspan="3">当项目污水排放量$<50000m^3/d$时</td></tr>
<tr><td rowspan="2">大中型湖泊、水库，每 1～2.5km^2布设一个取样位置；小型湖泊/水库，每 0.5～1.5km^2布设一个取样位置</td><td>大中型湖泊、水库，每 1.5～3.5km^2布设一个取样位置</td><td>大中型湖泊、水库，每 2～4km^2布设一个取样位置</td></tr>
<tr><td colspan="2">小型湖泊/水库，每 1～2km^2布设一个取样位置</td></tr>
<tr><td colspan="3">当项目污水排放量$>50000m^3/d$时</td></tr>
<tr><td>大中型湖泊、水库，每 3～6km^2布设一个取样位置</td><td colspan="2">大中型湖泊、水库，每 4～7km^2布设一个取样位置</td></tr>
<tr><td colspan="3">小型湖泊/水库，每 0.5～1.5km^2布设一个取样位置</td></tr>
<tr><td>大中型湖泊、水库取样位置</td><td colspan="3">当平均水深$<10m$时，取样点设在水面下 0.5m 处，但此点距底不应小于 0.5m。当平均水深$\geq 10m$时，应先测水温。在取样位置水面以下 0.5m 处测水温，以下每隔 2m 水深测一个水温值，如发现两点间温度变化较大时，应在这两点间酌量加测几点的水温，目的是找到斜温层。找到斜温层后，在水面下 0.5m 处及斜温层以下，距底 0.5m 以上各取一个水样</td></tr>
<tr><td>小型湖泊、水库取样位置</td><td colspan="3">当平均水深$<10m$时，取样点设在水面下 0.5m 处，但此点距底不应小于 0.5m；当平均水深$\geq 10m$时，在水面下 0.5m 处和水深 10m 并距底不小于 0.5m 处各设一个取样点</td></tr>
</table>

③ 样品分析方法　分析方法是首选国家环境质量标准值中列出的标准测试方法。对国家环境质量标准未列出的污染物和尚未列出测试方法的污染物，选择国家现行的标准测试方法、行业现行标准测试方法、统一方法或推荐方法等。

(3) 地下水环境监测

地下水环境现状监测主要通过对地下水水位、水质的动态监测，了解和查明地下水水流与地下水化学组分的空间分布现状和发展趋势，为地下水环境现状评价和环境影响预测提供基础资料。地下水环境监测应以浅层地下水和有开发利用价值的含水层为主，适当兼顾与目标含水层有水力联系的其它含水层和地表水体。

① 监测技术要点　环境影响评价的地下水环境质量现状监测应根据《环境影响评价技术导则——地下水环境》(HJ 610—2011)，按照评价等级进行监测。地表水环境监测技术要点见表 14-4。

表 14-4　地下水环境监测技术要点

<table>
<tr><th>项目</th><th>内容</th><th>一级评价</th><th>二级评价</th><th>三级评价</th></tr>
<tr><td rowspan="2">监测布点</td><td>布点原则</td><td colspan="3">地下水环境监测点采用控制性布点与功能性布点相结合的原则，监测点应重点布置在不用的水文地质单元、主要含水层、易污染含水层和已污染含水层，以及主要环境水文地质问题的易发区或已发区等。一般情况下，地下水水位监测点数应大于各级地下水水质监测点数的 2 倍以上</td></tr>
<tr><td>监测点数</td><td>≥7 个（一般要求建设项目场地上游和两侧的地下水水质监测点各应≥1 个，建设项目场地及其下游影响区的地下水水质监测点不得少于 3 个）</td><td>≥5 个（一般要求建设项目场地上游和两侧的地下水水质监测点各应≥1 个，建设项目场地及其下游影响区的地下水水质监测点不得少于 2 个）</td><td>≥3 个（一般要求建设项目场地上游和两侧的地下水水质监测点各应≥1 个，建设项目场地及其下游影响区的地下水水质监测点不得少于 2 个）</td></tr>
<tr><td rowspan="2">监测时间和频次</td><td>监测季节</td><td>丰水期、平水期和枯水期各监测一次</td><td>丰水期和枯水期各监测一次</td><td>尽可能地在枯水期监测一次</td></tr>
<tr><td>监测时段</td><td colspan="3">应在能代表当地地下丰水期、平水期和枯水期的月份中进行</td></tr>
</table>

② 采样及分析方法　水样的采集和保存，按照《地下水环境监测技术规范》（HJ/T 164—2004）执行。分析方法优先选用国家或行业标准分析方法，尚无国家或行业标准分析方法的监测项目，可选用行业统一分析方法或行业规范。

(4) 土壤环境监测

① 监测项目　土壤环境质量是以土壤中某些物质的含量来表征的，大气和地面水体中的污染物都可能成为土壤污染物。土壤污染物主要有以下几类。

a. 有机污染物，其中数量较大、毒性较大的是化学农药，主要分为有机氯和有机磷农药两大类。有机氯农药主要包括 DDT、六六六、艾氏剂等。有机磷农药主要包括马拉硫磷、对硫磷、敌敌畏等。此外还有各种杀虫剂、酚、石油类、苯并［a］芘和其他有机化合物。

b. 重金属、如隔、贡、铬、铅、铜、锌；非金属毒物有砷、氟。

c. 土壤 pH 值、全氮量及硝态氮量、全磷量、各种化肥。

d. 放射性元素，如铯、锶等。

在进行拟建工程的土壤环境影响评价时，参照上述污染因子，根据拟建工程排放的主要污染物、当地大气、地面水和土壤中的主要污染物，选择监测项目。

② 采样点的布设　采样点位布设方法应根据土地面积和地形选择使用对角线法、梅花形法、棋形法或蛇形法等。

建设项目土壤环境评价监测，采样点总数不少于 5 个。每 $100hm^2$ 占地面积，采样点数目不少于 5 个，其中小型建设项目设 1 个柱状样采样点，大中型建设项目不少于 3 个柱状样采样点，特大型建设项目或对土壤环境影响敏感的建设项目不少于 5 个柱状样采样点。

建设工程生产或者将要生产导致的污染物，以工艺烟雾（尘）、污水、固体废物等形式污染周围土壤环境，采样点以污染源为中心放射状布设为主，在主导风向和地表水的径流方向适当增加采样点（离污染源的距离远于其它点）；以水污染型为主的土壤按水流方向带状布点，采样点自纳污口起由密渐疏；综合污染型土壤监测布点采用综合放射状、均匀、带状布点法。

③ 样品采集及土样制备　表层土样采集深度 0～20cm；每个柱状样取样深度都为 100cm，分取三个土样：表层样（0～20cm）、中层样（20～60cm）、深层样（60～100cm）。

每个土壤样品采集 1kg 左右。测量重金属的样品，取样时应除去接触铁铲部分的土壤，以免污染。采到的土壤样品应先挑出石块、木棒、树叶等非土壤物质。刷除异物之后，经混匀再用四分法缩分得到有代表性的土壤。

当测定除 Hg、As 之外的重金属如 Pb、Cd 等时，将土样风干或烘后，磨细过筛，称量适当土样用酸消解后测定；由于 Hg、As 易挥发，只能风干后称样消解测定，千万不可烘干。

这类土样使用聚乙烯袋封装。

在测定DDT、六六六及有机污染物时，土壤不能风干，否则测定成分会挥发消失，应测定含水分的原始湿样，经索氏提取后测定，同时测量含水量，扣除失水后以千基表示其含量。这类土样不能用布袋封装，应装入棕色磨口玻璃瓶中。

④ 分析方法和质量控制　根据《土壤环境监测技术规范》(HJ/T 166—2004) 中规定的土壤分析方法进行分析。一般需要分析土壤中重金属元素、微量元素、农药及其它污染物质的含量。

土壤样品消解或提取等制样过程的误差是监测结果误差的主要来源。因此，在处理土样时必须同时用标准土壤进行分析全过程的质量控制。

(5) 声环境监测

根据监测目的和对象的不同，分别按照环境影响评价技术导则和下列相关标准或方法的最新版本执行。《环境影响评价技术导则——声环境》(HJ 2.4—2009)、《声环境质量标准》(GB 3096—2008) 等。

① 环境噪声监测布点原则

a. 布点应覆盖整个评价范围，包括厂界（或场界、边界）和敏感目标。当敏感目标高于（含）三层建筑时，还应选取有代表性的不同楼层设置测点。

b. 评价范围内没有明显的声源（如工业噪声、交通运输噪声、建设施工噪声、社会生活噪声等)，且声级较低时，可选择有代表性的区域布设测点。

c. 评价范围内有明显的声源，并对敏感目标的声环境质量有影响，或建设项目为改、扩建工程，应根据声源种类采取不同的监测布点原则。

当声源为固定源时，现状测点应重点布设在可能既受到现有声源影响，又受到建设项目声源影响的敏感目标处，以及有代表性的敏感目标处；为满足预测需要，也可在距离现有声源不同距离处设衰减测点。

当声源为流动声源，且呈线声源特点时，现状测点位置选取应兼顾敏感目标的分布状况、工程特点及线声源噪声影响随距离衰减的特点，布设具有代表性的敏感目标处。为满足预测需要，也可选取若干线声源的垂线，在垂线上距声源不同距离处布设监测点。其余敏感目标的现状声级可通过具有代表性的敏感目标噪声的验证和计算求得。

对于改、扩建机场工程，测点一般布设在主要敏感目标处，测点数量可根据机场飞行量及周围敏感目标情况确定，现有单条跑道、二条跑道或三条跑道的机场可分别布设 3～9、9～14或12～18个飞机噪声测点，跑道增多可进一步增加测点。其余敏感目标的现状飞机噪声声级可通过测点飞机噪声声级的验证和计算求得。

② 环境噪声测点选择　根据监测对象和目的，可选择以下三种测点条件（指传声器所在位置）进行环境噪声的测量。

a. 一般户外。距离任何反射面（地面除外）至少 3.5m，距地面高度 1.2m 以上。必要时可置于高层建筑上，以扩大监测受声面积。使用监测车辆测量传声器应固定在车顶部 1.2m 高度外。

b. 噪声敏感建筑物户外。在噪声敏感建筑物外，距墙壁或窗户 1m处，距地面高度 1.2m 以上。

c. 噪声敏感建筑物室内。距墙壁和其他反射面至少 1m，距窗约 1.5m，距地面 1.2～1.5m 高。

③ 测量时段　应在声源政策允许工况的条件下测量。每一测点，应分别进行昼间、夜间的测量。对于噪声起伏较大的情况（如道路交通噪声、铁路噪声、飞机机场噪声）应增加昼间、夜间的测量次数。

④ 气象条件　测量应在无雨雪、无雷电天气，风速 5m/s 以下时进行。

⑤ 监测类型和方法　根据监测对象和目的，环境噪声分为声环境功能区监测和噪声敏感建筑物监测两种类型。分别采用《声环境质量标准》(GB 3096—2008) 附录B和附录C规定的监测方法。

第 15 章 公众意见调查

公众意见调查是环境影响评价制度非常重要的内容，是环境影响评价的重要组成部分。在环境影响评价过程中与公众就规划或建设项目的潜在环境影响进行交流，并对公众意见进行调查的过程是公众参与在环境影响评价过程中赋予公众（指不参与规划或建设项目编制、投资、设计和施工建设的有关单位、专家和个人）和有关公众［指位于规划或建设项目环境影响（含风险事故）范围内，具有完全行为能力的有关自然人，包括受规划或建设项目直接和间接影响以及关注规划或建设项目的个人］法律权利的具体体现。

为推进和规范环境影响评价活动中的公众参与，根据《环境影响评价法》、《行政许可法》、《全面推进依法行政实施纲要》和《国务院关于落实科学发展观加强环境保护的决定》等法律和法规性文件有关公开环境信息和强化社会监督的规定，我国国家环境保护总局制定了《环境影响评价公众参与暂行办法》。该法对公众参与环评的主体、范围、阶段、方式及信息公开做了具体、明确的规定，增强了公众参与的可操作性，保障了公众参与环境影响评价的有效实现。

《环境影响评价公众参与暂行办法》明确规定建设单位或者其委托的环境影响评价机构在编制环境影响报告书的过程中，环境保护行政主管部门在审批或者重新审核环境影响报告书的过程中，应当依照本办法的规定，公开有关环境影响评价的信息，征求公众意见。

15.1 公众意见调查的一般要求

15.1.1 公开环境信息的一般要求

公开环境信息是将规划或建设项目潜在环境影响的信息（包括与之相关的规划或建设项目背景信息）向公众披露并做出相应解释的过程。

只有充分保障公众的环境知情权，才能公平、公正、完整做好公众意见调查。信息公开是公众参与环境影响评价的前提，从环境影响评价的角度来看，让公众了解掌握规划或者建设项目的资料信息才能让公众对此产生评论，才有可能做出最符合他们利益需求的选择。否则，公众即使参与也是盲目参与。公众的环境知情权关键在于要实行环境信息公开法治化、透明化，公众获得信息的全面性、快捷性、真实性得到保障。

公开环境信息的要求如下：

(1) 在《建设项目环境分类管理名录》规定的环境敏感区建设的需要编制环境影响报告书的项目，建设单位应当在确定了承担环境影响评价工作的环境影响评价机构后7日内，向公众公告下列信息：

① 建设项目的名称及概要；

② 建设项目的建设单位的名称和联系方式；

③ 承担评价工作的环境影响评价机构的名称和联系方式；

④ 环境影响评价的工作程序和主要工作内容；

⑤ 征求公众意见的主要事项；

⑥ 公众提出意见的主要方式。

(2) 建设单位或者其委托的环境影响评价机构在编制环境影响报告书的过程中，应当在报送环境保护行政主管部门审批或者重新审核前，向公众公告如下内容：

① 建设项目情况简述；

② 建设项目对环境可能造成影响的概述；

③ 预防或者减轻不良环境影响的对策和措施的要点；

④ 环境影响报告书提出的环境影响评价结论的要点；

⑤ 公众查阅环境影响报告书简本的方式和期限，以及公众认为必要时向建设单位或者其委托的环境影响评价机构索取补充信息的方式和期限；

⑥ 征求公众意见的范围和主要事项；

⑦ 征求公众意见的具体形式；

⑧ 公众提出意见的起止时间。

(3) 发布信息的方式如下：

① 在建设项目所在地的公共媒体上发布公告；

② 公开免费发放包含有关公告信息的印刷品；

③ 其他便利公众知情的信息公告方式。

(4) 公开便于公众理解的环境影响评价报告书简本的方式：

① 在特定场所提供环境影响报告书的简本；

② 制作包含环境影响报告书的简本的专题网页；

③ 在公共网站或者专题网站上设置环境影响报告书的简本的链接；

④ 其他便于公众获取环境影响报告书的简本的方式。

15.1.2 征求公众意见的一般要求

(1) 建设单位或者其委托的环境影响评价机构应当在发布信息公告、公开环境影响报告书的简本后，采取调查公众意见、咨询专家意见、座谈会、论证会、听证会等形式，公开征求公众意见。要求：

① 建设单位或者其委托的环境影响评价机构征求公众意见的期限不得少于 10 日，并确保其公开的有关信息在整个征求公众意见的期限之内均处于公开状态。

② 环境影响报告书报送环境保护行政主管部门审批或者重新审核前，建设单位或者其委托的环境影响评价机构可以通过适当方式，向提出意见的公众反馈意见处理情况。

(2) 环境保护行政主管部门应当在受理建设项目环境影响报告书后，在其政府网站或者采用其它便利公众知悉的方式，公告环境影响报告书受理的有关信息。要求：

① 环境保护行政主管部门公告的期限不得少于 10 日，并确保其公开的有关信息在整个审批期限之内均处于公开状态。

② 环境保护行政主管部门根据本条第一款规定的方式公开征求意见后，对公众意见较大的建设项目，可以采取调查公众意见、咨询专家意见、座谈会、论证会、听证会等形式再次公开征求公众意见。

③ 环境保护行政主管部门在作出审批或者重新审核决定后，应当在政府网站公告审批或者审核结果。

(3) 公众可以在有关信息公开后，以信函、传真、电子邮件或者按照有关公告要求的其它方式，向建设单位或者其委托的环境影响评价机构、负责审批或者重新审核环境影响报告书的环境保护行政主管部门，提交书面意见。

(4) 建设单位或者其委托的环境影响评价机构、环境保护行政主管部门，应当综合考虑地域、职业、专业知识背景、表达能力、受影响程度等因素，合理选择被征求意见的公民、法人或者其它组织。被征求意见的公众必须包括受建设项目影响的公民、法人或者其它组织的代表。

(5) 建设单位或者其委托的环境影响评价机构、环境保护行政主管部门应当将所回收的反馈意见的原始资料存档备查。

(6) 建设单位或者其委托的环境影响评价机构，应当认真考虑公众意见，并在环境影响报告书中附具对公众意见采纳或者不采纳的说明。

(7) 环境保护行政主管部门可以组织专家咨询委员会，由其对环境影响报告书中有关公众意见采纳情况的说明进行审议，判断其合理性并提出处理建议。环境保护行政主管部门在作出审批决定时，应当认真考虑专家咨询委员会的处理建议。

(8) 公众认为建设单位或者其委托的环境影响评价机构对公众意见未采纳且未附具说明的，或者对公众意见未采纳的理由说明不成立的，可以向负责审批或者重新审核的环境保护行政主管部门反映，并附具明确具体的书面意见。负责审批或者重新审核的环境保护行政主管部门认为必要时，可以对公众意见进行核实。

15.1.3 常用信息公开方法优缺点

常用信息公开方法优缺点见表15-1。

表15-1 常用信息公开方法优缺点对比

方法	主要内容	优点	缺点
新闻公告	在广播、电视、报纸以及其它新闻媒体(如公共网站)上发布简单信息	覆盖面广泛；传播迅速；简单易操作	信息量小，不全面；单向信息传递；不能确保特定人群获取信息
布告	在特定地点张贴布告或设置布告栏	可随时添加信息；简单易操作；费用低	信息量较小；单向信息传递；不能确保特定人群获取信息
宣传册、宣传单或号外	在特定地点和/或向特定人群发放包含特定信息的印刷品	信息可多可少，比较有针对性；可采用文字、图表和图片等；多种形式进行说明，易于理解；比较容易操作	单向信息传递；前期准备时间较长；需要较多人力；费用可能较高
信函	向特定人群发放包含特定信息的信函	针对性强；能保证特定人群获得相关信息；简单易操作	单向信息传递；信息量较小
展示厅	设置流动或固定的展示场所，一般有1～2名工作人员进行现场讲解或回答问题，可用文字、图片、视频和模型等介绍有关情况	可进行双向交流；信息量大，比较全面；比较直观，易于理解	覆盖的范围受展示地点和时间的影响较大；费时；准备工作量大；费用可能较高
信息发布会	主要面向媒体发布有关信息，通常在需要向公众广泛解释说明特定问题时使用	信息传播迅速；覆盖面较广；可要求发布方做额外解释说明，因此信息比较详细深入	信息的准确性和针对性受媒体理解能力和关注角度的影响；不能确保特定人群获取信息
信息说明会	主要面向相关公众解释说明有关信息	针对性强；能保证特定人群获得相关信息；可进行双向交流，能提供更多公众希望了解的信息	覆盖的范围比较小；信息公开效果受说明人采用的说明方式和技巧影响较大组织工作量大

续表

方法	主要内容	优点	缺点
现场参观	组织相关公众现场考察规划或建设项目所在地的现况，或者类似规划和项目施工期或建成后的情况	非常直观； 有助于相关公众更好地理解有关情况	覆盖范围小
制作网页	制作互联网网页，即时发布或更新规划或建设项目的有关信息	覆盖范围广；传播比较迅速； 可以包含非常全面的信息； 可以做到非常直观，易于理解；也可以进行双向交流	不适用于互联网不发达的地区和不会或不能上网的公众群； 不能确保特定人群获取信息对人员和设备的要求较高

15.2 公众意见调查的组织形式

15.2.1 调查公众意见和咨询专家意见

(1) 建设单位或者其委托的环境影响评价机构调查公众意见可以采取问卷调查等方式，并应当在环境影响报告书的编制过程中完成。

(2) 建设单位或者其委托的环境影响评价机构咨询专家意见可以采用书面或者其它形式。咨询专家意见包括向有关专家进行个人咨询或者向有关单位的专家进行集体咨询。要求：

① 接受咨询的专家个人和单位应当对咨询事项提出明确意见，并以书面形式回复。对书面回复意见，个人应当签署姓名，单位应当加盖公章。

② 集体咨询专家时，有不同意见的，接受咨询的单位应当在咨询回复中说明。

15.2.2 座谈会和论证会

(1) 建设单位或者其委托的环境影响评价机构决定以座谈会或者论证会的方式征求公众意见的，应当根据环境影响的范围和程度、环境因素和评价因子等相关情况，合理确定座谈会或者论证会的主要议题。

(2) 建设单位或者其委托的环境影响评价机构应当在座谈会召开7日前，将座谈会的时间、地点、主要议题等事项，书面通知有关单位和个人。

(3) 建设单位或者其委托的环境影响评价机构应当在座谈会结束后5日内，根据现场会议记录整理制作座谈会议纪要，存档备查。会议纪要应当如实记载不同意见。

(4) 建设单位或者其委托的环境影响评价机构决定举行听证会征求公众意见的，应当在举行听证会的10日前，在该建设项目可能影响范围内的公共媒体或者采用其他公众可知悉的方式，公告听证会的时间、地点、听证事项和报名办法。

(5) 建设单位或者其委托的环境影响评价机构应当在听证会结束后10日内，根据现场会议记录整理制作听证会结论，存档备查。结论应当如实记载不同意见。

(6) 希望参加听证会的公民、法人或者其它组织，应当按照听证会公告的要求和方式提出申请，并同时提出自己所持意见的要点。

(7) 听证会组织者应当在申请人中遴选参会代表，并在举行听证会的5日前通知已选定的参会代表。听证会组织者选定的参加听证会的代表人数一般不得少于15人。

(8) 听证会组织者举行听证会，设听证主持人1名、记录员1名。

(9) 被选定参加听证会的组织的代表参加听证会时，应当出具该组织的证明，个人代表应当出具身份证明。被选定参加听证会的代表因故不能如期参加听证会的，可以向听证会组织者提交经本人签名的书面意见。

(10) 参加听证会的人员应当如实反映对建设项目环境影响的意见，遵守听证会纪律，并保守有关技术秘密和业务秘密。

(11) 听证会必须公开举行。

(12) 个人或者组织可以凭有效证件向听证会组织者申请旁听公开举行的听证会。准予旁听听证会的人数及人选由听证会组织者根据报名人数和报名顺序确定。准予旁听听证会的人数一般不得少于15人。旁听人应当遵守听证会纪律。旁听者不享有听证会发言权，但可以在听证会结束后，向听证会主持人或者有关单位提交书面意见。

(13) 新闻单位采访听证会，应当事先向听证会组织者申请。

(14) 听证会按下列程序进行：

① 听证会主持人宣布听证事项和听证会纪律，介绍听证会参加人；

② 建设单位的代表对建设项目概况作介绍和说明；

③ 环境影响评价机构的代表对建设项目环境影响报告书做说明；

④ 听证会公众代表对建设项目环境影响报告书提出问题和意见；

⑤ 建设单位或者其委托的环境影响评价机构的代表对公众代表提出的问题和意见进行解释和说明；

⑥ 听证会公众代表和建设单位或者其委托的环境影响评价机构的代表进行辩论；

⑦ 听证会公众代表做最后陈述；

⑧ 主持人宣布听证结束。

(15) 听证会组织者对听证会应当制作笔录。听证笔录应当载明下列事项：

① 听证会主要议题；

② 听证主持人和记录人员的姓名、职务；

③ 听证参加人的基本情况；

④ 听证时间、地点；

⑤ 建设单位或者其委托的环境影响评价机构的代表对环境影响报告书所作的概要说明；

⑥ 听证会公众代表对建设项目环境影响报告书提出的问题和意见；

⑦ 建设单位或者其委托的环境影响评价机构代表对听证会公众代表就环境影响报告书提出问题和意见所作的解释和说明；

⑧ 听证主持人对听证活动中有关事项的处理情况；

⑨ 听证主持人认为应笔录的其它事项；

⑩ 听证结束后，听证笔录应当交参加听证会的代表审核并签字。无正当理由拒绝签字的，应当记入听证笔录。

15.2.3 常用公众意见调查方法优缺点

常用公众意见调查方法优缺点见表15-2。

表15-2 常用公众意见调查方法优缺点对比

方法	主要内容	优点	缺点
小型座谈会	面向特定公众群，或针对特定议题举行的小型会议。除主持人外，一般不指定发言人，与会者可随意发言讨论	针对性较强； 能够达到一定的交流深度； 获取反馈信息的速度比较快； 可以得到解决某些特殊问题的办法； 可起到较好的消除误解，避免冲突的作用	针对特定人群，覆盖范围较小； 参会人员和议题的定位如果不准确将影响调查效果； 不适用于不喜欢发言的人群，或某些特殊人群，如聋哑人等； 对主持人的组织和处理现场问题的能力要求较高； 参加座谈会的人员应能代表其群体的观点和利益，否则将极大影响调查结果的真实性

续表

方法	主要内容	优点	缺点
大型公众会议	主要用于获取公众对某些普遍性问题的看法。一般在会前确定会议主题和发言人，通常可采用投票或举手表决等形式获得公众意见	覆盖面较广； 适用于拥有相同背景、观点或利益的人群数量较多的情况具有一定消除误解，避免冲突的能力； 能够较快获得反馈信息； 有可能达成某种程度的一致看法	交流深度不够； 不适合进行对某些特殊问题的讨论； 组织工作量大； 参加会议的公众应包括所有与会议主题有关的公众，或具有很好的代表性，否则将极大影响调查结果的真实性 费用可能较高
研讨会	面向具有特定背景或专业知识的相关公众，针对某些技术性问题所进行的讨论或咨询	交流比较深入； 能够很快获取专业性信息，并解决某些技术性问题；	覆盖范围局限； 费用可能较高
听证会	按照规定程序召开的多方会议，通常各利益相关方应同时出席，会上除有关代表发言外，可安排进行相应的申辩或辩论，但通常不在会上形成对有关问题的最终答复	公众的信任程度高； 能够达到一定的交流深度； 能很快获得有针对性的反馈信息； 可起到较好的消除误解，避免冲突的作用	覆盖范围比较局限； 解决特殊问题的作用较小； 选择发言人及其议题恰当与否决定听证会的效果； 程序复杂，组织工作量大，不易操作
单独拜访	针对特定人群，与某个或某几个公众进行面对面的交流，可确定一些主题，但应避免采用诱导性提问的方式	交流深入，能够了解被访者深层次的想法； 能较快解决某些特殊问题； 能即时获得反馈信息； 有很好的消除误解，避免冲突的作用； 尤其适用于弱势群体，如老人、儿童、残疾人、文盲等	比较消耗人力和时间； 访问者的交流技巧、对问题的敏感性和主观性会极大影响调查效果； 对被调查对象的代表性要求高
论证会	通常在有某种潜在冲突可能的情况下，针对一个或若干个问题，在矛盾双方之间进行的公开讨论	针对性强； 交流深入； 消除误解，解决问题能力强	适用范围较窄； 对参与人员的素质和能力要求高； 不易操作
调查问卷	调查者按自己期望获得的信息设计出一系列问题，以书面或网上问卷的形式，或通过提问，征求被调查者对有关问题的看法	适用范围广 针对性强，能最大程度地获得调查者期望的信息； 简单，易操作	交流深度不够； 被调查者不能充分发表自己的观点； 调查效果及调查结果的真实性在很大程度上受问卷设计质量的影响； 信息反馈速度可能较慢，或被调查者未经仔细思考作出回答，影响结果的真实性
热线电话	与公众进行交流的固定电话，多用于接收公众主动提交的意见	覆盖面广； 简单，易操作； 尤其适用于不能或不愿参与其他调查方式的人群	比较被动； 针对性差； 意见收集的速度慢
互联网方法	基于互联网的方法，如网上论坛、网上调查、email 等	覆盖范围广泛； 可以达到一定的交流深度； 信息交换速度快； 被调查者心理压力小，能够充分做到畅所欲言； 即可进行普遍性调查，有可进行针对性调查； 具有一定解决特殊问题的能力	不适用于互联网不发达的地区和不会或不能上网的公众； 对技术、设备和人员的要求较高； 很难确认被调查者的身份，因此不易保证调查结果的真实性、有效性和代表性

15.2.4 公众意见的收集

(1) 公众参与期间，应设专人或多人负责接听电话、接收传真、电子邮件和信函等，并记录有关信息。

(2) 应设计并填写统一的公众意见登记表。内容需包括：

① 被调查者姓名、性别、民族、年龄、职业、受教育水平、住址、联系方式、所代表群体（受直接影响、受间接影响或关注项目)；

② 被调查单位名称、地址、联系电话、与规划或建设项目的关系（受直接影响、受间接影响或关注项目)、接受调查人员名单；

③ 主要意见的内容；

④ 调查时间和方式；

⑤ 填表人姓名、所属单位、填表时间、签名。

(3) 上述公众意见登记表和与之相关的传真、电子邮件打印件（应含 email 地址、时间等信息)、信函、调查问卷和会议记录等，评价单位应存档备查，环境影响评价审批结束后，原始资料应移交规划编制单位或建设项目业主单位。

15.3 公众意见调查结果分析

公众意见调查结果应进行合理的统计和分析。将公众意见按位于项目环境（含风险事故）影响范围内的公众、有关专家、其他公众等类别进行归类与统计分析，以及按单位和个人分别进行归类与统计分析，并在归类分析的基础上进行综合评述。对公众所提意见应回应采纳或不采纳，并说明理由。

合理的环境影响评价公众参与工作中公众意见的统计分析方法是参与对象的代表性、调查统计方法的有效性、调查统计内容的科学性、统计时间的有效性等的全面综合的反应。

15.3.1 做好现场调查统计工作

在环评初期做好现场勘察工作，是保证调查统计问卷科学、合理的前提和基础。如果不进行现场勘察，由于信息的不对称性，评价单位对建设项目的理解片面，不能科学地对建设项目的污染进行预测，因而所做出的结论也是不完整和确切的，因此，做好问卷调查统计前的现场勘察工作至关重要。现场勘察的内容主要包括自然环境情况、社会环境，项目建设所涉及的敏感社会目标和环境目标等四个方面。特别要强调的是要了解调查统计对象的基本情况。有关被调查统计者的年龄结构、文化程度分布、职业结构等方面的情况有一个大概的了解。如果可能，还可以对被调查统计对象所在地区的生活方式、社会心理、风俗习惯、价值标准等做一些调查统计。这种认识和了解对于设计调查统计问卷，特别是对问卷中具体问题的形式、提问的方式、所用的语言等有着极大的帮助。

15.3.2 科学设计调查统计问卷的内容

根据项目的特点，要对调查统计问卷的内容统筹安排，科学设定，在询问内容设置和调查统计题目类型方式进行合理搭配。考虑到问卷调查统计的对象文化水平参差不齐，环保意识也高低不同，所以调查统计问卷主要采用封闭式问题（客观题)。这样可为被调查统计者提供可以选择的答案，被调查统计者回答问题方便，回答需要的时间。对调查统计者来说，便于统计处理和进行定量分析。同时，由于事先给出了有限的答案，避免了出现开放式问题中那些不相关的回答，导致难于统计处理，使调查统计失效的情形。在客观题设计上要特别注意避免倾向性和引导性，问题的提法和语言应该具有客观性。

15.3.3 调查统计问题通俗、精简、有效

我国民众，特别是农村及边远地区的民众由于环保专业知识比较匮乏，甚至一些民众的文化素质还很低下，因此，在调查统计问卷的内容描述上，为保证公众对调查统计问题的准确理解，要尽量避免使用专业化术语，用民众易于接受的语言和描述方式来设计问卷，如将评价地表水质量的等级的术语“是否满足比表水环境Ⅳ类水质标准”改成“是否不影响灌溉和养鱼”，会使民众对环境问题一目了然，对调查统计内容能够给予客观正确的判断，使公众参与真正收到实效。另外，问卷所包含的问题越少越好。一份好的问卷首先应该是集中在研究目标上，没有多余的问题，每一个问题对调查统计者都有着不可缺少的作用。同时，问题的质量要高，问卷中的问题应含义明确、概念具体、答案恰当、形式简单、语言通俗易懂、填答方便。在某种意义上，一份高质量的问卷应该具备法律条款那样的性质：清楚、明确、适合所有对象。

15.3.4 科学、有效统计分析公众意见

（1）在进行统计分析前，应对有效的公众意见进行分辨，下列情况不属于环境影响评价中公众参与的有效意见：

① 不能提供公众意见登记表所需的信息；

② 所提意见或建议没有适当论据显示与规划或建设项目的必要性和合理性、环境影响、人群健康影响、社会经济影响、环境影响评价范围、方法、数据、预测结果和结论、减缓措施和补偿措施等有关。

（2）某些具有建设性或意义重大的非有效公众意见和建议，如针对行政审批程序的建议、原有重大社会问题的披露等，公众参与的执行单位应将将这些意见转交给相关部门。

（3）识别出有效公众意见后，应根据具体情况进行分类统计，以便对公众意见的客观性和代表性进行判断。分类可包括：

① 年龄分布及各年龄段关注的问题；

② 性别分布及其关注的问题；

③ 不同受教育水平人群比例及其所关注的问题；

④ 不同职业人群分布及其关注的问题；

⑤ 少数民族所占比例及其关注的问题；

⑥ 宗教人士和特殊人群所占比例及其意见；

⑦ 按单位性质进行分类统计；

⑧ 按与规划或建设项目的关系（受直接影响、受间接影响和关注规划或建设项目）进行分类统计；

⑨ 根据主要意见的内容进行分类统计。

（4）本着侧重考虑直接受影响公众意见和保护弱势群体的原则，在综合分析上述公众意见、国家或地方有关规定和政策、规划或建设项目情况以及社会文化经济条件等因素的基础上，应对各主要意见采纳与否，以及如何采纳做出判断。

15.4 公众意见调查实例

以×××新建商品住宅、商业用房、附属设施及绿化工程建设项目公众意见调查实例为例，简单介绍其程序。

15.4.1 调查的目的和作用

项目的建设从施工到营运都将对周围的自然环境和社会环境带来一定有利和不利的影响，直接或间接地影响周围地区公众的工作、生活、学习、休息以及娱乐。为了了解项目周围公众对该项目建设的态度，我们对项目周围的住户及商铺、单位等进行了公众调查。

通过此次公众调查，我们不仅可以弥补环评工作中可能存在的遗漏和疏忽，更全面地认识和利用环境资源，使项目的设计更完善、合理，使环保措施更实际，从而为政府部门决策提供依据，并且可以提高公众的环保意识，促进公众自觉参与环境保护。

15.4.2 调查方法和原则

根据国家环保总局《环境影响评价公众参与暂行办法》要求，本次公众参与调查先进行网络公告，后采用发放调查表格的方式。

调查以代表性和随机性结合为原则。所谓代表性是指被调查者有针对性地选择项目所在地周边区域住户、企业和机关单位等，因为他们是受影响较大的群体。随机性是指对被调查者的选择应具有统计学上的随机抽样的特点，在已确定样本类型的人群中，随机抽取调查对象，调查对象的选择应是机会均等，公正不偏，不带有调查者个人感情色彩的主观意向。

15.4.3 调查内容

本次公众参与的调查范围主要为项目所在区域周边范围内单位和住户，由于项目周围住户稀少，所以共发放公众调查问卷 50 份，回收 45 份。调查问卷见表 15-3。

表 15-3 ×××新建商品住宅、商业用房、附属设施及绿化工程建设项目公众意见调查表

<table>
<tr><td colspan="5">项目名称：××××新建商品住宅、商业用房、附属设施及绿化工程建设项目</td></tr>
<tr><td colspan="5">……………………
…………
项目施工过程中将产生一些污染物，以扬尘和噪声为主。施工单位按照××市人民政府第 86 号令《××市城市扬尘防治暂行规定》中相关条款的要求，做到文明施工、清洁施工和科学施工，并采取必要的防治措施，最大限度地减少扬尘产生量；对于噪声的控制，通过合理安排施工时间和施工设备的合理布局，将噪声严格控制在《建筑施工场界噪声限值》(GB 12523—90)要求之内，防止噪声扰民现象的发生。项目营运期废弃物均得到妥善处理，生活废水经初步处理后排入市政污水管网；生活燃料全部采用清洁能源天然气；主要产生噪声的设备均放置于室内，进行了隔声、减振设计和措施，因此噪声小；生活垃圾均由市政环卫部门定时清运得到清洁处理和处置。所有排放的污染物均处理达标后排放。
项目的建设不可避免地会对周围环境造成一定影响。为了了解该项目建设对您的工作及生活可能造成的影响，以便改善建设方案，加强管理，请您提出您的看法和建议。谢谢！</td></tr>
<tr><td colspan="5">姓名：　　　　　　　　　　　　职业：
住所：　　　　　　　　　　　　联系电话：
你对本项目建设的态度：　　支持 □　　反对 □　　不关心 □</td></tr>
<tr><td colspan="5">本项目的建设对你</td></tr>
<tr><td>生活</td><td>有正影响 □</td><td>有负影响 □</td><td>有负影响可承受 □</td><td>无影响 □</td></tr>
<tr><td>学习</td><td>有正影响 □</td><td>有负影响 □</td><td>有负影响可承受 □</td><td>无影响 □</td></tr>
<tr><td>工作</td><td>有正影响 □</td><td>有负影响 □</td><td>有负影响可承受 □</td><td>无影响 □</td></tr>
<tr><td>娱乐</td><td>有正影响 □</td><td>有负影响 □</td><td>有负影响可承受 □</td><td>无影响 □</td></tr>
</table>

续表

你认为本项目建设对周围环境影响的主要影响因素有哪些
噪声 □　粉尘 □　垃圾 □　污水 □
本项目建设对发展当地经济的影响 有正影响 □　有负影响 □　有负影响可承受 □　无影响 □
其它意见及建议

调查内容包括经济效益和社会效益，污染感受及其危害性评价，对拟建项目的支持与反对意见及其有无与环境监督管理的意愿等。

现场问卷调查：本次调查对象主要选择拟建地周围住户、办公楼内办公人员进行随机访谈调查。问卷发放和回收情况如表15-4所示。

表 15-4　问卷发放和回收情况

调查范围	发放问卷	回收问卷	备注
周围住户	25	24	已建
其他单位	25	21	已建
合计	50	45	

本次调查共发放《公众参与意见调查表》50份，回收有效表格45份。填写调查表的公众来自各行各业，代表社会各个不同行业和阶层的意见。

15.4.4　调查结果分析与评价

调查结果的统计与分析如下。

(1) 公众对本项目建设的态度

公众对本项目建设的态度见表15-5和图15-1。

表 15-5　公众对本项目建设的态度统计

项目	支持	反对	不关心
人数	40	0	5
百分比	89%	0	11%

结果表明：有89%的公众对此项目的建设都持支持的态度，11%的人表示不关心。综上，说明××××新建商品住宅、商业用房、附属设施及绿化工程建设项目的建设很受公众支持。

（2）公众认为本项目建设对其生活方面的影响

公众认为本项目建设对其生活方面的影响见表 15-6 和图 15-2。

表 15-6 公众认为本项目建设对其生活方面的影响统计

项目	有正影响	有负影响	有负影响可承受	无影响
人数	15	0	6	24
百分比	33%	0%	13%	54%

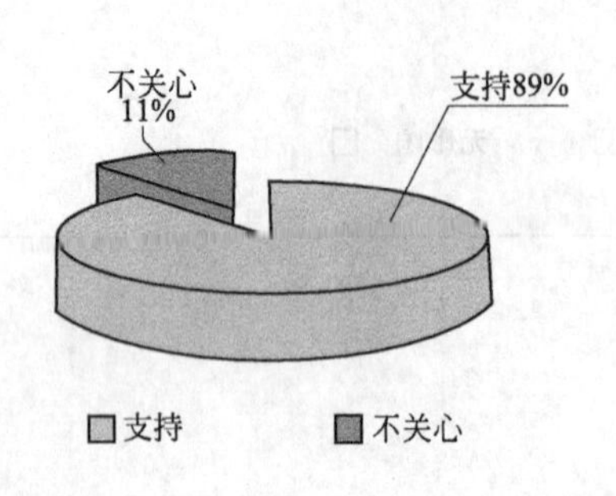

图 15-1 公众对本项目建设的态度统计

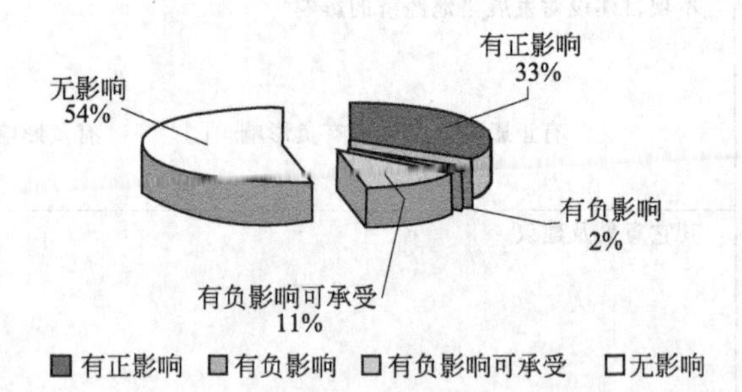

图 15-2 公众认为本项目建设对其生活方面的影响统计

结果表明：有 54%的人认为该项目建设为对自己的生活是无影响的，11%的人认为是对自己的生活有负影响但可以承受，33%的公众认为给自己的生活带来了正面的影响，仅有 2%的公众认为本项目对其生活产生了负影响。

（3）公众认为本项目建设对其学习方面的影响

公众认为本项目建设对其学习方面的影响见表 15-7 见图 15-3。

表 15-7 公众认为本项目建设对其学习方面的影响统计

项目	有正影响	有负影响	有负影响可承受	无影响
人数	3	0	0	42
百分比	7%	0%	0%	93%

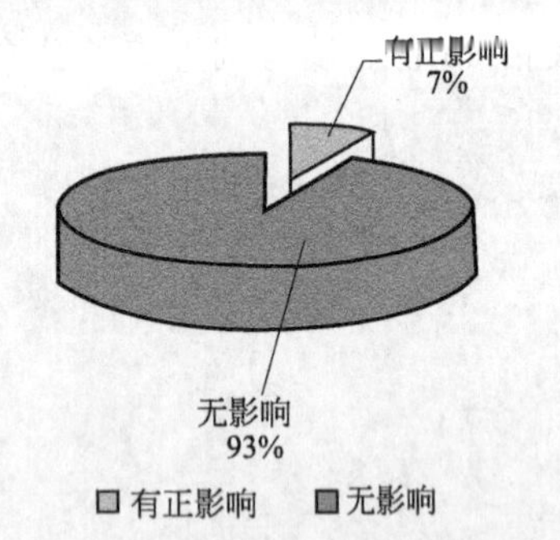

图 15-3 公众认为本项目建设对其学习方面的影响统计

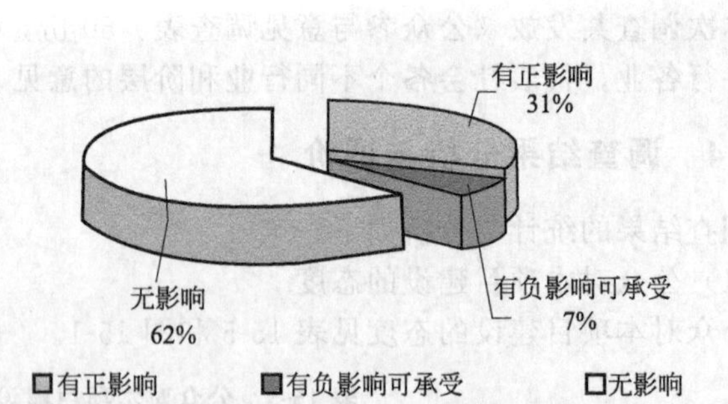

图 15-4 公众认为本项目建设对其工作方面的影响统计

结果表明：7%的公众认为本项目的建设给自己的学习带来了正面的影响，有 93%的人认为该项目建设为对自己的学习是无影响的。

（4）公众认为本项目建设对其工作方面的影响

公众认为本项目建设对其工作方面的影响见表 15-8 和图 15-4。

表 15-8　公众认为本项目建设对其工作方面的影响统计

项目	有正影响	有负影响	有负影响可承受	无影响
人数	14	0	3	28
百分比	31%	0	7%	62%

结果表明：31%的人认为给自己的工作带来了正面的影响，62%的人认为该项目建设对自己的工作是无影响的，7%的公众认为对自己的工作有负影响但可以承受。

（5）公众认为本项目建设对其娱乐方面的影响

公众认为本项目建设对其娱乐方面的影响见表 15-9 和图 15-5。

表 15-9　公众认为本项目建设对其娱乐方面的影响统计

项目	有正影响	有负影响	有负影响可承受	无影响
人数	17	0	3	25
百分比	38%	0	7%	55%

结果表明：有 38%的给自己的娱乐带来了正面的影响，55%的人认为此项目建设为对自己的娱乐是无影响的，有 7%的人认为是对自己的娱乐有负影响但可以承受，没有人认为对自己的娱乐带来了不可承受的负影响。

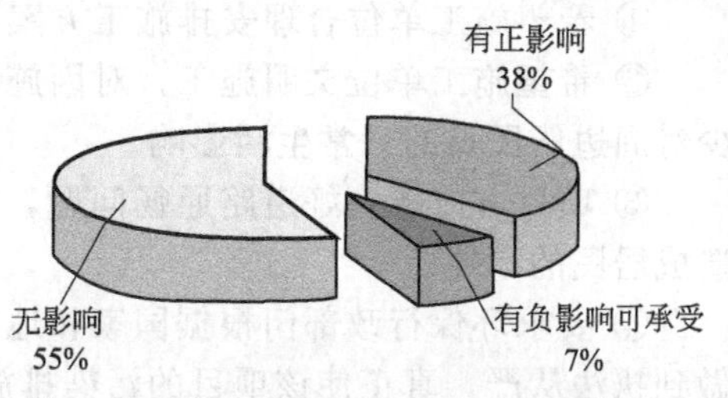

图 15-5　公众认为本项目建设对其娱乐方面的影响统计

（6）公众认为本项目建设对周围环境影响的主要因素

公众认为本项目建设对周围环境影响见表 15-10 和图 15-6。

表 15-10　公众认为本项目建设对周围环境影响统计

项目	噪声	粉尘	垃圾	污水
人数	28	19	4	1
百分比	53%	37%	8%	2%

结果表明：在 45 份调查问卷中，有 53%的人认为噪声对周围环境的影响最大，37%的人认为粉尘对环境的影响最大。可见，该项目建设对周围住户最大的影响来自噪声与粉尘。

（7）公众认为本项目建设对发展当地经济的影响

公众认为本项目建设对发展当地经济的影响见表 15-11 和图 15-7。

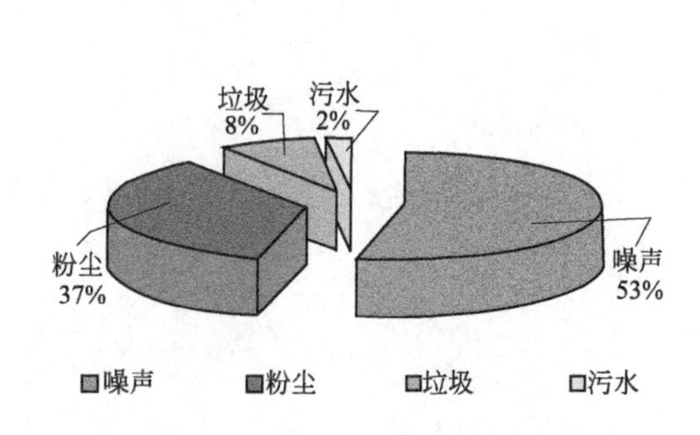

图 15-6　公众认为本项目建设对其周围环境的影响统计

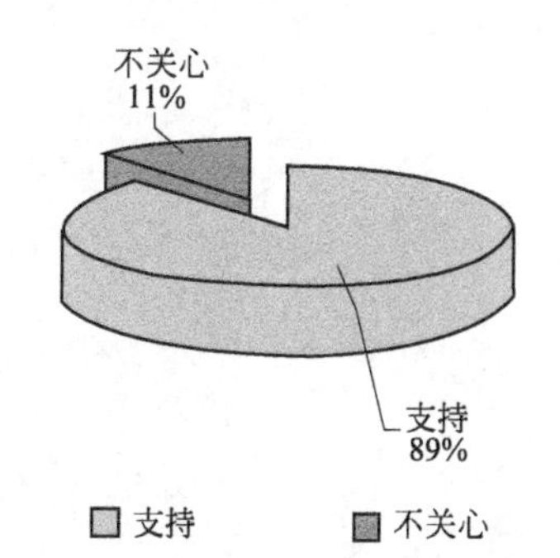

图 15-7　公众认为本项目建设对发展当地经济的影响统计

表 15-11　公众认为本项目建设对发展当地经济的影响统计

项目	有正影响	有负影响	有负影响可承受	无影响
人数	40	0	0	5
百分比	89%	0	0	11%

结果表明：有89%的公众认为该项目的建设给当地的经济发展带来了正面的影响，11%的人认为是无影响的。

通过调查我们了解到，公众对本项目反应基本良好。通过公众调查反映出的最大的问题是：调查对象对项目施工过程中产生的噪声与粉尘方面的意见比较大。

针对公众意见调查反映出的问题，本环评要求建设方在随后的建设施工过程中，严禁在夜间施工，并加强对粉尘和噪声的控制，以免给周围住户造成影响。

根据现场调查的情况以及对上述调查结果的统计，现将公众对本项目随后的施工过程中提出意见和建议归纳如下。

① 希望施工单位合理安排施工方案，夜间不要施工。

② 希望施工单位文明施工，对因施工而损毁的生活设施如化粪池堵塞等应及时处理，减少对周边居民点的日常生活影响。

③ 项目方应解决好道路通畅问题，特别是运送材料的货运车，应尽量少产生粉尘，以免造成居民的不便。

④ 要求环保行政部门根据国家和地方环保法规，对项目建设严格审查，不定期经常抽查，做到执法从严，真正使该项目的污染排放符合相应排放标准。

⑤ 建设方需认真执行“三同时”制度，落实好各项环保设施，建立严格的安全生产管理体系和环保监控体系，严防各类污染事故的发生，做到总量控制，最大限度地做到对周围的居民点无污染。

⑥ 项目建成后，各类环保设施需经环保部门认真验收，验收合格后方可正式投入生产。

综上所述，本评价认为，该项目的建设促进了当地的经济发展，受到该区域公众的一定拥护，只要建设单位合理安排施工方案，夜间停止施工，做到文明施工、保证周边居民点日常生活设施的正常运行、切实做好环境污染的预防和治理工作，将会受到该区域公众的更大支持。

第16章 方案比选和评价结论

16.1 方案比选

多方案比选是为了寻求合理的技术及经济方案的必要手段，是控制建设项目投资、降低运行成本的重要途径。多方案比选在国外环境影响评价中起步较早、发展较快，许多国家和国际组织对多方案比选均有明确规定。例如，美国要求环境影响评价报告书应以对比的方式说明建设活动及选择多方案的环境影响，而且应向决策者和公众清楚地解释可供选择的多个方案，还必须认真研究并进行客观评价所有的合理选择的多方案，并确认由开发者研究的完善的选择多方案，给出其选择的主要理由，评估其环境影响。世界银行要求环境影响评价对拟投资项目的设计、选址、工艺和运营多方案进行系统的比较，考虑各种多方案的潜在环境影响、投资及回收周期、对当地环境的适应性以及制度、培训和检测要求，要求每种选择多方案的环境费用和获益应当尽可能的定量化，并且附有具有经济价值的可行性分析，同时应说明建议多方案的依据。

而我国虽然在环境影响评价法中对多方案比选有明确规定，但是进行多方案比选起步较晚、发展较慢。目前在我国环境影响评价中考虑较多的仍是污染防治措施的多方案比选，且主要偏重于经济效益的比较，缺少社会效益和环境效益的比较，这与我国环境影响评价在多方案比选中认识水平不够、投入的工作和资金少等原因是分不开的。具体表现如下：一方面，在我国环境影响评价中，在多方案比选方面一直重视不够，对多方案比选投入的工作较少，一般只对可行性研究报告中推荐的多方案进行评价，或者是在评价推荐多方案同时只进行简单评述其它多方案，或者是照搬可行性研究报告中的多方案筛选过程，绝大多数没有进行详细的多方案比选，尤其是从环境角度进行的比选；另一方面，由于我国环境影响评价认识水平不够、资金不足等方面的原因，无法做到对计划、工艺、选址、规模和运营替代多方案及方法的全面比选，比选通常只能涉及其中某一点或某一个层面。所以，应当结合环境影响评价法以及国家“优化开发、重点开发、限制开发和禁止开发”等原则，建设项目应从环境保护角度在选址或选线、工艺、规模、环境影响、环境承载力和环境制约因素等方面进行多方案同等深度比选，以促进对多方案比选工作的不断完善与改进，使环境影响评价发挥更大的实用性。

16.1.1 方案比选内容

从环境保护角度出发，以实现经济、社会和环境效益统一及区域可持续发展为目的的项目建设方案比选，是环境影响评价中非常重要的一项工作内容。项目建设方案比选的结果，可为环境保护主管部门及企业等相关机构的决策行为提供科学依据。项目建设方案应由项目建设单位提出，项目建设方案一般应该至少有两个。建设单位提出的每个建设方案中均应包括项目建设规模及产品方案，原辅材料使用及采购方案，选址（线）方案，重大工程建设方案，生产工艺及其设备选购方案，总图布置及储运方案，能源及动力方案，生产管理方案，环境与生态保护方案，清洁生产措施方案，环境风险应急预案，环境管理与监测实施方案，投资与收益方案等，其中每一项方案均直接涉及项目建设过程中和建成运营后污染物的产生与排放，以及它们对环境和生态的影响问题。参与比选的项目建设方案可以是整体方案，也可以是项目某个环节的方案如选址（线）方案比选、产品方案比选、工艺方案比选、施工方案比选、环保方案比选等。

项目建设方案比选内容应包括环境效益、经济效益和社会效益三个方面，一般采用定量和定性相结合的方法进行方案比选，最终要以项目建设方案的整体效益水平来确定推荐方案、备选方案。在比选过程中，如果项目建设方案实施后的环境效益无法得到保证，即环境污染和生态破坏不能得有效控制，在采取污染防治和生态保护措施后的剩余环境影响仍会造成项目所在地环境质量下降或恶化，该方案即为环境不可行方案，对于环境不可行的项目建设方案无需再进行经济和社会效益的比较分析。因此，为了减轻方案比选的工作量，参加比选的项目建设方案应是环境可行的方案。

环境影响评价中多方案必选是指对于所考虑的每一个可供选择的替代方案遵循一定原则进行技术、经济可行性的比较，并预测或评估其对环境可能造成的影响及消除不利影响拟采取的污染防治措施，进而比选出技术可行、经济合理及环境影响程度最低的方案的方法。多方案比选主要是针对建设项目而言，主要包括：工艺多方案比选、规模多方案比选、选址多方案比选以及污染防治措施多方案比选等，而对每一个方案的评价应包括技术评价、经济评价、社会评价和环境评价 4 个方面的内容。

建设项目，尤其是新建项目，一般在预可行性或可行性研究阶段均会考虑若干比选方案。因此，环境影响评价时需对各比选方案从环境影响的角度进行分析或评价，特别是对于涉及敏感保护目标时更应考虑方案的环境影响比选。例如，随着社会、经济的发展，我国新建支线机场项目在不断增加，新建机场建设项目多有比选方案，在环境影响评价中对各比选方案进行环境影响分析、评价，从环境保护的角度分析哪一个方案对环境影响影响更小。当然，最终应是环境保护、工程及技术经济条件、社会发展诸方面综合考虑后，不利环境影响较小或能够采取措施后使不利环境影响明显减小的方案。即使可行性研究或初步设计时没有方案的比选，环境影响评价时，也需要考虑方案的比选，从多方案中论证工程方案的环境可行性。另外，例如线性工程建设（公路、铁路、管线等）涉及环境敏感保护目标时，需要考虑绕避方案。

总之，建设项目的选址、选线和规模，应从是否与规划相协调、是否符合法规要求、是否满足环境功能区要求、是否影响环境敏感区或造成重大资源经济和社会文化损失等方面进行环境合理性论证。如果要进行多个厂址或选线方案的优选时，应对各选址或选线方案的环境影响进行全面比较，从环境保护角度，提出选址、选线意见。因此，方案比选应符合下列要求：①对于同一建设项目多个建设方案从环境保护角度进行比选；②重点进行选址或选线、工艺、规模、环境影响、环境承载能力和环境制约因素等方面比选；③对于不同比选方案，必要时应根据建设项目进展阶段进行同等深度的评价；④给出推荐方案，并结合比选结果提出优化调整建议。

16.1.2 方案比选方法

环境影响评价中多方案比选一般先进行技术经济评价和社会环境评价，再进行多方案的综合评价，最后优选出最佳方案。

16.1.2.1 技术经济评价法

技术经济评价方法是根据不同的情况和具体条件，通过多种从不同方面说明方案技术经济效果的指标，对完成同一任务的几个技术方案进行计算、分析和比较，从中选出最优方案的方法。技术经济评价方法按照寿命期相同分为净现值法、差额内部收益率法、最小费用法等；按照寿命期不相同分为年值法、最小公倍数法、研究期法等。

(1) 净现值法

表达式为：
$$NPV = \sum_{t=0}^{n} (CI - CO)_t (1+i)^{-t} \tag{16-1}$$

其中 NPV 为净现值，CI 为现金流入量，CO 为现金流出量，$(CI-CO)_t$ 为第 t 年的净现金流量，n 为计算期，i 为标准折现率。

净现值的判断标准如下：如果 $NPV>0$，方案可行；如果 $NPV=0$，方案可以考虑接受；如果 $NPV<0$，方案不可行。

步骤如下：①分别计算各个方案的净现值，并用判断标准加以检验，去除 $NPV<0$ 的方案；②对所有 $NPV\geqslant 0$ 的方案比较其净现值，根据净现值最大原则，选择净现值最大的方案为最优方案。

(2) 差额内部收益率法

表达式为：
$$\sum_{t=0}^{n} [(CI - CO)_2 - (CI - CO)_1] (1 + \Delta IRR)^{-t} = 0 \tag{16-2}$$

其中 ΔIRR 为差额投资内部收益率，$(CI-CO)_2$ 为投资大的方案净现金流量，$(CI-CO)_1$ 为投资小的方案净现金流量，

步骤如下：①分别计算各个方案的 IRR；②对所有 $IRR\geqslant i$ 的方案按投资额由小到大进行排列，并计算排在最前面的 2 个方案的差额收益率 ΔIRR，如果 $\Delta IRR\geqslant i$，说明投资大的方案优于投资小的方案；③将保留的较优方案分别与相邻方案两两比较，最后保留的方案为最优方案。

(3) 最小费用法

最小费用法适用于项目产生的效益很难或无法用货币进行计量，也就是得不到项目具体现金流量的情况，具体包括费用现值比较法和年费用比较法两种。

① 费用现值比较法

表达式为：
$$PC = \sum_{t=0}^{n} CO_t (1 + i_c)^{-1} = \sum_{t=0}^{n} CO_t (P/F, i_c, t) \tag{16-3}$$

其中 PC 为费用现值，$(P/F,\ i_c,\ t)$ 为现值系数，P 为现值，F 为终值，CO_t 为第 t 年的现金流出量，n 为计算期。

该方法计算备选方案的费用现值并进行比较，费用现值较低的方案为最优方案。

② 年费用比较法

表达式为：
$$AC = \sum_{t=0}^{n} CO_t (P/F, i_c, t)(A/P, i_c, n) \tag{16-4}$$

其中 AC 为年费用，$(A/P,\ i_c,\ n)$ 为资金回收系数，A 为年金，n 为计息次数，P 为现值，F 为终值，CO_t 为第 t 年的现金流出量。

该方法通过计算各备选方案的等额年费用并进行对比，其中年费用较低的方案为最优方案。

采用①②两种方法所得结论一般完全一致，因此在实际应用中对于效益相同或基本相同但难以估算的互斥方案进行比选时，如果方案的寿命期相同，任意选择其中的一种方法即可。如果方案的寿命期不同，则一般采用年费用比较。

(4) 年值法

表达式：
$$AW = [\sum_{t=0}^{n} (CI - CO)_t (1+i)^{-t}](A/P, i_c, n) = NPV(A/P, i_c, n) \tag{16-5}$$

其中 AW 为年值，$(CI-CO)_t$ 为第 t 年的净现金流量，n 为计算期，i 为标准折现率，

$(A/P, i_c, n)$ 为资金回收系数，NPV 为净现值。

分别计算各个方案的净现金流量的年值（AW）并进行比较，按照 $AW \geqslant 0$ 的方案依次排列，AW 最大者为最优方案。

(5) 最小公倍数法

最小公倍数法又被称为方案重复法，是以各方案寿命期的最小公倍数作为进行方案比选的共同的计算期，并假设它们均在这个计算期内重复进行，重复计算各方案计算期内各年的净现金流量，得出在共同的计算期内的各个方案的净现值，其中净现值最大的方案为最佳方案。

(6) 研究期法

研究期法又被称为最小计算期法，主要是针对寿命期不相等的互斥方案，直接选取一个适当的分析期作为各个方案共同的计算期，一般选取多个方案中最短的计算期，通过比较各个方案在该计算期内的净现值进行方案比选。以净现值最大的方案为最佳方案，其中计算步骤、判断标准与净现值一致。

16.1.2.2 社会环境评价法

通常，社会环境定量评价方法就是采用货币的形式将社会环境成本进行计量。通常采用的评价技术主要是：市场价值法、机会成本法、恢复与防护费用法、人力资本法及意愿调查法等。

(1) 市场价值法

市场价值法又称为生产率法，也就是把环境作为生产要素，环境质量的变化导致生产率和生产成本的变化，进而导致产量和利润的变化。由于产品的价值利润可以采用市场价格进行衡量，利用因环境质量变化或生态变化引起的产量和利润的变化进行计量环境质量变化或生态变化的经济效益或经济损失。依据不同方案的经济效益的大小排列，经济效益最大的为最优方案。

(2) 机会成本法

社会环境资源很有限，由于它们具有多种用途，一旦选择了一种使用机会，也就意味着失去了其它获得效益的机会，计算出各方案的社会环境资源的机会效益，获得的最大经济效益的方案就是最优方案。例如，某城市水资源的机会成本是15元/吨，如果该地因水环境污染而导致城市缺水 2×10^8 吨，那么该城市水环境污染的损失也就是 $15\times2\times10^8=3\times10^9$ 元。

(3) 恢复与防护费用法

由于不同方案会带来不同的环境问题，一方面是需要采取一定的防护措施进行防止出现环境问题，另一方面是出现环境问题后需要采取一定的措施进行解决环境问题，使之恢复环境原貌。通过对方案中防护措施和恢复措施进行估算所花费的费用，作为方案带来环境问题损失的最低估计值，估计值越低的方案为最优方案。

(4) 人力资本法

环境问题会对人类的健康造成非常严重的影响，通常是死亡率上升、各种疾病的发病率增高等。环境问题对人们健康造成的损失主要是包括直接损失和间接损失。直接损失就是医疗费、丧葬费等，而间接损失就是由于过早死亡、生病以及非医护人员护理造成的减少了正常的劳动时间，进而减少了收入。

(5) 意愿调查法

意愿调查法主要是将各个方案所涉及的社会环境问题设计成1个调查表，再选择一定数量的调查对象进行问卷调查，最后再通过对调查表的统计分析，计算出各个方案的社会环境成本，成本越低、方案越好。

16.1.2.3 综合评价法

(1) 层次分析方法

层次分析法是解决多目标决策问题最常用、最重要的方法。该方法主要是把复杂问题分解成很多层次，再每一层次逐步分析并将人们的主观判断进行量化。该方法是解决多目标决策问题的最常用方法，它能够把定性分析与定量分析结合起来，进而有效地处理那些难于完全用于定量方法进行分析的复杂的多目标问题。层次分析法主要是通过采用加权和的方法计算出各方案对总目标的权数。主要是通过建立层次结构模型、构造判断矩阵和层次总排序三种方法进行计算。

① 建立层次结构模型法　建立层次结构模型法主要是将包含的因素分组，每组作为一个层次，从上至下依次分为目标层也就是最高层，准则层也就是中间层和方案层也就是底层，上一层次对相邻的层次的逐层支配关系，也就是递阶层关系。

② 构造判断矩阵法　构造判断矩阵法由层次结构模型中每层中的各因素的相对重要性的判断数值列表而成，判断矩阵表示同一层与上一层某因素有关各因素之间相对重要的比较。

③ 层次总排序法　层次总排序法也就是计算合成权重的过程，最低层中的各方案相对于总准则的合成权重的计算要由上至下进行，将单准则权重进行合成，最终进行到最低层得到合成权重。合成权重最大的方案为最优方案。

（2）德尔菲法

德尔菲法主要依据系统的程序，通过匿名发表意见的形式，也就是专家之间不得互相讨论，经过多轮次调查专家对问卷所提问题的看法，进行反复征求、咨询、归纳、修改等，最终达成基本一致的看法，作为方案预测的最优方案，该方法结果较为可靠，具有广泛的代表性。

（3）模糊数学法

模糊数学法主要是通过对备选方案以及评价指标体系之间构建模糊评价矩阵，进行方案比选的一种方法。该方法是一种很实用的工具。

（4）字典序数法

字典序数法也就是决策者首先对目标的重要性分等级，然后采用最重要目标对备选方案进行筛选，选出满足此目标的那些方案，再用次重要目标对已选方案进行再一次筛选，如此重复进行筛选，直到剩下最后一个方案，该方案便是最优方案。

（5）多属性效益法

多属性效益法主要是利用决策者的偏爱信息，构建一个价值函数，进而将决策者的偏爱数量化，然后根据各个方案的价值函数进行评价和排序，然后根据各个方案的价值函数进行评价和排序，进而找出带决策者偏爱的优化结果。该种方法假设条件较多，并受决策主观偏爱的影响，所以应用较少。

16.2 评价结论编制

16.2.1 评价结论编制要求

环境影响评价报告书的结论就是全部评价工作的结论，应该在概括和总结全部评价工作的基础之上，准确、简洁、客观地总结建设项目实施过程中各个阶段的生产、生活活动与当地环境的关系，明确给出一般情况下和特定情况下的环境影响，采取的环境保护措施，并从环境保护的角度进行分析，得出建设项目是否可行的结论。编写评价结论应该与编写报告书其它部分一样，最好采取分条叙述的形式，进而方便阅读。

16.2.2 评价结论编制内容

环境影响评价报告书结论一般应包括以下内容：

① 概括地描述环境现状，同时要说明环境中现已存在的主要环境质量问题，例如某污染

物浓度超过了标准，某些重要的生态破坏现象等。

② 简要说明建设项目的影响源及污染源状况　根据评价中工程分析结果，简单明了地说明建设项目的影响源和污染源的位置、数量污染物的种类、数量和排放浓度与排放量、排放方式等。

③ 概括总结环境影响的预测和评价结果　结论中要明确说明建设项目实施过程各阶段在不同时期对环境的影响及其评价，特别要说明叠加背景值后的影响。

④ 对环保措施的改进建议　环境影响评价报告书中如有专门章节评述环保措施（包括污染防治措施、环境管理措施、环境监测施等）时，结论中应有该章节的总结。如报告书中没有专门章节时，在结论中应简单评述拟采用的环保措施。同时还应结合环保措施的改进与执行，说明建设项目在实施过程的各不同阶段，能否满足环境质量要求的具体情况。

⑤ 更重要的是对项目建设环境可行性的结论　要从与国家产业政策、环境保护政策、生态保护和建设规划的一致性，选址或选线与相关规划的相容性，清洁生产水平，环境保护措施、达标排放和污染物排放总量控制，公众意见等方面给出环境影响评价的综合结论。

16.2.3　评价结论专题小结与建议

环境影响评价结论除了包括上述内容，还应包括环境影响评价专题小结与建议。

(1)“工程分析”专题小结与建议要点

本专题“小结”要点：

① 项目建设单位、建设地点、建设性质、建设周期、建设投资及构成及其它经济技术情况；

② 建设项目的政策符合性、拟选厂址（线）可行性；

③ 建设项目在拟选厂址（线）的合理生产规模与产品结构；

④ 建设项目原辅材料及水、动力消耗情况；

⑤ 项目最佳总图布置和储运方案；

⑥ 筛选确定的主要污染源与污染因子；

⑦ 项目施工建设、投产运营、退役期等不同时期污染物产排情况；

⑧ 项目不同时期污染源和污染物削减与治理措施及其效果；

⑨ 可能产生的事故特征与防范措施建议；

⑩ 必须确保的环保措施项目和投资。

本专题“建议”要点：

① 关于合理的产品结构与生产规模的建议　合理的产品结构和生产规模可以有效地降低单位污染物的处理成本，提高企业的经济效益，有效地降低建设项目对周围环境的不利影响。

② 优化总图布置的建议　充分利用自然条件，合理布置建设项目中的各功能区（构筑物），可以有效减少建设项目污染物无组织排放、各功能区间的交叉污染及减轻对周围环境的不良影响，降低环保投资。

③ 节约用地的建议　根据各构筑物工艺特点和结构要求，做到合理布置，有效利用土地。

④ 可燃气体平衡和回收利用措施建议　可燃气体排环境中，不仅浪费资源，而且大气环境有不良影响，因此，必须考虑对这些气体进行回收利用。根据可燃气体的物料衡算，可以计算出这些可燃气体的排放量，为回收利用措施的选择，提供基础数据。

⑤ 用水平衡及节水措施建议　根据水平衡图，充分考虑废水回用，减少废水排放，节约水资源。

⑥ 废渣综合利用建议　根据固体废物的特性，选择有效方法，进行合理的综合利用。

⑦ 污染物排放方式的改进建议　污染物的排放方式直接关系到污染物对环境的影响，通过对排放方式的改进往往可以有效地降低污染物对环境的不利影响。

⑧ 环保设备选型和实用参数建议　根据污染物的排放和排放规律，以及排放标准的基本要求，结合对现有资料的全面分析，提出污染物的处理工艺和基本工艺参数方面的建议。

⑨ 其它重要建议　针对具体工程特征，提出与工程密切相关的、有较大影响的其它建议，如施工方式、施工时间、工艺改进、产品包装及运输等方面。

(2)“环境现状调查与评价”专题小结要点

① 环境现状调查的对象、范围；

② 评价区内主要污染源及主要污染物，以及治理、排放情况；

③ 评价区内主要环境和生态问题，及其危害和成因；

④ 评价区内环境空气、地表水、地下水、环境噪声、土壤、生态等环境要素的质量现状；

⑤ 评价区内环境保护敏感目标类别、性质、分布情况及受污染情况。

(3)“环境影响预测与评价”专题小结与建议要点

本专题“小结”要点：

① 建设项目不同时期对评价区各环境要素质量影响的预测及评价结果，明确污染超标情况及受影响区域范围、环境保护目标情况；

② 事故状态和非正常工况下，污染物排放对评价区环境质量的影响预测及评价结果，明确污染物事故排和非正常排放发生的几率及发生时受污染影响的情况（超标区域、超标面积、超标程度、受影响对象的受影响程度等）。

本专题“建议”要点：

① 进一步减少污染源污染物排放的建议　根据项目污染源分布和拟采取的污染物控制消减措施情况，结合污染影响预测与评价结果，提出进一步采取或改进消减污染源污染排放（包括有组织排放、无组织排放、事故排放、非正常排放）措施的建议。

② 提出保护环境敏感目标的对策与建议　根据评价区内环境保护目标的敏感程度、保护目标类型及分布情况，结合影响预测评价结果，提出保护环境敏感目标的具体可行的建议。

③ 提出防止现有环境问题恶化和引发新的环境问题的对策建议　根据预测结果和环境现状，提出有针对性并且可行的防止区域现有环境恶化以及防止新的环境问题产生的对策建议。

(4)“清洁生产分析与评价”专题小结与建议要点

本专题“小结”要点：

① 根据清洁生产分析结果，给出该项目实施以后其所能达到的清洁生产水平结论；

② 项目所采用的主要清洁生产方案（技术）以及清洁生产的效果。

本专题“建议”要点：

通过项目清洁生产水平分析，根据项目从产品方案、生产规模、生产工艺、设施与设备、污染物产生与排放、废弃物及资源综合利用、生产管理等方面存在的问题，瞄准行业清洁生产先进水平，并结合本项目的实际情况，提出项目清洁生产改进措施与建议。

(5)“环境风险评价”专题小结与建议编制要点

本专题“小结”要点：

① 项目危害识别及风险源项分析结果，明确项目重大风险源及其风险源源强参数；

② 风险影响预测结果，明确风险发生后受影响区域以及事故风险持续时间、人群生命健康受危害程度等；

③ 根据风险评价结果，给出本项目的风险可接受程度。

本专题“建议”要点：

① 提出项目实施过程中防止环境风险发生的工程措施建议；

② 提出降低项目实施过程环境风险发生几率的管理措施建议；

③ 提出环境风险发生过程中减少人群健康危害及其它损失的建议。

(6)“环境保护措施技术经济可行性论证”专题小结与建议编制要点

本专题“小结”要点：

① 项目施工建设期拟采取的防止或减轻环境污染和生态破坏的工程与措施，以及这些工程措施是否可行的结论；

② 项目运营期拟采取的水、气、声、渣等的污染防治工艺路线、工程措施及其在技术、经济方面是否可行的结论。

本专题“建议”要点：

① 完善项目施工期污染防治工程和管理措施方面的对策与建议；

② 完善项目运营期污染防治工程和管理措施方面的对策与建议。

(7)“环境经济损益分析”专题小结与建议编制要点

本专题“小结”要点：

① 项目实施后环境经济损益分析的内容与方法；

② 项目实施后评价区环境损益分析结论；

③ 项目实施后评价区经济与社会损益情况结论；

④ 项目实施后评价区环境、经济与社会复合系统的整体损益情况结论。

本专题“建议”要点：

① 提出项目实施后减少评价区环境、经济和社会损失的对策与建议；

② 提出项目实施后增加评价区环境、经济和社会各环节受益的对策与建议。

(8)“总量控制分析”专题小结与建议编制要点

本专题“小结”要点：

① 与项目有关的地区域污染物总量控制因子及总量控制情况分析结论；

② 项目需要进行总量控制的因子及其所需总量指标的来源；

③ 项目本身所需污染物总量与区域剩余总量控制指标的比例，明确项目污染物总量控制目标是否符合当地污染物总量控制要求。

本专题“建议”要点：

提出本项目实施后总量控制因子及控制指标的建议。

(9)“环境监测与管理”专题小结与建议编制要点

本专题“小结”要点：

① 项目实施后环境监测与管理机构及其构成、主要职能；

② 对项目施工期及运营期实施环境管理的制度构成；

③ 对项目施工期及运营期实施环境监测的主要仪器设备配套，以及监测机构的人员配备要求等；

④ 需要进行日常监测的常规因子和项目特征因子以及监测要求。

本专题“建议”要点：

① 提出完善项目环境管理方面的建议（包括管理机构、管理结构、管理制度、机构职责、硬件配备等）；

② 提出完善项目环境监测方面的建议（包括监测机构、质量控制、仪器设备、监测结果统计等）。

(10)“公众参与”专题小结与建议编制要点

本专题“小结”要点：

① 项目公众参与的内容与方式；

② 公众关注的相关问题以及项目公众参与调查意见归纳整理结果；

③ 对公众意见的处理结果，以及公众是否同意项目建设的明确意见。

本专题“建议”要点：

根据公众参与调查结果，提出有效解决公众关心、关注的与本项目有关的环境问题方面建议。

第 17 章　规划环境影响评价

17.1　总则

17.1.1　规划环境影响评价分类和适用范围

17.1.1.1　基本概念

(1) 规划

规划和计划是两个概念。前者指较全面、长远的计划和某些战略行动；而后者指对未来一定时期的行动所作的部署和安排。

规划的内涵较广，是指政府机构为特定目的而制定的一组相互协调并排定优先顺序的未来行动方案和实现的措施，目的是在未来一定时段内贯彻既定的政策，也包括为在未来一定时段内拟定具体执行的一组行动或许多项目。

根据规划的内涵，可将规划分为以下两种形式。

① 政策导向性规划　规划的内容是提出政策性原则或纲领，常以预测性、参考性指标和内容要求予以表达；

② 项目导向性规划　规划的内容包含为实现规划目标而设置的一系列项目或工程建议。

(2) 规划环境影响评价

规划环境影响评价是指在规划编制阶段，对规划实施可能造成的环境影响进行分析、预测和评价，并提出预防或者减轻不良环境影响的对策和措施的过程。这一过程具有结构化、系统性和综合性的特点，规划应有多个可替代的方案。通过评价将结论融入拟制定的规划中或提出单独的报告，并将成果体现在决策中。

(3) 规划方案、环境可行规划方案、推荐方案及替代方案

① 规划方案　为实现相同的规划目标，可以采取的供比较和选择的方案的集合。

② 推荐方案　是指由规划编制部门建议实施的规划方案。

③ 环境可行的规划方案　通过简要分析规划方案及其实施后可能的环境影响，进行筛选以初步确定环境可行的规划方案，简称环境可行方案。这样可以减轻以后环境影响识别、预测与评价等工作量。

④ 替代方案（又称比选方案）　为实现相同的规划目标，可能采取的、并与推荐方案作比较和选择的多个方案。替代方案的品质和数量是规划环境影响评价有效性的基础。

规划方案包括由规划编制部门提出并建议实施的规划方案（即推荐方案）及其他方案（替代方案）；环境可行方案是由规划环境影响评价机构通过规划分析及规划方案的初步筛选确定的环境上基本可行的方案。确定环境可行方案的目的是降低规划环境影响识别、预测、评价与分析的工作量。规划方案及环境可行方案、推荐方案、替代方案相互之间及其与规划环境影响评价的关系，如图 17-1 所示。

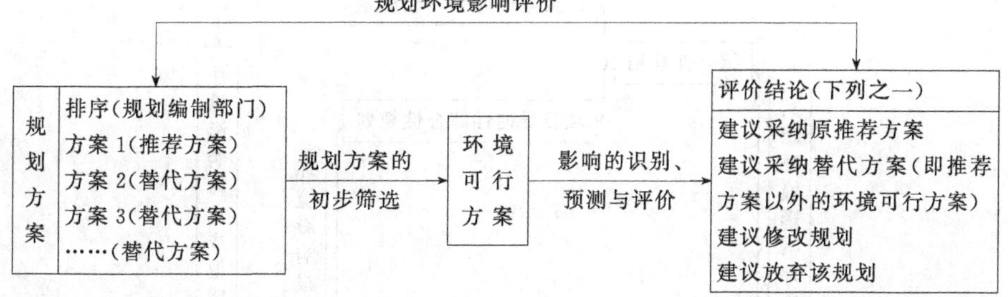

图 17-1 规划方案、环境可行方案、推荐方案及替代方案之间的关系

(4) 减缓措施

用来预防、降低、修复或补偿由规划实施可能导致的不良环境影响的对策和措施。

(5) 跟踪评价

对规划实施所产生的环境影响进行监测、分析、评价，用以验证规划环境影响评价的准确性和判定减缓措施的有效性，并提出改进措施和管理要求的过程。

17.1.1.2 规划环境影响评价的适用范围

规划环境影响评价适用于国务院有关部门、设区的市级以上地方人民政府及其有关部门组织编制的下列规划的环境影响评价。

(1) “一地三域”综合性规划

“一地三域”综合性规划包括土地利用的有关规划，区域、流域、海域的建设、开发利用规划。

(2) 专项规划

“十种”专项规划指的是工业、农业、畜牧业、林业、能源、水利、交通、城市建设、旅游、自然资源开发的有关专项规划。

上述第一类规划属于综合性规划、政策导向型规划，它们处于决策链的高端，因其涉及面广，宏观性、原则性及战略性较强，不确定性较大，根据《中华人民共和国环境影响评价法》要求应编制环境影响篇章或说明。第二类规划属于专项规划、项目导向型规划，规划目标明确、规划方案具体，直接影响到工程立项、选址、工艺等问题，甚至直接包含一系列的项目或工程，这类规划一般要求编制环境影响报告书。

此外，专项规划中的指导性规划（如全国工业发展规划等）可参照第一类规划要求，编制环境影响篇章或说明。综合性规划中的土地利用相关规划，一般均为政策导向性规划；区域、流域、海域的建设与开发规划则有政策导向性、项目导向性两类。

对各规划的环境影响评价要求如图 17-2 所示。

17.1.1.3 规划环境影响评价的目的与意义

我国在 1973 年第一次全国环保会议引入了环评制度的概念，1979 年《中华人民共和国环境保护法（试行）》正式确定了环境影响评价制度。20 多年来，我国的环境影响评价工作的重点一直是针对建设项目。这期间，建设项目的环境影响评价在推进产业的合理布局与优化选址，加快污染治理设施建设等方面发挥了积极作用。

但是从国内外的实践经验和历史教训来看，对环境产生重大、深远、不可逆影响的，往往是政府制定和实施的有关产业发展、区域开发和资源开发规划等重大社会、经济决策。因此，为了从源头上保护环境，对规划进行环境影响评价是十分必要的。

2003 年 9 月 1 日《中华人民共和国环境影响评价法》（以下简称《环评法》）正式实施。该法将规划纳入到环境影响评价的范围内，这将有效减少因政策实施带来的不良环境后果，标志着我国环境影响评价制度有了重大的进展，环境影响评价由此实现了从对建设项目到对

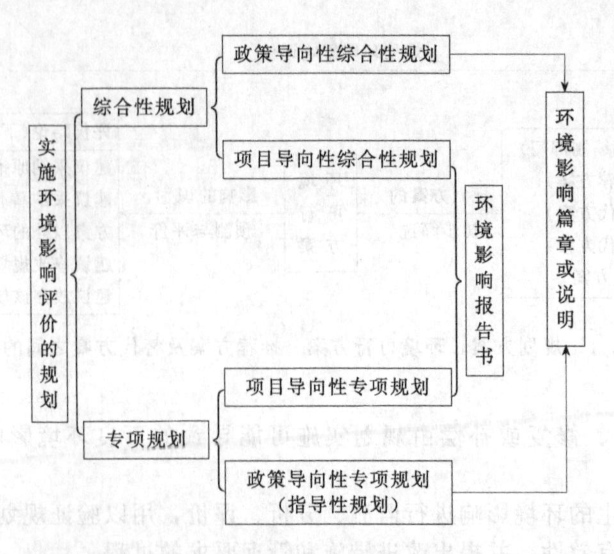

图 17-2　规划类型及其实施环境影响评价的相关要求

规划、从微观到宏观、从局部到区域、从单项建设到整体产业以及从当前到长远五个方面的扩展。

规划环境影响评价的目的是实施可持续发展战略，在规划编制和决策过程中，充分考虑所拟议的规划可能涉及的环境问题，预防规划实施后可能造成的不良环境影响，协调经济增长、社会进步与环境保护的关系。

开展规划环境影响评价的意义主要体现在两个方面：一方面，规划环评有利于克服目前项目环评的不足，是实施可持续发展的有力手段；另一方面，规划环评有利于建立环境与发展综合决策机制，为替代方案、减缓措施的制定提供更大的余地，把可持续发展原则从抽象的、宏观的战略落实到可操作的具体项目上，是实施可持续发展战略的有效手段。

17.1.1.4 规划环境影响评价的原则

(1) 科学、客观、公正原则

规划环境影响评价必须科学、客观、公正，综合考虑规划实施后对各种环境要素及其所构成的生态系统可能造成的影响，为决策提供科学依据。这是一般评价工作均应遵循的最为基本的原则，评价者的立场是能否科学、客观、公正地开展评价工作的基础，通常将中立的第三方评价作为其前提条件。

(2) 早期介入原则

规划环境影响评价应当尽可能在规划编制的初期介入，并将对环境的考虑充分融入到规划中。

在规划草案形成之前介入，可称为早期介入。早期介入原则是规划环评的精髓。通过早期介入，可以及早地将环境因素纳入到综合决策之中，以实现可持续发展的目标。这一原则得到了世界上大多数从事规划环评国家的认可。

从规划目标到规划审批，代表了规划编制的一般过程。形成规划方案和规划方案优化是其中最重要的两个环节。

(3) 整体性原则

一项规划的环境影响评价应当把与该规划相关的政策、计划、规划以及相应的项目联系起来，做整体性考虑。尤其是应将具有共同的环境影响要素的相关规划置身于该要素（如水环境和水资源）的环境容量或环境承载力分析中，分析其是否相容。

（4）公众参与原则

在规划环境影响评价过程中鼓励和支持公众参与，充分考虑社会各方面利益和主张。一方面，需要开展环境影响评价的规划多与公众的社会经济生活关系密切，属于公共政策范畴，而公众通过参与规划环评也是促进重大决策的民主化与科学化；另一方面，环境污染、生态破坏等环境问题的受害者之中，更多的是普通群众，而且随着社会经济的发展，群众参与各类环保活动的意识、觉悟与能力不断提高，对环境质量的要求也正在提高，因此公众参与在规划环评中显得更为重要。

（5）一致性原则

规划环境影响评价的工作深度应当与规划的层次、详尽程度相一致。

由于规划涉及的范围、层次、详尽程度差别较大，对不同层次规划进行环评所能获取的信息相应有较大的不同，不同层次规划决策部门所关心的问题层次也不同，考虑到这些因素，强调环评的工作深度应与规划相适应，既不能做得不足，也应避免过度。

（6）可操作性原则

应尽可能选择简单、实用、经过实践检验可行的评价方法，评价结论应具有可操作性。这是一项规划环评工作是否有效的直接体现。

17.1.1.5 规划环境影响评价的国内外发展现状

（1）国外发展

20世纪以来，各国政府的职能都有了很大的扩张，政府的影响几乎无处不在，政府行为的环境影响也就成为令人关注的问题。政府行为包括政策、决策和规划。同建设项目相比，政府的政策、决策和规划对环境的影响范围更广，历时更久，而且负面影响发生之后更难处理。1985年，联合国世界环境与发展委员会提出了环评应该引导战略的制定，而后在1992年通过的《21世纪议程》第8章论述了政策、规划和管理层面决策中对环境发展的整合。

规划环境影响评价实质上属于战略环境影响评价。战略环境评价（Strategic Environmental Assessment，简称SEA）是环境影响评价在战略（政策、规划和计划）层次上的应用，是系统、综合地评价政策、规划和计划及其替代方案环境影响的过程。

澳大利亚、加拿大、美国、芬兰、法国和德国等国家在SEA的实践和方法方面，做出了许多贡献，表17-1列出了这些国家的一些规则和指南。2004年7月开始实施的欧洲战略环境影响评价导则亦体现了以可持续为导向的规划过程。

表17-1 一些国家SEA规则和指南的现状

国家	应 用	规 划	指 导
美国	规划、计划	1970年，NEPA提出SEA	CEQ指南
荷兰	规划、计划、政策	1987年的EIA只要求对一些活动实施SEA	没有面向SEA的指导，实践建立在传统的项目EIA之上
	内阁决定	讨论面向环境的建议	提议运用在清单和可持续标准上的环境测试
新西兰	规划、计划、政策	依据1991年的RMA和1974年的EPEP提出SEA	环境部未提出法定指导
丹麦	规划、计划	没有正式规则	
	政府议案及其他	1993年的行政提案	1993年提出的指导
加拿大	政策、规划	1990年6月内阁指令	指导随后出台
英国	规划、计划、政策	没有正式规则	1991年和1993年的指导
澳大利亚	规划、计划、政策	没有正式规则；回顾正在进行	没有特别指导
瑞典	规划、计划、政策	没有正式规则，提出计划、自然资源立法	没有特别指导
芬兰	规划、计划、政策	没有正式规则	没有特别指导
德国	规划、计划、政策	没有正式规则	没有特殊指导
法国	规划、计划、政策	没有正式规则	没有特别指导

(2) 国内发展

随着战略环境影响评价的发展，我国各级部门在加紧规划环境影响评价理论研究的同时，也在加快进行规划环境影响评价的实践工作。

近年来关于规划环境影响评价的学术会议和学术论文不断增加，这方面吸引了越来越多的环境影响评价专业的专家和学者，成果主要有前面提到的第九届全国人民代表大会于2002年10月28日通过的《中华人民共和国环境影响评价法》、国家环境保护总局于2003年4月在杭州召开的规划环境影响评价技术指南讨论会，以及国家环境保护总局于2003年8月11日批准、2003年9月1日起执行的《规划环境影响评价技术导则(试行)》。

我国部分地区和部分专项规划已开展了环境影响评价工作。区域规划环境影响评价包括：上海市环保局主持召开了《芦湖港新城规划》、《上海市中长期电源建设规划（研究）》环境影响评价工作讨论会；成都市环科院对成都市青白江区规划进行了环境影响评价；沈阳市政府于对浑南新区规划进行了战略环境影响评价。

专项环境影响评价包括：《攀钢“十五”规划环境影响报告书》通过了国家环保总局审批；上海市环境科学研究院对《金山三岛海洋生态自然保护区保护规划》的实施进行了环境影响评价；河南省对新乡造纸工业规划进行环境影响评价等。

17.1.1.6 规划环评与项目环评的关系

我国过去主要开展的是建设项目的环境影响评价，虽然在协调经济发展和环境保护方面收到了一定的成效，但项目环境影响评价的局限性也逐渐显露出来。项目环境影响评价一般是在规划实施后针对具体建设项目开展的，只能对有限范围内的选择方案和缓解措施进行预测和评价，而不是主动进行前瞻性预测，往往只能针对具体的污染状况提出一些污染控制和治理措施，很难全面体现“预防为主”的环境策略。

规划开发建设活动具有建设规模较大、开发强度及经济密度高于一般地区的特点。往往使规划区域内的自然、社会、经济、人口和生态环境在短期内发生巨大变化。因此，规划开发建设活动的环境影响评价涉及因素多，层次复杂。规划环评与项目环评在评价内容和评价程序上均有差别，详见表17-2和表17-3。

表17-2 规划环评与项目环评在评价内容上的比较

评价内容	规划环境影响评价	建设项目环境影响评价
评价对象	包括规划方案中所有拟开发建设行为，项目多、类型复杂	单一或几个建设项目、具有单一性
评价范围	地域广、范围大、属区域性或流域性	地域小，范围小，属局域性
评价方法	多样性	单一性
评价精度	规划项目具有不确定性，只能采用系统分析方法进行宏观分析，论证规划方案的合理性，难以进行细化，评价精度要求不高	确定的建设项目，评价精度要求高，预测计算结果准确
评价任务	调查规划范围内的自然、社会、环境质量情况，找出环境问题，分析规划方案中拟开发活动对环境的影响，论述规划布局中的结构、资源配置的合理性，为保护、修复和塑造生态环境，提出规划优化布局的整体方案和污染综合防治措施；为制定和完善规划提供宏观的决策依据	根据建设项目性质、规模和所在地区的自然、社会、环境质量状况，通过调查分析和预测，给出项目建设对环境的影响程度，在此基础上做出项目建设的可行性结论，提出污染防治的具体对策和建议
评价指标	包括能反映规划范围内环境与经济协调发展的环境、经济、生活质量的指标体系	水、气、声等环境质量指标

表 17-3 规划环评与项目环评在评价程序上的比较

评价程序	规划环评	项目环评
环评组织者	规划编制机关	建设单位
环评编制者	法律未规定	委托有资质的单位编制
审核	作为规划的一部分或附件报审(查)	报相应级别的环境保护行政主管部门审批(分级审批有专门规定)
审核部门	由设区的市级以上人民政府组织审查	环境保护行政主管部门分级审批
成果形式	综合性规划和指导性专项规划编制篇章或说明;非指导性规划编制报告书(单独)	按分类管理目录决定编制报告书、报告表或登记表
公众参与	非指导性专项规划中有不良环境影响和直接涉及公众环境权益的,要求公众参与,对公众意见采纳的情况作为报告书的附件	报告书要求公众参与,对公众意见的处理情况应作为报告书的必要附件
评价结果的执行	审查结果和环境结果应作为审批决策的重要依据,如不采纳应说明并存档备查	建设单位应同时实施审批意见和环评文件中提出的环境保护对策措施
实施后跟踪	对环境有重大影响的规划实施后,编制机关应组织跟踪评价	建设单位组织后评价,环保部门实施跟踪检查

17.1.2 规划环境影响评价的工作程序

规划环境影响评价工作的开展，主要包括以下五个阶段（图 17-3）。

（1）规划分析阶段

根据专项规划的性质、目的和目标以及实施区域特点进行筛选，确定开展环境影响评价的具体要求。即对于项目导向性的专项规划需要编写环境影响评价工作大纲和环境影响报告书，然后进入审批阶段，监测、跟踪和评价阶段；而对于政策导向性的专项规划则只需要编写环境影响篇章或环境影响说明，然后直接进入审批阶段，监测、跟踪和评价阶段。

（2）评价工作大纲的编制阶段

对于项目导向型的专项规划，进行评价工作大纲的编制工作，通过对评价区域内经济、社会和环境的现状调查，界定评价范围，确定评价准则、标准和指标体系；而对于政策导向型规划，则直接对规划方案和替代方案进行评价，完成环境影响篇章或环境影响说明的编制工作。

（3）环境影响报告书的编制阶段

对于项目导向型的专项规划，以评价工作大纲为依据，结合规划区域的特点和规划的性质确定替代方案，重点对规划方案和替代方案进行环境影响分析、预测与评价，并根据评价结论提出减缓措施、制定环境影响监测和跟进评价工作计划，综合上述结论编写各专题报告和编制环境影响报告书。

（4）报告书的审批阶段

环境保护行政主管部门组织相关领域的专家对报告书进行审查，根据专家意见对报告书进行补充和修改。

（5）监测、跟踪和评价阶段

对于一些对环境有重大影响的规划，编制部门应组织进行跟踪评价。

17.2 规划环境影响评价的内容

一般情况下，规划环境影响评价应包括以下几个方面的内容。

① 规划分析　包括分析拟议的规划目标、指标、规划方案与相关的其他发展规划、环境保护规划的关系。

② 环境现状与分析　包括调查、分析环境现状和历史演变，识别敏感的环境问题以及制

约拟议规划的主要因素。

③ 环境影响识别与确定环境目标和评价指标　包括识别规划目标、指标、方案（包括替代方案）的主要环境问题和环境影响，按照有关的环境保护政策、法规和标准，拟定或确认环境目标，选择量化和非量化的评价指标。

④ 环境影响分析与评价　包括预测和评价不同规划方案（包括替代方案）对环境保护目标、环境质量和可持续性的影响。

⑤ 针对各规划方案（包括替代方案），拟定环境保护对策和措施，确定环境可行的推荐规划方案。

⑥ 开展公众参与。

⑦ 拟定监测、跟踪评价计划。

⑧ 编写规划环境影响评价文件（报告书、篇章或说明）。具体的规划环境影响评价工作程序见图 17-3。

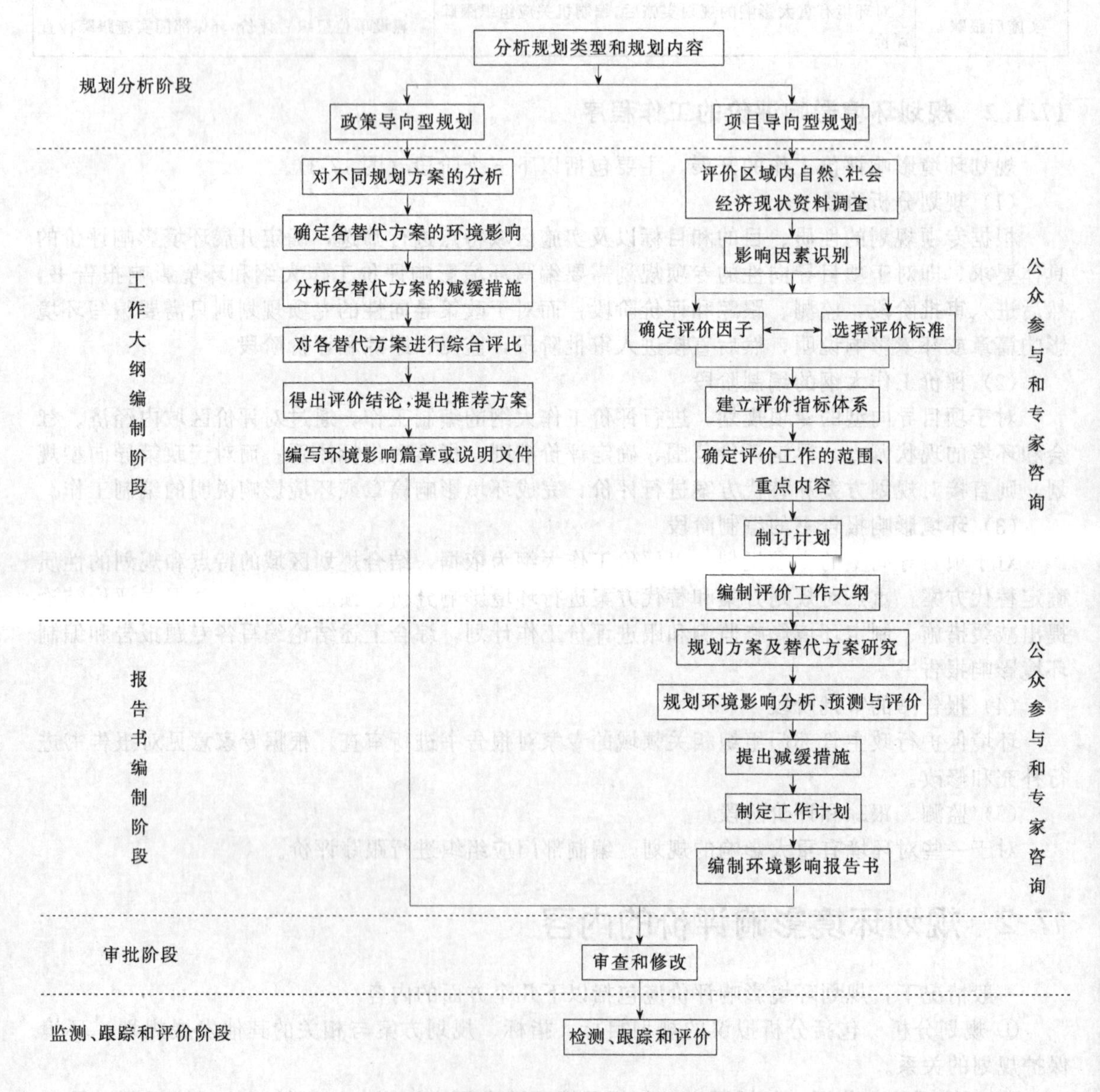

图 17-3　规划环境影响评价工作程序框图

17.2.1 规划分析

17.2.1.1 规划方案简述

规划环境影响评价应在充分理解规划的基础上进行，应阐明并简要分析规划的编制背景、规划的目标、规划对象、规划内容、实施方案，及其与相关法律、法规和其他规划的关系。

对规划描述的要求包括：

（1）解释规划的意义。

（2）表述规划的具体内容：一般情况，规划的层次越高越难以描述。政策的描述可能会非常的粗糙，而对规划的描述也不可能要求像项目的 EIA 那样详细。

（3）规划的描述可分类进行：即分阶段、分类别、分性质进行。

（4）描述实施规划的时间性：如规划实施的时限，规划的时间跨度越长，就越可能将可持续发展和环境的承受力相结合，但对影响的预测的不确定性也就越大，反之亦然。

（5）规划的描述应明确几项内容：①规划实施若干年后对发展状况的预期；②列出规划实施的保障措施清单；③给出详细的线性发展规划路线图；④用地图绘出未来发展的地带，例如城市发展土地利用的新建或扩展的区域；⑤用地图绘出环境限制区，禁止开发区等。

17.2.1.2 规划目标协调性分析

按拟定的规划目标，逐项比较分析规划与所在区域/行业其他规划（包括环境保护规划）的协调性。

尤其应注意拟定规划与两类规划的协调性分析：第一类是与该规划具有相似的环境、生态问题或共同的环境影响，占用或使用共同的自然资源的规划，主要是将这些规划放置在同一环境或资源问题上分析其协调性；第二类规划是该规划与环境功能区划、生态功能保护区划、生态省（市）规划等环境保护的相关规划是否协调。

17.2.1.3 规划方案的初步筛选

规划的最初方案一般是由规划编制专家提出的，评价工作组应当依照国家的环境保护政策、法规及其他有关规定，对所有的规划方案进行筛选，可以将明显违反环保原则和/或不符合环境目标的规划方案删去，以减少不必要的工作量。

筛选的主要步骤是：识别该规划所包含的主要经济活动，包括直接或间接影响到的经济活动，分析可能受到这些经济活动影响的环境要素；简要分析规划方案对实现环境保护目标的影响，进行筛选以初步确定环境可行的规划方案。

初步筛选的方法主要有：专家咨询、类比分析、矩阵法、核查表法等。

17.2.2 环境现状调查、分析与评价

现状调查、分析与评价是进行规划环境影响识别的基础，主要通过资料与文献收集、整理与分析进行，必要时进行现场调查和测试。规划的现状调查与分析中除了对规划影响范围内各环境要素的现状进行调查、分析之外，还要求进行社会、经济方面的资料收集及评价区可持续发展能力的分析。

17.2.2.1 现状调查内容与方法

现状调查应针对规划对象的特点，按照全面性、针对性、可行性和效用性的原则，有重点的进行。调查内容应包括环境、社会和经济三个方面。调查重点应放在与该规划相关的重大问题，以及各问题之间的相互关系及影响。

规划环评的现状调查与分析方法与项目环评类似，常用的有资料收集与分析，现场调查与

监测，以及专业判断法、叠图法与地理信息系统集成法、会议座谈、调查表等方法。

17.2.2.2 现状分析与评价

（1）现状分析

与项目环评相比，规划环评的现状分析与评价更重视社会、经济方面。现状分析与评价的主要工作内容如下：

① 社会经济背景分析及相关的社会、经济与环境问题分析，确定当前主要环境问题及其产生原因；

② 生态敏感区（点）分析，如特殊生境及特有物种、自然保护区、湿地、生态退化区、特有人文和自然景观以及其他自然生态敏感点等，确定评价范围内对被评价规划反应敏感的地域及环境脆弱带；

③ 环境保护和资源管理分析，确定受到规划影响后明显加重，并且可能达到、接近或超过地域环境承载力的环境因子。

（2）环境限制因素分析

从下列几个方面分析对规划目标和规划方案实施的环境限制因素。

① 跨界环境因素分析（许多环境影响是跨行政管理边界的）。内容包括上游来水及上风向污染对本评价区域的影响；本评价区域的污染因素对下游及下风向地区的影响；外来物种的生态入侵等。

② 经济因素与环境问题的关系分析（经济效益几乎是所有规划最关注的问题，以收益最大化为目标的规划方案通常会产生较大的环境问题）。此部分着重于定性、定量地描述并分析经济因素与环境污染之间的关系，包括经济规模与治污能力；经济效益与“三废”的产生；清洁生产工艺与污染物的减量化、最小化与零排放；产业结构与结构性污染；生产力布局与污染物的空间分布等。

③ 社会因素与生态压力（有些规划如流域开发规划，可能影响到土著居民的生活方式，进而影响到环境）。主要分析社会因素及其与生态压力之间的关系，内容包括人口规模、素质的生态影响；生活水平、生活方式的环境影响；科技水平与生态压力；教育水平、公众参与；政策缺陷因素的环境影响等。

④ 环境污染与生态破坏对社会、经济及自然环境的影响。包括对人群健康、生活品质、社会安定、休息娱乐等社会因素的影响，对工业与农业的经济效益、服务经营、财政收入、劳动就业等经济因素以及环境污染与生态退化之间、生态退化与物种灭绝之间的关系。

⑤ 评价社会、经济、环境对评价区域可持续发展的支撑能力。尤其着重研究与分析土地资源潜力、水资源与其他自然资源、现有经济结构与市场条件、基础设施与建设投资能力、社会与人文等对区域可持续发展的限制或促进作用等。

17.2.2.3 环境发展趋势分析

分析在没有本拟议规划的情况下，区域环境状况/行业涉及的环境问题的主要发展趋势（即“零方案”影响分析）。“零方案”不仅是一种大的替代选择，而且代表了“原始状态”，它是各个规划方案环境效益的基点。实际上，规划方案的取舍正是参照它排序后决定的。

17.2.3 环境影响识别与确定环境目标和评价指标

17.2.3.1 规划环境影响识别

（1）环境影响识别的目的与意义

环境影响识别的目的是确定环境目标和评价指标。规划环境影响评价中的环境目标包括规划涉及的区域和/或行业的环境保护目标，以及规划设定的环境目标。评价指标是环境目标的具体化描述。评价指标可以是定性的或定量化的，是可以进行监测、检查的。规划的环境目标和评价指标需要根据规划类型、规划层次，以及涉及的区域和/或行业的发展状况和环境状况来确定。

（2）环境影响识别的内容

在对规划的目标、指标、总体方案进行分析的基础上，识别规划目标、发展指标和规划方案实施可能对自然环境（介质）和社会经济环境产生的影响。环境影响识别的内容包括对规划方案的影响因子识别、影响范围识别、时间跨度识别、影响性质识别。

规划环评中应考虑规划实施后可能的社会、经济因素的影响，并不是预测与评价规划所导致的所有的社会经济问题，而应侧重预测评价与规划的环境影响要素关系密切的社会、经济问题，比如规划环境影响的社会经济效应与规划实施的社会经济影响的环境效应，如图 17-4 所示。

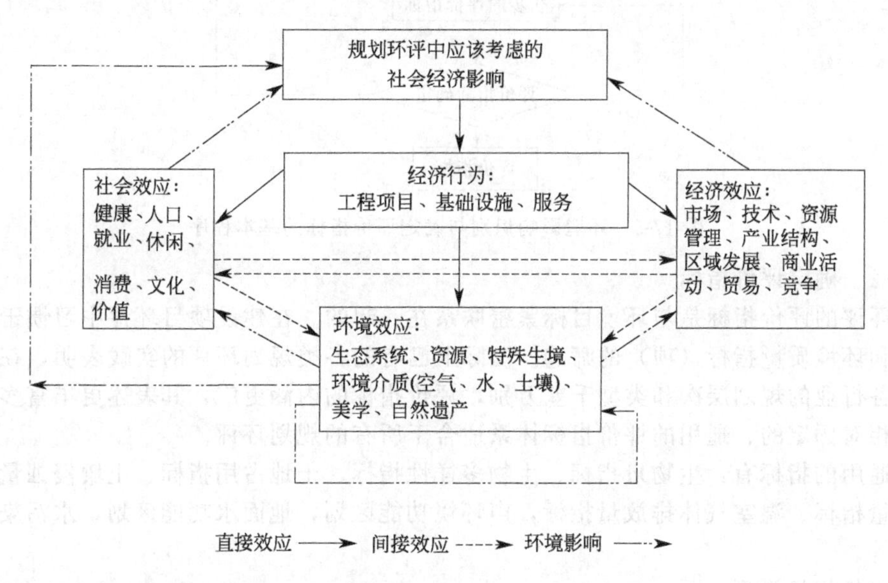

图 17-4　规划环评中的社会、经济因素

（3）环境影响识别的方法

环境影响识别一般有核查表法、矩阵法、网络法、GIS支持下的叠图法、系统流图法、层次分析法、情景分析法等。

（4）环境影响识别的基本程序

识别环境可行的规划方案实施后可能导致的主要环境影响及其性质，编制规划的环境影响识别表，并结合环境目标，选择评价指标。规划的环境影响识别与确定评价指标的关系见图 17-5。

17.2.3.2　环境目标与评价指标的确定

17.2.3.2.1　确认环境目标

针对规划可能涉及的环境主题、敏感环境要素以及主要制约因素，按照有关的环境保护政策、法规和标准拟定或确认规划环境影响评价的环境目标，包括规划涉及的区域和/或行业的环境保护目标，以及规划设定的环境目标。

规划涉及的环境问题可按当地环境（包括自然景观、文化遗产、人群健康、社会/经济、噪声、交通）、自然资源（包括水、空气、土壤、动植物、矿产、能源、固体废物）、全球环境（包括气候、生物多样性）三大类分别表述。

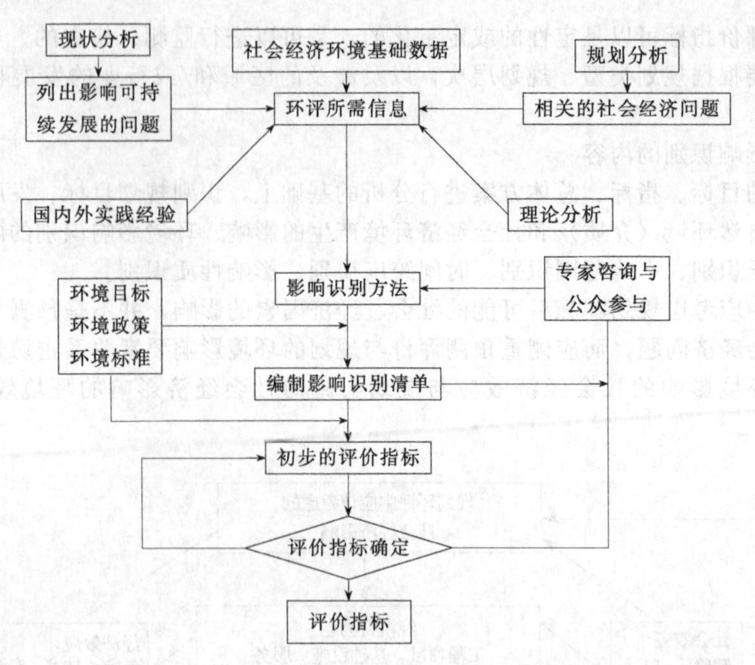

图 17-5 环境影响识别与确定评价指标的基本程序

17.2.3.2.2 确定评价指标

规划环评的评价指标是与环境目标紧密联系在一起的。在建设项目环评中习惯于环境质量标准等级和环境质量指标（项）的筛选。国际上已有的各类规划环评的实践表明，在规划环评中，由于各行业的规划层次和类型千差万别，评价指标的内涵更广，其表述更丰富多样化，不存在一套相对固定的、通用的评价指标体系适合于所有的规划环评。

较为通用的指标有：生物量指标、生物多样性指标、土地占用指标、土壤侵蚀量指标、大气环境容量指标、温室气体排放量指标，声环境功能区划，地面水功能区划，水污染因子排放控制标准等。

(1) 评价指标类型

① 按指标的物质属性　可分为环境、经济、社会、资源、人口等系统，每个系统又可进一步划分为不同层次的具体的指标。

② 按指标内涵　可分为环境现状指标，环境压力指标，环境行动指标三类。环境现状（质量）指标表征的是目前的环境状况；环境影响或压力指标衡量的是人类对环境的影响；行动指标（措施落实）衡量的是各个规划实施部门是否或是如何完成要求的行动。行动指标是规划的一部分，与环境措施的实施相联系。

③ 按指标的来源　分为根据有关法规、标准确定的指标，通过公众参与确定的指标，通过科学判断确定的指标。

④ 按指标定量化的程度　分为定性指标、定量指标、半定量指标。

(2) 评价指标的选择

指标用以衡量和反映环境趋势的具体状况。在 SEA 中，指标被用来衡量和描述环境的基本状况和预测的影响，比较备选方案，并监测规划目标的实施情况。

指标作为衡量可持续发展的一种手段被广泛应用。指标可以以规划的环境目标、相关的法律、规章或是当前的监测为基础。SEA 中选择的指标应当保证：①个体或是整体都是有意义的；②代表关键问题；③反映的是区域和当地的趋势；④基于正确的科学原理和假设；⑤信息的收集相对容易，并且可利用的信息应当在合理的时间范围内在某一清楚的假设条件下，可以产生可重复的结果。

以环境影响识别为基础，结合规划及环境背景调查情况，规划所涉及部门或区域环境保护目标，并借鉴国内外的研究成果，通过理论分析、专家咨询、公众参与初步确立评价指标，并在评价工作中补充、调整、完善。

当规划环评的理论和实际发展到相对成熟的阶段时，才有可能像建设项目环评那样，形成相对固定的、与不同行业（类型）规划相适应的、成套的技术方法和指标体系。

17.2.3.3 规划环境影响评价中的指标体系

根据不同规划的特点，参照《规划环境影响评价技术导则（试行）》（HJ/T 130—2003）内容，目前已提出了六类较为成熟的规划环境影响评价的指标示范体系，分别为区域规划、土地利用、工业、农业、能源、城市建设，具体内容见表 17-4～表 17-9。

表 17-4 区域规划的环境目标和评价指标表述示范

环境主题	环境目标	评价指标
生物多样性	·保护和扩展生物多样性 ·保护和扩大特别的栖息地和种群	·达到国际/国家保护目标
水	·将水污染控制在不危害自然生态系统的水平 ·减少水污染物排放，水环境功能区达标 ·地下水的使用处于采、补平衡水平	·河流、湖泊、近海水质达标率 ·湖泊富营养化水平 ·饮用水水源地水质和水量 ·供水水源保证率 ·污水集中处理规模和效率 ·工业水污染物排放量控制
固体废物和土壤	·减少污染，并且保护土壤质量和数量 ·废物最小化（回用、堆肥、能源利用）	·耕地面积 ·绿地面积 ·控制水土流失面积和流失量 ·化肥与农药使用与管理 ·生活垃圾无害化处理 ·有害废物处理（危险废物与一般工业固废）
空气	·减少空气污染物排放，大气环境功能区达标	·空气质量达标天数 ·空气污染物排放量控制 ·空气污染物排放量减少比例 ·机动车尾气排放达标情况
声环境	·减轻噪声和振动	·交通噪声达标率 ·一类、二类噪声功能区比例（区域噪声质量状况）
能源和矿产	·有效地使用能源 ·提高清洁能源的比例 ·减少矿产资源的消耗 ·提高材料的重复利用	·集中供热的比例 ·电力供应 ·燃气利用 ·燃煤
气候	·减少温室气体排放 ·减少气候变化灾害	·能源消耗 ·防洪
文化遗产和自然景观	·保护历史建筑、古迹及其他重要的文化特征 ·重视和保护地理、地貌类景观（如山岳景观、峡谷景观、海滨景观、岩溶地貌、风蚀地貌等）	·列入濒危名单的建筑和古迹的比例及其历史意义、文化内涵、游乐价值（趣味性、知名度等） ·美学价值（景观美感度、奇特性、完整性等） ·科学价值
其他		

表 17-5　土地利用规划环境目标与评价指标表述示范

环境主题	环境目标	评价指标
土地资源的规划与管理	·确保对土地资源的有效规划和管理 ·平衡对有限可利用土地的竞争性需求 ·维护重要的城镇中心	·社会经济发展占用的土地面积占区域总面积的比例(%) ·生态建设用地占区域总面积的比例(%) ·人均生态建设用地面积(m^2/人) ·土地利用结构(%)
土地覆盖和景观	·保护具有环境价值的自然景观及动植物栖息地	·自然保护区及其他具有特殊科学与环境价值的受保护区面积占区域面积的比例(%) ·特色风景线长度(km) ·水域面积占区域面积的比例(%)
土壤	·保护土壤,维持高质量食品和其他产品的有效供应	·由于侵蚀造成的农业用地中土壤的损失量(t/a) ·土壤表土中的重金属及其他有毒物质的含量(mg/kg) ·单位农田面积农药的使用量(kg/ha) ·单位农田面积化肥的使用量(kg/ha)
空气	·控制空气污染 ·限制可能导致全球气候变化的温室气体的排放	·单位工业用地面积工业废气年排放量[t/(km^2·a)] ·烟尘控制区覆盖率(%) ·单位土地面积大气污染物 SO_2、NO_2、VOCs 年排放量[t/(km^2·a)] ·单位土地面积的 CO_2 及臭氧层损耗物质年排放量[t/(km^2·a)]
水环境	·维护与改善地表水和地下水水质及水生环境,确保可获得充足的符合环境标准的水资源	·单位工业用地面积工业废水年排放量[t/(km^2·a)] ·集中式饮用水源地水质达标率(%) ·水功能区水质达标率(%) ·单位土地面积 CODcr,BOD_5,石油类,挥发酚,氨氮年排放量[t 或 kg/(km^2·a)]
其他		

表 17-6　工业规划的环境目标与评价指标表述示范

环境主题	环境目标	评价指标
工业发展水平及经济效益	促进工业健康、高效与可持续的发展,改善环境质量	·工业总产值(万元/年) ·工业经济密度(工业总产值/区域总面积,万元/平方千米) ·工业经济效益综合指数 ·高新技术产业产值占工业总产值的比例(%)
大气环境	控制工业空气污染物排放及空气污染	·万元工业净产值废气年排放量(Nm^3/万元) ·万元工业净产值主要大气污染物年排放量(吨/万元) ·评价区域主要污染物(SO_2,PM_{10},NO_2,O_3)平均浓度(mg/Nm^3) ·烟尘控制区覆盖率(%) ·空气质量超标区面积(km^2)及占区域总面积的比例(%) ·暴露于超标环境中的人口数及占总人口的比例(%) ·主要工业区及重大工业项目与主要住宅区的临近度
水环境	控制工业水污染物排放及水环境污染,尤其是保护水源地的水质	·万元工业净产值工业废水年排放量(立方米/万元) ·万元工业净产值主要水环境污染物(COD_{Cr},BOD_5,石油类,NH_3-N,挥发酚等)排放量(t/a) ·工业废水处理率与达标排放率(%) ·区域/行业主要水环境污染物年平均浓度(COD_{Cr},BOD_5,石油类,NH_3-N,挥发酚)(mg/L) ·集中式饮用水源地及其他水功能区水质达标率(%) ·主要污水排放口与集中式饮用水源地、生态敏感区的临近度
噪声	控制工业区环境噪声水平	·工业区区域噪声平均值[dB(A)(昼/夜)]
固体废物	固体废物的生成量达到最小化、减量化及资源化	·万元工业净产值工业固体废物产生量(吨/万元) ·危险固体废物年产生量(t/a) ·工业固体废物综合利用率(%)

续表

环境主题	环 境 目 标	评 价 指 标
自然资源与生态保护	减少可能造成的对生态敏感区危害	·生物多样性指数 ·主要工业区及重大工业项目与生态敏感区的临近度 ·主要工业区及重大工业项目所占用的土地面积(km^2),其中占用生态敏感区的面积(km^2) ·主要工业区及重大工业项目可能造成的生态区破碎情况
资源与能源	资源与能源消耗总量的减量化,以及鼓励更多地使用可再生的资源与能源及废物的资源化利用	·矿产资源采掘量(万吨/年) ·淡水资源消耗量(万吨/年) ·化石能源(煤、油、天然气等)采掘量(万吨/年) ·上述资源、能源综合利用率(%) ·能源结构(%) ·新型能源、可再生能源比例(%)
其他		

表 17-7 农业规划的环境目标与评价指标表述示范

环境主题	环 境 目 标	评 价 指 标
农业经济发展及效益	促进地区农业经济健康、高效、持续发展,尤其是提高农业经济效益和农业生产力	·农业经济总产值(亿元/年) ·单位面积农业生产用地产值(万元/公顷) ·单位面积农业生产用地农用动力(kW/ha)
农业非点源污染与水环境	控制农业非点源污染对水域环境和生态系统的影响	·单位农田面积农药使用量(kg/ha) ·单位农田面积化肥使用量(折纯)(kg/ha) ·有机肥使用率(即有机肥占农业肥料施用量比例)(%) ·禽畜排泄物的年生成量(t/a) ·禽畜排泄物的综合利用率(%) ·水质综合指数 ·农村地区主要水环境污染物(COD_{Cr}、BOD_5、总氮、总磷)及溶解氧的年平均浓度(mg/L)
土壤	将土壤作为一种用于食品和其他生产的有效资源,保护和改善土壤的质地和肥力,避免土壤退化	·土壤表层中的重金属含量(mg/kg) ·农田土壤年侵蚀量(t/a)
农业固体废物	减少农业固体废物的生成量	·单位农田面积农业固体废弃物的生成量(秸秆、农用膜等)(kg/ha) ·农业固体废弃物的综合处理、处置与资源化利用率(%)
资源	引导农业结构优化及农业集约化经营	·土地及耕地资源保有量(万公顷) ·野生生物资源保有量及其生境面积 ·农田、林木、草地、湿地及自然水面等土地结构性指标(%)
其他		

表 17-8 能源规划的环境目标与评价指标表述示范

环境主题	环 境 目 标	评 价 指 标
能源效益	通过提高能源效率,促进消费者以较少的能源投入来满足其需求	·单位能源消耗的 GDP 产出(万元/标煤吨) ·能源消耗弹性系数 ·集中供热面积及占区域总面积的比例(%) ·热电厂的能源利用率(%) ·平均能源利用率(%)
能源结构	改善能源结构,积极采用低污染高效率的能源,实现清洁能源代替	·电力在终端能源消费中的比例(%) ·天然气、石油、水煤浆等清洁能源占一次能源消费总量的比例(%) ·可再生能源占总能源消耗的比例(%)。包括:水力发电量占总耗电量的比例(%);生物能源占农村能源消耗量的比例(%);太阳能源、风能、地热能与潮汐能分别占总能源消耗量的比例(%)

续表

环境主题	环境目标	评价指标
大气环境	控制与能源消耗有关的空气污染物的排放	·主要污染物(SO_2、NO_2、CO、PM_{10}、NMVOCs)的年排放量(t/a) ·温室气体(CO_2、CH_4、N_2O、HFC、PFC、SF_6)的年排放量(t/a) ·主要空气污染物(SO_2、NO_2、PM_{10}、O_3)的平均浓度(mg/Nm^3) ·空气质量超标区域的面积及占区域总面积的比例(%)及暴露于超标环境中的人口数及占总人口的比例(%) ·酸雨强度(pH)、频率(%)、面积(万 km)
生态保护	控制与能源消耗有关的空气污染物对生态敏感区的负面影响	·生态敏感区中空气质量超标的面积及比例(%) ·能源规划所涉及的主要能源建设项目及辅助设施与生态敏感区的临近度 ·能源规划所涉及的建设项目及辅助设施占用的土地面积(km^2),其中占用生态敏感区的面积(km^2)
资源量	不可再生能源的减量化及能源使用效率的提高	·化石能源的资源保有量(万 hm^2) ·化石能源消耗量(万 t)及使用效率(%) ·可替代能源的开放等
其他		

表 17-9　城市建设规划的环境目标与评价指标表述示范

环境主题	环境目标	评价指标
水环境	控制区域水环境污染,维持和改善地表水和地下水水质及水生环境,引导有效利用水资源,确保可获得充足的符合环境标准的水资源	·人均生活污水排放量(L/人·d) ·万元 GDP 工业废水排放量(m/万元) ·主要水环境污染物年排放量(COD_{cr}、BOD_5、石油类、NH_3-N、挥发酚)(t/a) ·城市水功能区水质达标率(%) ·集中式饮用水源地水质达标率(%) ·主要废水排放口与生态敏感区的临近度,与水源地的临近度 ·区域水环境主要污染物及溶解氧的平均浓度(mg/L) ·城市污水纳管率(%) ·城市生活污水处理率(%) ·工业废水处理率及达标排放率(%)
大气环境	控制空气污染,限制可能导致全球气候变化的温室气体排放	·万元工业净产值工业废气年排放量(Nm^3/万元) ·人均 SO_2、NO_2、CO_2 及臭氧层损耗物质等年排放量(kg/人) ·城市空气质量指数(API) ·城市烟尘控制区覆盖率(%) ·路检汽车尾气达标率(%) ·区域主要空气污染物(SO_2、PM_{10}、NO_2、O_3)年日均或小时平均浓度(mg/Nm^3) ·暴露于超标环境中的人口数(人)及占总人口的比例(%) ·规划工业园区与居民区的临近度
噪声	控制区域环境噪声水平和城市交通干线附近的噪声水平,保障居民住宅等噪声敏感点的声环境达标	·区域环境噪声平均值(dB(A)(昼/夜) ·城市交通干线两侧噪声平均值(dB(A)(昼夜) ·城市化地区噪声达标区覆盖率(%) ·规划中的居民区环境噪声预测值(dB(A)(昼/夜) ·主要交通线路(道路交通干线,轨道交通线)与噪声敏感区交界面的长度(km) ·暴露于超标声环境中的人口数及占总人口的比例(%)
固体废物	使固体废物的生成量达到最小化或减量化及资源化	·人均生活垃圾年产生量[kg/(人·年)] ·万元 GDP 工业固废产生量(t/万元) ·危险固废的年产生量(t/a)及无害化处理与处置率(%) ·工业固废的综合利用率(%) ·生活垃圾分类收集与资源化利用率(%) ·城市固废填埋场、垃圾焚烧厂等与居民区,生态敏感区的临近度

续表

环境主题	环境目标	评价指标
自然资源与生态保护	保护区域自然资源与生态系统，健全城乡生态系统的结构，优化城市生态系统的功能	·森林面积(km^2)及占区域总面积的比例(%) ·城市化地区绿化覆盖率(%) ·人均绿地及人均公共绿地面积(m^2/人) ·规划中城市发展占用的土地面积(km^2)及占区域总面积的比例(%) ·自然保护区及其他具有特殊价值的受保护区面积(km^2)及占区域总面积的比例(%) ·规划交通主干线与主要住宅区、生态敏感区的临近度 ·规划主要工业园区与主要住宅区、生态敏感区的临近度 ·年水资源供需平衡比 ·水域面积占区域总面积的比例(%) ·工业用水循环利用率(%) ·生物多样性指数 ·酸雨平均 pH 及发生频率(酸雨次数占总降雨次数的比例)(%) ·湿地系统滨岸范围(指面积，km^2)及保护情况
近海环境	控制人为向海洋倾倒各种污染物，保护近海海域的环境	·排入近海海域的废水量(万 t/a) ·排入近海海域的主要污染物的量(油类物质、N、P 等)(t/a) ·近海海域主要污染物及溶解氧的平均浓度(COD_{Cr}，BOD_5，非离子氨，石油类，挥发酚)(mg/L) ·海藻指数
生态环境保护与可持续发展能力建设	强化生态环境管理，加强城市生态环境保护与建设	·环境保护投资占 GDP 的比例(%) ·公众对城市环境的满意率(%)(抽样人口不少于万分之一) ·城市环境综合整治定量考核成绩 ·卫生城市与国家环保模范城个数及所占比例(%) ·通过 ISO14001 认证的企业占全部工业企业的百分比(%) ·建设项目环境影响评价实施率(%)
其他		

17.2.4 环境影响预测、分析与评价

17.2.4.1 规划环境影响预测

(1) 规划环境影响预测要求

应对所有规划方案的主要环境影响进行预测。这就为对规划方案的环境比较提供了基础，使得规划编制人员和决策者有更多的机会来选择环境可行、环境优化的规划方案。按国际上通行的说法，规划环评是评价多个规划方案，而不是只寻找一个推荐方案的替代方案。

(2) 规划环境影响预测内容

规划环境影响预测的直接目的是识别出可能受到显著或重大影响的环境因子情况，同时还应预测在拟定规划及其替代方案引导下，不同阶段社会经济发展环境状况与可持续发展能力。具体包括影响范围、持续时间、变化强度（大小与速率）、可逆性等方面。具体预测内容可分成如下 4 个方面。

① 经济发展趋势预测与分析　包括经济与产业结构；产业布局；农村与城市建设；交通与运输业；能源消费总量与消费结构变化趋势等。

② 拟定规划引导下的区域社会发展趋势预测与分析　内容包括：人口规模、人口分布、教育与人口素质；城市化水平；生活水平与生活方式等。

③ 拟定规划引导下的环境影响预测　拟定规划实施的环境影响即包括其直接带来的环境影响，也包括由于该规划所导致的社会经济、城市发展等因素变化而产生的间接生态环境影

响。规划环境影响评价中的规划环境影响宜用环境压力性指标，比如污染物产生与排放的量、浓度或强度表示，预测与综合评价可从水环境、大气环境、环境噪声、土壤环境、植被与生态保护等方面进行。

④ 规划方案影响下的可持续发展能力预测　将社会、经济与环境因素综合起来，分析、预测拟定规划及其各替代方案对区域可持续发展能力的影响。

此外，环境影响预测包括其直接的、间接的环境影响，特别是规划的累积影响。与建设项目相比较，由于规划可能涉及或引导一系列的经济活动，因此，累积影响是必须要考虑的。

(3) 规划环境影响预测方法

预测方法一般有类比分析法、系统动力学、投入产出分析、环境数学模型、情景分析法等。

17.2.4.2 规划环境影响评价

(1) 评价范围的确定

确定评价范围时不仅要考虑地域因素，还要考虑法律、行政权限、减缓或补偿要求，公众和相关团体意见等限制因素。

确定规划环境影响评价的地域范围通常考虑以下两个因素：一是地域的现有地理属性（流域、盆地、山脉等），自然资源特征（如森林、草原、渔场等），或人为的边界（如公路、铁路或运河）；二是已有的管理边界，如行政区等。

确定评价范围时还需要注意以下两点。

① 确定范围的目的是识别那些将会影响决策的关键的环境问题，并如何对这些问题进行评估。因此，确定范围可能是确保SEA有效性最关键的一步。一个规划涉及多种活动，受到许多法律和政策的制约，可选择的范围很大，因而其范围的确定要比一个项目要复杂得多。尽管一个规划潜在的环境影响范围很大，但只有其中一部分会对决策起关键作用。对其他部分的研究将会耗费时间和金钱，而带来的却是很小的利益。

例如，铁路路网规划的影响可能主要是土地利用的改变、能源的消耗、空气和噪声污染以及安全，这些对决策都具有重要作用。同样，一项对危险化学品的处理规划，最重要的影响是化学物质的突然释放所造成的影响，因而只需考虑突发事件的防控。

② 不同的规划对应于不同类型的影响。一项发展规划的环境影响可分为当地的、区域的或全国的影响，例如国家层次规划的SEA首要的重点应放在全国问题上，区域的SEA重点是区域的问题等　但是，大尺度的SEA需要考虑更多的区域问题，因为这些问题在大尺度的范围内有很大的影响。例如，尽管一个国家层次规划的SEA可能主要强调的是国家和特定的地点，但其更需要考虑对许多区域地点累积性的影响。同样，一个区域层次的SEA也需要考虑全国的问题，如生物多样性，因为区域层次的行动逐渐会导致全国层次的改变。

(2) 评价标准的选择

① 采用已有的国家、地方、行业或国际标准。

② 缺少相应的法定标准时，可参考国内外同类评价时通常采用的标准，采用时应经过专家论证。

③ 基于评价区域社会经济发展规划目标所确定的理想值标准。

④ 通过“专家咨询”、“公众参与及协商”确定的评价依据。

(3) 规划环境影响评价内容

根据规划对环境要素的影响方式、程度，以及其他客观条件确定规划环境影响评价的工作内容。每个规划环境影响评价的工作内容随规划的类型、特性、层次、地点及实施主体而异。在影响预测基础上开展环境影响综合评价，其主要内容包括：规划对环境保护目标的影响、规划对环境质量的影响、规划方案合理性的综合分析。

根据规划环境影响评价结果，结合规划可行性论证中有关规划的社会、经济影响方面的评价结论，进行规划方案在社会、经济、环境三个方面合理性的综合分析，尤其是规划引导下的社会、经济、环境变化趋势与区域生态承载能力的相容性分析。

17.2.4.3 规划环境影响评价方法

目前在规划环境影响评价中采用的技术方法大致分为两大类别，一类是在建设项目环境影响评价中采取的，可适用于规划环境影响评价的方法，如：识别影响的各种方法（清单、矩阵、网络分析）、描述基本现状、环境影响预测模型等；另一类是在经济部门、规划研究中使用的，可用于规划环境影响评价的方法，如：各种形式的情景和模拟分析、区域预测、投入产出方法、地理信息系统、投资—效益分析、环境承载力分析等。表 17-10 列出了各个评价环节适用的评价方法。

表 17-10　规划的环境影响适用的评价方法

评价环节	方法名称	评价环节	方法名称
规划方案的初步筛选	核查表法	规划环境影响的预测与评价	投入产出分析
	矩阵法		环境数学模型
	对比、类比、相容分析法		情景分析法
	专家咨询法		加权比较法
			费用效益分析法
环境背景调查分析	收集资料法、现场调查和监测法		层次分析法
	地理信息系统(GIS)		可持续发展能力评估
规划环境影响的识别	核查表法		对比评价法
			环境承载力分析
	矩阵法	累积环境影响评价	专家咨询法
	网络法		核查表法
	系统流图法		矩阵法
	层次分析法		网络法
	情景分析法		系统流图法
公众参与	会议讨论		环境数学模型法
	调查表		承载力分析
	公众咨询		叠图法＋GIS

17.2.4.3.1 主要评价方法概述

（1）系统流图法

将环境系统描述成为一种相互关联的组成部分，通过环境成分之间的联系来识别次级的、三级的或更多级的环境影响，是描述和识别直接和间接影响的非常有用的方法。系统流图法是利用进入、通过、流出一个系统的能量通道来描述该系统与其他系统的联系和组织。

系统图指导数据收集，组织并简要提出需考虑的信息，突出所提议的规划行为与环境间的相互影响，指出那些需要更进一步分析的环境要素。

最明显不足是简单依赖并过分注重系统中能量过程和关系，忽视了系统间的物质、信息等其他联系，可能造成系统因素被忽略。

（2）情景分析法

情景分析法是将规划方案实施前后、不同时间和条件下的环境状况，按时间序列进行描绘的一种方式。可以用于规划的环境影响的识别、预测以及累积影响评价等环节。本方法具有以下特点：

① 可以反映出不同的规划方案（经济活动）情景下的环境影响后果，以及一系列主要变化的过程，便于研究、比较和决策；

② 情景分析法还可以提醒评价人员注意开发行动中的某些活动或政策可能引起重大的后

果和环境风险；

③ 情景分析方法需与其他评价方法结合起来使用　因为情景分析法只是建立了一套进行环境影响评价的框架，分析每一情景下的环境影响还必须依赖于其他一些更为具体的评价方法，例如环境数学模型、矩阵法或GIS等。

(3) 投入产出分析

在国民经济部门，投入产出分析主要是编制棋盘式的投入产出表和建立相应的线性代数方程体系，构成一个模拟现实的国民经济结构和社会产品再生产过程的经济数学模型，借助计算机，综合分析和确定国民经济各部门间错综复杂的联系和再生产的重要比例关系。投入是指产品生产所消耗的原材料、燃料、动力、固定资产折旧和劳动力；产出是指产品生产出来后所分配的去向、流向，即使用方向和数量，例如用于生产消费、生活消费和积累。

在规划环境影响评价中，投入产出分析可以用于拟定规划引导下，区域经济发展趋势的预测与分析，也可以将环境污染造成的损失作为一种“投入”(外在化的成本)，对整个区域经济环境系统进行综合模拟。

(4) 环境数学模型

用数学形式定量表示环境系统或环境要素的时空变化过程和变化规律，多用于描述大气或水体中污染物质随空气或水等介质在空间中的输运和转化规律。在建设项目环境影响评价中和环境规划中采用的环境数学模型，同样可运用于规划环境影响评价。环境数学模型包括大气扩散模型、水文与水动力模型、水质模型、土壤侵蚀模型、沉积物迁移模型和物种栖息地模型等。

数学模型具有以下特点：较好地定量描述多个环境因子和环境影响的相互作用及其因果关系、充分反映环境扰动的空间位置和密度、可以分析空间累积效应以及时间累积效应、具有较大的灵活性（适用于多种空间范围；可用来分析单个扰动以及多个扰动的累积影响；分析物理、化学、生物等各方面的影响）。

数学模型法的不足是：对基础数据要求较高，只能应用于人们了解比较充分的环境系统和建模所限定的条件范围内，费用较高以及通常只能分析对单个环境要素的影响。

(5) 加权比较法

对规划方案的环境影响评价指标赋予分值，同时根据各类环境因子的相对重要程度予以加权；分值与权重的乘积即为某一规划方案对于该评价因子的实际得分；所有评价因子的实际得分累计加和就是这一规划方案的最终得分；最终得分最高的规划方案即为最优方案。

(6) 对比评价法

① 前后对比分析法（Before and after comparison）是将规划执行前后的环境质量状况进行对比，从而评价规划环境影响。其优点是简单易行，缺点是可信度低。

② 有无对比法（With and without comparison）是指将规划环境影响预测情况与若无规划执行这一假设条件下的环境质量状况进行比较，以评价规划的真实或净环境影响。

(7) 环境承载力分析

环境承载力指的是在某一时期，某种状态下，某一区域环境对人类社会经济活动的支持能力的阈值。环境所承载的是人类行动，承载力的大小可用人类行动的方向、强度、规模等来表示。

环境承载力的分析方法的一般步骤为：

① 建立环境承载力指标体系。

② 确定每一指标的具体数值（通过现状调查或预测）。

③ 针对多个小型区域或同一区域的多个发展方案对指标进行归一化。m 个小型区域的环境承载力分别为 E_1，E_2，…，E_m，每个环境承载力由 n 个指标组成 $E_j=\{E_{1j}E_{2j}\cdots E_{nj}\}$ ($j=1$,

2，…，m)。第 j 个小型区域的环境承载力大小用归一化后的矢量的模来表示。

$$|\widetilde{E_j}| = \sqrt{\sum_{i=1}^{n} E_{ij}^2}$$

④ 选择环境承载力最大的发展方案作为优选方案　环境承载力分析常常以识别限制因子作为出发点，用模型定量描述各限制因子所允许的最大行动水平，最后综合各限制因子，得出最终的承载力。承载力分析方法尤其适用于累计影响评价，是因为环境承载力可以作为一个阈值来评价累积影响显著性。在评价下列方面的累积影响时，承载力分析较为有效可行：基础设施规划建设、空气质量和水环境质量、野生生物种群、自然娱乐区域的开发利用、土地利用规划等。

(8) 累积影响评价方法

包括专家咨询法、核查表法、矩阵法、网络法、系统流图法、数学模型法、承载力分析、叠加图法、情景分析法等。

17.2.4.3.2　常见规划环评方法的优缺点

对常见的规划环评方法的优缺点进行了总结分析见表 17-11。

表 17-11　规划环境影响评价方法对比分析表

方法名称	优　点	缺　点	适用情况
清单法、矩阵法	方法简单、直观易懂	单独一种方法难以做出准确评价	评价因子的识别筛选、规划方案的比选
网络法	可以追踪间接影响及多重影响	定性描述，需要和矩阵等方法结合使用	环境影响因素识别筛选、环境影响预测、公众参与
专家评价法	在缺乏数据的情况下，做出定性或定量的估计	组织困难，有时结果具有主观性	评价因子的识别筛选、环境影响预测、公众参与
图形叠置法和 GIS	易于理解，能显示受影响的空间分布	需要的基础数字、图形资料较多	环境背景调查、累积影响
情景分析法	对环境影响可进行动态描述	侧重定性描述、对具体影响预测不准确	适用于战略环境影响评价中的累积影响的预测
一览表法	把定性的因素定量化、可确定影响程度	常需与对比分析法结合	规划方案的比选
层次分析法	定性判断和定量计算有效的结合	划分层次关系复杂、层次不能过多	方案的比选、规划环境影响预测、评价

17.2.5　确定供决策的环境可行规划方案，提出的环境影响减缓措施

17.2.5.1　环境保护对策与减缓措施

规划环评的目的在于将规划造成的消极影响最小化，使其不再重要，并将积极的影响最大化，尽可能提高环境质量。缓解措施可被定义为避免、减少、修复或补偿一项规划所造成的影响。广义来讲，对环境和社会最好的是避免影响，接着是减少、修复和补偿。

规划环评高于项目环评的主要特点是其在早期或是一个更为合适的决策阶段考虑大范围的缓解措施以避免影响的发生。与项目相比，在规划层次的缓解措施可能更加具有战略性和前瞻性。例如，规划环评允许敏感环境区域在制订计划期间避免影响，而不是考虑每个发展建议的现实基础。也可以将一项行为的负面影响被另一个发展积极地利用。同时还可以采取大范围的积极的缓解措施。在拟定环境保护对策与措施时，应遵循“预防为主”的原则和下列优先顺序：

① 预防措施　用以消除拟议规划的环境缺陷。

② 最小化措施　限制和约束行为的规模、强度或范围使环境影响最小化。

③ 减量化措施　通过行政措施、经济手段、技术方法等降低不良环境影响。

④ 修复补救措施　对已经受到影响的环境进行修复或补救。

⑤ 重建措施　对于无法恢复的环境，通过重建的方式替代原有的环境。

应对所有符合规划目标和环境目标的规划方案进行排序和综合分析。任何规划方案都会带来环境影响，规划环评得出的“环境可行的规划方案”是综合考虑了社会、经济和环境因素之后得出的，是环境可行的，但不一定是环境最优的。因此要求对符合环境目标的规划方案也需要提出环境影响减缓措施（在许多情况下，往往就是因为采取了减缓措施才使得规划方案符合环境目标的要求——反映了规划环评的循环优化特征）。

可能的缓解措施有：①计划未来的发展以避免破坏敏感地；②约束或为低层次的规划建立框架，这包括对低层次规划和项目的SEA的要求，或是为由规划所产生项目的实施的特别要求；③建立或是投资新的休闲和自然保护区；④为规划的实施建立管理的指导方针；⑤为敏感的或稀有的野生生物物种或栖息地和当地的适宜度重新选址。

缓解措施可由环境部门和公众来检验。有些缓解措施可能会带来另外的经济或是社会甚至是其他环境方面的代价。例如，使用公路建设废物焚化的方法可以减少废物管理的环境问题，但却又导致公路建设的环境问题。一旦缓解措施被确立，对环境影响就应当重新被评估，这一循环一直继续到没有重要的消极影响存在为止。

17.2.5.2 供决策的环境可行规划方案

① 环境可行的规划方案　根据环境影响预测与评价的结果，对符合规划目标和环境目标要求的规划方案进行排序，并概述各方案的主要环境影响，以及环境保护对策和措施。

② 环境可行的推荐方案　对环境可行的规划方案进行综合评述，提出供有关部门决策的环境可行推荐规划方案，以及替代方案。

关于替代方案，不同的国家以及不同的研究者对替代方案有不同的定义。一般认为，替代方案有二层含义：第一层含义是指为了实现某一规划目标，除推荐方案以外，其他可供比较和选择的规划方案（下文所指的“替代方案”即是此义）；第二层含义是指不去实现这一规划目标的方案，即“不做方案”。

第一层含义属于规划层次内的替代，是满足同一规划目标的规划方案之间的“小替代”；第二层含义属于规划层次上的替代，是对规划目标的“大替代”。

17.2.6　拟议规划的结论性意见和建议

对拟议规划方案应得出以下评价结论中的一种：

(1) 采纳环境可行的推荐方案

最初的规划设想或草案，经过分析、优化，可能会因为各种因素而被淘汰。某些符合规划的社会经济发展目标的规划方案，可能因为不符合环境目标而需要修改或干脆被淘汰。在规划编制与环境评价融合的循环过程中，实际上最终结论只有两者取其一，即采纳环境可行的规划方案，或是因为规划目标不合适无法找到环境可行的规划方案或提出的规划方案不如所谓的“零方案”而放弃规划。

在环境专家与规划专家意见相左时，规划环评的结论可能表述为修改规划目标或规划方案，提交给决策者权衡决策。

(2) 修改规划目标或规划方案

通过环境影响评价，如果认为已有的规划方案在环境上均不可行，则应当考虑修改规划目标或规划方案，并重新进行规划环境影响评价。修改规划方案应遵循如下原则。

① 目标约束性原则　新的规划方案不应偏离规划基本目标，或者偏重于规划目标的某些方面而忽视了其他方面。

② 充分性原则　应从不同角度设计新的规划方案，为决策提供更为广泛的选择空间。
③ 现实性原则　新的规划方案应在技术、资源等方面可行。
④ 广泛参与的原则　应在广泛公众参与的基础上形成新的规划方案。
(3) 放弃规划
通过规划环境影响评价，如果认为所提出的规划方案在环境上均不可行，则应当放弃规划。这种情况极少发生。

17.2.7　监测与跟踪评价

对规划实施所产生的环境影响进行监测、分析、评价，用以验证规划环境影响评价的准确性和判定减缓措施的有效性，并提出改进措施和管理要求的过程。

17.2.8　规划环评的公众参与

在规划环境影响评价过程中鼓励和支持公众参与，充分考虑社会各方面利益和主张。一方面，需要开展环境影响评价的规划多与公众的社会经济生活关系密切，属于公共政策范畴，而公众通过参与规划环评也是促进重大决策的民主化与科学化；另一方面，环境污染、生态破坏等环境问题的受害者之中，更多的是普通群众，而且随着社会经济的发展，群众参与各类环保活动的意识、觉悟与能力不断提高，对环境质量的要求也正在提高，因此公众参与在规划环评中显得更为重要。

17.3　规划环境影响报告书的编写要求

规划环境影响报告书至少包括 9 个方面的内容：总则、拟议规划的概述、环境现状描述、环境影响分析与评价、推荐方案与减缓措施、专家咨询与公众参与、监测与跟踪评价、困难和不确定性、执行总结。
(1) 总则
内容包括：①规划的一般背景；②与规划有关的环境保护政策、环境保护目标和标准；③环境影响识别（表）；④评价范围与环境目标和评价指标；⑤与规划层次相适宜的影响预测和评价所采用的方法。
(2) 规划的概述与分析
内容包括：①规划的社会经济目标和环境保护目标（和/或可持续发展目标）；②规划与上、下层次规划（或建设项目）的关系和一致性分析；③规划目标与其他规划目标、环保规划目标的关系和协调性分析；④符合规划目标和环境目标要求的可行的各规划（替代）方案概要。
(3) 环境现状分析
内容包括：①环境调查工作概述；②概述规划涉及的区域/行业领域存在主要环境问题，及其历史演变，并预计在没有本规划情况下的环境发展趋势；③环境敏感区域和/或现有的敏感环境问题，以表格一一对应的形式列出可能对规划发展目标形成制约的关键因素或条件；④可能受规划实施影响的区域和/或行业部门。
(4) 环境影响分析与评价
应突出对主要环境影响的分析与评价。按环境主题（如生物多样性、人口、健康、动植物、土壤、水、空气、气候因子、矿产资源、文化遗产、自然景观）描述所识别、预测的主要环境影响。对应于不同规划方案或设置的不同情景，分别描述所识别、预测的主要的直接影响、间接影响、累积影响。在描述环境影响时，说明不同地域尺度（当地、区域、全球）和不同时间尺度（短期、长期）的影响。对不同规划方案可能导致的环境影响进行比较，包括环境目标、环境质量和/或可持续性的比较。

(5) 规划方案与减缓措施

描述符合规划目标和环境目标的规划方案，并概述各方案的主要环境影响，以及主要环境影响的防护对策、措施和对规划的限制，减缓措施实施的阶段性目标和指标；各环境可行的规划方案的综合评述。供有关部门决策的推荐的环境可行规划方案，以及替代方案。规划的结论性意见和建议。

(6) 监测与跟踪评价

要提出对下一层次规划和/或项目环境评价的要求和监测、跟踪计划。

(7) 公众参与

包括公众参与概况；概述与环境评价有关的专家咨询和收集的公众意见与建议；专家咨询和公众意见与建议的落实情况。

(8) 困难和不确定性

概述在编辑和分析用于环境评价的信息时所遇到的困难和由此导致的不确定性，以及它们可能对规划过程的影响。

由于规划处于决策链的中高端，与其他政策、计划、规划联系紧密，涉及的社会、经济、环境因素很多，所以调整比较频繁。在规划环评报告书中应充分考虑这些因素。

(9) 执行总结

采用非技术性文字简要说明规划背景、规划主要目标、评价过程、环境资源现状、预计的环境影响、推荐的规划方案与减缓措施、公众参与的主要发现和处理结果、总体评价结论。编制执行总结的目的主要是为了便于决策者和公众等非专业人员便于理解报告书的内容。

17.4 规划环境影响篇章及说明的编制要求

规划环境影响篇章至少包括 4 个方面的内容：前言、环境现状描述、环境影响分析与评价、环境影响减缓措施。

(1) 前言

应包括以下三个方面的内容：①与规划有关的环境保护政策、环境保护目标和标准；②评价范围与环境目标和评价指标；③与规划层次相适宜的影响预测和评价所采用的方法。

(2) 环境现状描述

概述规划涉及的区域/行业领域存在主要环境问题，及其历史演变的概述；可能对规划发展目标形成制约的关键因素或条件。

(3) 环境影响分析与评价

简要说明规划与上、下层次规划或建设项目的关系，以及与其他规划目标、环保规划的协调性；对应于不同规划方案或设置的不同情境，分别描述所识别、预测的主要的直接影响、间接影响和累积影响；对不同规划方案可能导致的环境影响进行比较，包括环境目标、环境质量和/或可持续性的比较。

(4) 环境影响的减缓措施

描述各方案（包括推荐方案、替代方案）的主要环境影响，以及主要环境影响的防护对策、措施和对规划的限制；规划方案的综合评述。

综上所述，为了体现规划环评的作用，应尽可能地采取自我评价的方式，及早介入，参与综合决策；规划环评的方法既可以是定性的，也可以是定量的。与建设项目环境影响评价相比，可以更多地采用定性的方法；应当逐步建立起规划环评的评价指标体系，这一指标体系的建立应当充分发挥各个行业部门的积极性，指标体系的丰富完善需要不断地实践。

参 考 文 献

[1] 李爱贞，周兆驹，林国栋，等．环境影响评价实用技术指南[M]．第2版．北京：机械工业出版社2012.
[2] 朱世云，林春绵．环境影响评价[M]．第2版．北京：化学工业出版社，2013.
[3] 韩香云，陈天明．环境影响评价[M]．北京：化学工业出版社，2013.
[4] 马太玲，张江山．环境影响评价[M]．第2版．武汉：华中科技大学出版社，2012.
[5] 环境保护部环境评估中心．环境影响评价技术方法[M]．北京：中国环境科学出版社，2012.
[6] 环境保护部环境评估中心．环境影响评价技术导则与标准[M]．北京：中国环境科学出版社，2012.
[7] 国家环境保护总局环境影响评价管理司．环境影响评价岗位培训教材[M]．北京：化学工业出版社，2006.
[8] 李爱贞．环境影响评价实用技术指南[M]．北京：机械工业出版社，2008.
[9] 白志鹏，王瑶，游燕．环境风险评价[M]．北京：高等教育出版社，2009.
[10] 张永春等．有害废物生态风险评价[M]．北京：中国环境科学出版社，2002.
[11] 胡二邦．环境风险评价实用技术、方法和案例[M]．北京：中国环境科学出版社，2009.
[12] 白志鹏 王珺．环境管理学[M]．北京：化学工业出版社，2007.
[13] 吴宗之，高进东，魏利军，等．危险评价方法及其应用[M]．北京：冶金工业出版社，2006：105-167.
[14] 郭振仁，张剑鸣，李玟禧，等．突发性环境污染事件防范与应急[M]．北京：中国环境科学出版社，2009.
[15] 朱俊，周树勋，陈通．建立环境风险防范体系，加强对环境风险的管理[J]．环境污染与防治，2007，29（5）：387-388.
[16] 环境保护部环境工程评估中心编著．环境影响评价技术导则与标准．北京：中国环境出版社，2013.
[17] 陈杰瑢．环境工程技术手册[M]．北京：科学出版社，2008.
[18] 环境保护部环境工程评估中心编著．环境影响评价技术方法．北京：中国环境出版社，2013.
[19] 李勇，李一平，陈德强．环境影响评价．南京：河海大学出版社，2012.
[20] 李定龙，常杰云．环境保护概论．北京：中国石化出版社，2006.
[21] 蒋辉．环境工程技术．北京：化学工业出版社，2003.
[22] 朱亦仁．环境污染治理技术[M]．北京：中国环境科学出版社，2002.
[23] 盛义平．环境工程技术基础[M]．北京：中国环境科学出版社，2002.
[24] [美] Davis，M．L．，cornwell，D．A．环境工程导论[M]．第4版．北京：清华大学出版社，2010.
[25] 李淑芹，孟宪林．环境影响评价[M]．北京：化学工业出版社，2011.
[26] 黄健平，宋新山．环境影响评价[M]．北京：化学工业出版社，2013.

参 考 文 献